国家出版基金项目
NATIONAL PUBLICATION FOUNDATION

少年儿童航空航天分级阅读

天文卫星和太空望远镜（下）

"望见"太空的奥秘

冯培德 / 总主编

屠空 / 著

航空工业出版社

北京

图书在版编目（CIP）数据

天文卫星和太空望远镜．下，"望见"太空的奥秘 /
屠空著．-- 北京：航空工业出版社，2021.12
　（少年儿童航空航天分级阅读．太空传奇）
　ISBN 978-7-5165-2869-3

Ⅰ．①天… Ⅱ．①屠… Ⅲ．①通信卫星−少儿读物
Ⅳ．① V4-091

中国版本图书馆 CIP 数据核字 (2022) 第 005839 号

天文卫星和太空望远镜（下）："望见"太空的奥秘
Tianwen Weixing he Taikongwangyuanjing (Xia)："Wangjian" Taikong de Aomi

总 主 编：冯培德
主　　编：蒋宇平
作　　者：屠空
字　　体：仓耳字库

策划编辑：雷蕾
责任编辑：张世昌
装帧设计：骑云星工作室　一铭

航空工业出版社出版发行
（北京市朝阳区京顺路 5 号曙光大厦 C 座四层　100028）
发行部电话：010-85672688　010-85672689
承印者：北京富泰印刷有限责任公司

2021 年 12 月第 1 版
2021 年 12 月第 1 次印刷
开本：635×965　1/16
印张：4.75
字数：37 千字
定价：201.60 元（全 12 册）

少年儿童航空航天分级阅读 **编委会名单**

致谢
本书在撰写过程中，得到中国航天系统科学与工程研究院李金钊高级工程师给予的诸多帮助和有益的建议，特此致谢。

形形色色的天文卫星

在人造卫星诞生前，天文学家要在巨大的圆顶形天文观测台里度过漫漫长夜，将望远镜指向深邃的太空，渴望获得惊喜的"一瞥"。然而，地球大气层就像蒙在天空中的薄纱，模糊了来自深空的光线，阻挡了大部分来自宇宙深

雨燕伽马暴
探测器

XMM -
牛顿卫星

费米伽马射线
太空望远镜

钱德拉 X 射线
天文台

悟空暗物质
粒子探测卫星

核分光望远镜
阵列

慧眼硬 X 射线
调制望远镜

宇宙线　　　　　　　伽马射线　　　　　　　　　　X 射线

处的电磁波信号，天文观测受到极大限制。

20 世纪 50 年代，人类社会进入了航天时代，科学家畅想把天文望远镜搬到太空。1968 年，首颗成功发射的天文卫星"轨道天文台"2 号（OAO-2）进入太空，利用紫外光对宇宙天体进行了观测。从那时起，形形色色的天文卫星陆续进入太空（图 0-1）。

图 0-1 形形色色的天文卫星

开普勒
太空望远镜

赫歇尔
空间天文台

詹姆斯·韦伯
太空望远镜

光谱 -R 卫星

盖亚空间探测器

普朗克卫星

星系演化
探测器

斯皮策
太空望远镜

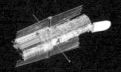
哈勃太空望远镜

广域红外
巡天探测器

可见光　　　　　　　红外光　　　　　微波　　无线电波

60多年来，人类发射了各种各样的天文卫星。我们在本书上册——《天文卫星和太空望远镜（上）：把望远镜架到天上》中，介绍了宇宙中不同天体会辐射不同波长或频率的电磁波信号，包括可见光、红外光、无线电波、紫外光、X射线和伽马射线等，还会发射宇宙线，这些电磁波信号或宇宙线携带了天体的信息，天文卫星通过探测来自宇宙的电磁波信号或宇宙线，帮助人类深刻地认识璀璨的群星和浩瀚的宇宙。

　　按照接收来自宇宙的电磁波波长或频率范围，我们可以将天文卫星粗略地划分为光学天文卫星、红外天文卫星、伽马射线天文卫星、X射线天文卫星、紫外天文卫星等，还有同时接收多个波长范围电磁波的天文卫星，以及捕获宇宙线或高能粒子的天文卫星。本书将按照这样的分类，选择中国、美国和欧洲的几种典型的天文卫星进行介绍。

一、利用可见光观测的光学天文卫星

在晴朗无云的夜晚，抬首仰望夜空，你会看到无数闪烁的星星镶嵌在黑色的夜幕中，这些遥远天体发出或明或暗的可见光，让我们可以用肉眼观赏这美丽的夜景。宇宙空间的天体，无论是恒星、星云，还是由恒星等天体组成的星系、星系团，只要有足够高的温度，都会发射可见光；而围绕太阳旋转的行星、行星的卫星，或者靠近太阳的彗星等天体，也因反射阳光而发出可见光。

我们用棱镜可以将阳光分成七色光——赤、橙、黄、绿、青、蓝、紫。其中，赤色（红色）的波长最长，紫色光的波长最短。实际上，还可以把阳光光谱分得更细。宇宙中各类天体发出的可见光的波长不尽相同，以恒星为例，红矮星或红巨星（表面温度 2500～4800℃）发出偏红的可见光；个头与太阳大小相似的恒星——黄矮星（表面温度 5300～6000℃）发出黄白色光；个头和质量巨大的恒星——蓝巨星（表面温度超过 10000℃）发出蓝色光，科学家根据望远镜接收的可见光光谱，分析研究宇宙中发光的天体。

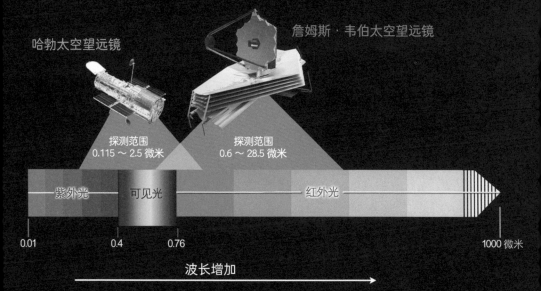

哈勃太空望远镜

詹姆斯·韦伯太空望远镜

探测范围
0.115 ～ 2.5 微米

探测范围
0.6 ～ 28.5 微米

紫外光　　可见光　　　　　红外光

0.01　　　　　0.4　　　0.76　　　　　　　　　　　　　　1000 微米

波长增加

图 1-1　哈勃太空望远镜和詹姆斯·韦伯太空望远镜的接收范围

　　在天文卫星中，有一类携带了探测可见光设备的卫星，它们通过接收可见光来研究天体的形态、结构、化学组成和物理状态。由于没有地球大气的干扰，它们的观测能力远比地面上的光学天文望远镜强大。其中，哈勃太空望远镜、开普勒太空望远镜都是可以在可见光范围探索宇宙的著名天文卫星。不过，很少有只单纯在可见光范围进行观测的天文卫星，它们观测的范围往往会从可见光向红外光或紫外光延伸。例如，"哈勃"的观测范围除了可见光之外，还包括近紫外光和近红外光；而詹姆斯·韦伯太空望远镜则可接收红外光和可见光（图 1-1）。

◎观测宇宙深处的巨无霸——哈勃太空望远镜

对于关心太空的人来说，哈勃太空望远镜可谓大名鼎鼎，差不多每一本讲述宇宙的画册上，都会有"哈勃"拍摄的照片。

1990 年，"哈勃"乘坐"发现号"航天飞机升空，进入离地面 547 千米的地球轨道，以大约 7.8 千米／秒的速度环绕地球飞行（图 1-2）。它将一个大口径望远镜对准神秘的太空，追寻宇宙的秘密。"哈勃"是一个巨大的航天器，重量超过 12 吨——大约是两头半成年非洲象的重量，望远镜长 13.3 米，"镜头"直径 2.4 米，能够拍摄清晰的太空图像。

图 1-2 在地球上空飞行的哈勃太空望远镜

"哈勃"观看太空的设备主要由望远镜光学系统和科学仪器组成。从图 1-3 可见，来自太空的光线进入望远镜到达主镜，经主镜反射给副镜，副镜再将光线聚集在后端的 6 台科学仪器上。科学仪器包括相机、光摄谱仪以及测量天体位置并使望远镜指向天体目标的仪器，它们负责把接收的光转换成需要的电信号，再经过处理发回地面，最终转换成所需的探测数据和图像。这个过程如同家用相机将镜头收

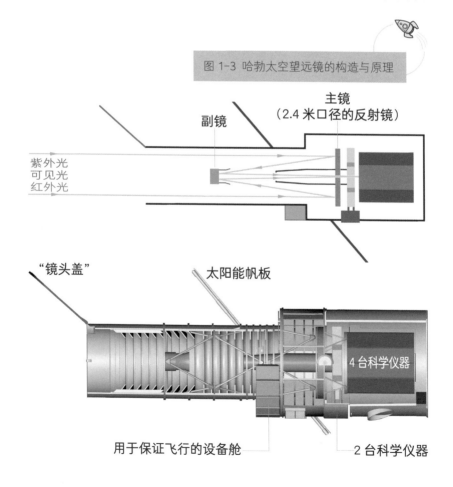

图 1-3 哈勃太空望远镜的构造与原理

主镜
（2.4 米口径的反射镜）

副镜

紫外光
可见光
红外光

"镜头盖"

太阳能帆板

4 台科学仪器

用于保证飞行的设备舱

2 台科学仪器

集的光线打在胶卷底片或 CCD 器件上，再由底片生成照片，或通过 CCD 器件将光信号转换成电子图像。"哈勃"的望远镜相当于巨大的相机镜头，科学仪器的主要功能相当于底片或 CCD 器件。

"哈勃"可以接收波长 115～2500 纳米的电磁波，其中波长 115～400 纳米是紫外光，400～760 纳米的是可见光，760～2400 纳米的是近红外光。所以"哈勃"可以看到来自宇宙的三种不同的光：紫外光、可见光和近红外光。6 台科学仪器按照需要分别接收不同波长的光。

极端遥远或暗淡的天体发射的光线，穿越宇宙到达地球附近时会变得非常微弱，为了清晰地观测，望远镜需要更大的口径，以便收集微弱的光信号。"哈勃"的望远镜口径达 2.4 米，收集的光是人眼收集的 4 万倍，它的分辨能力相当于可以看清 3 千米外头发的宽度。观测遥远的天体时，还需要精确地对准天体目标，一旦锁定了目标，"哈勃"就会收集光线，进行拍摄。

"哈勃"拍摄了许多令人惊叹的图像，这些图像改变了人们对宇宙的认识，尤其是帮助科学家了解恒星、行星和星系从诞生到衰老再到死亡的演化历程。此外，"哈勃"还对神秘的黑洞、暗物质开展了研究，让人们更深刻地理解宇

宙膨胀的历史。30多年来，"哈勃"获得了许多重要的科学发现。

在观测太阳系时，"哈勃"捕捉到行星上的风暴，发现在冥王星周围隐藏的新卫星，观测到了彗星与木星相撞的奇观，还发现了在星际空间中穿越的星际物质……

观测银河系时，"哈勃"在一些星云内部发现了隐藏在气体和尘埃云中的众多原始状态的恒星——"婴儿恒星"，这些新诞生的"婴儿恒星"在这里会逐渐成长为成熟的恒星（图1-4），比如成为像太阳那样的恒星。"哈勃"还在"婴儿恒星"周围发现了有可能诞生行星的"尘埃盘"，也许有一天它们会变为成熟的恒星系统，比如类似太阳系的天体系统。在漫长的时光里，"哈勃"拍摄了成千上万张主序星、红巨星、红超巨星、白矮星、超新星等天体照片，这些天体是恒星从成熟走向死亡过程中不同阶段的存在形式，比如太阳目前正处于主序星阶段，几十亿年后将变成一颗红巨星，最后成为一颗白矮星。通过对银河系和宇宙的观测，

图 1-4 "哈勃"拍摄的旋涡星系

旋涡星系（M51）是一个离地球3100万光年的螺旋状星系，图中散落的粉红色部分是"婴儿恒星"诞生的区域。

"哈勃"提供了恒星从"婴儿"到壮年再到衰老最后死亡的不同阶段的照片（图1-5）。

在观测更远的宇宙深空时，"哈勃"观测了各种各样的河

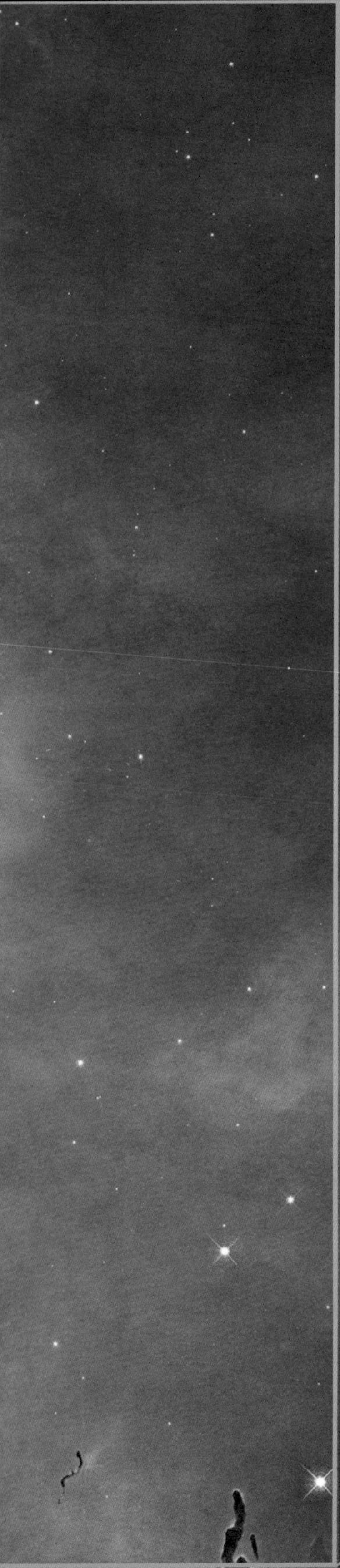

图 1-5 "哈勃"拍摄的"创造之柱"

右下图是距离地球约 7000 光年的鹰状星云（M16），左图显示了圆圈内局部区域放大后的效果。几个"大象鼻子"是该星云延伸约 9.5 光年的气体柱，被称为"创造之柱"。天文学家认为那里是新恒星诞生的区域。鹰状星云本身不发光，是被星云中的恒星照亮而发光的。

图 1-6 "哈勃"拍摄的草帽星系（M104）

这是"哈勃"拍摄的最美丽星系之一，中央白色的核心被螺旋结构的厚尘埃带包围，它离地球 2800 万光年，直径为 5 万光年，约为银河系的一半。估计这里大约有 2000 个星团，核心区有一个黑洞。

图 1-7 围绕 NGC 7052 黑洞周围的气体与尘埃盘

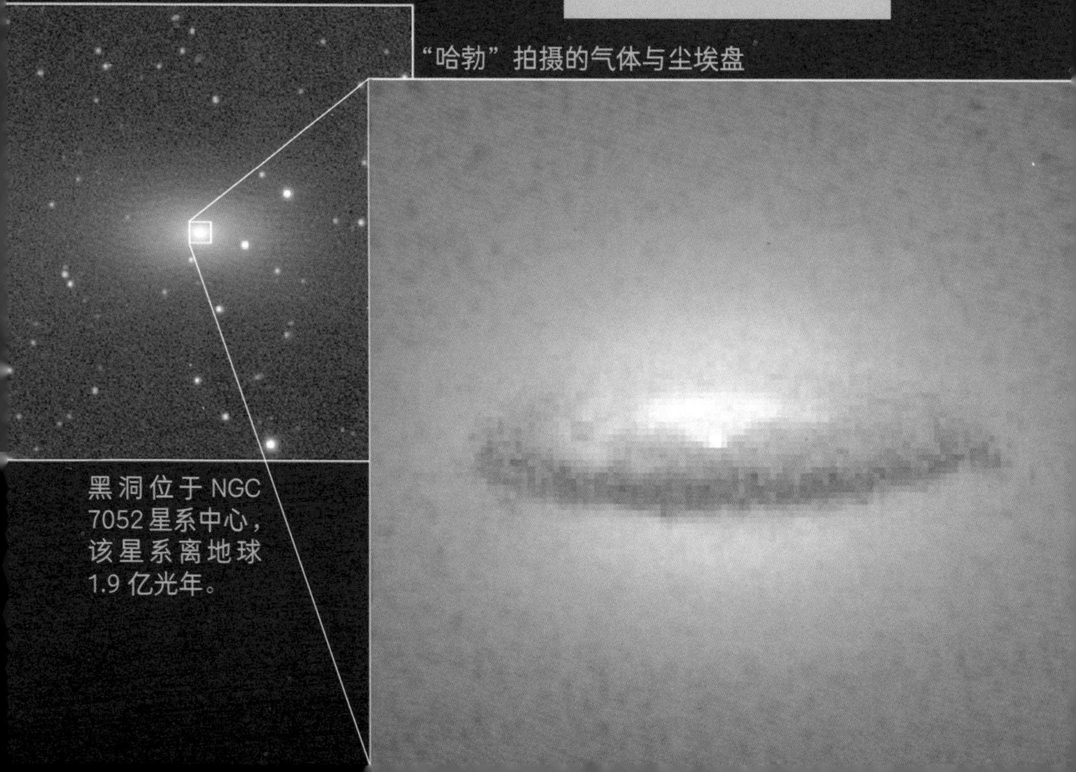

"哈勃"拍摄的气体与尘埃盘

黑洞位于 NGC 7052 星系中心，该星系离地球 1.9 亿光年。

外星系，拍摄了美丽的星系照片（图 1-6），还观测到两个不同星系合并的奇观，发现了包含成千上万个星系组成的星系团。"哈勃"发现，大多数星系的中心都有质量巨大的黑洞，并首次拍摄到围绕黑洞的气体与尘埃盘（图 1-7）。"哈勃"观测的范围超过了 130 亿光年，让人们回看到 130 亿年前一部分宇宙的奇景，回溯的时间几乎接近宇宙大爆炸的起点（图 1-8）。

图 1-8 哈勃超深场（局部）

"哈勃"对准太空深处一小块天空拍摄了可见光照片，并命名为"哈勃超深场"。这是"哈勃"拍摄的最遥远的太空图像之一，显示了 130 亿年前的情景。科学家估计深空场中约有 10000 个星系。

从 1990 年发射到今天，"哈勃"围绕地球飞行了 60 亿千米，相当于从地球到太阳的 20 个来回，进行了超过 150 万次观测。目前，"哈勃"已进入暮年，但今天它还在不知疲倦地围绕地球旋转，继续探寻着奇妙的宇宙。

◎ 捕捉系外行星的好猎手
——开普勒太空望远镜

蓝色的地球是太阳系中唯一适合高等生命生存的天体。那么，太阳系之外有没有与地球相似的星球呢？这是千百年来困惑人们的难解之谜。

2009 年 3 月，开普勒太空望远镜带着这个疑问踏上太空旅途，随后进入一条尾随着地球环绕太阳的轨道，它的任务是在银河系的天鹅座和天琴座区域寻找与地球相近的行星（图 1-9）。

"开普勒"安装了一台 1.4 米口径的光学望远镜以及能探测光亮度变化的传感器"光度计"。光学望远镜负责收集来自太空的光，并将收集的光聚焦在光度计上；光度计可以"感受"光线亮度的变化，灵敏度极高，哪怕亮度变化小到十万分之一，它仍可分辨出来。

然而行星不发光，"开普勒"怎么开展探测呢？我们知

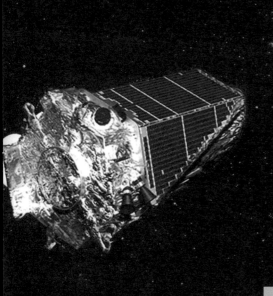

图 1-9 开普勒太空望远镜示意图

道，行星环绕恒星飞行，比如，太阳系中的八颗行星都环绕太阳飞行。太阳系外的行星——系外行星，同样环绕自己的恒星飞行，这些恒星称为行星的"母恒星"，母恒星和它的行星构成了太阳系外的恒星系统。"开普勒"首先寻找和观测母恒星，收集母恒星的物理数据，再将望远镜对准确定的母恒星。接收母恒星发射的光线时，如果这个恒星系统中的行星运行到"开普勒"与母恒星之间，行星就会遮挡恒星发出的光线，"开普勒"光度计接收的恒星亮度就会变弱。"开普勒"将探测的亮度变化数据发回地球，科学家根据恒星亮度的周期性变化，就可以推算行星的大小、轨道半径和运行周期，还可以根据行星尺寸、运行轨道以及母恒星的大小、表面温度等数据推算行星的类型和表面温度。

"开普勒"希望找到与地球相近的系外行星，怎样才与地球相近呢？科学家提出了两个条件，一是它的尺寸要与地球尺寸相近，"开普勒"将寻找尺寸为地球一半到两倍的行星；另一个是它要运行在恒星"宜居带"上。恒星"宜居带"是恒星周围特定的环状区，在"宜居带"内运行的行星，表面温度冷热适中，水能够以自然的液态状态存在。比如，太阳系中地球和火星就处在"宜居带"内（图 1-10）。"开普勒"的首要任务就是在太阳系之外发现像太阳系那样的恒星系统，寻找与地球尺寸相近的"宜居带"行星。

自从踏上太空征程，"开普勒"便全力捕捉系外行星的身影，从 2009 年到 2018 年，对 53 万颗恒星进行了观测，

图 1-10 太阳系的宜居带

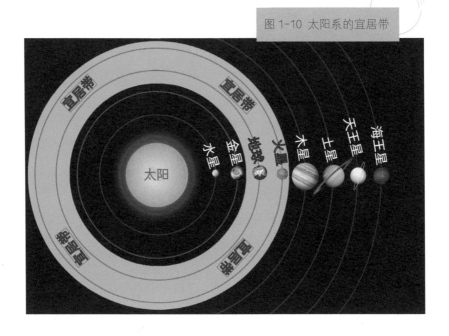

开普勒 −10
（恒星）

开普勒 −10 b
（行星）

图 1-11 开普勒 −10b 是第一颗被确认的岩质系外行星

确认了 2600 多颗系外行星，它们中的绝大多数在"宜居带"之外，只有个别的在"宜居带"上。探测表明，银河系中行星的数量可能比恒星多，既有像太阳系中木星那样巨大的气态巨行星，也有类似海王星那样寒冷的类海王星，还有个头比地球大、与地球一样同为岩质行星的"超级地球"，以及尺寸与地球相近的岩质行星。其中，开普勒 -10b 是开普勒望远镜发现并被确认的第一颗岩质系外行星，其表面温度极高，流淌着熔岩（图 1-11）。

"开普勒"的另一项重要成果是，在银河系发现了多

开普勒 -90

开普勒 -90b
超级地球

开普勒 -90c
超级地球

开普勒 -90i
岩质行星

开普勒 -9
超级地

　　个像太阳系那样的恒星系统，它们的内部可能有多颗行星

围绕母恒星运行。例如，图 1-12 所示是开普勒太空望远镜

发现的一个恒星系统——开普勒 -90 系统。开普勒 -90 系统

像一个"迷你版"的太阳系，中心是恒星开普勒 -90，八颗

行星围绕它运行。开普勒太空望远镜发现并被确认的系外恒

星均以"开普勒"加上数字序号命名，行星再按发现的时

间顺序加上英文小写字母。

开普勒 -90e
类海王星

开普勒 -90f
类海王星

开普勒 -90g
气态行星

开普勒 -90h
气态行星

图 1-12 开普勒 -90 系统

　　最令人惊喜的是，"开普勒"在系外恒星的"宜居带"中发现了与地球尺寸相近的行星。"开普勒"发射后的第二年，首次发现了一颗大小和质量，甚至表面温度都与太阳相近的恒星"开普勒 -22"，并在这颗恒星周围的"宜居带"内发现了一颗直径是地球 2.4 倍的超级地球"开普勒 -22 b"

开普勒 -22
母恒星

开普勒 -22b

地球

太阳

直径: 30582 千米

直径: 12756 千米

图 1-13 开普勒 -22b 与地球

开普勒 - **62f**　　　开普勒 - **62e**　　　开普

- 开普勒 -62 是开普勒太空望
  远镜确认的第 62 颗有行星围
  绕的恒星
- 距离地球 1200 光年
- 开普勒 -62e 和 62f 是位于宜
  居带的两颗岩质行星
- 开普勒 -62d、62c、62d 是
  位于宜居带之外的三颗行星

（图 1-13）。它可能是一颗表面被海洋覆盖的行星，也可能是一颗气态行星。通过计算机建模分析，判断它的平均温度为 15.5℃，被誉为"第二地球"。遗憾的是，科学家们还不能确定它的类型或物质构成，也无法确定那里是否有生命。

此后，开普勒太空望远镜又在几个恒星的"宜居带"发现了行星。例如，开普勒 -62e 和开普勒 -62f（图 1-14）、

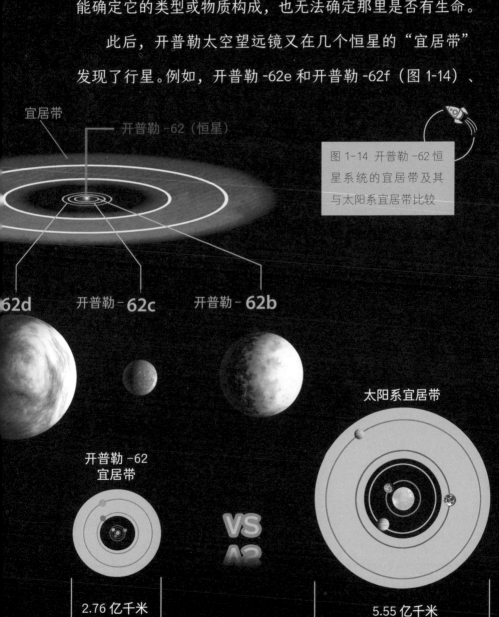

图 1-14 开普勒 -62 恒星系统的宜居带及其与太阳系宜居带比较

开普勒 -69C、开普勒 -186f 和开普勒 -452b 等（图 1-15）。不过，行星位于"宜居带"上并不意味着一定适宜生命生存，还要看行星由什么构成、行星大小以及行星大气层的组成成分。在这些系外行星中，有的可能是岩质行星，有的也可能是气态行星，有的科学家还难以确定属于何种类型。

	开普勒 -22b	开普勒 -69c	开普勒 -452b
离我们多远（光年）	600	2700	1402
直径等于地球的多少倍	2.4	1.7	1.6
行星的类型	不确定	不确定	超级地球

2018 年，开普勒太空望远镜耗尽了燃料，停止了工作。在 9 年的太空旅途中，它帮助科学家更多地了解了系外行星，遗憾的是，它没有发现与地球一样的星球。

图 1-15 开普勒太空望远镜发现的与地球尺寸相近的宜居带行星及与地球对比

开普勒 -22b 是在宜居带内发现的首颗类地行星；开普勒 -452b 比地球大 60%，它的母恒星开普勒 -452 与太阳相似；开普勒 -186f 围绕一颗红矮星运行，是在宜居带内发现的第一颗与地球直径相似的行星。

开普勒 -62e

开普勒 -62f

开普勒 -186f

开普勒 -1649c

地球

二、红外天文卫星

不知你想过没有，当你看电视用遥控器更换电视节目时，你就向电视机上的红外线接收器发射了一束红外光，电视机会根据接收的红外光信号完成换台操作，这是我们日常生活中最常见的红外光应用。红外光是波长为0.76～1000微米的电磁波，也称红外线，任何温度高于绝对零度（零下273.15摄氏度）的物体都会辐射红外线。遗憾的是，人类的眼睛看不到红外线；而某些动物，比如蝮蛇，可以用眼睛在某一波长范围通过红外线观看附近的物体。

红外天文卫星通过接收来自深空的红外光来观测各种天体。不同的天体发射的红外光波波长会有所不同，因而红

图 2-1 近红外、中红外和远红外电磁波

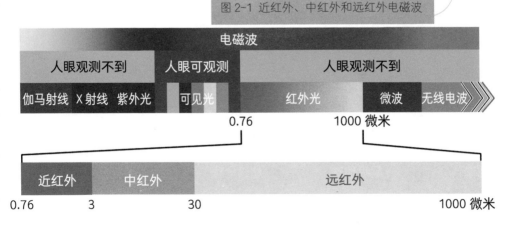

外天文卫星探测的红外光波长范围也会不同，比如近红外光（波长 0.76 ～ 3 微米）、中红外光（波长 3 ～ 30 微米）和远红外光（波长 30 ～ 1000 微米）。有些红外天文卫星可以跨越不同的波长范围，比如同时探测中红外和远红外光，还有的兼顾红外光与可见光（图 2-1）。

以观测 M81 旋涡星系为例，这个星系中濒临死亡的老恒星——比如表面温度约 2700 摄氏度的红巨星发射近红外光，温度范围 30 ～ 700 摄氏度的尘埃发射中红外光，温度范围零下 240 摄氏度到零下 170 摄氏度的寒冷尘埃和星际物质发射波长 30 ～ 200 微米远红外光，而更古老的冷尘埃星系（温度零下 270 摄氏度到零下 240 摄氏度）发射波长 200 ～ 1000 微米的远红外光（也称亚毫米波）。若用红外天文卫星探测 M81 这个星系，可以在红外范围内使用接收不同波长范围的星载设备。探测太阳系时，可以利用中红外光探测彗星、小行星以及水星和金星，而远红外光更适合用来探测冥王星、海王星等更冷的行星。

探测冰冷的世界：太空中有许多寒冷的天体或物质，它们不发射可见光也不辐射波长更短的电磁波，在可见光范围无法寻找这些黑暗的"幽灵"。然而，再寒冷的天体或物质都会发出红外辐射，利用这个特点，红外天文卫星可以对寒冷的天体和物质进行探测。比如，探测远离太阳的彗星、小行星、行星及其卫星；星际空间的冷原子和分子，孕育"婴儿恒星"的尘埃云，原始状态的恒星……

穿越尘埃寻找隐蔽的幽灵。人类要寻找的许多天体都隐藏在巨大的气体和尘埃云中，或者躲在它们的背后。气体和尘埃颗粒会吸收或散射可见光，阻挡了可见光望远镜的视野。比如，恒星和行星形成的早期阶段都被尘埃云所掩盖，无法用可见光观测。然而，波长较长的红外光可以绕过微细的尘埃颗粒，穿越气体和尘埃云，寻找隐藏在深处的"幽灵天体"。这对于探索恒星的形成过程，发现"婴儿恒星"，探测星系中的关键分子——包括水分子特别有用。

捕捉宇宙膨胀的线索。根据科学家提出的假说，宇宙起

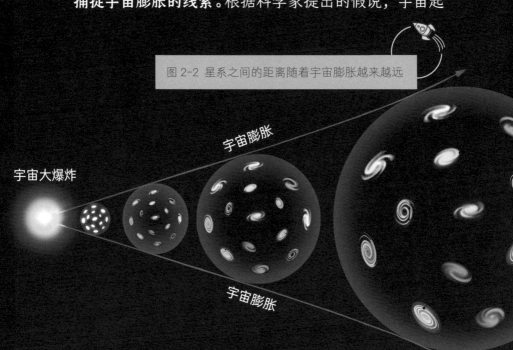

图 2-2 星系之间的距离随着宇宙膨胀越来越远

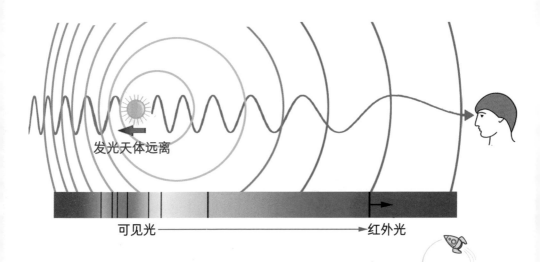

发光天体远离

可见光 ——————→ 红外光

图 2-3 发光天体远离时，接收其发射的光波波长变长

源于一场大爆炸，大爆炸后宇宙一直在膨胀。随着宇宙膨胀，星系之间的距离越来越远（图 2-2），银河系之外的所有星系正在远离我们，它们离我们越远，后退的速度越快。当它们加速离开时，我们接收到的星系和星系中各种天体发射的光波的波长会变长，比如波长从可见光向红外光移动，这种现象称为"红移"（图 2-3）。天文学家可以通过观测"红移"来研究宇宙的膨胀和变化，而红外天文卫星则是观测"红移"的有利工具。

◎ 寻找恒星婴儿和宇宙水库的航天器
——赫歇尔太空望远镜

2009 年，一颗以"赫歇尔"命名的红外太空望远镜发射升空（图 2-4）。这颗重 3.4 吨的航天器携带了一台红外

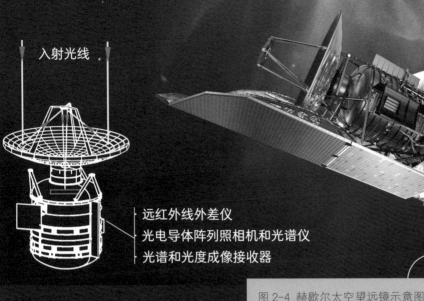

入射光线

远红外线外差仪
光电导体阵列照相机和光谱仪
光谱和光度成像接收器

望远镜和 3 台探测仪器,可以接收波长 60 ～ 670 微米的远红外光。"赫歇尔"的主镜口径达 3.5 米,仅次于詹姆斯·韦伯太空望远镜,是哈勃太空望远镜主镜的 1.5 倍(图 2-5)。望远镜的口径越大,收集的红外光就越多,灵敏度越高,就能看到宇宙中更远和更暗的天体。

"赫歇尔"在开展红外观测时,它用来探测红外光的科学仪器需要在超低温条件下工作,温度最低时要降到零下271 摄氏度。科学家为"赫歇尔"安装了遮阳罩,并将它发射到远离地球 150 万千米之外、绕日地 L2 点运行的轨道,让它在那里避开阳光和地球热辐射的不利影响,寻找宇宙中的神秘目标对于为什么把红外太空望远镜发射到日地 L2 点,我们在介绍詹姆斯·韦伯太空望远镜时有更详细的介绍。

"赫歇尔"承担了探索宇宙中冷目标的任务。它的任务繁多，我们从中选择三个例子看看它的探测任务。这三项任务是探寻三个秘密——婴儿恒星、宇宙之水和太空氧分子。

寻找婴儿恒星：太阳是怎样诞生的？恒星又是怎样形成的呢？这是天文学家长期关注的重大问题，"赫歇尔"望远镜承担了解答问题的重任。

恒星像生命体一样，要经历从诞生到成熟再到死亡的

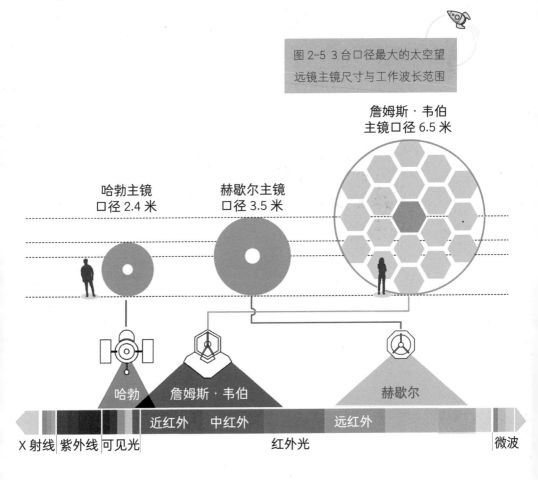

图2-5 3台口径最大的太空望远镜主镜尺寸与工作波长范围

詹姆斯·韦伯
主镜口径 6.5 米

哈勃主镜
口径 2.4 米

赫歇尔主镜
口径 3.5 米

哈勃 詹姆斯·韦伯 赫歇尔

近红外 中红外 远红外

X 射线 紫外线 可见光 红外光 微波

过程。恒星在形成的早期阶段称为"原恒星"，即原始状态的恒星，也形象地称为"婴儿恒星"，它们诞生于由氢分子气体和尘埃构成的尘埃云（分子云）之中。在万有引力的作用下，气体和尘埃物质不断地聚集到"婴儿恒星"身上，随着不断地聚集，"婴儿"逐渐长大。当这颗新恒星的质量足够大时，内部温度和压力剧烈升高，引发了氢核聚变，释放出强烈的光和热，这时一颗成熟的恒星就诞生了。

图 2-6 猎户座星云中的恒星托儿所

图片展示了猎户座大星云中的一个恒星托儿所。白框中包含了 15 颗"婴儿恒星"，其中 11 颗由"赫歇尔"拍摄，4 个小圆圈中是最冷的"婴儿恒星"。猎户座是离太阳系最近，也是最大的恒星诞生地之一。

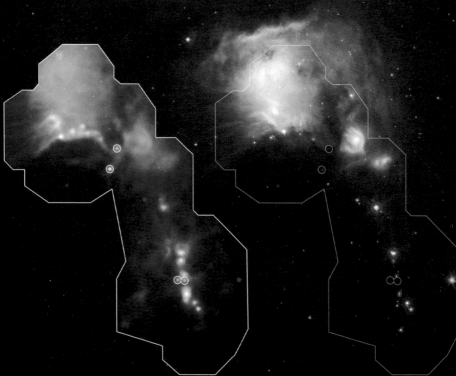

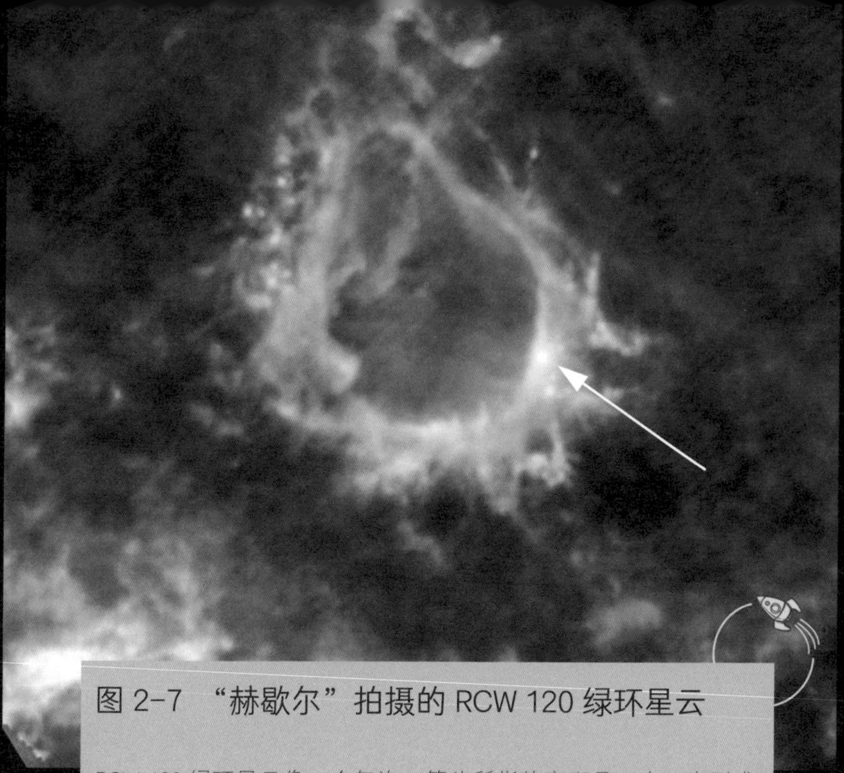

图 2-7 "赫歇尔"拍摄的 RCW 120 绿环星云

RCW 120 绿环星云像一个气泡，箭头所指的亮斑是一个正在形成中的新的"婴儿恒星"，几十万年后它将变成一颗大于太阳的新恒星。它的周围是可供"建造"2000 颗恒星的气体和尘埃云。这里是一个寒冷世界，最高温度不到零下 243 摄氏度。

　　一个尘埃云有数十万到数千万个太阳的质量，直径达 50～300 光年，可以为"婴儿恒星"提供足够多的"养料"——主要是可作为核聚变反应燃料的氢。核聚变燃烧氢释放能量，使恒星发热发光。人们将孕育"婴儿恒星"的气体和尘埃云形象地称为"恒星托儿所"，它们极其寒冷，隐藏在巨大的星云中。赫歇尔太空望远镜的一项重要成果就是发现和拍摄"婴儿恒星"以及"恒星托儿所"，获得的观测数据用来创建恒星形成的模型，以研究恒星的诞生和演化历程（图 2-6、图 2-7）。

发现太空水库：水是生命之源，地球上水覆盖了地表70%以上的区域。目前还不清楚蓝色地球上的水是在46亿年前地球形成时产生，还是地球形成后小天体撞击地球带来的。"赫歇尔"承担了在太空寻找水的重任。

幸运的是，"赫歇尔"在一个正在形成恒星的寒冷的气体和尘埃云中首次发现了冷水汽，证实了水存在于形成恒星和行星的"胚胎"中，而且这里水的含量大得惊人，足够灌满2000多颗地球的海洋，是一个名副其实的"太空水库"。科学家们将这个巨大的气体和尘埃云——它的直径超过1/3光年——命名为L1544，水以气体方式和覆盖在微小尘埃颗粒上的冰的方式存在其中，而且水分子正在向尘埃云中心聚

图 2-8 "赫歇尔"发现太空水库

这张阴森恐怖的图片显示了 L1544 的一角。这里极端寒冷，"赫歇尔"发现这里有含量惊人的冷水汽。

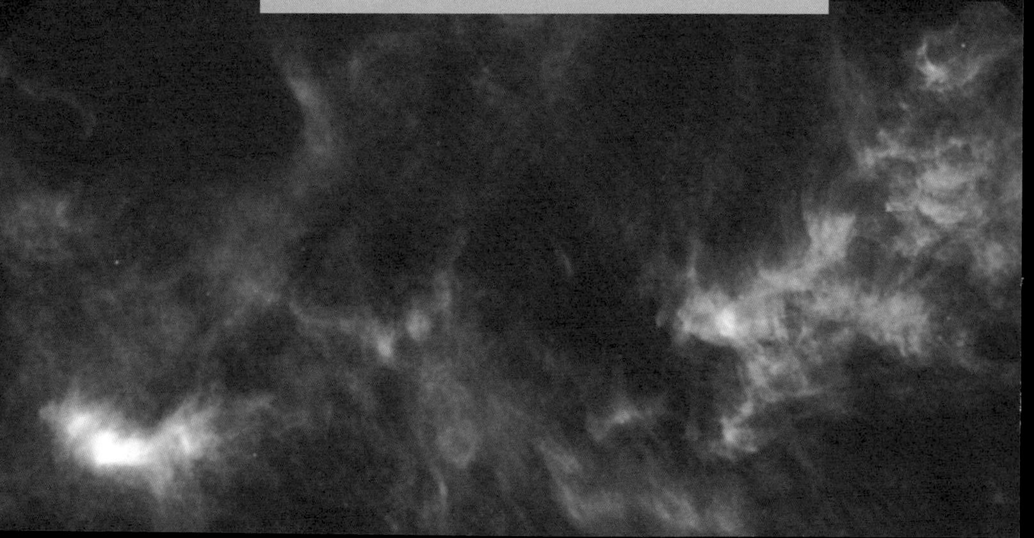

集，未来那里可能会形成一颗新的恒星（图 2-8）。

"赫歇尔"还在太阳系中找到了新水源——在谷神星上发现了冷水汽。谷神星是一颗在火星与木星轨道之间绕太阳运行的矮行星，曾也被视为已发现的最大的小行星。"赫歇尔"还发现有些彗星上的水，其化学组成与地球上的水相似，比如 103P/ 哈特利 2 号彗星和 45P/HMP 彗星；而另外一些彗星上的水，其组成与地球的水完全不同。天文学家曾观测到彗星撞入木星，这为行星上的水来自彗星的假说提供了支持。然而，假说终究是假说，地球上的水到底来自何方，仍是一团谜。

在太空中寻找维持生命的元素——氧分子：我们每时每刻都在呼入空气中的氧气，氧气是维持生命的关键要素。氧气由氧分子构成，一个氧分子又由两个氧原子构成。天文学家很早就发现宇宙中某些温暖的区域，尤其在恒星周围存在单个氧原子，但在太空中一直没有找到氧分子，这长期困扰着天文学家。

幸运的是，2011 年 8 月，"赫歇尔"在猎户座星云内正在形成"婴儿恒星"的浓密气体和尘埃中，首次发现了与地球空气中的氧气一样的氧分子。尽管极其稀少——出现 100 万个氢分子才有 1 个氧分子，但仍清晰地确定了氧分子

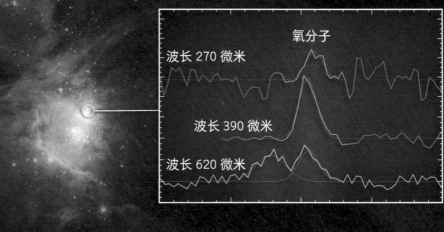

波长 270 微米

氧分子

波长 390 微米

波长 620 微米

离地球 1350 光年的猎户座星云

图 2-9 "赫歇尔"在猎户座星云中发现氧分子

"赫歇尔"探测了三个不同波长的红外光，根据探测数据形成了可以显示氧分子信息的红外光谱图。图中的三条曲线均证实了氧分子的"身份"。

的特征（图 2-9）。天文学家推测，在极寒冷的气体和尘埃中飘浮着冰颗粒，当这里孕育"婴儿恒星"时，新生的恒星将加热附近的冰颗粒，水从冰颗粒释放出来，蒸发变成水汽，从而使氧分子出现并被"赫歇尔"探测到。

从 2009 年发射到今天，"赫歇尔"已在太空辛勤工作了 13 年。它获得的科学成果众多，不胜枚举。目前它还在太空继续探寻极端寒冷的世界，人们期待它获得更多的科学成果。

◎ 探索宇宙和生命起源的强大工具
——詹姆斯·韦伯太空望远镜

詹姆斯·韦伯太空望远镜是有史以来最强大的太空望远镜，2021 年 12 月 25 日发射升空，随后进入环绕日 - 地拉格朗日点 L2 的轨道，在远离地球 150 万千米左右的太空开始了不平凡的探索旅程。

科学家们习惯将这台望远镜简称为"韦伯"。它的外形看上去有点奇葩，虽然是一台大型红外太空望远镜，却没有望远镜的镜筒，倒像是一个"飞毯"托着一个镀金圆盘，"飞毯"下面挂了一个称为"航天器平台"的装置（图 2-10），

图 2-10 詹姆斯·韦伯太空望远镜示意图

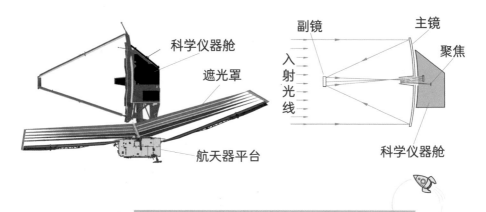

图 2-11 詹姆斯·韦伯太空望远镜结构及原理示意图

金盘、航天器平台和"飞毯"各司其职，共同执行探测任务。

金盘是"韦伯"望远镜的主镜，它是"韦伯"的"眼睛"，负责接收来自深空的光波，然后将光波反射给副镜，副镜将光聚焦在金盘背面科学仪器舱内的探测仪器上（图 2-11）。仪器舱里安装了 4 台探测仪器，它们分别接收不同波长的红外光，还能接收可见光，并将接收的光波信号转换成可以处理、存贮和传输的电信号。

"飞毯"底部是航天器平台，它安装了保障"韦伯"飞行任务的计算机和各种设备，包括用于飞行的发动机和飞行控制装置、与地球通信的天线、数据处理系统，以及控制温度以便让各个设备正常工作的热控系统，还安装了太阳能电池板，用来提供电能。

"飞毯"是一个尺寸如网球场大小、又轻又薄的遮光罩

（图 2-12），能够遮挡来自太阳和地球的光和热辐射，还能起到隔热作用，把"韦伯"隔成一个面向太阳的热端面和一个背向太阳的冷端面。"韦伯"的科学仪器需要在低温环境下工作，把它们放在冷端面，避开了阳光和地球的热辐射，并通过制冷装置将温度降到零下 266 摄氏度，保证科学仪器时刻处在极冷环境中。

探测红外光的科学仪器为什么要在极低温度下工作呢？我们知道，任何物体的温度只要高于绝对零度（零下 273.15 摄氏度）都会辐射红外线，因而"韦伯"携带的科学仪器自身也会辐射红外线，而且它们的温度越高辐射越

图 2-12 詹姆斯·韦伯太空望远镜的"飞毯"遮光罩

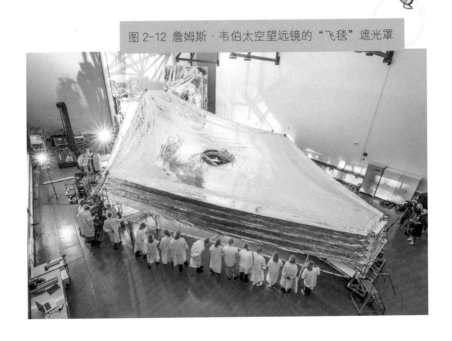

强，这会干扰对来自宇宙的微弱红外光的探测。为了避免自我干扰，需要将科学仪器安装在冷端面，并将其温度降到最低，达到零下 266 摄氏度。航天器平台内的设备要在室温（25 摄氏度左右）下工作，它们的红外辐射更强烈，所以用"飞毯"将它们与科学仪器隔开，防止航天器平台对探测的不利影响。

科学家将"韦伯"发射到地球外侧 150 万千米的区域，这里有一个称为日地拉格朗日 -2 点（日地 L2 点）的特殊空间位置。"韦伯"一边环绕 L2 点飞行，一边与地球同步围绕太阳运行，如图 2-13 所示。从图 2-13 中可见，"韦伯"

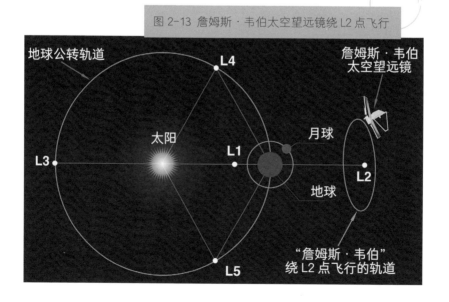

图 2-13 詹姆斯·韦伯太空望远镜绕 L2 点飞行

与地球和太阳基本处在一条连线上。在这里，"飞毯"将冷端背向太阳和地球，让望远镜指向深空，并使"飞毯"遮挡来自同一方向的阳光和地球的热辐射，从而使冷端不受太阳和地球的影响，保持科学仪器处于极低温度；同时将安装了航天器平台的热端面向太阳和地球，并可以让航天器平台上的太阳能电池板接收太阳光发电。

"韦伯"是迄今人们研制和发射的最先进的太空望远镜之一，那么它能看多远呢？太阳距离地球约1.5亿千米，太阳发出的光以300000千米/秒的光速到达地球需要大约8.3分钟，也就是说我们在任何时间看到的是8.3分钟之前的太阳。同样，如果你在夏日晴朗的夜晚看到织女星，那是织女星发出的光用了25年穿越大约240万亿千米才到达你的眼睛，你看到的是25年前的织女星。我们把光在太空中"飞行"一年穿过的距离称为1光年，1光年大约为9.5万亿千米。"韦伯"是迄今看得最远的太空望远镜，它可以看到135亿年前从宇宙深处发出的光，换句话说，它能回看135亿年之前一部分宇宙的模样。既然它有这么大的本事，科学家用它来干什么呢？

· **寻找宇宙大爆炸后诞生的第一批恒星和星系**——按照天文学家们提出的假说，宇宙诞生于138亿年前的一场大爆炸（图 2-14）。大爆炸后，宇宙最初进入一个极端高温高密度的状态，随后迅速膨胀。大爆炸后约 40 万年，温度下降到 3000 摄氏度，这时宇宙开始辐射微波，内部没有恒星、行星和星系等天体，而是充斥着辐射、氢和氦等物质。随着宇宙膨胀，温度越来越低，宇宙进入科学家所说的"黑暗时期"，而恒星、星系便从这"黑暗时期"诞生。许多天文学家认为，"照亮"宇宙的第一缕光出现在大爆炸后的 3 亿年，第一批发光的物体可能是早期超级巨大的恒星，或者是类星体。大爆炸后的 3 亿～10 亿年，形成了第一批星系；大爆炸后约 90 亿年，太阳系诞生。"韦伯"望远镜的"愿景"之一，就是利用强大的红外观测能力寻找宇宙大爆炸后的

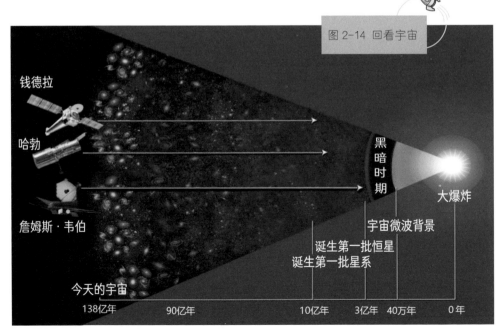

图 2-14 回看宇宙

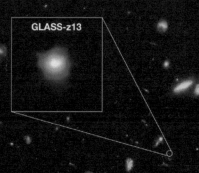

GLASS-z 13 星系的直径只有几千光年，远远小于银河

图 2-15 "韦伯"拍摄的 GLASS-z13 星系图像

"第一缕光"，回看宇宙中诞生的第一批恒星、星系或发光的物体，帮助天文学家回答宇宙中第一批恒星和星系何时形成、如何形成，以及宇宙的起源等问题。

与其他望远镜相比，"韦伯"能够看到更遥远、更古老的天体。2022 年"韦伯"发现了 GLASS-z13 星系，这个星系在宇宙诞生后大约 3 亿年已经形成，或者说它在 135 亿年前已经存在，是宇宙大爆炸后最早形成的星系之一（图 2-15）。这项成果刷新了人类观测宇宙最深最久的纪录，科学家期待未来"韦伯"发现更遥远、更古老的天体，而新的观测结果可能让人们对星系和恒星的早期形成有新认识。

·了解恒星的诞生——"韦伯"的红外视野能够穿过混沌的尘埃云，可以探测只辐射出微弱红外光的冷物体，而恒星和行星系统正是在寒冷的尘埃云中诞生的。"韦伯"利用它的特殊本领，能够探测尘埃云的细节，并能透过尘埃

图 2-16 "韦伯"拍摄的"宇宙悬崖"

这幅"宇宙悬崖"是"船底座"星云边缘的图像。"船底座"
离地球约 7600 光年，内部有大量的"婴儿恒星"，并有形
成新恒星所需的丰富气体和尘埃，被誉为恒星诞生的摇篮。

云观测刚刚诞生的"婴儿恒星"（图 2-16），揭示恒星形
成的过程和"婴儿恒星"的真实面貌。

　　2022 年，"韦伯"拍摄了处于原始状态的恒星 L1527，
这是一个大约只有 10 万年历史的"婴儿恒星"，内部还没
发生氢核聚变，这项探测为了解太阳早期和太阳系的形成

图 2-17 "韦伯"拍摄
的 L1527"婴儿恒星"

在图中沙漏状气体和尘埃云内，
L1527"婴儿恒星"隐藏在箭头
所指位置，气体和尘埃云为其"成
长"提供所需物质。横跨沙漏
颈部中央的暗线是一个原始行星
盘，未来这里可能会形成行星。

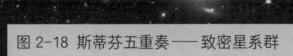

图 2-18　斯蒂芬五重奏——致密星系群

这是由五个星系组成的星系群，称为"斯蒂芬五重奏"。它们之中离地球最近的约 4000 万光年，远的约 3 亿光年。"韦伯"拍摄的图像可让科学家观察星系的合并，以及星系间的相互作用如何触发新恒星的形成。

提供了借鉴（图 2-17）。

·**研究星系的形成与演化**——星系由无数颗恒星、星团、星云等构成，我们的银河系便是其中之一。按照宇宙演化的理论，宇宙大爆炸后，早期星系的规模很小，经几十亿年的变化，才形成像银河系这样"成熟"的巨大星系。"韦伯"将通过回看宇宙，寻找最早形成的星系，了解数十亿年来

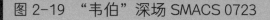

图 2-19 "韦伯"深场 SMACS 0723

这幅图显示了 SMAC 0723 星系团，这个星系团离地球约 46 亿光年，包含了成千上万个星系。图中弯曲的亮线缘于宇宙中强大引力场导致光发生弯曲。

恒星系统等数量庞大的天体是如何聚集的，巨大的星系又是如何形成和演化的（图 2-18、图 2-19）。

·探寻宇宙中适宜生命生存的环境——"韦伯"将帮助科学家寻找宇宙中适宜生命生存的地方。比如，它将对离地球 40 光年的 TRAPPIST-1 系统的行星进行观测（图 2-20），

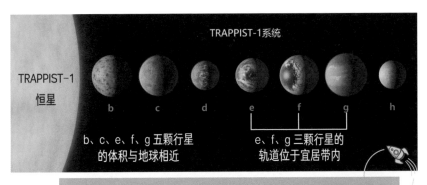

图 2-20 "韦伯"将对 TRAPPIST-1 系统的行星宜居性进行观测

探测位于宜居带的两颗行星是否有大气层，以及大气层中是否有二氧化碳、甲烷和氧气等成分。位于宜居带的系外行星的温度可以维持液态水的存在，而大气中这些成分一定程度反映了适合生命存在的"宜居"条件。

·**测量系外行星大气的成分**——天文学家现在已经发现了 5000 多颗系外行星，但人们对系外行星仍然知之甚少，"韦伯"将对系外行星开展详细测量，以获得行星大气的化学成分和物理参数。2022 年，"韦伯"对一颗距离我们 750 光年的 WASP-39b 系外行星进行了探测，这颗行星的表面温度达 760 摄氏度，测量结果表明它的大气层中含二氧化碳、氧气，还有一氧化碳、二氧化硫和水蒸气等成分，测量数据有助于天文学家了解行星是如何形成和演化的。

·**对太阳系开展研究**——"韦伯"还将对太阳系的行星开展细致的研究。比如，通过红外观测，查看木星大气层内部更深的地方发生了什么，拍摄遥远的海王星、土星的卫星高分辨率照片，观测火星的温度变化以追踪稀薄的气体等。

三、X射线天文卫星

去医院做X射线透视检查时，你是否知道X射线是什么呢？X射线——人们也把它称作X光——是一种频率极高、波长极短、能量很大的电磁波，波长范围为 0.001～10 纳米，它能够穿透我们的身体，但我们用肉眼却无法看到它，只能利用特殊设备看到X射线。

宇宙中的物质在极端条件下被加热到数百万摄氏度时，就会辐射强烈的X射线。所以，X射线天文卫星用于观测宇宙中非常热的目标或高能量目标，这与红外天文卫星主要探测宇宙中寒冷区域完全不同。温度越高的物质，辐射的X射线的波长越短、频率越高，能量也越高；温度相对低的物质，辐射的X射线的波长越长、频率越低，能量相对较低。科学家们将波长短、能量高的X射线称为硬X射线，将波长相对较长、能量相对较低的称为软X射线。

虽然X射线有很强的穿透力，但它不能通过地球大气层，会被大气层吸收，地面上的望远镜无法观测地外天体发射的X射线。所以，天文学家把观测X射线的天文望远镜发射到太空，让它们在太空收集X射线。那么，X射线天文卫星能探测宇宙中的哪些秘密呢？

宇宙中的中子星、白矮星和脉冲星、星系团中巨大的热气体云、超新星遗迹……都会发射强大的 X 射线；恒星 "死亡" 前发生坍缩、新星和超新星爆炸、两个黑洞或黑洞与中子星发生合并、黑洞或中子星凭借强大引力从邻近恒星 "抢夺" 物质的过程，也将发出强大的 X 射线。X 射线天文卫星可以探测不同天体发射的不同特征的 X 射线，帮助科学家认识辐射 X 射线的遥远天体（图 3-1）。

1970 年，首颗携带 X 射线望远镜的天文卫星乌呼鲁号（Uhuru）发射升空，此后各国陆续发射了一系列 X 射线卫

图 3-1 利用可见光和 X 射线拍摄的比较

这是天狼星 A 与天狼星 B 的合影。天狼星 A 发出强烈的可见光，利用可见光拍摄更清楚；天狼星 B 是一颗白矮星，发出强烈的 X 射线，利用 X 射线拍摄更清楚，两图对比表明用 X 射线与可见光拍摄的区别。

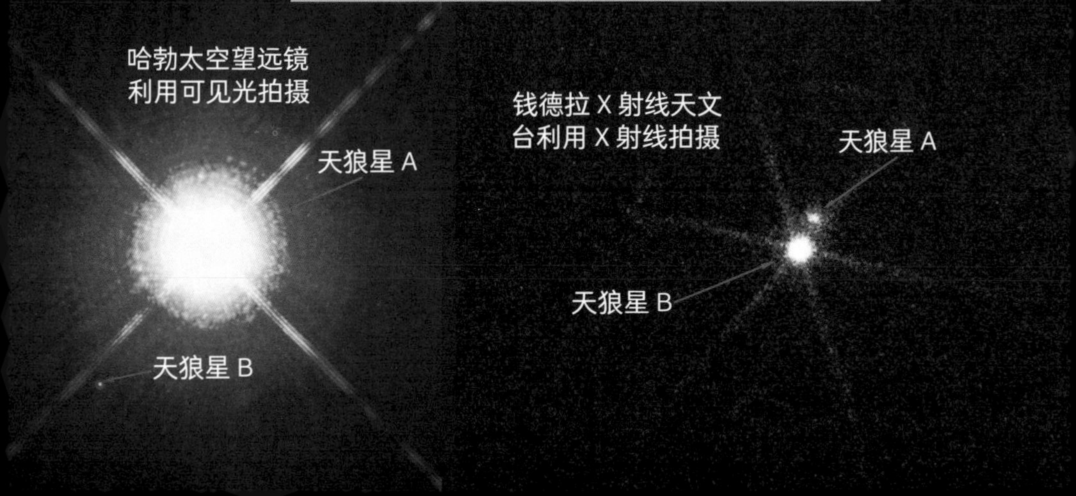

哈勃太空望远镜
利用可见光拍摄

天狼星 A

天狼星 B

钱德拉 X 射线天文
台利用 X 射线拍摄

天狼星 A

天狼星 B

星，比如爱因斯坦号（Einstein）、伦琴号（ROSAT）、先进X射线天体物理观测台（AXAF）、核星号(NuSTAR)、朱雀号(Suzaku)等，而钱德拉X射线天文台和XMM-牛顿X射线太空望远镜则是国外发射的著名的X射线天文卫星。2017年6月，中国发射了自己的首颗X射线天文卫星——"慧眼"硬X射线调制望远镜卫星，取得了重要的科学成果。几十年来，陆续发射升空的X射线天文卫星帮助天文学家发展了X射线天文学这一学科。

◎ 认识宇宙结构和演化的能手
——钱德拉X射线天文台

1999年7月，哥伦比亚号航天飞机发射升空，将钱德拉X射线天文台送往环绕地球的大椭圆轨道。这台4.8吨重的航天器安装了4架口径1.2米的X射线望远镜，配置了高分辨率照相机等4台探测仪器，可以探测不同波长、不同能量的X射线，拍摄高分辨率X射线图像（图3-2）。

"钱德拉"的主要任务是观测宇宙中热的区域和天体，以及宇宙中发生的高温事件，这些区域和事件会辐射X射线。比如，观测黑洞周围即将被吸入的物质，发现超新星爆发形成的残骸遗迹，追踪星系团中巨大的热气体云，寻找

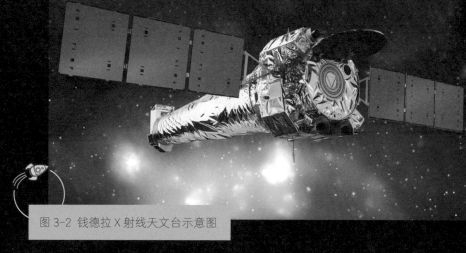

图 3-2 钱德拉 X 射线天文台示意图

隐藏在星系内部的中子星和黑洞，观测巨大气体云中正在诞生的婴儿恒星，观测两个黑洞（黑洞双星）的合并……

"钱德拉"拥有强大的观测能力，对天体的分辨率相当于在 1 千米外能看清 1 厘米大小的字母，凭借这个强大的观测能力，它可以观测 100 亿光年之外的天体，从而帮助科学家回答宇宙的起源和演化等基本问题。

经过 20 多年的探索，"钱德拉"取得了丰硕的科学成果，我们管中窥豹，举几个例子看看这位宇宙观测能手的"汗

图 3-3 车轮星系

直径 15 万光年

马功劳"。图 3-3 中右侧的圆盘看上去像不像一个奇怪的车轮？这是"钱德拉"拍摄的车轮星系。车轮星系离地球大约 5 亿光年，直径比我们的银河系还大，是由一个较小的星系撞入一个较大星系的中央形成的。撞击引发了"星暴"——快速形成大量新的恒星，数量庞大的新恒星又构成星暴环，而"钱德拉"拍下了这个奇幻美丽的图像。

图 3-4 是"钱德拉"利用 X 射线拍摄的蟹状星云，星云中心区域有一个明亮的圆环，这是剧烈的恒星爆炸留下的遗迹。一颗恒星在生命的最后阶段发生爆炸（超新星爆发），释放出巨大能量和光芒，并将全部或大部分物质向外抛散，膨胀的气体和尘埃构成了环状结构，成为超新星爆发后遗

图 3-4 "钱德拉"拍摄的蟹状星云

"钱德拉"用 X 射线拍摄

由可见光、红外光、X 射线拍摄的三幅图像叠加合成后的蟹状星云图像

留下来的遗迹。蟹状星云离地球 6500 光年，是一个典型的超新星遗迹，"钱德拉"拍摄的图像为研究恒星演化和超新星遗迹提供了线索。

图 3-5 是"钱德拉"拍摄的 NGC 6240 系外星云，这是一个巨大的热的气体云，离地球约 3 亿光年，中心区域有两个与我们银河系大小相似的螺旋星系，而且两个星系发生了合并，辐射出强烈的 X 射线。科学家推测，在 2 亿多年的漫长时间中，这里形成了数量惊人的恒星——估计有 100 亿颗恒星，导致产生了这个超大的热气体云，并且温度超过 700 万摄氏度。根据"钱德拉"获得的观测数据，科学家

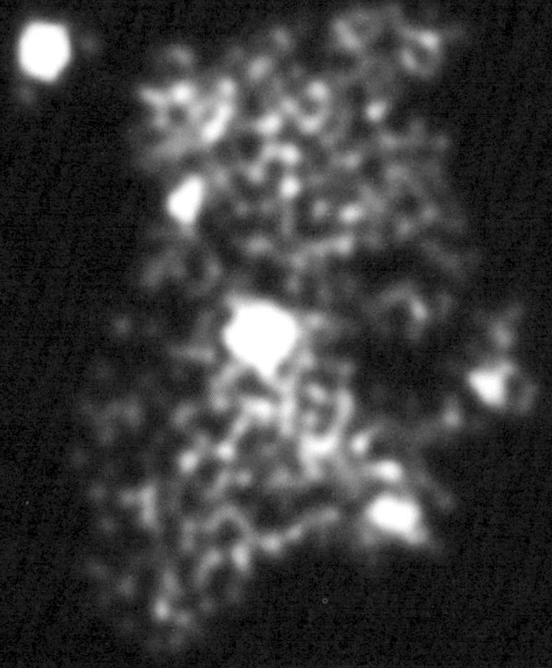

图 3-6 "钱德拉"拍摄的 3C294 星系团

认为在两个星系中都存在黑洞，未来两个黑洞最终将漂移在一起，几千万年或几亿年后合并成一个更大的黑洞。

图 3-6 是"钱德拉"在宇宙深处发现的 3C294 星系团，它辐射的 X 射线经过 100 亿年才到达地球。星系团是由数量众多的星系、气体和暗物质聚合而成的巨大天体，图像显示 3C294 星系团中存在温度高达数千万摄氏度的气体云，辐射出强烈的 X 射线。

"钱德拉"从 1999 年发射升空，至今已经在太空运行了 20 多年，目前依然是在轨运行的最强大的 X 射线望远镜，履行着探测宇宙的科学使命。

◎ 观察宇宙的"慧眼"——硬 X 射线调制望远镜

2017 年 6 月 15 日，中国首颗 X 射线天文卫星"慧眼"乘坐长征 4 号乙运载火箭飞向苍穹，踏上了"巡天遥看一千河"的太空之旅。

"慧眼"的全称是"硬 X 射线调制望远镜卫星"，它携带了能探测高能、中能和低能 X 射线的三种望远镜和一台空间环境监测器，既可以对来自宇宙的硬 X 射线进行观测，也可以对软 X 射线进行观测，还能够探测一定能量范围的伽马射线，是世界上探测高能区覆盖范围最广的天文卫星之一。

"慧眼"的外形是个立方体，两侧安装了太阳能电池板，在距离地面 550 千米的高度围绕地球运行（图 3-7）。通过控制飞行姿态，它将望远镜对准需要观测的天体目标，

图 3-7 "慧眼"硬 X 射线调制望远镜示意图

既可以目不转睛地"盯"着目标观测，也可以对大范围的天区进行"巡天扫描"，还可以对特定的小天区进行扫描，实现对重点天区开展详细探测。"慧眼"在探测到天体发射的X射线后，将获得的信号传输给地面，地面天线接收后，经过数据处理，提供给科学家开展研究。

"慧眼"承担的科学任务很多，主要是通过接收来自天体的X射线，寻找未知的黑洞和中子星；观测已知的黑洞和中子星，还将对伽马射线暴进行观测。

——探查黑洞。我们在上册中介绍了黑洞的形成，它是能吞噬周围一切物质的神秘天体，甚至光也无法逃脱它的魔掌，任何光线都不能从黑洞区域辐射出来，因而人们无法直接对黑洞进行观测。换句话说，在黑洞之外无法观察发生在黑洞内的事件，黑洞的时空界面就成为一个"事件视界"，人们只能观测视界外的天体或现象。

既然无法直接观测，那么"慧眼"又如何对黑洞进行探测呢？"慧眼"有它特殊的办法。当黑洞吞噬附近的物质时，这些物质会被巨大引力撕扯成碎片和气体，它们在落入黑洞前，在视界外围会形成一个高速旋转的吸积盘（图3-8）。吸积盘中的气体剧烈摩擦，原子猛烈碰撞，产生大量的热，导致温度升高至几百万摄氏度。在形成吸积盘的同时，靠近中心的物质还可能被猛烈抛出，形成接近光速的粒子射流——喷流。喷流猛烈冲击周围的气体，使温度达到惊人的高度。吸积盘和喷流的极端高温，导致它们发出强烈的 X 射线，黑洞因此可能暴露身份，为"慧眼"探测黑洞提供了条件。实际上，"慧眼"并不能直接捕捉到黑洞，而是通过探测吸积盘和喷流辐射的 X 射线间接地探测黑洞。

　　"慧眼"卫星发射升空后，对黑洞开展了深入观测，获得了许多科学成果。比如，"慧眼"首次清晰地观测了黑

图 3-8 黑洞的吸积盘示意图

喷流

黑洞

喷流

吸积盘

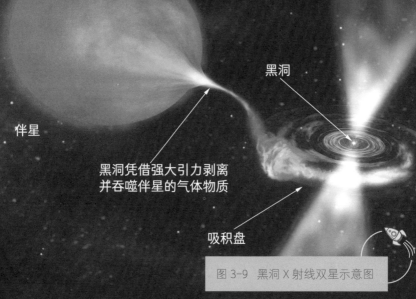

伴星

黑洞

黑洞凭借强大引力剥离
并吞噬伴星的气体物质

吸积盘

图 3-9 黑洞 X 射线双星示意图

洞 X 射线双星爆发。一个黑洞凭借强大引力吞噬其邻近恒星
（伴星）的气体物质时，产生强烈的 X 射线爆发，而黑洞
随着吞噬自身将变大,这个过程称为黑洞 X 射线双星爆发(图
3-9），它或许是宇宙中最神秘、最震撼的情景之一。"慧眼"
探测到的一个黑洞 X 射线双星被称为 MAXI J1348-630，由
一个黑洞和一颗恒星构成，距离地球大约 7170 光年。"慧眼"
在对另一个黑洞 X 射线双星 MAXI J1820+070 进行观测时，
还发现黑洞身边的喷流。

——探测中子星。当一颗比太阳个头还大的恒星耗尽内
部核聚变燃烧的燃料时，将发生超新星爆炸，爆炸暴露出
来的核芯可能成为一颗中子星，它是一颗"衰老"的大恒
星生命结束的产物。中子星内部温度超过 1 亿摄氏度，表面

温度超过 100 万摄氏度，如此高的温度使它发射极强烈的 X 射线、伽马射线和可见光。与黑洞类似，中子星凭借其巨大的引力，也会与邻近恒星组成双星系统，甚至抢夺恒星身上的气体物质。"慧眼"可以通过 X 射线对中子星进行探测。

非常奇妙的是，中子星发射的 X 射线、伽马射线都有方向性。正如地球有地磁场和磁南极、磁北极一样，中子星也有一个强大的磁场和两个磁极，在磁场约束下，X 射线和伽马射线只能从位于两个磁极的"窗口"向外辐射到宇宙中，好像是射入太空的两束对称的 X 射线、伽马射线光束。如果射出的光束与中子星自转轴不在一个方向，那么随着中子星自转，射出的光束也将跟着旋转并周期性地扫过太空（图 3-10）。

图 3-10 中子星发射的"光束"周期性地扫过太空

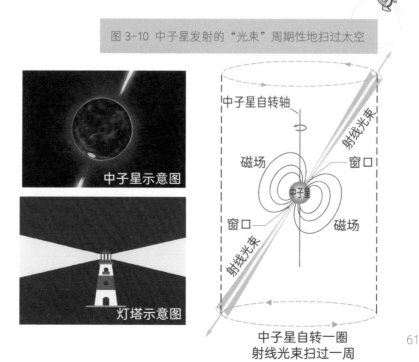

中子星自转一圈
射线光束扫过一周

假如地球恰好在中子星射线扫过的区域，中子星每自转一圈，它的"光束"就扫过地球一次，围绕地球飞行的"慧眼"卫星就会接收一次中子星发射的 X 射线。中子星不停地自转，"慧眼"就一次又一次地收到来自中子星的 X 射线，这就如同海上船只看到旋转灯塔发射的光灯那样，一明一暗，再一明一暗……如此持续不断。天文学家把这类中子星称为"X 射线脉冲星"。从"慧眼"卫星接收的角度来说，好像它接收的是一个又一个精准的脉冲信号。这种情况与北斗导航卫星向地面发射脉冲信号类似，因而脉冲星也被誉为天然的导航卫星。通过观测 X 射线脉冲星，"慧眼"成功开展了高精度脉冲星导航在轨验证，而脉冲星导航未来有可能用于航天器飞行，甚至为人类太空旅行提供导航服务。

"慧眼"卫星在观测中子星时，不断传出好消息。比如，它直接测量到迄今发现的最强磁场，利用这个中子星磁场，科学家可以研究很多重要的天文物理现象。又如，"慧眼"卫星首次观测到两个中子星合并事件，合并导致了神秘的引力波……

按照设计，"慧眼"在轨工作寿命为四年，迄今早已超过这个期限，它仍在轨道上勤奋地工作着。

四、伽马射线天文卫星

伽马射线是一种用肉眼看不见的电磁波，它的波长比 X 射线还短、频率更高，是能量范围最高的电磁波。伽马射线有很强的穿透能力，利用伽马射线的这种能力，医生们使用能够产生伽马射线束的伽马刀来杀死人体内的癌细胞，在工业领域它被用来探测产品内部是否有损伤或缺陷，它在人类生活中有广泛的应用。

在宇宙中，伽马射线存在于一切高能量爆发的宇宙事件中，来自宇宙的伽马射线携带着丰富的信息，观测伽马射线可以帮助科学家探索超新星爆发、黑洞、伽马脉冲星、伽马射线暴等宇宙之谜，伽马射线也是间接探测暗物质的重要手段。通过观测来自宇宙的伽马射线来开展天文学研究，已经成了天文学的一个重要分支——伽马射线天文学。

50 多年前，一颗名叫"轨道太阳观测台 -3"(OSO-3) 的天文卫星首次对来自宇宙的伽马射线进行了观测。此后，携带探测宇宙伽马射线仪器的天文卫星陆续发射到太空。比如康普顿伽马射线天文台（CGRO）、"雨燕"卫星（SWIFT）、费米太空望远镜等。我国 2020 年发射的"极目双星"也练

◎ 强大的伽马射线空间天文台
——费米伽马射线太空望远镜

费米伽马射线太空望远镜是一颗在近地轨道围绕地球飞行的伽马射线天文卫星(图4-1)。它利用两台探测仪器——大面积望远镜(LAT)和伽马射线暴监测器(GBM)来观测来自太空的伽马射线,它看到的天空与我们在白天和夜晚看到的天空截然不同,从而为人们打开了一扇观测广阔宇宙的新窗口。

在宇宙中,许多天体都会辐射能量不同的伽马射线,"费

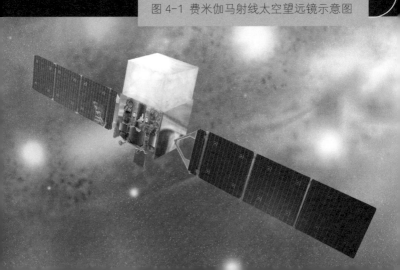

图 4-1 费米伽马射线太空望远镜示意图

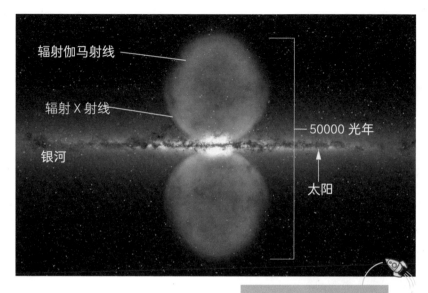

辐射伽马射线

辐射 X 射线

银河

50000 光年

太阳

图 4-2 神秘的费米气泡

米"通过观测来自太空的伽马射线，寻找和定位新的伽马射线源，比如研究大质量恒星死亡导致的超新星、中子星和脉冲星、黑洞，探测宇宙深处的类星体，探寻宇宙伽马射线的起源。

"费米"在十多年的运行中，获得了一连串重大发现。令人最惊奇的发现是奇异的"费米气泡"（图 4-2），这是从银河系中心向两侧展开的巨大结构，形状像一对巨型气泡，气泡直径达到 2.5 亿光年，科学家还不能确切地解释这个神秘结构的来源，但推测可能与银河系中心超大质量黑洞释放出的巨大能量有关。这个发现改变了人们长期以来对银河系的认识。

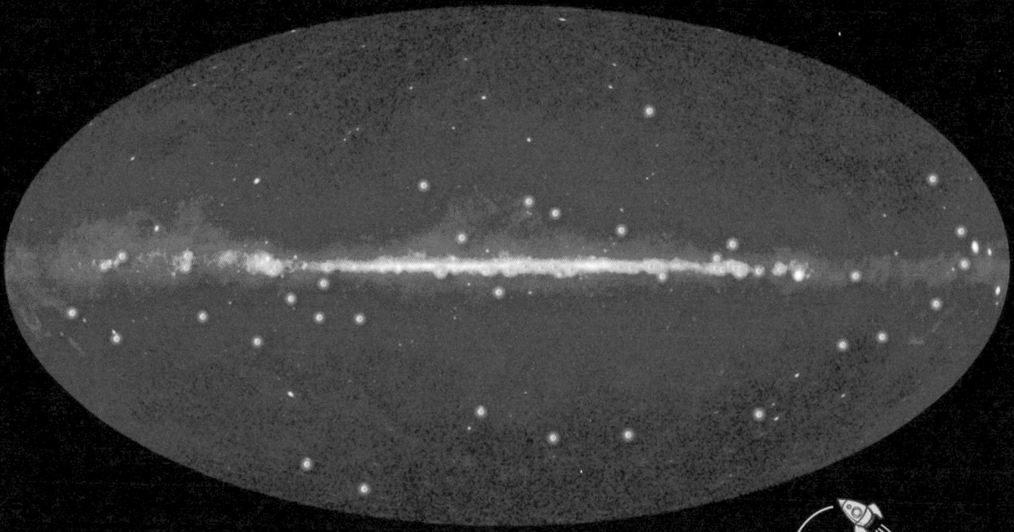

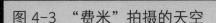

图 4-3 "费米" 拍摄的天空

"费米" 看到的天空与我们看到的截然不同。中间横线表示银河系的中心平面，亮色表示强伽马射线源，浅蓝色小圆点是发射伽马射线的脉冲星。

　　"费米" 的另一项重要发现是，超新星爆炸后留下的遗迹可能是宇宙射线的一个源泉。宇宙射线在太空中几乎无处不在，主要由质子和氦原子核构成，它们的来源长期困扰着天文学家。超新星是巨大的恒星死亡前发生的剧烈爆炸，这种爆炸释放的能量巨大，发出明亮的光芒。科学家推测，宇宙射线可能来自超新星爆炸后留下的遗迹之中。

　　"费米" 还发现了 250 多颗辐射伽马射线的脉冲星，并且探测到有记录以来最高能量的伽马射线暴（图 4-3）。我们在前面介绍过，伽马射线是波长小于 0.1 纳米的电磁波，是比 X 射线能量还高的一种辐射，在宇宙中有许多天体会向外辐射伽马射线，而"费米"是寻找伽马射线源头的优异"猎手"，善于发现那些辐射伽马射线的天体（图4-4），例如探测伽马射线暴。伽马射线暴是宇宙中发生的奇特现象——在太空中某一方向的伽马射线强度瞬间剧烈增强，然后迅速减弱。科学家对伽马射线暴的本质只有初步认识，因而这个领域受到特别关注。

图 4-4 "费米"发现的伽马射线源

图中蓝白色区域是"费米"在大麦哲伦星云中观测到的一个恒星形成区，这里辐射强烈的伽马射线，颜色越亮表示伽马射线越强烈。

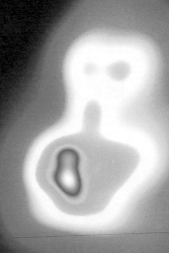

五、暗物质粒子探测卫星

◎ **捕捉暗物质幽灵的猎手**
　　　　——"悟空"号暗物质粒子探测卫星

　　2015 年 12 月 17 日，中国发射了第一颗天文卫星，科学家们从古典名著《西游记》中给这颗卫星找了一个响亮的名字"悟空"（图 5-1），希望它也有美猴王那样的火眼金睛，发现浩瀚宇宙中的神秘幽灵——暗物质。

　　每天早上，当你睁开双眼或踏出家门，迎接你的或许是五彩缤纷的世界，你可以看到喧嚣的城市、绿树红花、阳光雨露……进入夜晚，你可以观测点点繁星、绚丽的星河；你还可能凭借科学仪器，看到神奇的微观世界，例如动植物的细胞、可怕的病毒。所有的这些物质都由原子组成，都

图 5-1　"悟空"号暗物质粒子探测卫星示意图

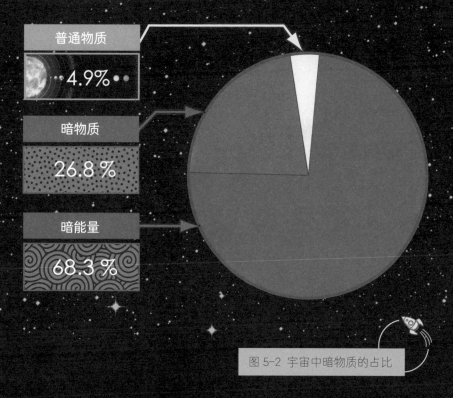

暗物质和暗能量占宇宙物质总量的 95% 以上

普通物质
4.9%

暗物质
26.8%

暗能量
68.3%

图 5-2 宇宙中暗物质的占比

能够用感官或仪器观测，我们可以将这些看得见、摸得着的物质称为"普通物质"或"已知物质"。

那么，宇宙中的物质是否都是"普通物质"呢？宇宙的奇妙总会超越大多数人的想象。通过对宇宙的长期观测，让天文学家和物理学家们相信，宇宙中存在着完全不同于"普通物质"的"暗物质"和"暗能量"，更为奇特的是暗物质和暗能量占宇宙物质总量的 95% 以上，是构成整个宇宙的"主角"，而已知物质只占了不到 5%（图 5-2）。目前，人类对宇宙中的"暗物质"和"暗能量"还知之甚少，寻找"暗物质"和"暗能量"已成为天文学和物理学领域重要的科学任务，"悟空"号暗物质粒子探测卫星的使命就是探测宇宙中的"暗物质"。

暗物质到底是什么？迄今科学家们还无法回答。暗物质不发光不发热，不吸收不反射也不向外辐射电磁波。迄今科学家除了通过观测宇宙中的引力作用间接地推测它的存在

图 5-3 也许暗物质正在穿越地球，而我们完全感觉不到

外，无论用多么先进的科学设备，无论采用可见光、红外光、紫外线、无线电波，还是采用X射线和伽马射线，都无法直接探测到这个隐身幽灵（图5-3）。由此，人们将其称为"暗物质"！

为什么许多科学家相信宇宙中存在暗物质呢？假如没有暗物质，许多天文现象将无法得到解释。比如，如果没有暗物质的强大引力作用，按照牛顿万有引力定律进行理论计算，旋转的银河系会被甩得分崩离析，而不像现在这样数千亿颗恒星聚集在银河中；又如，遥远的星光经过巨大的星系团时，光线像穿过凸透镜那样发生弯曲，这暗示着星系团中暗物质的强大引力弯曲了星光……随着人类对宇宙观测的进展，越来越多的观测数据间接支持暗物质存在的科学假说。

"深山老林有神仙，不见神仙真面貌！"既然暗物质看不见摸不着，就算"悟空"号有火眼金睛又怎能发现它呢？无法直接探测，就采用间接方法，"悟空"号选择了间接的方式探测暗物质。

根据理论研究，许多科学家预测，暗物质可能由一类特定的暗物质粒子构成。当两个暗物质粒子相互碰撞时会发生湮灭，即两个暗物质粒子一起消失，同时产生特定波长的连续伽马射线，以及新的高能粒子——包括质子和反质子、电子和正电子等（图5-4）。新粒子和伽马射线带着暗物质的信息，它们具有很高的能量，而且能被先进仪器探测。它们穿越遥远的太空到达地球，围绕地球飞行的"悟空"号通过捕获其中的高能电子和伽马射线，就有可能间接地捕获到暗物质的线索。这好比一对隐身人父母相遇，生下了带有遗传密码的普通孩子，如果获取了遗传密码，就可以追

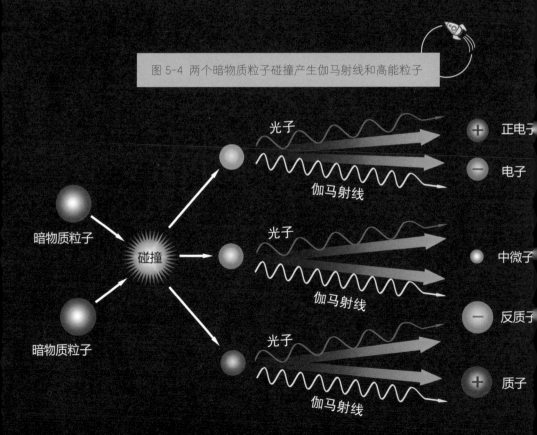

图 5-4 两个暗物质粒子碰撞产生伽马射线和高能粒子

查隐身人的秘密。

　　说起来似乎简单，其实找寻特定的高能电子没那么容易。宇宙中有不同类型不同能量的粒子，"悟空"号的过人之处在于不仅能捕获宇宙中的粒子和伽马射线，还能精确测量粒子的电荷、能量、方向，对粒子进行鉴别，从而在鱼目混珠的粒子中把可能带有暗物质信息的高能电子区分出来，同时精确测量伽马射线的能量，从而捕捉暗物质的蛛丝马迹。

　　"悟空"号在离地面 500 千米的轨道上每天绕着地球飞行 15 圈，每天向地球传回 500 万个粒子信息，其中 0.1% 是有价值的高能电子的信息。让科学家们兴奋的是，"悟空"号在探测来自宇宙的高能电子时，首次直接测量出高能电子射线能谱出异常，虽然还不清楚这个异常究竟是逮到了暗物质，还是遇到了其他新的物理现象，但这项发现对于确定或否认暗物质存在都有重要意义。

　　我们在回顾人类科学发展的历史时可以看到，许多重大进步都起源于新的发现。对重大猜想的研究不可能一蹴而就，需要积累大量的科学数据，"悟空"号为此做出了贡献。

很高兴看到这样的一套书，深入浅出，兼具科学性与趣味性，让孩子从小就能接触到尖端领域的航空、航天知识，帮孩子撷取"人类工业文明的皇冠"。

——中国工程院院士，飞行器导航控制专家 冯培德

好奇心是孩子的天性。书中以孩子能理解的方式，讲述详实有趣的航天故事和知识，点燃孩子内在的好奇心，将探索的种子根植于孩子的内心。让阅读成为悦读，让梦想插上翅膀。

——中国人民解放军航天员大队首任大队长 申行运

这套书里，一流的科学家构建了完整的航空、航天知识体系，用巧妙的方式缀珠成线，一定能够满足你对科学的好奇心。未来的空间广阔，希望这次我们能为你们打开一个通往精彩世界的大门。

——空军退役飞行员 丁邦昕

国家出版基金项目
NATIONAL PUBLICATION FOUNDATION

少年儿童航空航天分级阅读

航天读本 太空传奇

4

天文卫星和太空望远镜(上)

把望远镜架到天上

冯培德 / 总主编

屠空 / 著

航空工业出版社

北 京

图书在版编目（CIP）数据

天文卫星和太空望远镜．上，把望远镜架到天上 /
屠空著．－－ 北京 ：航空工业出版社，2021.12
（少年儿童航空航天分级阅读．太空传奇）
ISBN 978-7-5165-2869-3

Ⅰ．①天… Ⅱ．①屠… Ⅲ．①天文卫星－少儿读物
Ⅳ．① V474.1-49

中国版本图书馆 CIP 数据核字 (2022) 第 005779 号

天文卫星和太空望远镜（上）：把望远镜架到天上
Tianwen Weixing he Taikongwangyuanjing（Shang）：
Ba Wangyuanjing Jiadao Tianshang

总 主 编：冯培德
主 编：蒋宇平
作 者：屠空
字 体：仓耳字库

策划编辑：雷蕾
责任编辑：张世昌
装帧设计：骑云星工作室 王锴

航空工业出版社出版发行
（北京市朝阳区京顺路 5 号曙光大厦 C 座四层 100028）
发行部电话：010-85672688 010-85672689
承印者：北京富泰印刷有限责任公司

2021 年 12 月第 1 版
2021 年 12 月第 1 次印刷
开本：635×965 1/16
印张：3.25
字数：25 千字
定价：201.60 元（全 12 册）

自古以来，人类一直注视着深邃的太空，从古代用肉眼观察星辰大海，到现代用先进的天文望远镜寻找神秘的黑洞、暗物质和暗能量，从没有停歇过探索宇宙的步伐。60多年前，世界上首颗人造卫星发射升空，人类进入航天时代，科学家开始考虑用人造卫星观测奇妙的宇宙空间，天文卫星应运而生。这套上下两本的小册子，将向我们的读者讲述天文卫星的故事。

　　宇宙浩瀚，星空灿烂，存在着无穷无尽的奥秘。几百来年，遍布全球各地的天文台和观测站用天文望远镜日夜不停地观测着太空，破解太空的秘密。天文卫星与地面天文台的任务一样，都是捕捉各种天文现象，追寻宇宙演化的规律，寻找揭示宇宙奥秘的蛛丝马迹。天文卫星就如同把地面的天文望远镜架到了太空，大大拓展了人类观测宇宙的视野，让人们看得更深、更远、更清楚。

　　地球上空数百千米之外运行着成千上万颗人造卫星。这些卫星各有各的使命，比如，气象卫星负责对地球及大气层进行气象观测，用于提供天气和气候预报；侦察卫星用来监视敌情和战场态势，为军队作战提供决策支持；通信卫星转发无线电通信信号，为人们提供通信服务……这些应用卫星都面向地球履行自己的使命。而天文卫星是一类用来对宇宙天体和天文现象进行科学观测的航天器，它背向着地球，面向广袤的宇宙开展探测，观测的不是地球或地面上的目标，而是各种天文现象和整个宇宙空间（图0-1）。

天文卫星与那些飞往月球、火星或太阳系中其他天体的身旁，飞越或围绕月球和火星等天体开展近距离探测，或者在月球或火星等天体表面着陆，甚至采集样品带回地球的航天器不同，一般人们习惯将这些离开地球并到达天体附近或表面执行科学探测任务的航天器称为深空探测器。天

图 0-1　天文卫星是面向广袤的宇宙开展科学探测的航天器

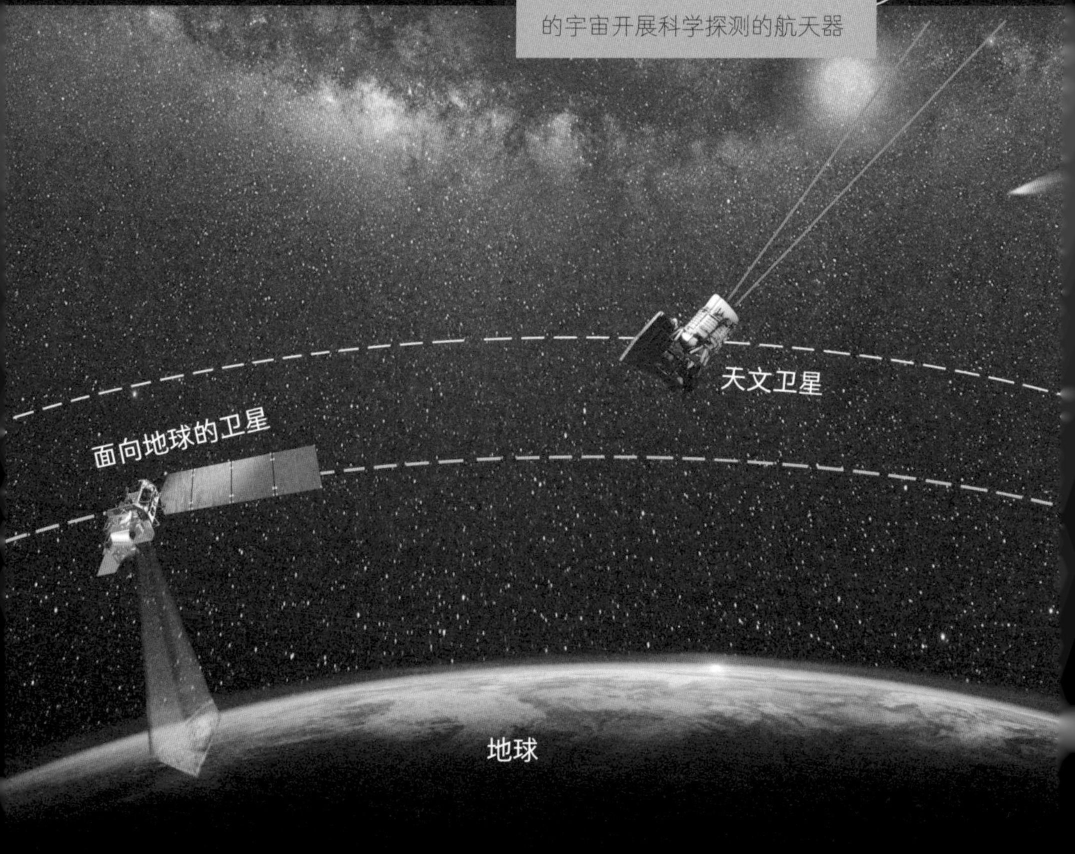

天文卫星

面向地球的卫星

地球

文卫星则属于另一类航天器，它们中的大多数围绕地球运行，携带了观测宇宙的天文望远镜或其他探测仪器，一边围绕地球飞行，一边观测茫茫太空，因而属于一种人造地球卫星；还有一些天文卫星环绕太阳运行，而不围绕地球飞行，它们同样携带了探索宇宙的天文望远镜等探测仪器，探测的目标是太阳以及更遥远的天体和整个宇宙。

天文卫星肩负着探索宇宙奥秘的重任。那么，什么是宇宙，宇宙中有哪些天体，天文卫星在宇宙中追寻的天体目标又是什么呢？在讲述天文卫星之前，我们有必要先对宇宙有一个大致的了解。

一、认识宇宙

　　宇宙是什么？"往古来今谓之宙，四方上下谓之宇"——这是中国古人心中的宇宙观，"宇"指空间，"宙"指时间，"宇宙"就是由空间、时间构成的统一体。让我们从太阳系开始讲起，简单地介绍广袤的宇宙吧。

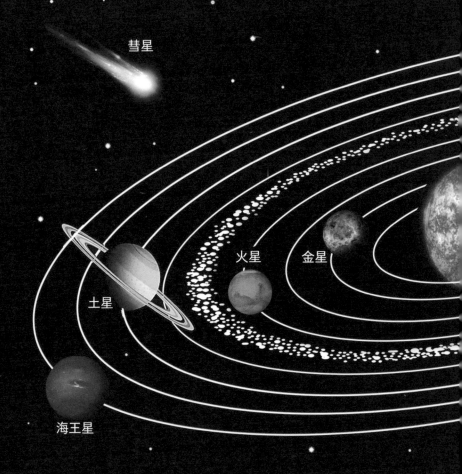

彗星

火星

金星

土星

海王星

1. 我们的太阳系大家庭

我们生活的地球是太阳系大家庭的一个成员。如果我们的目光离开地球，你可能最先注意的是耀眼的太阳。炽热的太阳是太阳系大家庭的主宰，自诞生以来就不停歇地向外辐射强烈的光线，抛出带电粒子流，照耀着整个太阳系（图1-1）。太阳是一颗恒星，恒星是一类自身发光的巨大的球

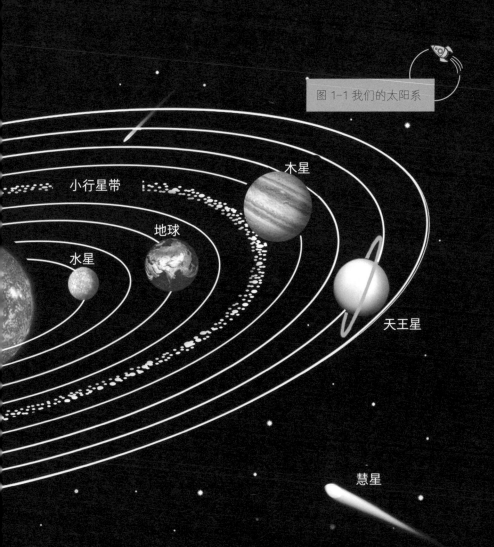

图 1-1 我们的太阳系

小行星带

木星

地球

水星

天王星

慧星

形气态天体，宇宙中有数不尽的恒星，而太阳是太阳系中唯一的恒星，也是离我们地球最近的恒星。

在太阳周围，有八颗巨大的行星围绕太阳运转。行星是环绕着恒星运转、自身不发光并具有足够大质量的球形天体。太阳系的八颗行星包括水星、金星、地球、火星、木星、土星、天王星和海王星。在这些行星中，水星、金星和火星像地球一样有固体表面，以硅酸盐岩石为主要成分，被称为类地行星或岩质行星。木星和土星的体积巨大，没有固体表面，整个星球被氢、氦等轻元素构成的浓厚大气包覆，它们也被称为气态巨行星。离太阳最远的天王星和海王星，外层是由氢、氦、甲烷构成的寒冷大气；内部主要是冰冻的水、氨和甲烷构成的"冰物质"，因而它们也被称为"冰巨星"。除了水星和金星，其他六颗行星都有自己的卫星，比如月球就是地球的卫星。

在太阳系中，除了巨大的太阳以及行星外，还有多颗个头"矮小"的矮行星以及数不尽的小行星、彗星等小天体，它们沿着自己的轨道绕太阳飞行，是太阳系大家庭中个头很小的成员。

这就是我们的太阳系，恒星、行星及其卫星、矮行星和小天体，每一个成员都沿着自己的轨道有规律地运行，从而构成了一个和谐的大家庭。

2. 观看银河系的美景

如果我们的视线离开太阳系，进入太阳系之外更远的太空，你将看到更奇妙的银河系景象。巨大的银河系由数量庞大的恒星构成，估计银河系中的恒星数量在 1000 亿颗到 4000 亿颗之间，许多恒星还有围绕自己运行的行星。我们的太阳系仅是银河系中的一个普通成员，而带给我们温暖的太阳，只是银河系中上千亿颗恒星中的普通一颗，如同沧海一粟。太阳系位于离银河系中心大约 25000 ～ 28000 光年的位置上，并且围绕银河系的中心运转（图 1-2）。

图 1-2 银河系示意图

银河系呈巨大的盘面结构，从中央伸出四条对称的旋臂，太阳系位于一条旋臂上，绕银河系中心运转一周约2.5亿年。

旋臂

银盘

旋臂

太阳

太阳

我们说太阳系在银河系中如同沧海一粟，那你能想象银河系有多大吗？让我们用光速来计量距离，一束光在真空中1秒钟将传播30万千米，相当于绕地球赤道7.5圈。一束光从太阳到达地球平均只需大约8.3分钟，这个距离大约为1.5亿千米。如果让一束光传播1年，则它穿越的距离称为1光年，相当于从太阳到地球平均距离的63250倍，大约9.5万亿千米，假如我们乘坐波音客机飞行，这个距离飞机需要不停歇地飞行120万年。在银河系中，如果我们要拜访太阳系之外

图 1-3 离太阳系最近的恒星

图中显示的是半人马座α星的三颗恒星，两颗明亮的分别为半人马座α星的A星和B星，中国古代称南门二星，它们离太阳系约4.37光年。红圈处为C星，即比邻星，是一颗红矮星，它离地球约4.24光年，是离太阳系最近的恒星。

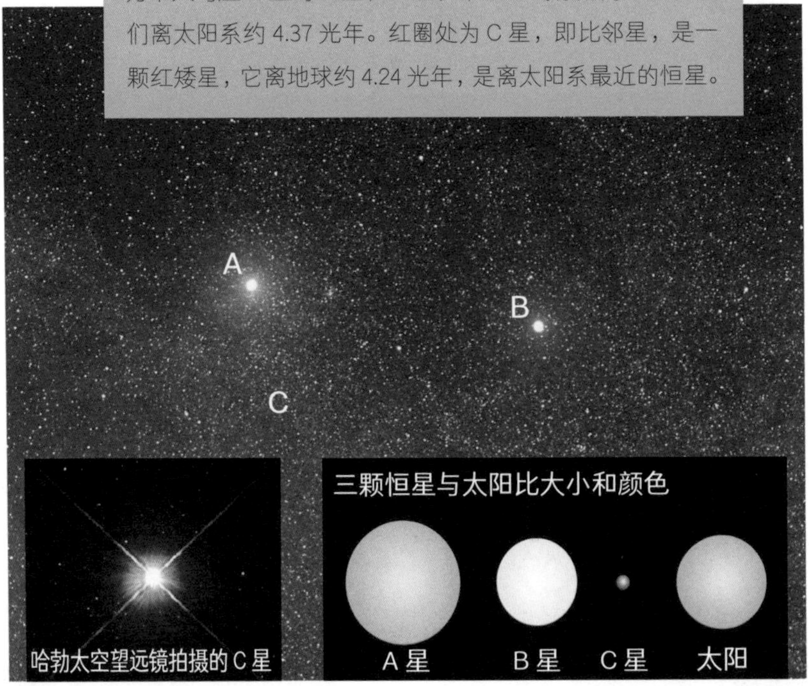

A

B

C

哈勃太空望远镜拍摄的C星

三颗恒星与太阳比大小和颜色

A星　　B星　　C星　　太阳

图 1-4 昂宿星团

在晴朗的夜晚，用肉眼能观察到昂宿星团的七颗亮星，因而它也称"七姐妹星团"，科学家在这个星团中已确认了1000多颗恒星。昂宿星团离地球约444光年，属于疏散星团。

离我们最近的恒星比邻星（图1-3），以光速飞行要4.24年，也就是说这段路程为4.24光年。而囊括了上千亿颗恒星的巨大的银河系，它的直径大约为10万光年。

银河系如此巨大，在银河系空间中，你会看到什么呢？在银河系的盘面上，你可以看到美丽的银河系星团，这是由众多恒星在引力作用下聚集在一起的巨大天体，有的形状不规则，是十几颗甚至几千颗恒星聚集成的疏散星团（图1-4）；有的是由几万到几十万颗恒星组成的球状星团，它们点缀着夜空，发出光芒，少数星团用肉眼就可以看到。

银河中还有由稀薄气体和尘埃云形成的星云，它们是巨大的延展型天体，直径可达几百光年。不同的星云有不同的形状和起源，有的像彩云而且形状不规则，属于"弥漫星云"；也有圆形、扁圆形或环形星云，它们被称为"行星状星云"；还有超新星爆发抛出的气体和物质形成的星云——也称超新星遗迹。在众多星云中，一些星云内部的恒星发出强烈辐射，激发周围气体发光，称为发射星云，而不发光的称暗星云。例如，猎户座星云就是典型的发射星云，有很高的亮度(图1-5)。

巨大的星云是恒星诞生和成长的家园。按照原始星云假说，宇宙中大量的恒星，包括我们的太阳，都诞生于宇宙大爆炸形成的原始星云中。星云中的气体主要由氢元素组成，并且大部分氢以分子形式存在，而氢是构成恒星的主

图 1-5 不同类型的星云

从左到右分别为弥漫星云、行星状星云和超新星遗迹。

猎户座星云　　　　　　　NGC 3132 星云　　　　　　仙后座 A 超新星遗迹

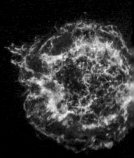

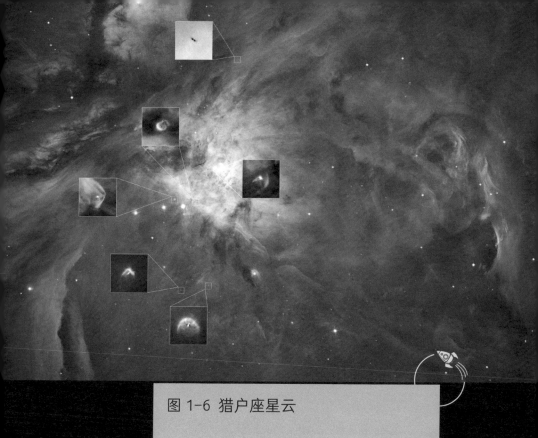

图 1-6 猎户座星云

图中小方框中的亮点是"婴儿恒星"，每个亮点都围绕着原行星盘。猎户座星云是离地球最近的星云之一，离地球约 1350 光年，恒星正在它的内部形成。

要物质。科学家将星云中形成新生"婴儿恒星"的地方比喻为"恒星托儿所"。在这里，"婴儿恒星"周围围绕着浓密的气体和尘埃，也称"原行星盘"，它包含了氢分子云等形成未来恒星系的所有物质，可为"婴儿恒星"成长提供足够的"养料"（图 1-6）。随着气体和尘埃物质在引力作用下不断地向"婴儿恒星"聚集，"婴儿恒星"内部核心的温度越来越高、压力越来越大，以致引发以氢为燃料的核聚变，这时，它开始燃烧，发光发热，"婴儿恒星"

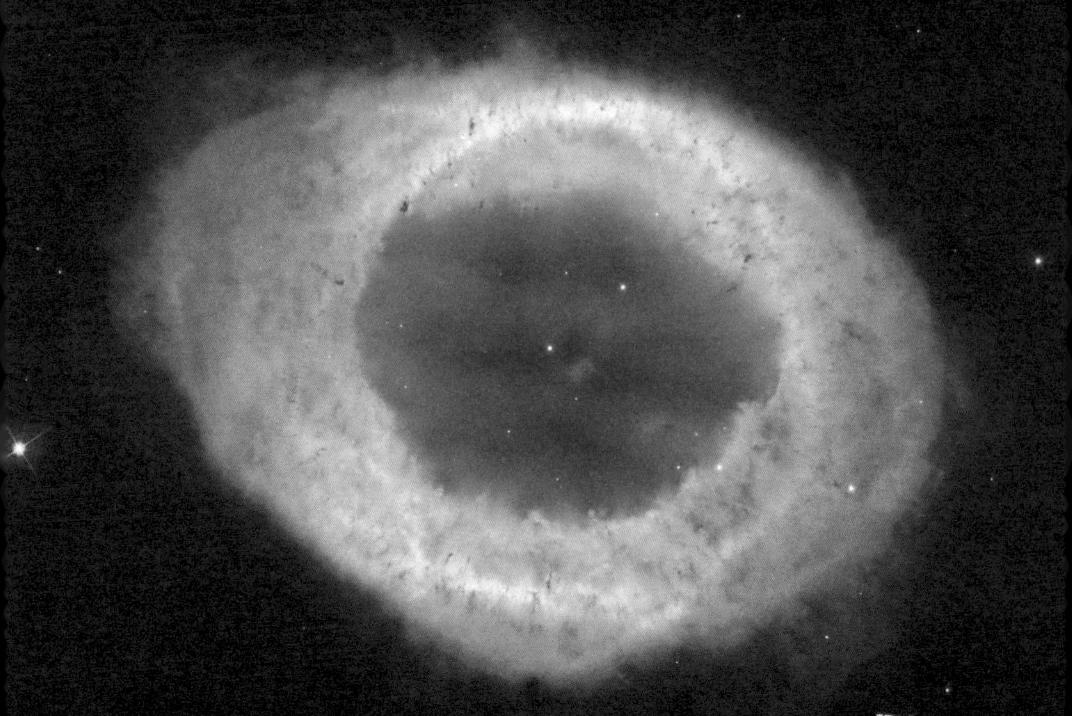

图 1-7　M57 环状星云

M57 环状星云是一颗类似太阳的恒星死亡时留下的发光残骸,也是一个典型的行星状星云,中心的白点是一颗白矮星。

演化成为一颗成熟的恒星, 年轻的恒星就此诞生。在银河系中, 星云数量庞大, 有些星云内部还隐藏着新生恒星或正在成长的"婴儿恒星", 它们都是天文卫星观测的重要目标。

对于银河系, 还有许多迷人的天体引起天文学家的特别关注, 比如红巨星、红超巨星、超新星、超新星遗迹、白矮星、中子星以及吞噬一切的恐怖黑洞, 等等。它们是恒星走向寿命终结的过程中或恒星死亡之后形成的天体（图 1-7）。比如，我们的太阳在几十亿年之后，当它内部核芯的氢燃料燃烧耗尽时，会变成一颗比现在大 100 倍以上的红巨星，随后它的气体外壳强烈地向外膨胀，最终气体外壳被抛到太空之中，在恒星附近形成"行星状星云"，而抛掉气体外壳后暴露出的核心则成为一颗白矮星（图 1-8）。太阳是一颗中等大小的恒星，如果一颗恒星比太阳大许多倍，它在生命的暮年将变成一颗巨大无比的超红巨星，随后将经历超新星爆炸，爆炸时向外抛射的物质成为超新星遗迹，

图 1-8 白矮星示意图

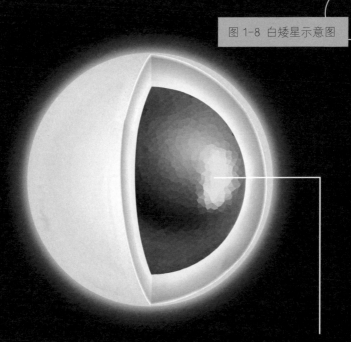

由碳和氧构成的内核

而它暴露出来的核心可能成为一颗中子星或者变成一个黑洞。一颗恒星从诞生到死亡，这个漫长的变化过程（图 1-9）是科学家在探索银河系和宇宙空间时最关注的科学问题，也是天文卫星观测的重要内容。

除了这些神秘的天体，银河系中还有宇宙 X 射线暴、伽马射线暴等千奇百怪的天文现象。而在恒星、星团、星云之间的广阔空间，还弥漫着无机分子以及由碳、氢、氧、氮组成的有机分子（已发现了几十种星际分子），这也为科学

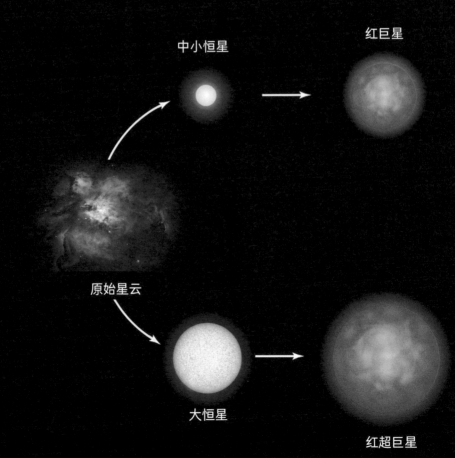

中小恒星

红巨星

原始星云

大恒星

红超巨星

家们探测宇宙生命提供了一条线索。

　　银河系的神秘还不止于此，天文学家通过科学观测和理论计算，确定银河系中存在着"暗物质"和"暗能量"。糟糕的是，迄今人类无法捕捉它们的身影，对如何获得它们的真实数据往往也毫无头绪！而黑洞、暗物质和暗能量到底是什么，又如何产生和演化，已经成为当代天文学要回

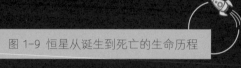

图 1-9 恒星从诞生到死亡的生命历程

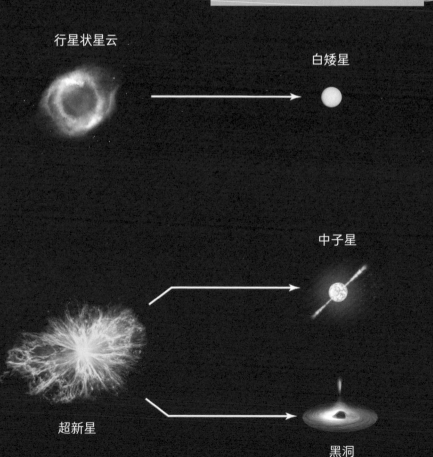

行星状星云

白矮星

中子星

超新星

黑洞

答的最重大的科学问题。

3. 放眼遥远的河外星系

如果我们的视线离开银河系，进入银河系之外更远更深的宇宙空间，你会发现，银河系只是宇宙中数量庞大的星系之一。如果有一台先进的天文望远镜，你会看到银河系外有数不清的河外星系，银河系只是亿万个星系中的普通一员，没有特殊地位。河外星系是指银河系以外的星系，与银河系一样，也是由大量的恒星和行星、星团、星云、星际物质等组成的巨大星系，那里同样存在着黑洞、暗物质和暗能量，并且不停地向宇宙空间辐射能量（图 1-10）。河外星系离我们太遥远了，即便使用先进的望远镜，有的看上去也仅仅是一片模糊的云雾状，因而它们也被称为"河外星云"。

河外星系的形状千奇百怪，天文学家按照形状把它们分成螺旋状星系，椭圆状星系和形状不规则的星系。螺旋状星系还可进一步分为正常的螺旋星系和棒旋星系。河外星系是巨大的天体，最小的直径也有 3300 多光年，大的直径可达 50 万光年。河外星系之间的距离可以超过数百万光年，分布在浩瀚的宇宙空间，用最先进的望远镜也只能观测到很少的一部分，大部分河外星系在望远镜的视线之外，假

图 1-10 哈勃太空望远镜拍摄的 NGC 6946 焰火星系

这个美丽的螺旋状星系离地球大约 1000 万光年，位于仙王座和天鹅座交界处。

如我们将宇宙中星系的数量比作沙海，那么银河系只是其中的一粒细沙。

4. 巨大的星系群、星系团与超星系团

假如用先进的望远镜观测宇宙，你会发现银河系不是孤独的，它与仙女星系、麦哲伦星系等 50 个星系组成了一个群体——星系群。天文学家将银河系所在的星系群称作本星系群，银河系是本星系群的家庭成员。

然而，本星系群在浩瀚的宇宙中也只能算一个小群体，是规模更大的室女座星系团中的一员，而室女座星系团包含了 1300 ～ 2000 个星系。在宇宙空间，成百上千个星系在引力作用下聚集成极其庞大的星系大家族——星系群或星系团。如果组成这个家族的星系成员数量较少，就称为星系群；如果星系成员数量众多，就称为星系团（图 1-11）。通常一个星系团可能有数百个到数千个星系，还可能包括众多个星系群。但是，星系团在宇宙中还不是最大的结构，多个星系团还能集聚在一起构成更高一级的超星系团，比如 2 ～ 3 个甚至几十个星系团聚集成一个超星系团，这是一种尺度巨大的天体系统，如果用光来穿越，需要上亿年。

图 1-11 阿贝尔 370 星系团

阿贝尔 370 星系团离地球 40 亿光年，包含几百个星系。图中的弧线显示，穿越它的星光在强大引力的作用下发生了弯曲，表明内部隐藏着巨大的暗物质。蓝色区域的温度达几百万摄氏度，炽热气体发出强烈的 X 射线。

5. 天文望远镜中的总星系

天文学家将人类借助地面上的天文望远镜和太空望远镜能看到的宇宙空间以及所有天体称为总星系。或者说总星系就是人类观测所及的宇宙部分。通过对总星系的观测，科学家研究宇宙大爆炸、宇宙起源、宇宙背景微波辐射等现象与理论。目前，人类借助先进的詹姆斯·韦伯太空望远镜等观测仪器，观测范围达到了 135 亿光年，也就是说能看到 135 亿年前一部分宇宙空间的景象。人们还利用不同频率或波长的电磁波，比如可见光、红外光、微波、X 射线和伽马射线等观测宇宙，使人类对整个宇宙的认识越来越清晰。

6. 暗物质和暗能量

我们从上面的介绍中可知，宇宙中有难以穷尽的恒星和行星、星团和星云，无法计数的庞大星系，巨大的星系群和星系团等天体，它们分布在广袤的宇宙之中然而，所有"看得见"的天体只是构成宇宙的很小的一部分。近年来的科学研究表明，整个宇宙存在着至今人类用各种先进设备无法直接看见的暗物质和暗能量，它们就像隐身侠客，藏身于星系、星系团等天体中，隐身于整个宇宙空间。一些科学家认为，暗物质和暗能量是宇宙最重要的成分，占宇宙物质

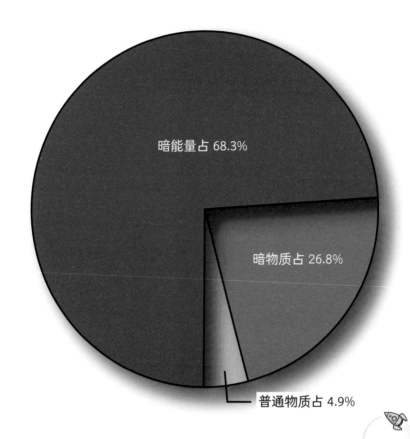

暗能量占 68.3%

暗物质占 26.8%

普通物质占 4.9%

图 1-12 暗物质和暗能量约占宇宙物质总量的 95%。

总量的 95% 以上，而我们通常理解的物质，比如恒星、行星、星云以及由它们组成的看得见的星系、星系团等普通物质，总共只占宇宙物质的 4.9%（图 1-12）。当前，寻找和探测暗物质和暗能量，是各国天文学家也是天文卫星的重要任务之一。

二、用天文卫星观测宇宙

自古以来，人类一直注视着神秘的宇宙。天文学是帮助人们认识宇宙的一门科学，它的任务是解释我们看到的天文现象，认识宇宙。天文卫星则是人类用来认识宇宙的工具，天文学家借助天文卫星发现新的天体，测量它们的位置，认识它们的运动规律，研究它们的物理性质、化学组成、内部结构、能量来源以及它们的起源和演化规律；同时了解宇宙的结构，探索宇宙的起源和演化规律等。

1. 传递宇宙信息的使者

我们知道，宇宙中的天体距离地球都非常遥远。即便离太阳系最近的系外恒星比邻星，离我们也有 4.24 光年。我们无法像对待月球或太阳系的行星那样，派出深空探测器到它们身边进行近距离的直接探测，只能通过接收或捕获天体发出的信息来认识它们。

幸好，至今人类观测的天体大多会向外发出信息，为通过天文卫星和天文望远镜进行观测提供了条件；而像黑洞那样吞噬万物的天体，则可通过捕获由黑洞引起的天文现象所释放的信息，来进行科学判断。

宇宙中各类天体向外发出的信息主要是电磁波。电磁波对于我们来说并不陌生，比如，用眼睛观看物体所依赖的可见光，医院做透视用的X射线，微波炉加热饭菜发射的微波，收音机和电视接收的无线电波，冬天取暖时红外加热器发射的红外线，以及夏日在海边让你晒秃噜皮的紫外线，这些都是电磁波（图2-1），只是它们的波长和频率有所不同。电磁波无所不在，任何一个物体的温度只要超过绝对零度（零下273.15摄氏度），都会以电磁波形式向外辐射能量。宇宙中的天体也遵循这个规律，而天体发射的电磁波携带了相关

图 2-1 生活中遇到的电磁波

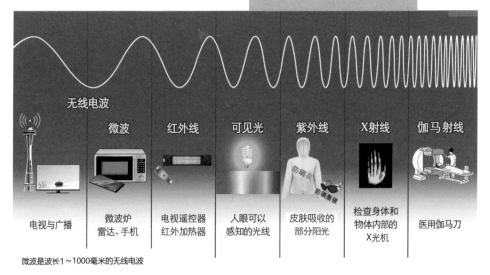

无线电波

| 微波 | 红外线 | 可见光 | 紫外线 | X射线 | 伽马射线 |

电视与广播

微波炉
雷达、手机

电视遥控器
红外加热器

人眼可以
感知的光线

皮肤吸收的
部分阳光

检查身体和
物体内部的
X光机

医用伽马刀

微波是波长1～1000毫米的无线电波

天体的信息，提供了解开天体秘密的钥匙，因而电磁波成为传递宇宙信息的使者。天文卫星凭借接收来自宇宙中的电磁波，来捕捉各种天体的信息，为认识天体提供线索。

对于电磁波，可以用 3 个物理量，即传播速度、电磁波的波长和频率来描述。在真空中传播时，电磁波的传播速度 C 与光速相同（光本身就是一种电磁波），这是一个恒定值，即 $C=299792.458$ 千米／秒。所以，宇宙中天体发射的电磁波的速度可以视为不变的光速，而电磁波的波长与频率有对应的关系，因而无论是波长还是频率，只要知道了其中一个物理量，就可以描述电磁波的性质。

我们可以用波长或频率对电磁波进行划分。例如，我们肉眼在可见光频段观看世界，可见光是波长在 400～760 纳米范围的电磁波；紫外光、X 射线和伽马射线是比可见光波长更短的电磁波，比如 X 射线是波长 0.01～10 纳米范围的电磁波；而红外光和无线波是波长更长的电磁波（图 2-2）。其中，天文学家也将可以穿过地球大气层并可以用射电望远镜接收的一部分无线电波称为射电波。

宇宙中的天体会向太空发射各种电磁波，发射电波的天体几乎遍及人们观测的所有对象：星际分子、尘埃云、恒星、星团、星云、星系、星系团等。例如，白矮星、蓝巨星、红

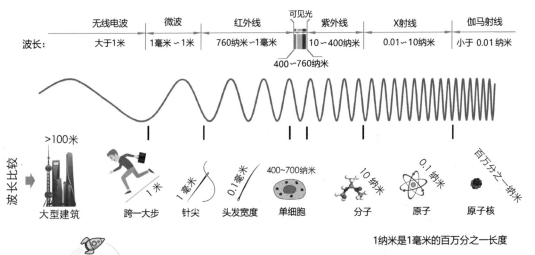

图 2-2 不同电磁波的波长

巨星以及像太阳那样的恒星，会辐射不同波长的电磁波，其最显眼的是发出不同颜色的可见光；中子星、脉冲星、超新星遗迹可辐射极其强烈的 X 射线或伽马射线；超新星爆发时的电磁辐射经常能够照亮其所在的整个星系，发出耀眼的光芒；而整个宇宙都存在着宇宙微波背景辐射。

宇宙中的任何一个天体都可能辐射不同波长或频率的电磁波，而它们辐射的电磁波会带着它们自己的"印迹"。比如，天体的温度越高，在其辐射的各种电磁波中，辐射能量最高的那部分电磁波的波长就越短、频率就越高；反之，相应的波长就越长、频率就越低。因此，天体辐射的电磁波中就暗藏了自己"体温"的信息。那些温度极高的天体如中子星、超新星遗迹或非常热的气体物质会向太空辐射波长短、

波长（纳米）　　　　　　　　10

X- 射线 ←→ 紫外光

望远镜工作波长　　　　10 ～ 100 纳米　　　　　　200 ～ 400 纳米

10000000 摄氏度
X- 射线

10000 摄氏度
紫外光

钱德拉 X 射线望远镜拍摄

星系演化探测器拍摄

"钱德拉"用 X 射线可以探测
M51 星系中温度最高的气体

星系演化探测器采用紫外光探测
温度极高的巨大恒星 —— 蓝巨星

频率高的 X 射线或伽马射线；像太阳那样表面温度约 6000
摄氏度的恒星会向太空辐射强烈的白色或黄色的可见光；
而宇宙中极冷的分子云则辐射波长长、频率低的微波或无线
电波。天文学家利用不同的观测仪器接收来自天体不同波长
的电磁波，再对电磁波信息进行分析，就可能对天体的温
度乃至它们的类型作出判断，揭示它们的真相，甚至有机
会捕捉和发现神秘的未知天体。

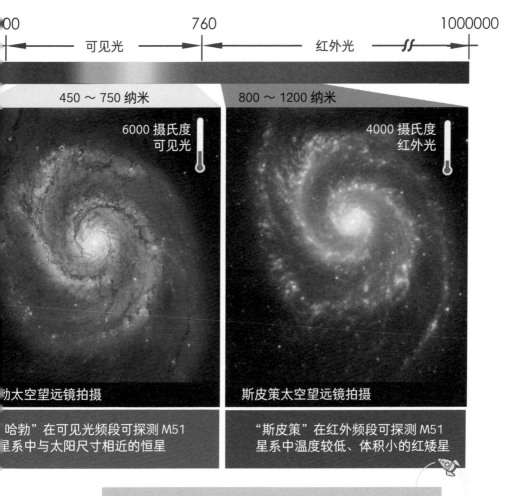

图 2-3　用不同波长和频率的电磁波对 M51 旋涡星系开展探测

图 2-3 所示为 M51 旋涡星系的 4 幅图像，巨大的 M51 星系中蕴藏着大量的恒星、巨型分子云、热气体，还有黑洞、中子星、白矮星等各种天体，科学家利用不同的天文望远镜分别在 X 射线、紫外光、可见光、红外光范围内的某个频段拍摄了 M51 星系。其中，哈勃太空望远镜在可见光段拍摄的图像可以帮助科学家研究 M51 星系中尺寸与太阳相近，

表面温度约 6000 摄氏度的恒星；星系演化探测器在紫外光频段获得的图像有助于科学家寻找温度达 10000 摄氏度、体积巨大的蓝巨星；斯皮策太空望远镜在红外光频段拍摄的图像能够帮助科学家发现体积还不到太阳一半、温度较低、发光非常暗淡的小恒星——红矮星；在 M51 星系中温度极高的气体区域原子被电离、辐射出 X 射线，则用钱德拉 X 射线望远镜开展探测（图 2-3）。

通过接收天体发射的电磁波来认识宇宙，是天文卫星观测宇宙的最主要手段。实际上，宇宙中还有传递宇宙信息的其他使者，比如来自银河系和河外星系的宇宙线。宇宙线是由比原子还小的粒子形成的粒子束流，这些粒子穿越太空的速度极快，能量非常高，被称为高能粒子，它们以略低于光速的速度穿越太空，形成了粒子束流。在这些高能粒子中，接近 90% 的粒子是质子（氢原子核），其他还包括氦原子核、电子和正电子、光子，还有极少数的碳、氧、铁元素的原子核等。科学家普遍认为，宇宙线携带了超新星遗迹、脉冲星、黑洞、暗物质的信息，开展宇宙高能粒子研究，对了解暗物质和暗能量、宇宙的起源和演化都有重要意义。利用天文卫星到太空中去探测和收集宇宙线或高能粒子，已成为科学家探测宇宙的重要途径之一。

2. 把天文望远镜架到太空中

60 多年前，苏联发射了人类首颗人造地球卫星，那时的科学家们开始思考怎样才能把天文望远镜从地面架设到太空中。1960 年第一颗观测太阳的人造卫星"太阳辐射监测卫星"发射升空，探测到了太阳发射的紫外线和 X 射线。从此，天文卫星走上了观测宇宙的岗位。

然而，也许你会提出这样的疑问：既然在地球上可以建设强大的天文望远镜，又何必把天文望远镜架设到太空呢？比如，我国在贵州省的大山深处就建设了被誉为"中国天眼"的射电望远镜——500 米口径球面射电望远镜（英文简称为 FAST）（图 2-4），这台世界上最大的单口径射电望远镜具有强大的观天本领，可以搜寻遥远的脉冲星、追查快速射电暴的起源、发现深空中的氢原子、探测神秘的低频引力波……有了这台目光敏锐的"中国天眼"，中国和世界各国还有许许多多强大的地基天文望远镜和天文台，还有必要研制和发射天文卫星吗？要回答这个问题，我们必须从地球大气层说起。

地球上空厚厚的大气层既是人类的保护罩，遮挡了来自宇宙的强烈紫外线和高能粒子，还为生命生存和繁衍提供氧气和水，但它也像一层看不见的过滤网，来自太空的绝大部分携带天体重要信息的电磁波,在穿过大气层时被大气层吸收或散射,只有一小部分电磁波能够穿过这层滤网,被地面的光学天文望远镜和射电天文望远镜接收。可以说,地球大气层一定程度地蒙住了地面上天文望远镜观望宇宙的"眼晴",使人类无法看到更远更深的宇宙空间。

宇宙中的各类天体会发出不同形式的电磁波,从伽马射线、X射线、紫外光到可见光、红外光以及微波和无线波。遗憾的是,来自宇宙的电磁波经过地球大气层过滤,只有可见光、微波以及一部分红外线和一部分紫外线能够穿过大

图 2-4 中国天眼 —— 世界上最大的单口径射电天文望远镜

气层，其他如伽马射线、X射线、大部分紫外和红外光以及长波无线电波都无法到达地面。而那些到达地面的电磁波穿过大气层时也会衰减，比如可见光波透过率大约为90%。因此，在地球上的天文望远镜只能观测到一部分来自宇宙的电磁波。要想不受遮挡地清楚地观测整个太空，最好的方法是把天文台搬到太空，在那里可以在整个电磁波范围对宇宙进行观测。

也许你认为在高海拔地区，空气稀薄，在那里观测宇宙可以冲破大气层的束缚，这个想法天文学家们早就想到了。在高海拔地区开展天文观测，确实比低海拔地区观测有利得多，这也是为什么大多数地面天文台设在高山上的原因。但大气层就像无形的眼罩，就算把天文台搬到高山上，你仍旧无法接收来自天体各个波长范围的电磁波。解决这一问题的有效方案，还是发射天文卫星。

地球大气层不仅过滤了来自太空的电磁波，也会阻挡宇宙线。例如，当宇宙线到达地球大气层的顶层时，宇宙线的高能粒子将与大气层中的原子相撞，碰撞使高能粒子"粉碎"成一大批更微小的次级粒子，这些粒子像瀑布一样冲向大地（图2-5），因而到达地面的已不是"原初宇宙线"，而是它的"碎片"。科学家在地面或利用高空气球等手段，通过捕获和分析次级粒子，可以对宇宙线开展研究，但更好的方法是让天文卫星捕获原初宇宙线或它的高能粒子，得到"第一手数据"，从而揭示宇宙线背后的秘密。

利用天文卫星对宇宙进行观测，除了可以避开地球大气层过滤电磁波的影响外，还有许多好处。比如，地球大气湍流会影响地面光学天文观测的精度，而天文卫星则不受此影响；又如，人类活动造成的光污染、空气污染、地球上的电磁波干扰——比如我们用手机接打电话、无线电广播、雷达

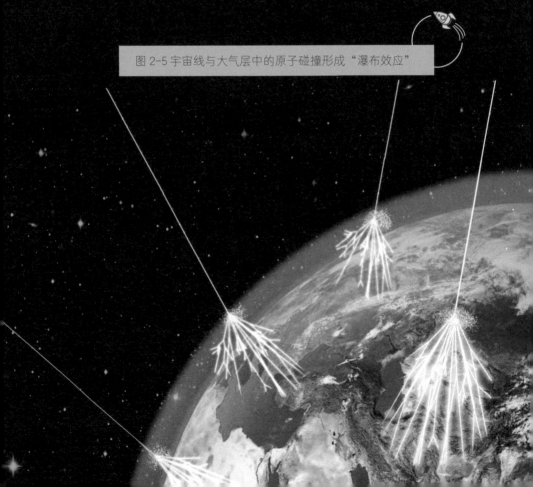

图 2-5 宇宙线与大气层中的原子碰撞形成"瀑布效应"

波等造成的干扰,也会对地面开展的天文观测造成不利影响,而天文卫星开展的观测活动完全不受人类活动的影响。

由此可见,利用天文卫星进行天文观测,有其独到的好处和优点,它将与地面的天文望远镜形成互补,成为人类观测宇宙的强大工具和手段。

3. 太空中有哪些天文卫星

天文卫星属于科学卫星中的一大类型。从20世纪60年代发射首颗天文卫星至今,各国已经发射了大量不同的天文卫星,它们的种类繁多,形形色色,探测的天体目标和探测功能各不相同。那么,都有哪些类型的天文卫星在探索宇宙的奥秘呢?

科学家常常按照观测目标将天文卫星划分成两类,即太阳观测卫星和非太阳探测天文卫星。在天文卫星中,有一类的主要任务是观测太阳,获得关于太阳的科学数据,这类天文卫星属于太阳观测卫星。比如,中国2022年发射的"先进天基太阳天文台",也称"夸父"1号,就是一颗综合性太阳探测专用卫星。又如,1995年欧洲发射的太阳与日光球观测台探测器(SOHO)以及美国于2018年发射的帕克太阳探测器都属于太阳观测天文卫星(图2-6)。

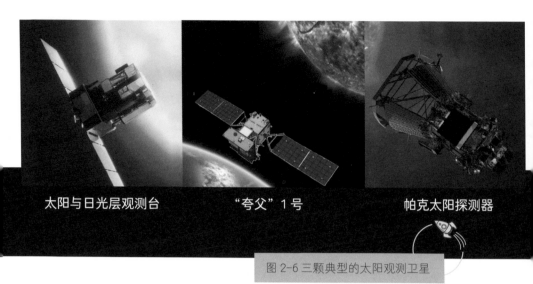

太阳与日光层观测台　　　　　　"夸父"1号　　　　　　帕克太阳探测器

图 2-6 三颗典型的太阳观测卫星

另一类主要观测太阳以外的天体，比如寻找太阳系外的行星、发现超新星、捕获脉冲星、寻找黑洞、寻找暗物质的线索、研究银河系及河外星系等各种天体和天文现象，这一类是非太阳探测天文卫星。中国发射的硬 X 射线调制望远镜卫星"慧眼"号和暗物质粒子探测卫星"悟空"号（图 2-7），以及美国的哈勃太空望远镜、詹姆斯·韦伯太空望远镜都属于这类天文卫星。

天文卫星通常还按照接收宇宙电磁波信号的范围来划分。例如，将主要接收伽马射线或 X 射线的天文卫星称为伽马射线天文卫星或 X 射线天文卫星；将主要接收红外光的称为红外天文卫星；还有紫外天文卫星、射电天文卫星等。这些天文卫星都通过探测来自宇宙的电磁波信号获得天体信息，只是它们携带的探测仪器接收的波长或频率有所不同（图2-8）。不过，许多天文卫星可同时接收多个频率范围的电磁波，扮演天文观测"多面手"的角色，比如著名的哈勃太空望远镜就可以在可见光、近红外光和紫外光范围观测。我国的"慧眼"天文卫星主要接收来自宇宙深处的X射线，也可以接收伽马射线。伽马射线和X射线的光子有很高的能量，因而伽马射线天文卫星和X射线天文卫星又称高能天文遥感卫星。

除了探测电磁波信号的天文卫星，还有探测非电磁波信号的天文卫星，比如探测宇宙中高能粒子的天文遥感卫星等。这类卫星的数量较少，我国2015年发射的"悟空"号暗物质粒子探测卫星就属于这一类。

图2-7 中国发射的"慧眼"号和"悟空"号卫星示意图

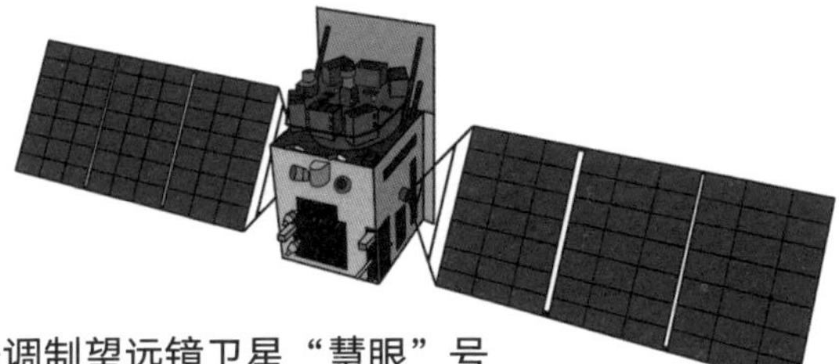

硬X射线调制望远镜卫星"慧眼"号

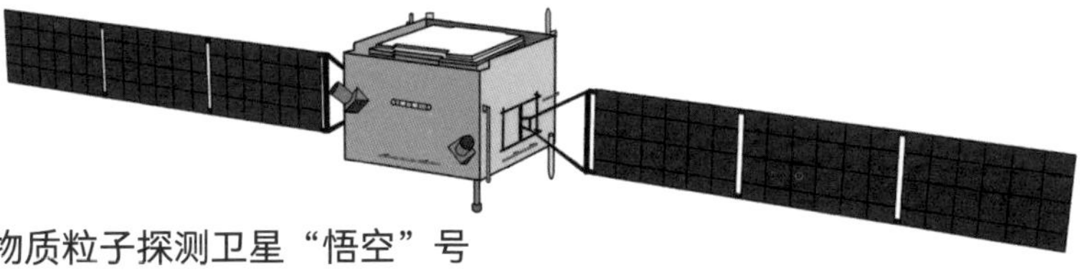

暗物质粒子探测卫星"悟空"号

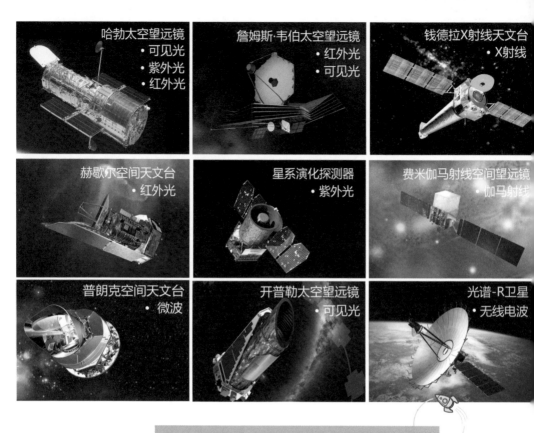

图 2-8 不同类型的天文卫星及其接收的电磁波范围

按照天文卫星观测方式来划分，还可以将天文卫星划分为巡天卫星和太空天文台（或称空间天文台）。在各类天文卫星中，有些天文卫星观测太空的"目光"将从一个天区转移到另一个天区，对广域天空进行巡视观测，这有点像对太空一个天区接着一个天区进行扫描观测，在不断的巡视中，发现新的天文现象，天文学家把它们称作巡天卫星。另外一些天文卫星主要凝视一个或几个重点目标，或者对准一个特定天区进行长期观测，从而在较长时段内对某一目标或天区进行深入细致的观测，这类卫星常被称为太空天文台。比如，我国"夸父"1号就是一颗对太阳进行综合性观测的天文台，它可以对太阳磁场、太阳耀斑和日冕物质抛射开展深入精细的观测（图2-9）。

4. 太空望远镜

人们常常将一些天文卫星称为太空望远镜。比如美国的哈勃太空望远镜、开普勒太空望远镜，我国的硬X射线调制望远镜卫星"慧眼"等。这些天文卫星携带的主要探测设备包括观测太空的望远镜和与望远镜配合使用的科学仪器，故此被称为"太空望远镜"。天文卫星使用的望远镜，可以分为直接成像望远镜和非直接成像的望远镜。

直接成像望远镜是由一组镜子组成的光学系统，望远镜用来收集来自太空的可见光、红外光、紫外光等电磁波，经过光学系统将光线聚焦在焦平面上，并利用相机或科学

图 2-9 先进天基太阳天文台"夸父"1号示意图

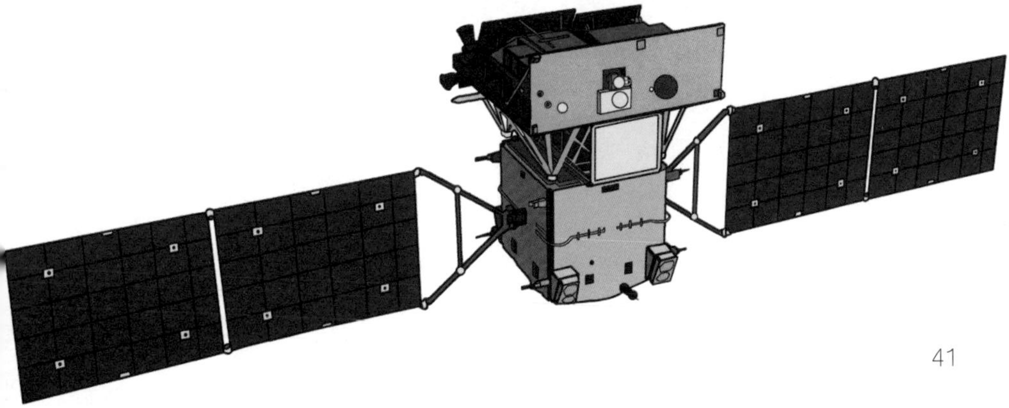

仪器拍摄天体或深空照片、获取观测信息、记录观 测数据，如同一架巨型长焦距相机。从外形上看，它们或者有长长的望远镜镜筒，或者有大口径的反射镜，有的还带了镜头盖。在可见光和红外光范围进行观测的天文卫星，大都采用直接成像望远镜对宇宙进行观测，这些望远镜依据传统的光学望远镜原理进行设计，并采用先进的技术制造。世界上第一架太空望远镜——1990 年发射的哈勃太空望远镜就是一台围绕地球运行的太空望远镜，它能够接收可光、红外光和紫外光，可以拍摄高分辨率的天体图像。2021 年发射的最先进的大型太空望远镜——詹姆斯·韦伯太空望远镜，拥有世界上口径最大的反射镜，主要接收红外光并进行成像（图

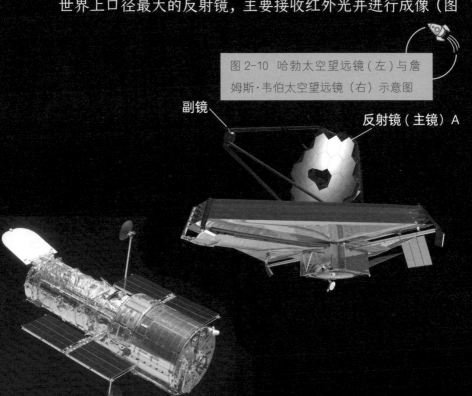

图 2-10 哈勃太空望远镜（左）与詹姆斯·韦伯太空望远镜（右）示意图

副镜

反射镜（主镜）A

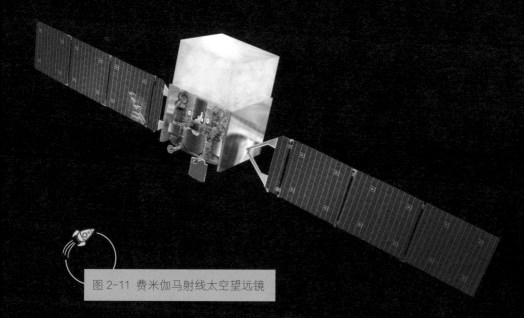

图 2-11 费米伽马射线太空望远镜

2-10）。接收极紫外线、X射线或伽马射线等高能量射线的天文卫星，与可见光或红外望远镜采用的传统光学望远镜技术不同，而要采用新的成像技术。

非直接成像望远镜没有长的镜筒或像光学望远镜那样的"镜子"，不能直接对宇宙中的天体拍摄照片。它们的最大优点是在技术条件限制不能采用直接成像方法时，用非成像探测器观测那些发射高能 X 射线、伽马射线的天体，并通过对观测数据的处理，完成对天体目标的成像。所以，虽然有些天文卫星被称为"太空望远镜"，但它看上去的样子就像一颗个方方正正的普通卫星，而没有望远镜的长长镜筒或镜子。比如，欧洲发射的费米伽马射线太空望远镜（图2-11）、我国的硬 X 射线调制望远镜卫星"慧眼"，都属于这类天文卫星。

5. 观看宇宙历史的场景

　　不知你想过没有，天文卫星观测到的银河系或更遥远的天体的景象，告诉我们的都是宇宙中非常久远的事件。天文卫星在观看遥远的宇宙深处时，也就是在沿着时间回溯宇宙过去的样子，这让人们有机会了解宇宙的历史，使我们清楚地知道宇宙在遥远的过去是什么样子。例如，太阳光从太阳到达地球需要 8 分 18 秒，也就是说，我们任一时刻看到的太阳实际上是 8 分 18 秒之前的样子。如果太阳现在爆发耀斑，我们不能实时观测到，耀斑发出的光芒要在 8

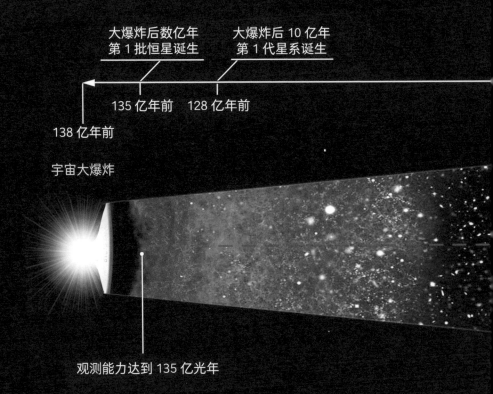

大爆炸后数亿年
第 1 批恒星诞生

大爆炸后 10 亿年
第 1 代星系诞生

135 亿年前　　128 亿年前

138 亿年前

宇宙大爆炸

观测能力达到 135 亿光年

分 18 秒后才能到达我们的眼球，所以我们看到是在 8 分 18 秒前耀斑爆发的情况。再如，哈勃太空望远镜 2022 年观测到一颗遥远的恒星——厄伦德尔星（编号 WHL0137-LS），它发出的光芒穿越了 129 亿光年才到达地球，因而"哈勃"拍摄的照片应该是这颗恒星 129 亿年前放射光芒的"历史事件"，那时我们的太阳系和地球还不存在。随着宇宙大爆炸后宇宙的膨胀，科学家推算这颗恒星现在所在的位置距

图 2-12　詹姆斯·韦伯太空望远镜可"回看"135 亿年前的宇宙景象

太阳形成

现在

46 亿年前

0

詹姆斯·韦伯
太空望远镜

离我们地球已有大约 280 亿光年之遥。目前，观测能力最远的是詹姆斯·韦伯望远镜，它可"回看"宇宙 135 亿年前的景象，去寻找宇宙中诞生的第一批恒星（图 2-12）。

太阳系以外的天体，都距离地球非常遥远。无论是借助地面上的天文望远镜，还是采用天文卫星，观测的电磁波都反映的是"历史信息"，这些信息提供了认识天体的线索，科学家将根据这些线索逐渐接近并揭示真相。探索宇宙更像是读一本侦探小说，通过分析"案发现场"的蛛丝马迹，经过严密推理，破解重重迷案。

6. 在太空轨道上穿行

我们知道，人造地球卫星沿着环绕地球的轨道运行，月球探测器或火星探测器沿着一条奔向月球或奔向火星的轨道飞到月球或火星身旁，甚至降落到月球或火星表面，那么，探索宇宙的天文卫星在哪里飞行呢？

大多数天文卫星围绕地球运转，在离地面 400 ～ 800 千米的低地球轨道上，一边环绕地球飞行，一边观测宇宙，属于人造地球卫星由于它们探测的天体目标离地球太远了，运行在离地球几百千米或几万千米的地球轨道上，对其观测精度的影响不大。所以这些围绕地球飞行的天文卫星基本

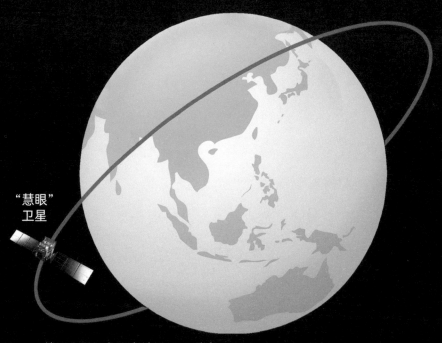

"慧眼"
卫星

"慧眼"运行在距离地面550千米、
倾角43度的低地球轨道上

图 2-13 "慧眼"卫星绕地球运行示意图

在低地球轨道上运行，无须发射到更高的地球轨道，这样可以节省运载火箭发射天文卫星的发射成本。2017 年中国发射的硬 X 射线调制望远镜卫星"慧眼"就是一颗围绕地球运行的航天器（图 2-13）。

还有一些天文卫星并不环绕地球飞行，而是在地球附近跟随地球围绕太阳运行。最典型的是在离地球 150 万千米的 L1 点或 L2 点区域跟着地球绕太阳飞行。从图 2-14 我们可以看到，地球轨道的内侧和外侧分别有两个特殊的位置，它们在太阳和地球的连线上，距离地球均为 150 万千米，

这两个点分别叫作日-地拉格朗日 1 点和日-地拉格朗日 2
点，简称 L1 点和 L2 点。任何一个航天器，如果它位于 L1
点或 L2 点，它相对太阳和地球就可以基本保持静止。如果
把天文卫星发射到 L1 点或 L2 点的区域，让它围绕 L1 点或
L2 点运行，它只需消耗很少的燃料就可以长时间保持轨道
位置。无论是在 L1 点还是在 L2 点区域运行，卫星都随着地
球围绕太阳运行，它围绕太阳运行一圈的时间与地球绕太

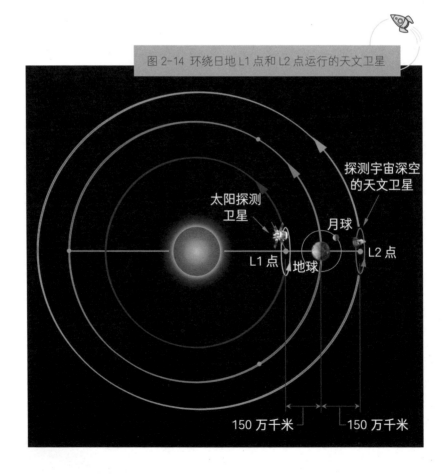

图 2-14 环绕日地 L1 点和 L2 点运行的天文卫星

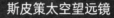

太阳

月球

地球

斯皮策太空望远镜

图 2-15 斯皮策太空望远镜的运行轨道

阳公转的时间相同——都是一整年。科学家往往将观测太阳的天文卫星发射到 L1 点区域，在这里是它可以始终将望远镜对着太阳仔细观看；而将观测宇宙深空的天文卫星发射到 L2 点区域，特别对于需要在低温环境下工作的红外天文卫星，这里是绝佳的位置。

除此之外，许多探测宇宙深空的望远镜或太阳探测器按照探测需要运行在不同的特殊轨道上。比如，2003 年发射的斯皮策太空望远镜运行在地球尾随轨道上，这是一条跟随在地球后面绕太阳飞行的轨道（图 2-15），它远离地球，以避免受到地球辐射的影响，从而可以在最佳条件下对宇宙深空进行红外观测；但实际上它已不是环绕地球运行的卫星，而是一颗绕太阳运行的航天器。实际上，天文卫星运行的轨道不止于此，各种天文卫星或太空望远镜，都要根据自己探测任务的需要选择最佳的飞行轨道，以满足科学

作者的话

    我们在这本小册子里初步介绍了宇宙的一些基本知识，还介绍了什么是天文卫星以及什么是太空望远镜，讲述了太空中都有哪些类别的天文卫星。我们将在下册中选择中国和国外典型的天文卫星和太空望远镜进行介绍，您可以从中了解人类利用天文卫星或太空望远镜探测星辰大海和广袤宇宙的更多知识。

很高兴看到这样的一套书，深入浅出，兼具科学性与趣味性，让孩子从小就能接触到尖端领域的航空、航天知识，帮孩子撷取"人类工业文明的皇冠"。

——中国工程院院士，飞行器导航控制专家　冯培德

好奇心是孩子的天性。书中以孩子能理解的方式，讲述详实有趣的航天故事和知识，点燃孩子内在的好奇心，将探索的种子根植于孩子的内心。让阅读成为悦读，让梦想插上翅膀。

——中国人民解放军航天员大队首任大队长　申行运

这套书里，一流的科学家构建了完整的航空、航天知识体系，用巧妙的方式缀珠成线，一定能够满足你对科学的好奇心。未来的空间广阔，希望这次我们能为你们打开一个通往精彩世界的大门。

——空军退役飞行员　丁邦昕

少年儿童航空航天分级阅读

航天读本 太空传奇 4

月球探测（上）

嫦娥奔月
不再是传说

冯培德 / 总主编

石磊 / 著

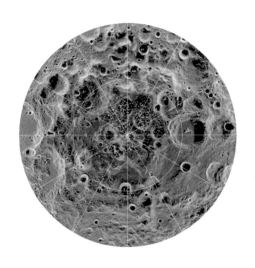

航空工业出版社

北　京

图书在版编目（CIP）数据

月球探测．上，嫦娥奔月不再是传说 / 石磊著 . ——
北京 ：航空工业出版社，2021.12
（少年儿童航空航天分级阅读．太空传奇）
ISBN 978-7-5165-2869-3

Ⅰ．①月… Ⅱ．①石… Ⅲ．①月球探测器－少儿读物
Ⅳ．① V476.3-49

中国版本图书馆 CIP 数据核字 (2022) 第 005773 号

月球探测（上）：嫦娥奔月不再是传说
Yueqiu Tance (Shang): Chang'e Benyue Buzai shi Chuanshuo

总 主 编：冯培德
主　　编：蒋宇平
作　　者：石磊
字　　体：仓耳字库

策划编辑：雷蕾
责任编辑：张世昌
装帧设计：骑云星工作室　王锴

航空工业出版社出版发行
（北京市朝阳区京顺路 5 号曙光大厦 C 座四层　100028）
发行部电话：010-85672688　010-85672689
承印者：北京富泰印刷有限责任公司

2021 年 12 月第 1 版
2021 年 12 月第 1 次印刷
开本：635×965　1/16
印张：4.5
字数：31 千字
定价：201.60 元（全 12 册）

一、全世界只有 12 个人玩过的球是什么球

我们的头顶有一个神秘的大球，千百年来它吸引着无数的人去探索和发现这里的秘密。然而至今，只有 12 个人玩过这个球，猜猜，这个球是什么球？

是月球！

从 1969 年 7 月至 1972 年底，美国发射的 6 艘阿波罗载人飞船成功登月飞行。共有 12 名航天员登上月球。他们在月球表面共停留了 302 小时 20 分钟，行程 90.6 千米，带回 381.7 千克月壤和月岩，拍摄了大量的月球表面照片，初步揭开了月球的真实面貌（图 1-1）。

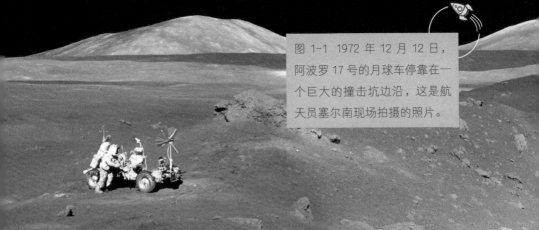

图 1-1 1972 年 12 月 12 日，阿波罗 17 号的月球车停靠在一个巨大的撞击坑边沿，这是航天员塞尔南现场拍摄的照片。

登月时间	飞船名称	登月飞行任务航天员 (前两位是登月航天员，后一位是指令舱驾驶员)
1969.07.21	阿波罗 11 号	尼尔·阿姆斯特朗 巴兹·奥尔德林 迈克尔·柯林斯
1969.11.19	阿波罗 12 号	皮特·康拉德 艾伦·比恩 理查德·戈尔登
1971.02.05	阿波罗 14 号	艾伦·谢泼德 艾德加·米切尔 斯图尔特·罗萨
1971.07.31	阿波罗 15 号	大卫·斯科特 詹姆斯·艾尔文 阿尔弗莱德·沃尔登
1972.04.21	阿波罗 16 号	约翰·扬 查尔斯·杜克 肯·马丁利
1972.12.11	阿波罗 17 号	尤金·塞尔南 哈里森·施密特 罗纳德·埃万斯

1. 天哪，她竟然是个大麻脸

这个球长的啥样？阿波罗 11 号航天员柯林斯在飞临月球时说："我早已司空见惯的那个挂在天空中的黄色小圆盘，已不知跑到哪里去了，取而代之的是一个我见到过的、最令人望而生畏的星球，它明目张胆地用鼓起的肚皮朝向我们。"

第一个踏上月球的阿姆斯特朗，站在月球表面上说出了"这是我个人的一小步，却是人类的一大步"的名言，但他想不出适当的词句来形容脚下的月球，还是他的同伴奥尔德林为他缓解了尴尬，奥尔德林使用的词汇是——"啊，壮丽的荒凉！"（图1-2）

这个球长得真是难看，满眼幽深灰暗，到处怪石嶙峋，

图 1-2 阿波罗 11 号宇航员奥尔德林在月面部署了利用太阳能供电的月球探测仪器，远处是阿波罗 11 号飞船的登月舱。

遍地大坑小坑。

那么在古人的心中一直是冰清玉洁的月球，是什么时候，又是被谁率先毁了月球的美名呢？

那是 1609 年，意大利科学家伽利略用自制的可放大 30 多倍的望远镜，首次看到了一个起伏跌宕、布满坑谷的真实月亮，从此，月亮娇媚的形象被彻底颠覆了。

天哪，她竟然是个大麻脸！伽利略告诉朋友，他用望远镜看到的月球像"孔雀尾巴上的圆斑""蹩脚厨师烘烤出来的麻点蛋糕"，后来他对月球做了精确的描述："月球是一个崎岖不平的世界，月球表面不整齐、不平坦的地方到处都是凹坑和凸出物，月球上的斑点基本都是撞击坑，这恰似我们的地球，由于巍然耸立的山脉和幽深的峡谷而处处不尽相同。"

2. 没有水的海、洋、湖、湾、沼

月球上的山脉、平原与地球上的地形地貌差不多，但海、洋、湖、湾、沼等，凡是带三点水偏旁的，全都名不副实，因为这里根本没有液态水！更搞笑的是，风暴洋里没有风暴，雨海没有雨水，湿海没有湿地，虹湾看不见彩虹，酒海里连一滴酒也没有，而澄海更没有澄澈明净……

实际上，月海是月球上低洼而广阔的平原，用肉眼观月，可以看到月亮有的地方明亮有的地方灰暗，这些大面积的灰暗区就是月海。月海里没有液体水，无奈它们带海、洋、湖、湾的名称已经广为流传，后人也只好姑且叫之。

　　月面上有 22 个月海，19 个位于月球的正面，3 个在月球的背面。最大的月海是位于月球正面的风暴洋，它的直径达 1740 千米。把 22 个月海的面积加在一起，总面积约占全月面的 25%。月湖是对面积较小的月海的称呼，而月海伸向月陆的部分称为湾或沼。

3. 月球上的陆地和山脉

　　我们用肉眼观月可以看到月亮上有大面积的明亮区域，这就是月陆，也称月球高地。月陆是高出月海的区域，一般比月海高 2～3 千米，而面积要比月海大得多，那里峰峦起伏、层峦叠嶂。月球上正式命名的山脉有 48 座，高度超过 5000 米的山峰有 20 个，超过 6000 米的山峰有 6 个。最大的山脉叫亚平宁山脉，长 1000 多千米；最高的山是位于月球南极附近的莱布尼茨山，高达 6100 米。

　　无论是月陆还是月海，到处都布满了大大小小的盆地和撞击坑，它们之中绝大多数是来自太空的千千万万个小天体高速撞击月球形成的，还有一部分是早期火山作用形成的火山口（图 1-3）。

4. 麻脸月球有地名

麻脸月球总得有地名吧？就像地球上有地名一样，月球上也有"月名"。

1610 年，意大利科学家伽利略首次对月球上的凹凸麻点命名，他把月面上最明显凸出的高地用他家乡的亚平宁山脉命名。41 年后，1651 年他的老乡意大利天文学家乔万尼·里乔利出版了一本书《新天文学大成》，书里首次将月面的暗色区域称为海，将撞击坑称为环形山。

图 1-3 月球表面布满了大大小小的撞击坑，这是 1969 年 5 月阿波罗 10 号宇航员从月球上空拍摄的照片，图中右上方巨大的环形构造是直径约 160 千米的基勒（Keeler）撞击坑。

极富想象力的里乔利给月海赋予了浪漫的名字：雨海、静海、酒海、虹湾、风暴洋等。他还突发奇想，用著名的科学家和哲学家的姓名为月球上的撞击坑命名，以示永恒的纪念，于是那些撞击坑就有了阿基米德、柏拉图、亚里士多德、卡西尼、高斯、开普勒等名字，当然他也把自己的名字留在了月球，从此月球有了一座"里乔利环形山"。

除了月海和撞击坑，里乔利还将亚平宁山脉中最高的山命名为"惠更斯山"（图1-4），将月球南极的一处山脉命名为"莱布尼茨山脉"等。里乔利命名的200多个名称和他创立的以历史名人给月球地名命名的方法一直沿用至今。

图 1-4 月球上的亚平宁山脉，最高峰惠更斯山峰（红圈处）高 5500 多米。

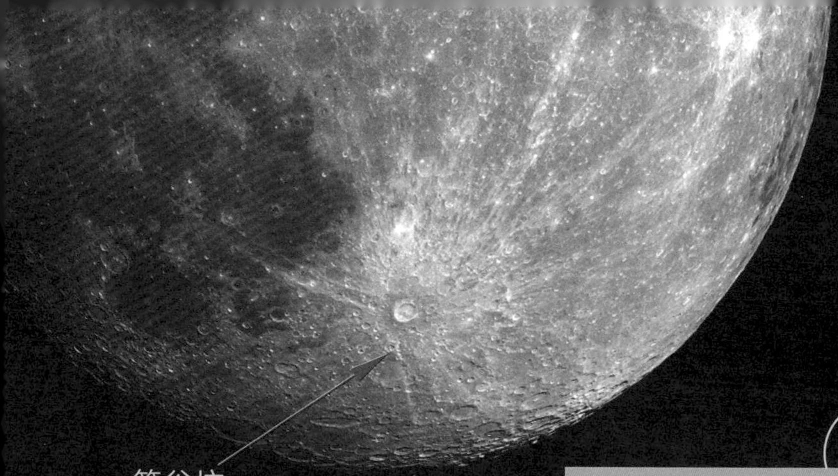

第谷坑

图 1-5 月球上的第谷撞击坑

欧洲人最早通过望远镜观测月球，因此他们主导了最初的月球命名权。

里乔利对月球地名的命名过于随心所欲，掺杂了许多个人的好恶情感．里乔利很讨厌哥白尼"地球绕着太阳转"的日心说，但是哥白尼毕竟是个伟大的科学家，怎么着也得给他找一个撞击坑，于是里乔利把他的名字"扔"进了风暴洋，或许其寓意是你去享受月球上的风暴吧！风暴洋中的一个撞击坑从此就有了"哥白尼"这个名称。里乔利也不喜欢伽利略，于是伽利略的名字被发配到风暴洋边缘一个很不起眼的小撞击坑，这就是"伽利略"撞击坑。而里乔利喜欢的那些科学家则得到了很好的位置。比如托勒密就得到了一个巨大且底部十分平坦的撞击坑，这就是托勒密撞击坑。里乔利最喜欢丹麦天文学家第谷 - 布拉赫，所以在月球正面南半球的高原上，那个辐射纹最明显、最明亮、最引人注目的撞击坑，便以"第谷"命名（图 1-5）。

继伽利略和里乔利之后，世界上有很多天文学家也加入了月球地名命名的大军，但由于各自为战沟通不畅，所以出现了重复命名的混乱局面；再说以个人好恶来命名，有违平等的价值观。所以1935年，国际天文学联合会（IAU）对月球的命名实行了标准化的管理，并成立了"国际月面地名命名委员会"，逐步形成了一套完整的月球地名命名体系。

截至2021年底，月球上已有9034个地理实体名称，其中包括7100多个卫星坑。卫星坑指的是围绕在大的环形山或撞击坑旁边的小的环形坑，这些卫星坑一般是在大环形坑的名字上附加A、B、C、D来表示。

5. 你知道和不知道的球

古往今来，地球人对这个常常在白天隐身、夜晚亮相，距离自己最近的天体充满了好奇。自从现代科学掀开了月亮的闺帘以来，人们对月亮有了初步的了解。

姓名：月球、月亮

别名：太阴、玉兔、桂宫、蟾宫、广寒、婵娟、玉钩、玉轮、冰壶、半轮、冰鉴、悬钩、金波、清光、秋影、素娥……

身世不明：对它的身世至少有四种说法：

（1）分裂说 ——月球是地球产下的亲生女儿。分裂说认为，地球诞生初始呈高温熔融状态，在地球高速自转情况下，赤道面上的一部分熔融体与地球分离，被甩了出去，冷凝后形成月球。

（2）俘获说——月球是地球抢来的孩子。捕获说认为，月球是外来的天体，它在飞近地球时，被地球的强大引力所捕获，最终成为地球的卫星。

（3）同源说——月球是地球的双胞胎兄弟；同源说坚信月球与地球是兄弟关系：它们在太阳星云凝聚过程中同时"出生"，或者说在原始星云的同一区域同时形成了地球和月球。

（4）大碰撞说——月球是从地球上砸出的伙伴。大约在45亿年前太阳系形成后，一颗类似火星大小的原始行星冒失地撞击了地球，二者撞击溅射出大量的岩石碎片和尘埃被甩到地球轨道周围，经过一段时间的相互碰撞和吸积、凝结，逐渐演变形成与地球形影不离的地球伙伴。（图1-6）

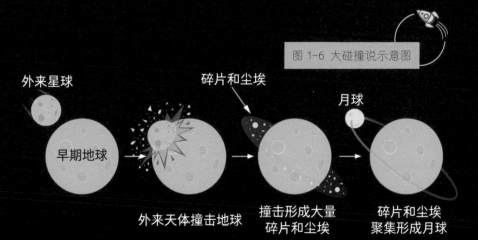

图 1-6 大碰撞说示意图

外来星球　　　　　　碎片和尘埃　　　　　　月球

早期地球

外来天体撞击地球　　撞击形成大量　　碎片和尘埃
　　　　　　　　　　碎片和尘埃　　　聚集形成月球

随着理论模型的逐步完善以及证据的不断增加，分裂说、俘获说和同源说越来越难以自圆其说，而大碰撞说则有了更多依据，因此科学家现在比较认可大碰撞说。

出生时间：46亿年前

死亡日期：20亿年前。最近的探测结果表明，20亿年前月球上还有活火山活动，但此后月球没有出现过显著的火山与岩浆活动，也没有构造运动。它的生命时钟停止在大约20亿年前。

盖棺定论：目前的月球是一个古老的、僵死的天体，其内部的能量已近衰竭，现在的月球是一具保存完好的天体"木乃伊"。

个人表现：没有一天不迟到。月球围绕地球运转，绕地球一周的时间大约为27.32天。由于地球的自转，我们每天可以看到月球"东升西落"，不过月亮每天升起的时间都比前一天平均推迟50分钟。

体形：扁球体。月球是一个南北稍扁、赤道略微鼓起的扁球体。月球两极的半径比赤道的半径短约500米。月球的平均直径为3476千米，相当于地球直径的27.3%；体积只有地球体积的1/49；表面积为3800万平方千米，是地球的1/14，大约相当于4个中国的陆地面积，比亚洲面积稍小一点儿。

体重·质量为 7350 亿亿吨，仅为地球质量的 1/81。月球表面的重力加速度为 1.62 米／秒²，约为地球表面重力加速度的 1／6。一个在地球上体重 60 千克的人，到月球上只有 10 千克了，如果一个人在地面上可跳高 2 米，在月球上就可跳过 12 米的横杆。重力的大幅度减小，使人走起路来东摇西晃，举手投足像是电影中的慢镜头。为此，阿波罗飞船的登月航天员发明了在月面上袋鼠式跳跃的行进方法。

面容：近看疮疤累累。月球满身满脸皆为坑洼，疮疤遍野，到处是可怕的寂静与荒凉（图 1-7）。月球疤痕的主要地形单元是盆地和撞击坑。月球表面直径大于 1000 米的盆地和撞击坑有 33000 个以上，直径大于 1 米的撞击坑多达 3 万亿个！它们的总面积约占月球表面积的 7%～10%。数完它们累死你。

图 1-7 这是阿波罗 11 号航天员在月球上拍摄的照片：到处是寂静与荒凉，在荒凉的月球地平线上，蓝色的地球正在缓缓升起。

体温：冰火两重天。由于没有大气层的保温和对流，月球白天受阳光照射之处，温度可达 130 ～ 150 摄氏度；而夜晚和阳光照射不到的地方，温度又会低至零下 160 ～零下 190 摄氏度，最高和最低温度相差 300 多摄氏度。

体态：月有阴晴圆缺，我们看到的月亮的形状总是不断变化。由于地球和月球的相对位置随着月球绕地球运行而变化，在地球上看月球，月球就有了各种月圆月缺的景观，即月相的更迭。月球位于日、地之间时称为"朔"，月球暗的半个球面朝向地球，我们看不到它，此时的月亮也称"新月"；朔之后的一两天，镰刀状的月亮从西方的天空中出现，凸面向着落日的方向；以后随着月球的移动，亮的部分日益扩展，五六天以后成了半圆形，这时的月相称为"上弦"；再经过七天，我们能看到一轮圆圆的明月，此时便到了"望"，也称"满月"；满月以后，圆轮的西部日益亏缺，逐渐又呈半圆形，这时就称为"下弦"。大约再过七天，月相又回到了"朔"，开始了新一轮的"阴晴圆缺"（图 1-8）。

脾气秉性：默默承受，始终如一。由于没有大气层的保护，各种陨石、小天体可以长驱直入砸向月表，宇宙间的各种辐射可以毫无阻拦地直接到达月球表面并与月壤相互作用，月球从诞生之日起就开始承受小天体的撞击和射线

上弦月

凸月

蛾眉月

阳光

满月

新月

阳光

凸月

蛾眉月

下弦月

图 1-8　从地球上看到的月圆月缺

　　的轰击，默默地承受了一切，始终如一。

　　月球所受到的辐射主要有三种：太阳风、太阳宇宙线和银河宇宙线。太阳风是从太阳日冕层（太阳大气的最外层）抛射到太空的高速运动的带电粒子流，其 95% 以上的成分是质子和电子。太阳宇宙线是间歇性太阳耀斑活动产生的高能粒子流，其主要成分是高能质子。银河宇宙线是来自太阳系以外的银河系的高能粒子。强烈的辐射环境不仅会对月球探测器产生损害，对人体也产生致命伤害。

　　性格特征：给点阳光就灿烂。从地球上看，月球是除太阳以外第二明亮的星体，但实际上月球自己并不发光，它擅长反射太阳的光，平均反照率为7%。月面不同地方的阳光反射率相差很大：月海仅反射6%，所以显得黝暗；而月陆或高地的反射率可达17%，从地面上看上去分外明亮。

　　心理特征：羞羞答答，永远隐藏半边脸。由于月球自转的周期恰好等于它绕地球公转的周期，因此我们在地球上看到的只是永远对着地球的半个月球——月球正面；而另外半个月球总是背向地球，导致地球人永远看不到月球背面，所以说月亮始终向人们掩盖着另外的半张脸。(图1-9)

图 1-9　无论月圆月缺，我们在地球上看不到月球背面，看到的月球都是一样的正面。

数字表示人们看到月球被照亮的部分占月球正面的比例

2%　　　　25%　　　　50%　　　　75%

100%　　　　75%　　　　50%　　　　20%

二、不再袖手旁观
——中国探月工程立项

发达国家对月球的研究和探测正由观测、探测、实地考察进入开发利用阶段。而中国在这个舞台上缺席的时间太久太久。2004 年 1 月，中国探月工程终于立项。为了维护自己的月球权益，中国不再袖手旁观！

1. 嫦娥复活在今朝

2004 年 1 月 23 日，农历大年初二，是一个值得在中国历史上留下重大印记的日子，时任国务院总理温家宝批准了中国绕月工程的立项。

这一天来之不易，早在 20 世纪 70 年代、80 年代、90 年代中国的探月建议就屡屡被提及，但不是因为研制条件不具备，就是因为探月科学目标不明晰而被否决。经过 30 多年含辛茹苦的精心策划和准备后，中国的探月才又被小心翼翼地重新提起：2000 年 11 月，国务院新闻办公室以《中国的航天》白皮书的形式公开披露了中国将"开展以月球探测为主的深空探测的预先研究"。

在这句话的背后，是一批科技精英根据我国的国情和现有技术力量，提出了我国探月的科学目标、工程目标、实施方案、现有能力评估、工程中的关键技术难点、工程研制进度和经费预算，并且提出工程尽量采用成熟的技术和最低的成本来实施的方案。据此，2003年2月，国防科学技术工业委员会正式全面启动月球探测工程前期工作。十月怀胎，一朝分娩——这才有了第二年国务院的立项批准。

家喻户晓的神话人物嫦娥，还有玉兔，终于"复活"在它们的故乡——中国的探月工程被命名为"嫦娥工程"，月球探测器都叫"嫦娥"，在月面上辛勤巡视的月球小车，都叫"玉兔"。

2. 探月标识有秘密

探月工程有一个标识。它的整体形状既像古代小篆体的

"月"字，又像用毛笔勾勒的一轮弯月；头部为毛笔起笔处点顿一下，自然形成的龙头，象征着中国航天如巨龙般腾空而起；中部为一双脚印踏在月面上，象征着中国人登上月球的美好远景；下部仔细看，圆弧的收笔空隙是一群自由飞翔的白色和平鸽，表达了中国和平利用空间的美好愿望（图2-1）。

图 2-1 中国探月工程标识

3. "三步曲"与"绕、落、回"

纵观人类探索、开发和利用月球的历程，基本是"三步曲"："探""登""驻（住）"。

探：是指派出无人月球探测器访问月球，好比探路，隔空敲敲广寒宫的大门。我国的嫦娥工程就属于"探"这一步。

登：是指航天员登上月球，相当于地球人到月球上去"串串门"，很快便返回地球。美国的阿波罗登月工程完成了第二步。

驻（住）：包括两层含义，第一层的"驻"是指航天员带着设备降落到月球上，短期停留并返回地球，而科学设备就留在月球上，开展长期探测。目前美国走到了这一步；第二层的"住"是指在月球上建设短期或永久性的月球基地，人类可以住在月球上生活和工作，全面开发、利用月球资源。目前这一步还没有国家做到。

我国的"嫦娥工程"正处在"三步曲"中的第一步"探"阶段。"探"这个阶段又分"绕""落""回"三步走，称为"三小步"。

第一步，"绕"，发射探月卫星飞到月球身旁，环绕月球飞行，开展遥感探测；

第二步，"落"，着陆器和巡视器降落在月面，对月球开展实地考察；

第三步，"回"，探测器不但降落在月球表面，而且要采集月球样品并送回地球。

4. 5个"姐妹"要出嫁

"嫦娥"一家共有5个"姐妹"，"大姐""嫦娥"1号和"二姐""嫦娥"2号是一对双胞胎，长得一模一样，她们是环绕月球飞行并开展遥感探测的月球卫星。"三姐""嫦娥"3

号和"四姐""嫦娥"4号也是一对双胞胎，也长得一模一样，她们可以降落月球表面进行实地考察。"五妹""嫦娥"5号打扮得最漂亮，她的任务是到月球上采集样品并将样品送回地球。5个"姐妹"是先后奔月的5个月球探测器，她们个个身手不凡、本领高强。

5个"姐妹"奔赴月球施展本领，离不开保驾团队的辅佐。整个"嫦娥工程"由月球探测器、运载火箭、发射场、测控通信和地面应用、着陆回收等六大系统组成。如果把发射"嫦娥"月球探测器比作出嫁，那阵势可大了去了。六大系统都有明确的分工，比如"姐妹"的起轿间是四川西昌卫星发射中心和海南文昌发射场，"嫦娥"探测器出发前要在这里进行全面检测并加注燃料；抬花轿的"大力士"是长征3号

图2-2 发射"嫦娥"5号探测器的长征5号运载火箭。

甲系列运载火箭和长征 5 号运载火箭（图 2-2），它们负责把"嫦娥"探测器送往月球；让远行的"嫦娥"姐妹与地面娘家保持联络的天地之间联络官是测控通信系统，它负责向"嫦娥"探测器发送指令并接收发回地球的各类数据；接收和阅读"姐妹"家信的是地面应用系统，它负责接收、处理和分析"嫦娥"姐妹发回地球的科学探测数据，把探测数据转换成科学成果；而"嫦娥"5 号带着样品回地球娘家时，着陆回收系统负责迎接从月球返回地球娘家的五妹。

2004 年 2 月 25 日"嫦娥工程"正式启动，仅仅用了三年半的时间，"嫦娥"1 号就完成了研制工作，2007 年 10 月"嫦娥"1 号便开始了它激动人心的奔月之旅。

三、叹月终成探月
——"嫦娥"1号奋勇争先第一棒

20世纪80年代，美国第一个踏上月球表面的航天员阿姆斯特朗应邀访问中国，在交谈中，他开一句玩笑："第一个住进月宫的是一位中国人，一位美女，她叫嫦娥；而第一个踏上月球的却是一个美国人，一个男人，那就是我。"虽然是一句玩笑话，但话里充满了优越感。

1. 这一天改写历史

2007年10月24日，"嫦娥"1号探测器在西昌卫星发射中心用长征3号甲运载火箭开启了奔月之旅，这是中国探月工程的破冰之作。

"嫦娥"1号是我国自主研制并发射的第一颗绕月卫星。它是一个2米×1.72米×2.2米的六面体，两侧各有一个太阳能帆板，展开后最大跨度达18.1米，发射质量为2350千克。它携带了7台探测仪器，运行在距离月球表面200千米的圆形轨道上遥看月球，设计寿命为1年。

地月之间路途遥远，"嫦娥"1号征途艰难。从地球出

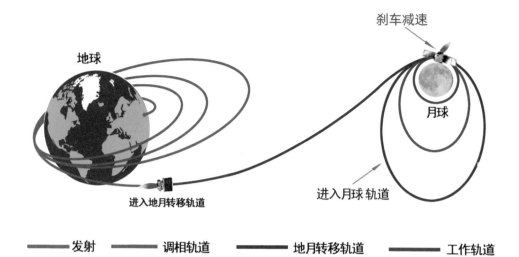

地球

剎车减速

月球

进入地月转移轨道

进入月球轨道

━━ 发射　　　━━ 调相轨道　　　━━ 地月转移轨道　　　━━ 工作轨道

图 3-1 "嫦娥"1 号飞行轨道示意图

发后，"嫦娥"1 号先由长征 3 号甲火箭送入环绕地球飞行的轨道，然后与火箭分离，沿着一条称为"调相轨道"的路线飞行，先在比较低的轨道上围绕地球飞行了 3 圈，又在更高的两条轨道上各飞行一圈（图 3-1），每绕地球一圈就让自己的发动机点火一次，给一把推力，从而加大飞行速度，抬高轨道高度。绕地球飞行最后一圈时，"嫦娥"1 号已获得足够的奔月速度，它对准了方向，再给一把推力离开地球，沿"地月转移轨道"奔向月球。当高速到达月球上空时，它启动发动机提供反向推力，进行了一次太空刹车，以避免因速度太快冲过月球而与月球失之交臂，经过刹车减速，"嫦娥"1号被月球的强大引力所"俘虏"，从而进入一条环绕月球的轨道，再经过几次轨道调整，最终进入满足科学探测要求的工作轨道。

它一路上用了近14天、飞了206万千米、历经8次变轨和轨道修正，最后到达距离月面200千米的圆形工作轨道。

2. 绕月路上战胜四只"拦路虎"

月球与地球的平均距离约为38万千米，"嫦娥"1号在绕月的路上勇敢地战胜了四只"拦路虎"。

第一只"拦路虎"是轨道刹车。打个通俗的比方，从地球到月球的轨道好比一条高速公路，而环绕月球飞行的轨道则好比是国道。"嫦娥"1号沿着高速公路一路"猛跑"，到了高速公路的出口进入国道时就要踩一脚刹车，否则会错过进入国道的路口。这一脚"太空刹车"风险非常高，刹车太猛会偏离预定轨道，一头撞在月球上；刹车不足，会使"嫦娥"1号高速冲过月球，与月球擦肩而过，对月球说"拜拜"。太空刹车只有恰到好处才能让"嫦娥"1号顺利进入环绕月球的轨道。苏联早期探月被这只"老虎"干掉了好几个探测器。

"嫦娥"1号恰到好处地完美"刹车"，顺利进入高度

图 3-2 "嫦娥" 1 号示意图

为 200 千米的环月轨道，绕月一圈约 127 分钟（图 3-2）。在这条轨道上，可保证"嫦娥" 1 号在寿命期内稳定运行，拍照清晰度也不错。

第二只"拦路虎"是 38 万千米的精确测控和数据接收。在"嫦娥" 1 号发射之前，我国发射的绝大部分卫星距离地面在 3.6 万千米以下，最远的卫星距离地球约 7 万千米，而"嫦娥" 1 号飞离地球远至 38 万千米，与近程测控通信相比，深空远程测控通信会碰到信号衰减大、无线电波传输时延长、信息传输速率受限等难题，如果搞不好就会与"嫦娥" 1 号失联。为精确测控和保证数据传输，我国新建和扩建了多个地面测控站，这些测控站都安装了能够与嫦娥探测器保持通信联系的大型天线，如位于我国黑龙江省佳木斯的直径66米天线、新疆喀什的直径35米天线、山东青岛的直径18米天线，以及位于阿根廷的35米天线和纳米比亚的18米天线等，它们就像一个个"金耳朵"，能够接听"嫦娥"1号发送的信息，还能及时地向"嫦娥"1号发出指令，保证了与"嫦娥"1号的联系一路畅通。

第三只"拦路虎"是月球探测器的三体定向。三体定向指的是："嫦娥"1号的太阳能帆板要时时刻刻对着太阳，向太阳索要能源；探测仪器要对着月球，以便对月球进行探测，收集月球信息和数据（图3-3）；收发天线要对着地

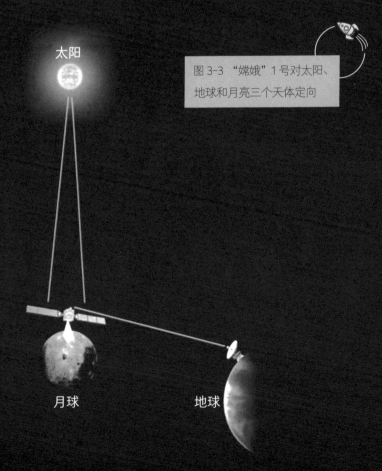

图3-3 "嫦娥"1号对太阳、地球和月亮三个天体定向

球，向地球汇报信息，把收集的月球信息和数据发送回地球。我国以前发射的都是地球卫星，只要对太阳和对地球两个天体定向，可这次"嫦娥"1号不简单，要同时对太阳、地球和月球三个天体定向，妥妥地做到了一心三用！

第四只"拦路虎"是极端温度下的月空生存。"嫦娥"1号在绕月飞行时，会受到太阳辐射、月球对阳光的反射、月球阴影、地球阴影（月食）和太空寒冷背景的影响，外部温度在120摄氏度到零下180摄氏度之间剧烈变化。如果没有防冻和防热法宝，很快就会被冻死或者热死。别急，"嫦娥"1号携带了一套高级智能的温度调节系统，使它在热的时候能够散热，在寒冷环境下又能够保证正常的工作温度。

3. 它为何相中"长三甲"

"嫦娥"1号奔月，谁来送它飞出地球呢？"嫦娥"1号相中了长征3号甲运载火箭，因为这种火箭有三个优势。

一是推力足够大。长征3号甲运载火箭长52.52米，火箭一级、二级直径为3.35米，三级直径为3.0米，它可以把2.6吨的卫星送到高度为36000千米的地球轨道，也可以满足发射"嫦娥"1号的需要。

二是"缘分"满满。长征3号甲运载火箭是发射我国第二代通信卫星东方红3号的运载工具。在"嫦娥"1号发射前，长征3号甲运载火箭先后15次发射东方红3号卫星，每次都取得了圆满成功。而"嫦娥"1号和"嫦娥"2号都是以东方红3号卫星平台为基础研制的，许多方面与东方红3号卫星有共同之处。基于这样的"身世背景"，"嫦娥"1号与长征3号甲运载火箭很有缘分，"嫦娥"1号选择长征3号甲运载火箭是理所当然的。

三是可靠性高。长征3号甲运载火箭研制时充分继承了原有长征系列运载火箭的成熟技术，并采用了多项先进技术，大大提高了运载火箭的可靠性和适应性。长征3号甲运载火箭于1994年2月8日首次发射，至"嫦娥"1号发射前总共进行了15次发射，成功率达100%（图3-4）。

"嫦娥"1号相当有眼光，它选择的长征3号甲运载火

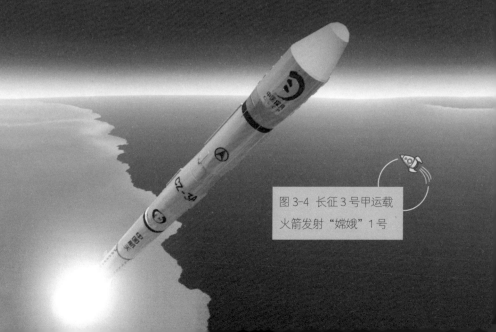

图3-4 长征3号甲运载火箭发射"嫦娥"1号

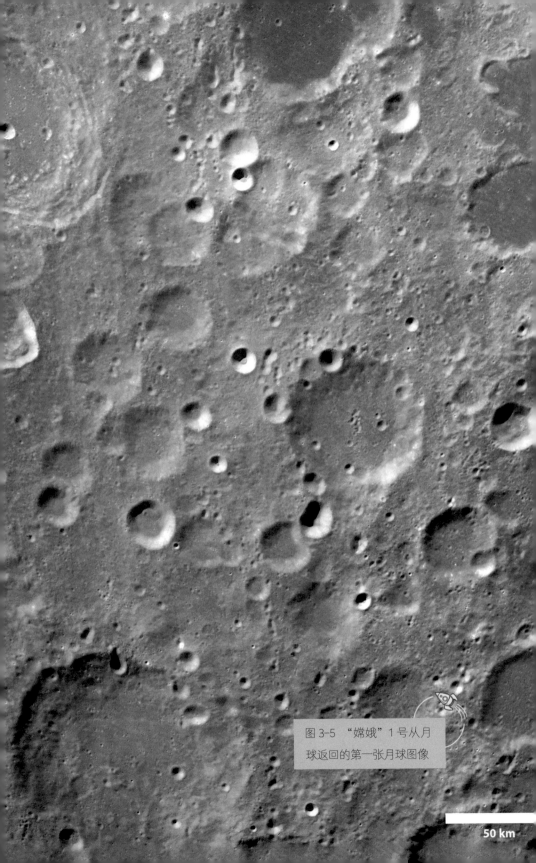

图 3-5 "嫦娥"1 号从月球返回的第一张月球图像

50 km

箭是"长三甲"系列运载火箭中的"老大","长三甲"系列还有"老二"长征3号乙和"老三"长征3号丙运载火箭。"三兄弟"的不同之处是,长征3号甲是"光杆"火箭,长征3号乙在火箭一级周围捆绑了4个助推火箭,长征3号丙在一级周围捆绑了2个助推火箭,它们分别可以把2.6吨、5.5吨和3.8吨的航天器运送到高达36000千米的地球静止转移轨道。于是不同体重的"嫦娥"姐妹,就分别配对了"长三甲"系列的不同兄弟。比如,"嫦娥"2号要飞得快一点,它选择了长征3号丙运载火箭,5天就飞到月球旁边了;"嫦娥"3号和"嫦娥"4号体重稍重一些,它们姐俩就选择了长征3号乙运载火箭。不过"嫦娥"5号太胖太重,只好为它另择"良婿",给它配上了绰号"胖五"的长征5号运载火箭。

4. 传回第一批原装月面图

"嫦娥"1号携带了7种科学仪器,分别是CCD立体相机、激光高度计、干涉成像光谱仪、伽马/X射线谱仪、微波探测仪、太阳高能粒子探测器和太阳风离子探测器。圆满完成了4项任务:①为月球画像, 拍摄了我国首张120米分辨率的全月影像图(图3-5)、首张三维月球地形图;②探明了月球上 14 种元素的资源量及其分布特征；③探测了月球土壤的厚度；④研究了距离地球 4 万到 40 万千米范围的空间环境。它总共传回了 1.37TB 的探测数据。2008 年 11 月 8 日，完成预定任务的"嫦娥"1 号还为后续任务做了降低轨道和卫星变轨能力、轨道测定能力等 10 余项验证试验。

5. 即使悲壮也值得

2009 年 3 月 1 日，完成使命的"嫦娥"1 号撞击在月球南纬 1.50 度、东经 52.36 度的丰富海中，结束了生命。

在没有大气的月球上，这一无声的"巨响"既是"嫦娥"1 号最好的归宿，也是中国首颗深空探测卫星成功的礼花。

四、"替补"变身大主力
——"嫦娥"2号神通广大显身手

1. 备份星变成先导星

2010 年 10 月 1 日，我国用长征 3 号丙运载火箭发射了第二颗绕月卫星"嫦娥"2 号。

发射 25 分钟后，"嫦娥"2 号准确进入近地点 200 千米、远地点约 38 万千米的地月转移轨道。在经过 112 小时的奔月飞行后，2010 年 10 月 6 日"嫦娥"2 号卫星完成一次太空刹车，即近月制动，随后进入周期约为 12 小时的椭圆形轨道。10 月 9 日，在北京航天飞控中心的精确控制下，"嫦娥"2 号顺利进入轨道高度为 100 千米的圆形环月工作轨道。随后，星上搭载的各种仪器开始探测工作（图 4-1）。

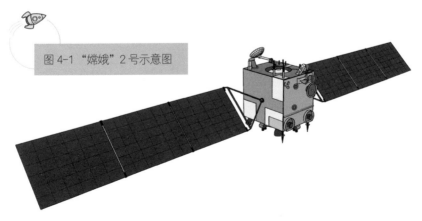

图 4-1 "嫦娥"2 号示意图

"嫦娥"2号和"嫦娥"1号是一对双胞胎,它本是"嫦娥"1号的备份,万一"嫦娥"1号发射失败或出现重大故障,让它上场替补。由于"嫦娥"1号表现特棒,"嫦娥"2号也就没有了用武之地,于是科学家就给它派了新活儿,把它改作我国探月二期工程的技术先导星,用于为"嫦娥"3号侦察降落地点、试验"嫦娥"3号的部分关键技术,并在"嫦娥"1号任务的基础上深入开展月球科学探测和研究。也就是说,它由"替补"队员变身主力队员了。

2."嫦娥"2号的高强本领

有"嫦娥"1号的探索经验,"嫦娥"2号的奔月技术娴熟多了,能耐大多了,因此承担了比"嫦娥"1号更多的探测任务。

我们来具体说说"嫦娥"2号的高强本领吧。

(1)飞得更快。"嫦娥"2号由长征3号丙运载火箭发射,这型火箭比长征3号甲的推力更大,可以把嫦娥2号直接送入环绕月球的轨道。由于它不像嫦娥1号那样先环绕地球飞行再奔向月球,而是直接奔向月球,因此5天就到达了目的地,比"嫦娥"1号足足少用了7天的时间。直线飞往月球使"嫦娥"2号节省了星上200多千克的推进剂,为后面的远行和探测小行星备足了能量。

(2) 靠得更近。"嫦娥"2 号的环月轨道高度为 100 千米，比"嫦娥"1 号的 200 千米降低了 100 千米，最近点距离月球表面只有 15 千米，可以更近、更清楚地观察月球地貌。

(3) 看得更清。"嫦娥"2 号在高度 100 千米和 15 千米的月球轨道上获得了月球的大量影像数据，根据这些数据形成了 7 米分辨率、100% 覆盖月球表面的全月球影像图（图 4-2），展示了月球表面的真实地形地貌，这是迄今为止国际上分辨率最高、最清晰的全月面立体图像，比"嫦

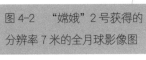

图 4-2　"嫦娥"2 号获得的
分辨率 7 米的全月球影像图

娥"1号得到的分辨率为120米的全月图高级多了。它还获得了月球虹湾局部地区分辨率约为1.3米的立体图像，可以看到直径4米的月坑和3米左右的石块，为"嫦娥"3号找到平安降落的数据提供了依据。

"嫦娥"2号飞往月球途中，正值太阳活动高峰年，它机智地打开了部分仪器，顺道"抓取"了行星际太阳高能粒子与太阳风活动的证据，用于研究太阳活动与地月空间及近月空间环境的相互作用。

（4）拍得最棒。迄今，全世界已有4种全月图，分别由美国、日本和中国获得。

1994年，美国发射了"克莱门汀"月球探测器，获得了全月图，平均分辨率为200米，覆盖99%的月球表面。

2011年，日本发布了"月亮女神"号月球探测卫星，拍摄了全月图，分辨率为7.4米，覆盖了92.4%的月球表面。严格地说，这不是完全意义上的全月图。

2009年，美国发射了月球勘察轨道器，其中一台相机获得了全月图，分辨率为100米，覆盖100%的月球表面。

"嫦娥"2号用相机获得了平均分辨率为7米，覆盖100%的月球表面的全月图。所以，"嫦娥"2号全月图是目前国际上分辨率最高、完整性最好、最清晰的全月图。

（5）搂草打兔子，顺带会见图塔蒂斯小行星。2011 年 4 月 1 日，"嫦娥" 2 号完成了既定的月球探测任务，又开始了新的远征之旅。按照科学家的安排，它离开月球后，经过 77 天飞行，到达离地球 150 万千米远的日地拉格朗日 L2 点的环绕轨道，在那里成功地开展了新的试验任务（图 4-3）。

完成试验后，"嫦娥" 2 号飞离日地拉格朗日 L2 点，

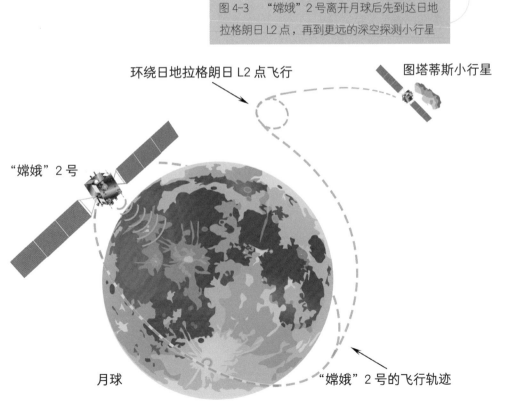

图 4-3 "嫦娥" 2 号离开月球后先到达日地拉格朗日 L2 点，再到更远的深空探测小行星

环绕日地拉格朗日 L2 点飞行

图塔蒂斯小行星

"嫦娥" 2 号

月球

"嫦娥" 2 号的飞行轨迹

再经过 195 天太空旅行，2012 年 12 月 13 日到达距地球约
700 万千米的深空，与国际编号 4179 的图塔蒂斯小行星擦
身而过，最近时它与这颗小行星仅相距 3.2 千米。在飞越图
塔蒂斯小行星的过程中，"嫦娥" 2 号进行了长达 25 分钟
的近距离连续拍摄，获得了这颗小行星的宝贵数据，并将
这些探测数据发送回地球。

（6）跑得更远。"嫦娥" 2 号于 2012 年 12 月 13 日飞
离图塔蒂斯小行星后，沿着围绕太阳的轨道飞行，成为太
阳系中的一颗人造小行星。它离地球最远的距离超过了 3 亿
千米，刷新了航天器的 "中国高度" 纪录，迄今它仍围绕
着太阳永不停歇地运行着（图 4-4）。

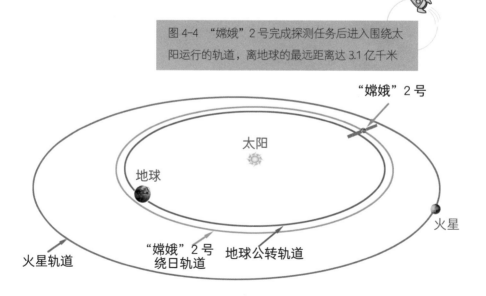

图 4-4 "嫦娥" 2 号完成探测任务后进入围绕太
阳运行的轨道，离地球的最远距离达 3.1 亿千米

五、首位月宫使者
——"嫦娥"3号怀抱"玉兔"落广寒

自从 1976 年苏联月球 24 号探测器停靠月宫后,就再也没有"活物"光临过月球。37 年后,两位来自中国的使者为月宫拂去了积年尘灰,它们就是"嫦娥"3 号和它携带的"玉兔"号月球车。它俩把身披五星红旗的靓影展示给了全世界。

1. 长相和"姐姐"们不一样

2013 年 12 月 2 日,我国首次派出了月球着陆使者——"嫦娥"3 号探测器,它由长征 3 号乙火箭在西昌卫星中心发射。

"嫦娥"3 号的长相和它的两个姐姐"嫦娥"1 号、"嫦娥"2 号大不一样。它是一个"两件套":由长着 4 条腿的着陆器和配备 6 个轮子的巡视器("玉兔"号月球车)组成,体重 3 吨(图 5-1)。它俩一个在着陆点进行原地探测,一个边走边看,各自在月面开展探测任务。科学家常把着陆器在原地探测称为"就位探测",而将月球车边走边探测称为月面"巡视探测"。

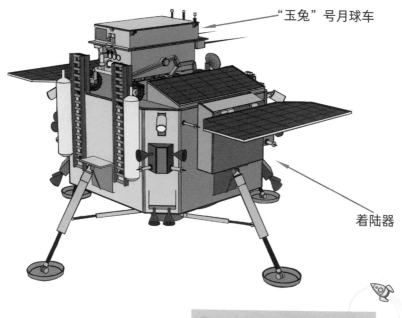

"玉兔"号月球车

着陆器

图5-1 "嫦娥"3号是由着陆器和
"玉兔"号月球车组成的"两件套"

"嫦娥"3号的构造老复杂了。

着陆器负责驮着"玉兔"号月球车从地球飞往月球，从月球轨道上下降和月面软着陆。从外形上看，"嫦娥"3号与两个姐姐最明显的区别是长了4条负责着陆缓冲的着陆腿。"嫦娥"3号要稳稳地、柔柔地站在月面上，全靠"腿功"，其中的奥秘是每条腿上有2根拉杆缓冲器以及其他吸收能量的装置，落月时产生的冲击能量全被吸收了。不过别看着陆器长着4条腿，它却是不能走动的。

着陆器背上驮着的"玉兔"号月球车，学名叫"月面巡视器"，体重 140 千克，它是我国送到地外星球的第一个能走的"活物"。它身插太阳翼，脚踩金属轮，不惧酷暑热，不怕三九寒，能爬小高坡，可越小障碍，行走速度约为 200米／小时（图 5-2）。

2. 看家本领是月面软着陆

与"嫦娥"1 号和"嫦娥"2 号相比，"嫦娥"3 号的最大亮点是"落月"。

"嫦娥"1 号、"嫦娥"2 号都是环绕月球飞行，它们是从月球上空远远地端详月球的容貌，而"嫦娥"3 号是"登门拜访"，直接降落在月球上。这标志着我国探月工程实现

图 5-2 "嫦娥"3 号着陆器（左）和"玉兔"号月球车（右）

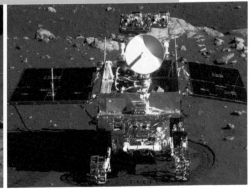

了从"绕"到"落"的跨越。

这个落月可不是直接硬砸上去，而是利用减速装置慢慢地"软着陆"，为此它携带了最牛的发动机——7500N变推力发动机，靠着发动机的反推，"嫦娥"3号一会儿"刹车"减速，一会儿像直升机一样悬停，一会儿自主避开障碍，最终凭借着陆腿的缓冲作用，驮着"玉兔"号月球车稳稳地站在了月球表面上，整个过程非常复杂。

切莫小看软着陆技术，这是"嫦娥"3号任务面临的最大挑战，其中的关键技术是"刹车"减速、避障机动和缓冲着陆。"嫦娥"3号下降过程中要通过反推发动机实现"刹车"降速，如果刹车不足，它会高速下降，一头撞上月球摔坏；如果刹车减速过猛，它将无法在预定着陆区降落。月球表面布满了撞击坑和坚硬的岩石，探测器一旦落在危险的撞击坑或岩石上，就可能发生倾倒或损坏，因而在下降的过程中它必须利用特殊设备观察和拍摄月球表面，如果发现下面有危险的岩石或撞击坑等障碍物，它要自动躲避危险，最终找到一块平坦的地方，利用缓冲着陆腿平稳着陆。

3. 落脚之地在虹湾

"嫦娥"3号第一次软着陆月球表面，应该选择哪里作为落脚之地呢？

一要容易降落、确保安全。要找一个地势平坦、起伏较小、障碍物较少的地方，绝不能落到悬崖峭壁上。月球正面分布着众多月海，选择这些平原地区有利于着陆。

二要找一个光照充足，又不太热的地区，既满足"嫦娥"3号着陆器和"玉兔"月球车太阳能电池发电的要求，又不能把它们烤坏。月球表面与地球一样，赤道光照强、温度高，白天温度最高可达130摄氏度；而月球南极和北极地区的光照弱、温度较低。因此选择月球正面的中纬度地区着陆，可以兼顾光照和温度的要求。另外，着陆区要选在地球上能直接看到的月球正面区域，这便于"嫦娥"3号与地球测控站之间进行直接的通信联络。

三要有研究价值。要和以往美国、苏联曾经着陆的地方不同，以便在新的着陆地区获得新的科学发现；还要考虑着陆区有更高的科学考察价值，比如地质构造复杂、月岩月壤的元素丰富等，以获得更多的科学成果。

综合以上几个方面的考虑，经过工程技术人员和科学家的反复遴选，"嫦娥"3号的软着陆地点最终选择月球正面雨海西北部的虹湾地区（图5-3）。

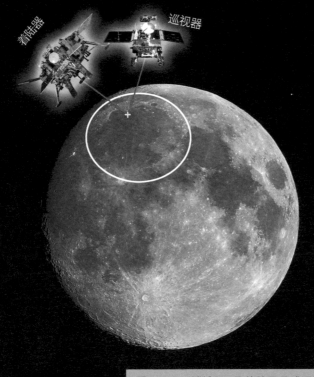

图 5-3　"嫦娥"3 号着陆于月球雨海（白圈内）西北部的虹湾地区东部（黄十字位置）。

4. 什么是虹湾

在月球上，月海伸向月陆的部分称为湾，虹湾是月球上第二大月海——雨海伸向月陆的部分（图 5-4）。虹湾南北宽约 100 千米，东西长约 236 千米，是一个漂亮的半圆形的湾。这里有大片的平地，比较适合月球着陆器降落。虹湾处在月球正面中纬度地区，太阳光照充足，能保证着陆器上的太阳能电池板发电。此外，虹湾的边缘是山地和平原的交界地带，岩石类型丰富，科学探测价值比较高，而且其他国家还没有对这一地区开展过着陆探测。

5. 两器互拍，五星红旗飘月宫

"嫦娥"3号落月后,科研人员为"嫦娥"3号着陆器与"玉兔"号月球车安排了互相拍照的节目，这节目也被称为"两器互拍"。从2013年12月15日开始，"玉兔"号围绕着陆器行驶了一整圈，分别在着陆器的正后方、左侧前方和后方、右侧前方和后方、正前方等六个位置拍摄了着陆器，同时着陆器也拍摄了"玉兔"号，它们特别对标有五星红旗的对方身姿多拍了几幅画面。12月22日，"嫦娥"3号着陆器与"玉兔"号月球车完成互拍后，把拍摄的数据传回

图 5-4 月球上的虹湾地区

虹湾

"嫦娥"3号着陆位置

雨海

地球，在地面通过数据处理，标有五星红旗的着陆器和月球车的照片惊艳亮相各大媒体（图5-5），全世界都可以看到月球上熠熠生辉的五星红旗。至此，两器互拍工作圆满结束。

完成互拍后，"嫦娥"3号着陆器和"玉兔"号月球车分道扬镳，分别开展就位探测以及月面巡视勘察。

6. 看地、观天、测月，干得漂亮

"嫦娥"3号着陆月球去干吗呢？它携带了8大"武器"：

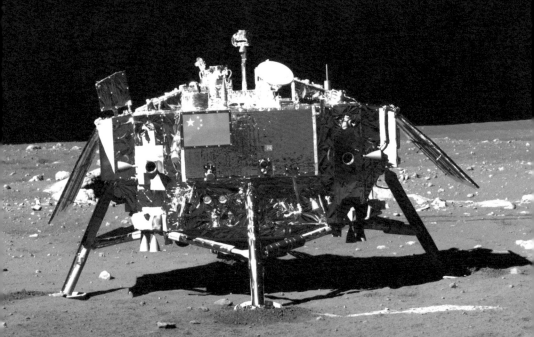

图5-5 "玉兔"号巡视器拍摄的"嫦娥"3号着陆器，鲜艳的五星红旗在月球上闪耀

导航相机、全景相机、降落相机、测月雷达、粒子激发 X 射线谱仪、红外成像光谱仪、极紫外相机以及月基光学望远镜等，除了要仔细瞧瞧月球上有什么宝贝，还要看地球和浩瀚的星空。具体来说，它的任务就是看地、观天、测月。

"看地"是指利用着陆器上的极紫外相机在世界上首次从月球上实现对地球等离子体层的大视野观测和研究。地球外面包裹着一个厚厚的大气层，再向上是电离层，电离层之外有一个等离子体层，它一直延伸到地球表面以上大约 20000 千米到大约 40000 千米。通过"看地"探测，"嫦娥"3 号研究了太阳剧烈爆发活动对地球等离子体层的影响，验证了地球等离子体层的尺度与地磁活动强度的关系，为人类深入认识地球以及地—日大系统的关系提供了数据，也为开展空间天气预报提供了依据。这项探测任务是研究地球，因而被形象地称为"看地"任务。

"观天"是指利用着陆器上的月基天文望远镜开展光学天文观测。从地球上很难清楚地观测到宇宙空间中许多奇妙的天体和天文现象，因为地球大气层会遮挡或干扰天文望远镜的"视线"。而月球上没有大气层，是一个极佳的天文台，在月球上用天文望远镜观测星空不受任何干扰，可以看到更多更清楚的天文现象。"嫦娥"3 号利用月基天文望远镜对月球北极上方区域的星星做了一次大范围的巡天观测，这有点像对星星进行"人口普查"，获得了很多新的发现。截至 2016 年 6 月，"嫦娥"3 号共进行了约 4940 小时的巡天观测，获得了 23.3 万张图像数据。

"测月"是指利用"玉兔"号月球车携带的测月雷达，沿着它的行走路线对月球表面的土壤层厚度和结构进行探查，同时对月球地下的岩石结构开展探测。测月雷达可以发射穿透力很强的雷达信号，雷达信号能够穿过月面到达地下数百米再反射回来被接收，通过分析反射的雷达信号，就可以了解月球地下的深层秘密（图 5-6）。"玉兔"号一边走一边向地下发射雷达信号，探测了着陆区地下 30 米深土壤层的结构和超过 330 米深的地下岩石结构。利用探测数据，

图 5-6 "玉兔"号巡视器用测月雷达对着陆区地下结构做"透视检查"

科学家绘制了着陆地区一条近百米的地质剖面图，并确定了着陆区月壤的平均厚度约为5米，月壤中几乎不含岩块，并呈分层结构特征。由于月壤是由小行星撞击月表岩石溅射的碎屑堆积而成的，因此月壤厚度越大，意味着发生的撞击事件越多，地质年龄也就越大，通过月壤厚度数据，可研究月球地质的演化历程。此外，由于氦－3等重要资源蕴藏于月壤之中，月壤厚度数据也为这些重要资源储量的估算提供了某种依据。

除此之外，"嫦娥"3号还利用它的全景相机、降落相机拍了高分辨率月球地形地貌图像、全景照片、月岩特写等；利用红外成像光谱仪等科学仪器分析了着陆区的月壤和岩石的化学元素和矿物组成等，让我们更深入地认识月球。

"玉兔"号的设计寿命是3个月，可惜的是受复杂月面环境影响，它的行走设备出现了异常，在度过一个半月、行走了114.8米后，就不能再继续行走，永久地定格在月面上。

2016年2月，国家天文台向全球免费共享了"嫦娥"三号在月球表面拍摄的全部图像数据。

2016年8月4日，"嫦娥"3号在超期服役19个月之后正式退役，停止了长达31个月的工作。从此，它和"玉兔"一起常住月宫，每天静静地伴随着月亮遥望地球家园。

六、石破天惊
——"嫦娥"4号月球背面探究竟

月球的自转和公转周期相同，导致我们在地球上永远无法看到月球的背面。尽管人类已经发射了 100 多个月球探测器，但从未有航天员或探测器脚踏实地造访过月球背面。月球不转身，我们就真的不能降落在它的后背吗？

1. 月背出行"三剑客"

2018 年 12 月 8 日，"嫦娥"4号探测器乘坐长征 3 号乙火箭勇敢地创造了世界航天史上的一项奇迹：首次实地造访了神秘的月球背面。月球背面究竟长啥样？一会让"嫦娥"4号带你瞧瞧吧。

出征月球背面的"嫦娥"4号本是"嫦娥"3号的备份，"嫦娥"3号已经出色地完成了"落月"的任务，"嫦娥"4号便无须重复相同任务，因此它被赋予了探测月球背面的重任。

"嫦娥"4号由后备军变成到达月球背面的正规军，进行了"脱胎换骨"的改造。"嫦娥"3号是一个"两件套"——着陆器＋月球车，而"嫦娥"4号探月任务则由着陆器+"玉兔"2号月球车+"鹊桥"中继卫星组成的"三剑客"共同完成（图6-1）。它们各有各自的分工。

着陆器负责驮着"玉兔"2号月球车降落月背，然后在原地开展探测。

"玉兔"2号月球车负责巡视探测，就是在月球背面一边走一边探测。

"鹊桥"中继卫星是传递信息的二传手，负责把着陆器和月球车收集的情报传回地球，还把地面发送的指令转

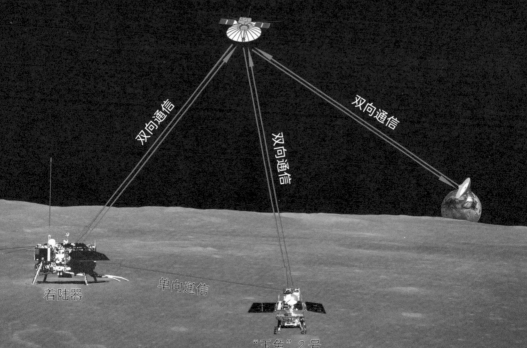

图6-1 "嫦娥"4号探月任务由着陆器、"玉兔"2号月球车和"鹊桥"中继通信卫星共同完成

"鹊桥"中继通信卫星

双向通信

双向通信

双向通信

着陆器

单向通信

"玉兔" 2号

发给着陆器和月球车。

2. 迎宾环境不咋样

"嫦娥"4号本是月球背面的稀客、贵宾，可是迎接它的环境却不咋样。

月球背面比正面更加崎岖不平，大大小小的撞击坑密密

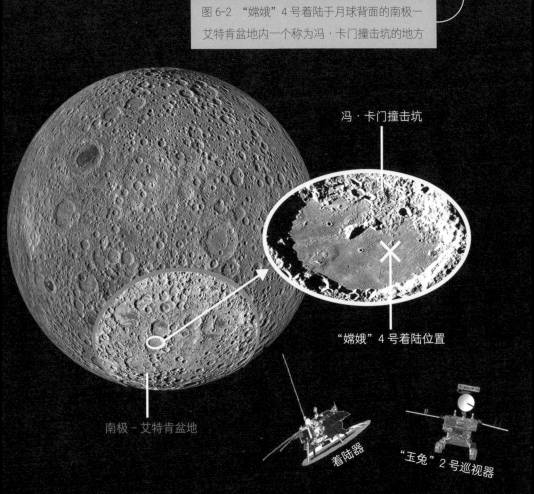

图6-2 "嫦娥"4号着陆于月球背面的南极—艾特肯盆地内一个称为冯·卡门撞击坑的地方

冯·卡门撞击坑

"嫦娥"4号着陆位置

南极-艾特肯盆地

着陆器

"玉兔"2号巡视器

麻麻，没有多少平地。放眼望去，高出月海的月陆面积很大，撞击坑的数量比月球正面要多得多，那里布满了可怕的沟壑、峡谷和悬崖，还有几处看上去像巨大的"痤疮"一样的盆地，这说明月球背面由于毫无遮拦地暴露在太空，遭遇了大量天体的直接撞击。月球背面比正面保留着更为原始的状态，对研究月球和地球的早期历史具有更重要的价值。

"嫦娥"4号的着陆区是月球背面靠近南极一个叫冯·卡门撞击坑的地方（图6-2），这个着陆区位于撞击坑内，面积比"嫦娥"3号降落的虹湾地区小了许多，因为月球背面山峰林立，大坑套小坑，很难找出再大一些、平坦一些的地方。"嫦娥"4号在凸凹不平的地方软着陆，需要更准确地避开危险的岩石和月坑，因而具有比"嫦娥"3号更高的着陆精度。

经过长途跋涉，历经27天艰辛旅程的"嫦娥"4号终于发回喜报：我已到达冯·卡门环形坑。2019年1月3日，"嫦娥"4号着陆于月球南极—艾特肯盆地内的冯·卡门撞击坑。该盆地直径约为2500千米，最深处约为16千米，是太阳系内最大、最古老的撞击坑之一，保存了原始月壳的岩石，具有极高的科研价值，而冯·卡门撞击坑就位于这个盆地内。

冯·卡门撞击坑的南部地势相对平坦，有利于"嫦娥"4号安全着陆。那里白天阳光充足，可以满足太阳能电池板发电的要求。未来，这里有可能成为载人登月的候选着陆点。

3. "嫦娥"4号重任在肩

"嫦娥"4号在月球背面看到的是和月球正面一样沉寂荒凉的世界，那里也没有外星人活动的迹象。那么，"嫦娥"4号千辛万苦地到达那里，肩负着什么重任呢？

（1）进行月基低频射电天文观测，由于月球背面屏蔽了来自地球的无线电干扰，因此月球是进行天文观测的最佳场所，"嫦娥"4号携带了特殊的望远镜，等于把"天文台"搬到了月球背面，在那里能监测到地球上无法分辨的来自太空的电磁波信号。

（2）"嫦娥"4号着陆器将在着陆位置开展原位探测，而"玉兔"2号在月面上走走停停，边走边看，它们将对月球背面的地形地貌、月壤月岩的矿物组分和化学成分、月球地下的浅层地质结构进行探测。由于没有别的探测器降落在月球背面，所以不论是获取月球背面地形地貌的精确数据，还是分析月岩和月壤的成分，都是人类获得的极为珍贵的科学数据。

4. 地月通话全靠"鹊桥"

如果从月球背面直接给地球发信息，那地球是接收不到的；同样，从地球直接给位于月球背面的着陆器或月球车发送信号，着陆器或月球车也接收不到，因为传送信息的无线电波会被月球挡住。为了让"嫦娥"4号保持与地球联系，2018年5月21日，科学家专门为"嫦娥"4号发射了一颗名叫"鹊桥"的中继通信卫星，并将它部署在太空中一个叫作地月拉格朗日L2点的区域。地月拉格朗日L2点离月球大约6.5万千米，它是太空中的一个特殊位置，这里就像一个"太空停车场"，"鹊桥"卫星可以围着地月拉格朗日L2点转圈圈，与L2点不离不弃，从而长期留在这个"太空停车场"中。在这个特殊位置上，"鹊桥"既能看到月球背面，也能看到地球（图6-3），因而从地球或者

图6-3 "嫦娥"4号着陆器和"玉兔"2号月球车
通过"鹊桥"号中继通信卫星与地球保持通信联系

月背发射的无线电信号可以不受阻挡地直达"鹊桥"卫星，而"鹊桥"卫星也可以不受阻挡地向地球或月背上的"嫦娥"4号发射信号，因此它成了传递信息的最佳二传手。这如同"鹊桥"卫星在地球与月背之间架设了一座通信桥梁，确保了"嫦娥"4号着陆器或"玉兔"2号月球车与地面测控站之间的通信联系。

5. 小兔二乖乖

相比"玉兔"号，"玉兔"2号有了很大的改进，它在月球背面跑得可欢实啦。不过它的速度并不快，一分钟也就行驶3米多。当然"玉兔"并不是去飙车的，因为月面上没有像样的公路，路况很糟糕。"玉兔"2号的"智商"很高，会边看路，边考虑往哪里走、怎么走，在遇到大的障碍物时还会请地面人员帮助分析行走路线，所以不要责备它跑得慢。（图 6-5）

"玉兔"2号在考察期间不断地向地球传回大量的珍贵数据，令科学家大喜：在一个直径约为2米的小型撞击坑中，它发现了一种反射着异样光芒的不寻常物质——胶状物，经科学家研究，认为这是小天体撞击月球形成的玻璃物质。它沿着行驶路线边走边用测月雷达对地下进行扫描，这就像是在巡视区沿路给月球做"CT"检查，发现在地下 40 米范围内，存在 3 种不同的地层单元，从月球表面到地下 12 米为细粒月壤层，12～24 米是碎石层，24～40 米是月球受到撞击形成的撞击溅射物沉积和风化产物层。"CT"检查的结果首次为月球背面地质演化研究带来了新的启示……

截至 2022 年 2 月 14 日，超期"打工"3 年多的"玉兔"2 号和着陆器已在月球背面度过了 1064 个地球日，累计行驶里程 1049 米，创造了月面工作最长的世界纪录，至今它仍在月球背面上不辞辛苦地蹒跚行走，虽然已经大幅超过了它的设计寿命，但科学家还是希望这只长寿的"兔子"，能够"宝刀不老"，继续为人类带来更多的惊喜。

图 6-5 "玉兔"2 号月球车 2019 年 1 月 3 日到 12 月 18 日的行驶路线

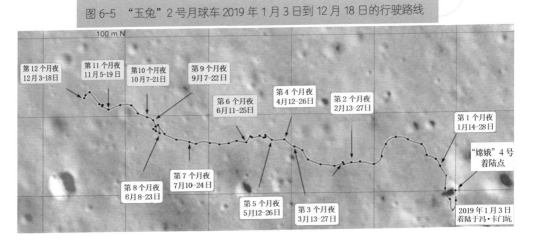

七、王者归来
——"嫦娥"5号带回月球"土特产"

"嫦娥"5号和几位"姐姐"相比幸福多了。"姐姐"们拿的都是"单程票",出发后谁也不能再次回到地球"娘家"。而"嫦娥"5号手持"往返票",月宫潇洒走一回后,还能捎点月球"土特产"回到地球"母亲"的怀抱。王者归来,标志着我国探月"绕""落""回"三期工程的胜利完工。

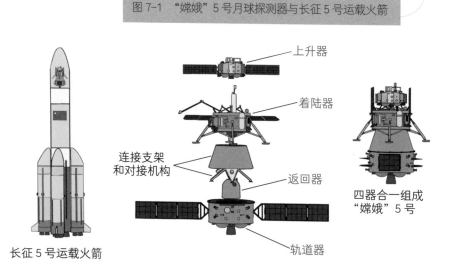

图7-1 "嫦娥"5号月球探测器与长征5号运载火箭

上升器

着陆器

连接支架和对接机构

返回器

四器合一组成"嫦娥"5号

长征5号运载火箭

轨道器

1. "四器合一"王者装备

2020 年 12 月 24 日,中国海南文昌发射场欢声雷动,"嫦娥"5 号探测器在长征 5 号火箭的托举下飞奔月球。

"嫦娥"5 号最重要的使命是到月宫挖土返回。说起来容易做起来难之又难,其整个过程包括发射入轨、地月转移、近月制动、环月飞行、下降着陆、月面采样、月面上升、交会对接、环月等待、月地转移和再入回收 11 个阶段,每个阶段都面临生死考验。

"嫦娥"5 号比起它的几位"姐姐",可真是个大块头,重量为 8.2 吨,直径为 4.4 米,高度为 7.2 米,由轨道器、返回器、着陆器、上升器等四器合一组成。

四器组合在一起时,看起来有点像一串糖葫芦,从上到下依次是上升器、着陆器、返回器和轨道器,它们在发射时组成一个整体,在飞行和采集月球样品时,根据不同的任务阶段又会组合成不同的排列形式,比如着陆器和上升器"抱"在一起,就组合成了"着上组合体";轨道器和返回器组合,就组合成了"轨返组合体"。

在奔月的旅途中,"嫦娥"5 号"四件套"先乘坐长征 5 号火箭进入地月转移轨道,然后与火箭分离,沿地月转移轨道一起飞往月球。到了月球轨道之后,"四件套"两两分头行动：着陆器带着上升器登陆月球采集样品，轨道器带着返回器在环绕月球的轨道上待命。

四器中的每个器各有各的明确分工。

2. 堪比孙悟空多次变身

根据分工的需要，"嫦娥" 5 号堪比孙悟空，具有"分身术"，最初四器合一，随后一会儿"2+2"，一会儿"1+1"，一会儿"1+2"，最后又变成了"2-1"。什么乱七八糟的，听得糊涂了吧？那让我们对着图，看看这四个器在执行月球采样任务中是如何分解组合、多次变身的。我们用数字表示分离与组合，就从奔月开始解说吧！

第一步，四器合一，即 4。

启程出发前，轨道器、返回器、着陆器、上升器组合成一个整体，由长征 5 号运载火箭发射，四器合一，一同飞往月球（图7-2）。

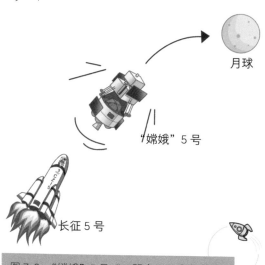

图 7-2 "嫦娥" 5 号"四器合一"奔往月球

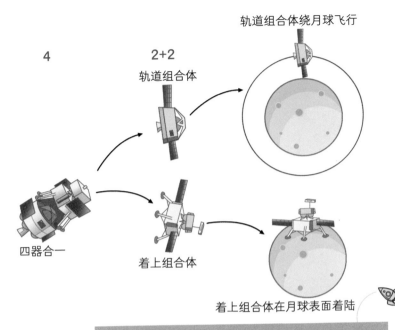

图7-3 "四器合一"分离成2个两器组合体，"轨返组合体"留在月球轨道上待命，"着上组合体"降落在月球上

第二步：4 → 2+2。

"嫦娥"5号到达环月轨道，在准备落月之前，这时"嫦娥"5号由"四器合一"分身为两组飞行器，每组又由"两器"构成：轨道器和返回器连在一起，构成"轨返组合体"，继续在环绕月球的轨道上飞行。着陆器和上升器组合在一起，构成"着上组合体"，离开环月轨道，向月面降落（图7-3）。

"着上组合体"落月后，着陆器开始使出浑身解数，在月面上又钻又挖又铲。先用钻头向地下钻取土壤，钻头上连着像长统袜子一样的口袋，钻出来的土壤进入细长的口袋，再卷绕到上升器的储存罐里。原计划向地下钻2米深，取出

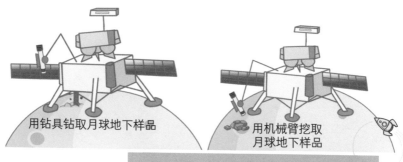

用钻具钻取月球地下样品　　用机械臂挖取
月球地下样品

图 7-4 "着上组合体"完成月球样品采集工作

0.5千克土壤样品，可是钻到1米多深时遇上了坚硬的大石头，结果只取了 0.231 千克。钻取土壤样品完成后，再用带有小铲子的机械臂在月面上连挖带铲采集了 1.5 千克月壤，然后用机械臂将月壤送入储存罐里，最后盖盖儿封装（图7-4）。

第三步：2 → 1+1。

着上组合体完成采样，并将储存罐装满月球样品盖盖

图 7-5 上升器带着样品罐离开着陆器飞离月面，着陆器永远留在月球上

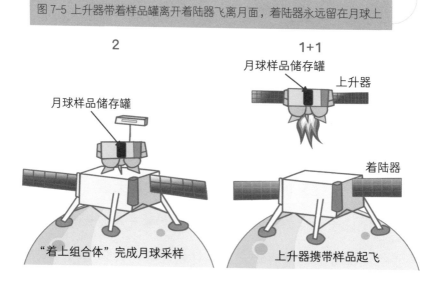

儿密封后，上升器就把着陆器当作发射台，携带着样品储存罐从上面起飞，"着上组合体"就此分离成2个独立的飞行器：上升器从月面起飞，去和正在环月轨道上飞行的"轨返组合体"会合，着陆器完成任务留在月面，从此成了"文物"，等待后人前去观赏（图7-5）。

第四步：1+2 → 3。

上升器从月面起飞后，进入环绕月球的轨道，然后与在环月轨道上等待的"轨返组合体"汇合，最后对接在一起。此时，上升器、轨返器、返回器组合在一起飞行，成为"三器合一"（图7-6）。在38万千米外的月球轨道上，让上

图7-6 "嫦娥"5号上升器与"轨返组合体"对接在一起

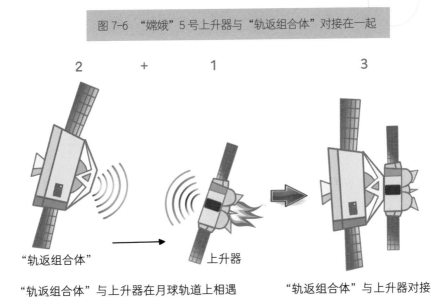

"轨返组合体"与上升器在月球轨道上相遇

"轨返组合体"与上升器对接

升器与"轨返组合体"进行精确的无人交会对接可不是件容易的事,虽然我国在载人航天领域已经熟练掌握了近地轨道交会对接技术,但在月球轨道上进行无人对接不仅在我国尚属首次,在人类航天史上也是第一次!

第五步:3 → 2+1。

上升器与"轨返组合体"对接后,趁着短暂对接的工夫,装有月壤样品的储存罐从上升器被移入返回器中,完成储存罐转移后,上升器便离开"轨返组合体",独自向月面下降。"轨返组合体"则为返回地球进行准备。为了不成为太空垃圾妨碍后续的探月球旅行,上升器与"轨返组合体"

图 7-7　上升器离开"轨返组合体",坠落在月球上,"轨返组合体"准备飞往地球

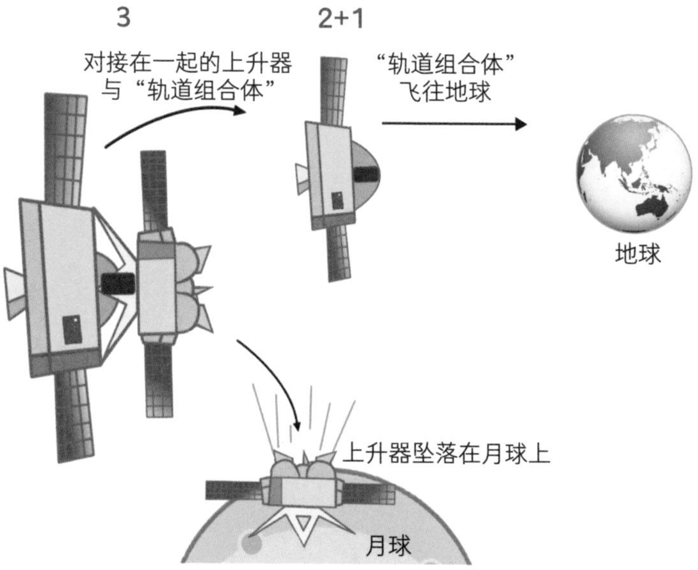

3

对接在一起的上升器
与"轨道组合体"

2+1

"轨道组合体"
飞往地球

地球

上升器坠落在月球上

月球

分离后，最终在地面控制下坠落到月球上，就此结束了自己的使命（图7-7）。

第六步 2 → 1+1。

"轨返组合体"得到储存罐后，开始利用轨道器上的发动机返回地球。经过约4天的疾驰，"轨返组合体"到达地球附近。此时，轨道器奋力把返回器推进返回轨道，两兄弟忍痛分离，轨道器继续飞行执行新的任务（剩余燃料还有100多千克，可以保证飞至日地L1点），只有返回器独自带着储存罐里的月球"土特产"回到地面（图7-8）。

图7-8 返回器与轨道器分离，利用降落伞并带着月球样品在地球上着陆

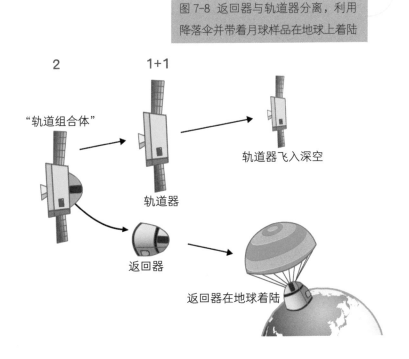

听起来"四兄弟"的故事有点悲壮，为了将宝贵的月球"土特产"带回地球，3个"兄弟"都以牺牲自己为代价，完成了星际快递接力赛的交棒，最后成全返回器完成了任务。

3. 分身"接力"为哪般

"嫦娥"5号为什么要用如此烦琐的分身术采样返回呢？从月球表面上挖了土直接返回多省事啊。

事情没那么简单，如果让整个8吨左右沉重的探测器着陆月面，无疑会大大增加下降减速需要的反推制动力，这必然使探测器上提供反推制动力的火箭发动机消耗大量推进剂，为此不得不将探测器造得更大以携带更多的推进剂，从而导致探测器的发射质量大幅增加，以致运载火箭"托举不动"，无法发射。如果上升器与着陆器在月球不分离而一同从月面上升，这不仅增加了从月面上升的"死重"，还需额外大量增加从月面起飞所需的推进剂，从而导致上升器无法带回更多的月球样品。所以，"嫦娥"5号采取了分身"接力"的妙招。

想当年，苏联发射的3个无人采样返回探测器，由于没有掌握在月球轨道的无人交会对接技术，不得不采用上升器从月面起飞直接返回地球的方案。为此，上升器需要携带大量推进剂，从而携带月球样品的能力就极为有限。从1970～1976年，苏联实施了3次月球采样任务，总共才取回326克的样品，而"嫦娥"5号一次就取回了1731克的样品！所以，分身"接力"方案是完成任务最合理、最巧妙的方案。

4. 月球"土特产"落户中国

"嫦娥"5号在哪里挖的土？它选择在月球正面风暴洋西北部的吕姆克山脉附近挖土，这里存在13亿年至20亿年前的玄武岩，探知这些玄武岩的年龄，有助于人们对月球火山活动和演化历史的认识。这里从没有探测器来过，是人类未曾探测过的神秘地方，难怪美国科学家得知中国得到了这一地区的月球样品，极热情地前来索要样品。

从月球带回的"土特产"，包含微细的矿物颗粒、岩石碎屑和玻璃质微粒等，它们都是月球表面遭受陨石撞击、太阳风轰击和宇宙射线辐射等空间风化后形成的月壤。通过这些"土特产"，既可以了解月球的地质演化历史，也可为了解太阳活动提供必要的信息（图7-9）。

国家规定：月球样品按照用途划分，原则上分为永久存储、备份永久存储、研究样品和公益用品。其中，永久存

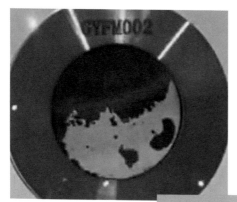

图7-9 "嫦娥"5号从月球上采集的样品

储和备份永久存储样品将进行封存，并作为原始样品永久保存；研究样品用于月球科学研究和分析；公益样品用于展览、科普、教育等公益性活动。截至2021年10月，已有30家科研机构和大学获得月球样品并开展研究，以便从中更加深刻地认识月球。

2021年2月27日，100克的月球"土特产"作为公益样品在国家博物馆隆重展出，它们被放在青铜器"尊"造型的透明器皿里，快去看看吧！

5. "嫦娥"妹妹接力奔月

人们对开发月球寄予了无限希望，梦想在那里建成能源供应基地、稀有矿产生产基地、天文观测基地、人类前往深空的太空交通枢纽基地、太空旅游基地……在人类面临着日益严重的环境污染、能源短缺的时候，月球不再仅仅是一颗浪漫星球。它丰富资源的开发利用前景和战略地位，吸引了众多有能力的国家的眼球。

看着月球有这么多的宝藏，凡是有能力者，如美国、欧洲、日本、印度、以色列等都纷纷发射探测器前去探宝、找宝。

我国的"嫦娥"5号抓土返回后，国家对后续任务又做了新的安排。未来几年，"嫦娥"5号将增添几个能耐更大的"妹妹"，"嫦娥"6号计划到月球南极采集样品，然后携带样品返回地球；"嫦娥"7号计划开展月球南极资源详查；"嫦娥"8号将为构建月球科研站做前期探索，2030年前后中国将在月球上建成国际月球科研站。

遥望未来，更先进的月球基地将等着你来建设，想好了吗，你准备干点啥？

很高兴看到这样的一套书，深入浅出，兼具科学性与趣味性，让孩子从小就能接触到尖端领域的航空、航天知识，帮孩子撷取"人类工业文明的皇冠"。

——中国工程院院士，飞行器导航控制专家 冯培德

好奇心是孩子的天性。书中以孩子能理解的方式，讲述详实有趣的航天故事和知识，点燃孩子内在的好奇心，将探索的种子根植于孩子的内心。让阅读成为悦读，让梦想插上翅膀。

——中国人民解放军航天员大队首任大队长 申行运

这套书里，一流的科学家构建了完整的航空、航天知识体系，用巧妙的方式缀珠成线，一定能够满足你对科学的好奇心。未来的空间广阔，希望这次我们能为你们打开一个通往精彩世界的大门。

——空军退役飞行员 丁邦昕

国家出版基金项目
NATIONAL PUBLICATION FOUNDATION

少年儿童航空航天分级阅读

航天读本 太空传奇

4

月球探测（下）

探寻"广寒宫"的秘密

冯培德 / 总主编

屠空 / 著

航空工业出版社

北 京

图书在版编目（CIP）数据

月球探测 . 下，探寻"广寒宫"的秘密 / 屠空著
. —— 北京 ：航空工业出版社，2021.12
（少年儿童航空航天分级阅读 . 太空传奇）
ISBN 978-7-5165-2869-3

Ⅰ . ①月… Ⅱ . ①屠… Ⅲ . ①月球探测器－少儿读物
Ⅳ . ① V476.3-49

中国版本图书馆 CIP 数据核字 (2022) 第 005768 号

月球探测（下）：探寻"广寒宫"的秘密
Yueqiu Tance (Xia): Tanxun "Guanghangong" de Mimi

总 主 编：冯培德
主　　编：蒋宇平
作　　者：屠空
字　　体：仓耳字库

策划编辑：雷蕾
责任编辑：张世昌
装帧设计：骑云星工作室　王锴

航空工业出版社出版发行
（北京市朝阳区京顺路 5 号曙光大厦 C 座四层　100028）
发行部电话：010-85672688　010-85672689
承印者：北京富泰印刷有限责任公司

2021 年 12 月第 1 版
2021 年 12 月第 1 次印刷
开本：635×965　1/16
印张：4
字数：30 千字
定价：201.60 元（全 12 册）

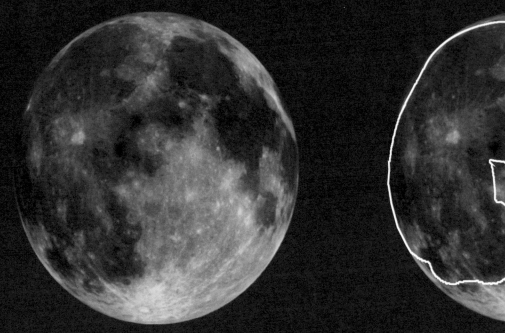

　　月球是离我们最近的天体。每年农历八月十五，如果天空晴朗，就可以看到一轮皓月从地平线上缓缓升起。融融月光，洒满一地清辉，月球表面亮暗相间，一只兔子的形象隐约可见（图 0-1），也许你会想起嫦娥奔月、吴刚伐桂、玉兔捣药的美丽传说，那明亮的银盘是否会引起人们的遐思？"月到东窗夜正中，人间天上广寒宫。"神秘的月宫一直吸引着人们的目光，人类自古就对飞往月球满怀期待。

　　1959 年 1 月 2 日，随着巨大的轰鸣，人类发射的第一颗月球探测器月球 1 号开始了探险旅程（图 0-2），拉开了人类使用航天器探测月球的序幕。60 多年来，各国已执行了近 140 次月球探测任务，成功 70 多次，12 名航天员踏上了月球的土地，人类在月球探测领域取得了辉煌的成绩。中国 2007 年以来实施了 5 次月球探测任务，取得了 100% 成

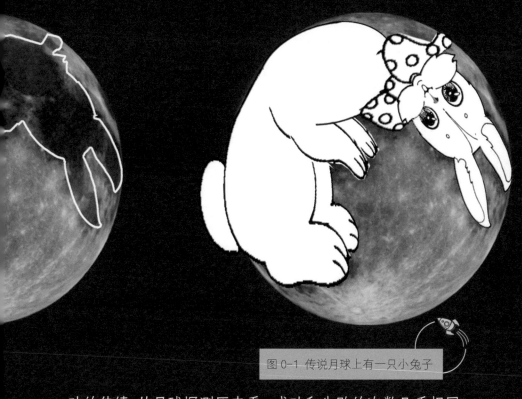

图 0-1 传说月球上有一只小兔子

功的佳绩。从月球探测历史看，成功和失败的次数几乎相同，这也说明月球探测是一项高风险的探索活动。

图 0-2 苏联发射的月球 1 号探测器

一、探月人马各显神通

2004 年，我国正式启动月球探测工程。按照国家的规划，月球探测工程分为绕月探测、落月探测、月面自动采样返回探测，即"绕、落、回"三个阶段来实施；每个阶段采用了不同的技术和探月方式。那么，在人类探月的过程中，都有哪些探测方式，中国又采用哪些方式呢？

从 1959 年人类发射的月球探测器第一次飞近月球算起，60 多年来科学家和工程师发射了各种不同的月球探测器，采用了许多种方式对月球开展探测，奔向月球的各路人马身怀绝技、各显神通，形成了掠月探测、绕月探测、原位探测、巡视探测、采样返回、撞击探测、载人探测等各种方式。

掠月探测。在月球探测历史的早期，苏联和美国还没有掌握必要的飞行控制技术，无法让月球探测器围绕月球飞行，只能让探测器从月球身旁高速飞过，在飞掠月球上空的瞬间，近距离拍摄月球，探测月球周围的空间环境，探测器飞越月球后便结束探测任务，这种探测方式被称为"掠月探测"。随着探测技术的发展，现在各国几乎不再采用这种"一锤子买卖"的方式开展探测。

绕月探测。绕月探测的这支队伍成员众多，它们是环绕月球飞行的月球轨道器，就像人造地球卫星围绕地球运行那样，它们围绕月球运行，所以也称月球卫星。到2022年，近30颗月球轨道器成功探访了月球（图1-1）。它们乘坐运载火箭从地球启程，按设计好的飞行路线奔赴月球，

在月球附近通过精准的控制调整飞行轨道，进入环绕月球的圆形或者椭圆形轨道，在环绕月球飞行期间对月球开展探测，并把探测数据用无线电波发送回地球。它们的最大优点是"站得高，看得远"，可以居高临下地对月球进行大范围观察，并可对月球进行长期反复的观测；既可以探测月球的地形地貌，拍摄全月图，也可以探测月表物质成分、寻找水资源，还可以测量月球磁场和重力场……中国发射

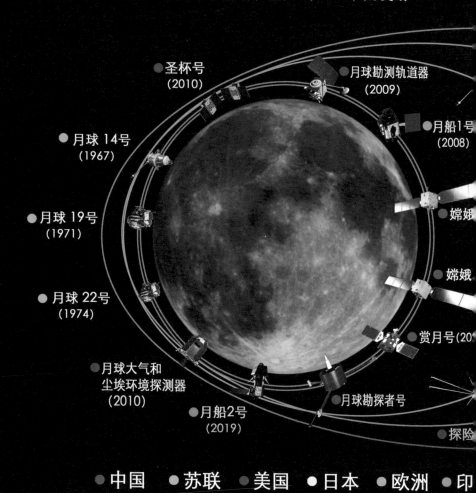

圣杯号
(2010)

月球勘测轨道器
(2009)

月球 14号
(1967)

月船1号
(2008)

月球 19号
(1971)

嫦娥

嫦娥

月球 22号
(1974)

赏月号(20

月球大气和
尘埃环境探测器
(2010)

月球勘探者号

月船2号
(2019)

探险

中国　苏联　美国　日本　欧洲　印

的"嫦娥"1号和"嫦娥"2号就是这支队伍中最亮眼的成员。

月球着陆器原位探测：这支队伍的成员是在月球表面着陆的月球着陆器，它们的最大本领是能够从上百千米高的环月轨道上稳稳地下降，并安全降落到月球表面，然后在着陆点位置开展实地考察，即原位探测。它们最突出的优

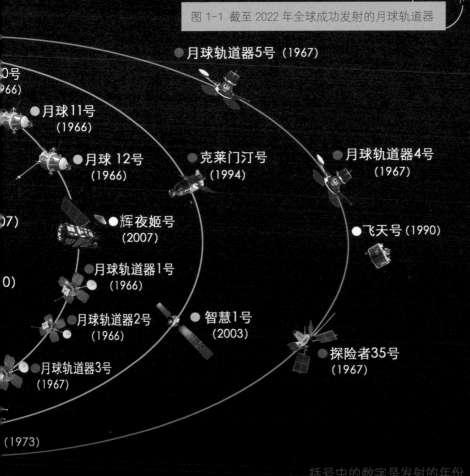

图 1-1 截至 2022 年全球成功发射的月球轨道器

月球轨道器5号（1967）

0号
66)

月球11号
（1966）

月球 12号
（1966）

克莱门汀号
（1994）

月球轨道器4号
（1967）

07)

辉夜姬号
（2007）

飞天号（1990）

0)

月球轨道器1号
（1966）

月球轨道器2号
（1966）

智慧1号
（2003）

月球轨道器3号
（1967）

探险者35号
（1967）

（1973）

括号中的数字是发射的年份

韩国

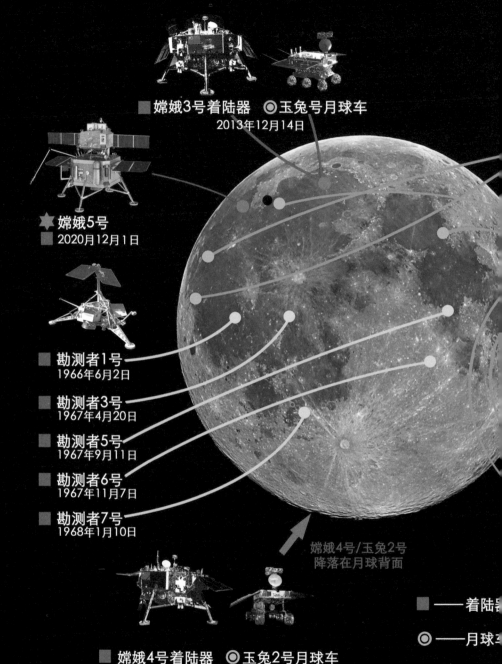

嫦娥3号着陆器 ◎玉兔号月球车
2013年12月14日

★ 嫦娥5号
■ 2020月12月1日

■ 勘测者1号
1966年6月2日

■ 勘测者3号
1967年4月20日

■ 勘测者5号
1967年9月11日

■ 勘测者6号
1967年11月7日

■ 勘测者7号
1968年1月10日

嫦娥4号/玉兔2号
降落在月球背面

■ 嫦娥4号着陆器 ◎玉兔2号月球车
2019年1月3日

■ ——着陆器

◎ ——月球车

★ ——采样返

截至时期：2022 年　　标注的时间为月球着陆时间

月球 9号
1966年2月3日

月球 13号
1966年12月24日

月球 17号/月球车1号
1970年11月17日

月球 21号/月球车2号
1973年1月15日

★ **月球16号**
1970年9月20日

★ **月球20号**
1972年2月21日

★ **月球24号**
1976年8月19日

测 ●── 中国

测 ●── 苏联

●── 美国

势是带着各种先进科学仪器身临其境，这就相当于把一个小型实验室搬到了月球，不仅可近距离拍摄着陆地区的高分辨率照片，甚至可以伸出机械手抓取月球样品，拍摄显微镜照片，现场开展化学物理分析。从 1966 年苏联月球 9 号首次成功着陆于月球表面到 2022 年，先后有 10 个着陆器以这种方式开展了探测（图 1-2）。其中，中国的"嫦娥"3 号、"嫦娥"4 号和"嫦娥"5 号着陆器是这支队伍中最年轻最先进而且能力最强大的成员。

巡视探测。承担巡视探测任务的是可以在月球表面行走的机器人，学名"月球表面巡视探测器"或简称巡视器，因为外表看上去

图 1-2 全球成功发射的月球着陆器、巡视器和采样返回探测器及其着陆位置

是一个有 6 个或 8 个轮子的小车，故俗称"月球车"。1970
年，苏联发射了第一个月面巡视器"月球车"-1 号，迄今
全球仅有 4 辆月球车成功开展了巡视探测，包括中国的"玉
兔"号和"玉兔"2 号（图 1-3）。虽说它们的俗名为月球车，
但实际上它们是一种特殊的航天器，与人造卫星一样需要
进行导航控制、姿态控制、温度控制，它靠太阳能发电，还
需要地面人员对其运行进行全程测控，接受来自地球的指
令并报告自己的状况。巡视器的绝活是一边行走一边探测，
或者行驶到前方预先选好的位置开展现场探测，还可以利
用机器臂和机械手进行精细的探测，相当于把一个小型移
动实验室搬上了月球，从而可以在巡视区内获得大范围不
同地点的探测数据。

采样返回。承担这类探测任务的是采集月球样品的空间机器人，它的任务是降落在月球表面，用采样机械臂或钻具等装置采集月球样品，然后将采集的月球样品送回地球，迄今只有中国和苏联成功开展了月球采样返回探测。采样返回是无人月球探测中最具挑战性的任务，整个过程十分复杂，需要多种装置协同配合、分步实施。例如，中国的"嫦娥"5号采样返回探测器由着陆器、上升器、返回器、轨道器等四个部分组成，它们通过协同配合共同完成月球样品采集并把样品送回地球的艰巨任务。2020年，中国"嫦娥"5号采样返回探测器成功完成了采集月球样品的任务，一次采集了1731克月球样品并将月球样品安全送回地球。

图1-3 中国的"玉兔"号月球车（近处是"嫦娥"3号着陆器的天线和太阳能电池板）

撞击探测。早期的撞击探测是让探测器飞向月球，当探测器靠近月球时，在月球引力作用下撞向月球表面，探测器在粉身碎骨之前，利用短暂时机一边下降一边用高速相机对准月球快速拍摄，测量月球附近的空间环境，并在撞月前将照片和数据发回地球，这种探测方式也称"硬着陆探测"。

随着航天技术的发展，撞击探测有了新的使命。从20世纪90年代到今天，全球只开展过两次撞击探测，主要目的是寻找月球上的水。在进行撞击探测时，用撞击器或寿命即将到期的月球卫星高速撞击月球，巨大的撞击能量使月表和地下的物质被撞碎、汽化，大量尘埃和挥发物溅射到高空，形成高耸的羽流和尘埃云，这时利用地球上的和太空中的望远镜观察羽流和尘埃云，或者让跟在撞击器后面飞行的探测器穿越尘埃云收集数据，对尘埃物质进行分析，就可以获得月球表面物质成分的数据。比如，对尘埃云进行水蒸气光谱特征分析，用于判断撞击地区是否存在水。美国国家航空航天局为了找水，1999年利用即将报废的月球勘探者号高速撞击靠近月球南极的月坑，可惜没有发现存在水的证据；2009年又用"半人马座"火箭和"月球陨坑观测和遥感卫星"相继猛烈撞击南极地区的一个月坑，在月坑内太阳永远照射不到的阴影区发现了存在水冰的信息（图1-4）。

月球勘探者号
撞击南极附近的月坑
（1999 年）

半人马座

撞击月球南极地区
（2009 年）

月球陨坑观测
和遥感卫星

图 1-4 月球撞击探测示意图

　　载人探测。载人月球探测，就是发射登月载人飞船，将航天员送到月球表面，航天员亲身在月球上开展科学考察，在完成考察任务后乘飞船返回地球。载人探测首先要实现航天员登月。"登月"就是航天员登上月球，在很短时间完成任务后，很快便返回地球，这相当于地球人到月球上去"串串门"。1969—1972 年，美国的阿波罗登月计划先后 6 次完成登月任务（图 1-5）。人类在实现航天员登月后，接下来一步是实现"驻月"或"住月"，"驻月"是指航天员携带设备降落在月球表面，安置仪器设备后返回地球，让设备仪器长期驻扎月球开展探测活动；"住月"是在月球上建设月球基地，人类可以在月球上短期成长期生活和工作，开发和利用月球资源。目前，人们已为建设月球基地开展了大量的准备工作，美国和欧洲等国还实施了围绕月球运行的载人月球空间站建设计划，但迄今仍没有任何一

阿波罗 8 号
载人绕月飞行
（1968 年 12 月）

月面停留时间：
66 小时 55 分钟

阿波罗 15 号（1971 年 7 月）
航天员首次驾驶月球车开展探测，考察月球高
山、峡谷和撞击坑，放置科学仪器、采集样品。

月面停留时间：
31 小时 30 分钟

阿波罗 12 号（1969 年 11 月）
设置科学仪器，测量月球磁场等数据，采集样品。

月面停留时间：
34 小时 11 分钟

阿波罗 14 号（1971 年 2 月）
利用爆炸装置测量月震，探测岩石和月面其他
物质，设置科学仪器，采集样品。

阿波罗 13 号
到达月球上空，但因发生严重
事故，取消登月计划，返回地球。
（1970 年 4 月）

括号内的时间：飞船到达月球的时间

图 1-5 阿波罗载人登月计划

月面停留时间:
75 小时 10 分钟

阿波罗 17 号（1972 年 12 月）
驾驶月球车考察高山、峡谷地区，安放置科学仪器、采集样品。

月面停留时间:
21 小时 36 分钟

阿波罗 11 号（1969 年 7 月）
人类首次登陆月球，安放科学仪器、采集样品。

月面停留时间:
75 小时 58 分钟

阿波罗 16 号（1972 年 4 月）
考察月球火山口，测量宇宙线粒子，安放科学仪器，采集月球样品。

阿波罗 10 号
载人绕月飞行
（1969 年 5 月）

2004—2020年，我国月球探测工程圆满完成了"绕落回"三部曲。在这期间，我国一步跳过掠月探测和硬着陆探测方式，直接开展了绕月探测、原位探测、巡视探测和自动采样返回探测，使中国在无人月球探测领域进入了世界最前例。

目前，我国已经开展了载人登月关键技术攻关，正在研制用于登月的重型运载火箭和新型载人飞船，为载人登月奠定坚实的基础，相信不久的将来月球上将会留下中国航天员的足迹，未来还将出现中国的月球基地。

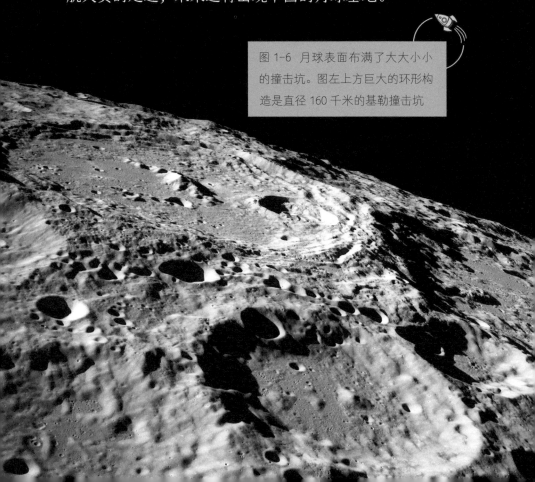

图 1-6 月球表面布满了大大小小的撞击坑。图左上方巨大的环形构造是直径 160 千米的基勒撞击坑

二、一路飞奔到访月球

　　月球探测器到月球开展探测活动，首先要飞往月球，怎样才能到达月球呢？不同的月球探测器一路飞奔访月球，虽然抵达的目标一致，但它们奔往月球的路线往往不同。在这里，让我们跟着我国"嫦娥"1号和"嫦娥"2号奔向月球，看看它们飞向月球选择了怎样的路线。

　　想必大家都知道这个传说，23岁的青年科学家牛顿因一个苹果从树上掉了下来落到他的身边，引发了他的思考，后来他提出了万有引力定律。根据万有引力的学说，任何两个具有质量的物体之间都存在着相互吸引的引力，物体的质量越大，相距的距离越近，它们之间的引力越强；物体的质量越小，相距的距离越远，它们之间的引力越弱。苹果掉在地上，是因为苹果与地球之间存在引力。我们站在地面上而不会向上飘浮，也是因为人体与地球之间存在引力。同样，月球与地球两个天体之间也存在着引力，这使月球从诞生之日起就与地球不弃不离，永不停息地围绕着地球运行。

　　向遥远的月球发射月球探测器，首先要克服地球引力对月球探测器的束缚。当月球探测器获得足够大的飞行速度时，它就能克服地球引力飞入太空。那么，如果要离开地球表面进入太空，需要多快的速度呢？科学家很久以前就进行了精确的计算，一个物体要离开地球进入太空，它从地面发射时获得的初速度最低不能小于 7.9 千米 / 秒，这个速度称为第一宇宙速度。然而，这个速度虽然能让物体进入太空并围绕地球飞行，却不能让它飞到月球，到达月球还需要更高的速度，而目前能够提供足够高的速度飞往月球的唯一工具只有运载火箭（图 2-1）。

如果一个物体离开地球时获得的飞行速度足够大，同

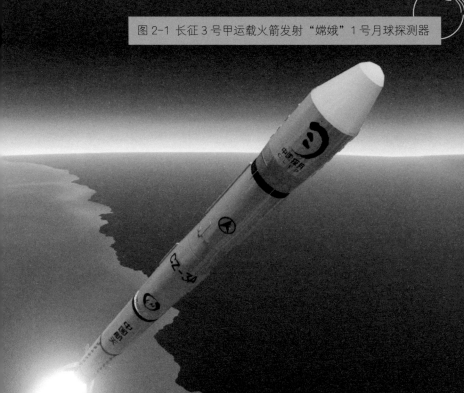

图 2-1 长征 3 号甲运载火箭发射 "嫦娥" 1 号月球探测器

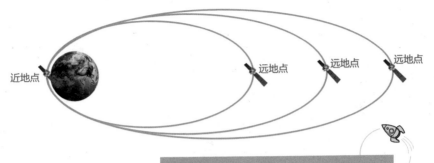

图 2-2 航天器围绕地球飞行的椭圆形轨道

时又小于 11.2 千米／秒，那么它将以地球质心为焦点沿着椭圆形轨道围绕地球运行。我们把这条椭圆轨道离地球最远的位置称为远地点，离地球最近的位置称为近地点。沿着椭圆形轨道飞行时，在近地点获得的速度越大，这个椭圆形轨道就越大，远地点离地球也就越远（图 2-2）。

月球离地球的平均距离为 38.4 万千米。假设我们利用运载火箭为月球探测器提供足够快的近地点速度，让月球探测器绕地球飞行的椭圆形轨道远地点达到 38.4 万千米，而且选择合适飞行方向，理论上它的远地点就能与月球绕地球运行的轨道相交，或者说它飞行的距离已经够着月球了。比如，我们用运载火箭让月球探测器在 200 千米高的近地点获得 10.916 千米／秒的速度，这个月球探测器飞行的大椭圆形轨道的远地点就可以达到离地球 38.4 万千米的距离（图 2-3），探测器的轨道就可以与月球运行的轨道相交。不过，探测器在近地点的这个速度是飞抵月球的最低速度，

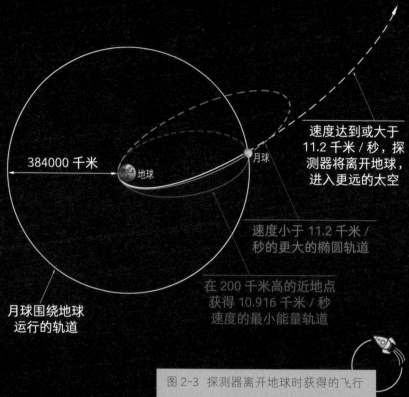

图 2-3　探测器离开地球时获得的飞行速度不同，它到达月球的轨道也不同。

如果低于这个速度，就不能飞到 38.4 万千米的距离，也就够不着月球。探测器按照这样的轨道到达月球消耗的能量最少，这条轨道也称最小能量轨道，但沿这条轨道飞到月球需要较长时间。如果选择更强大的运载火箭提供更高的速度，比如更接近 11 千米 / 秒的速度，月球探测器将沿更大的椭圆形轨道飞行，远地点将超过 38.4 万千米，探测器能更快地到达月球。

　　但是，如果月球探测器的速度达到和超过 11.2 千米 / 秒，它的飞行轨迹将不再是一条围绕地球运行的椭圆形轨道，比如，可能是一条被称作双曲线的轨道或者抛物线的轨道，最终它将离开地球进入更深更远的太空。我们把 11.2 千米 / 秒的速度称为"第二宇宙速度"或地球的"逃逸速度"。虽然采用 11.2 千米 / 秒的速度或更高的速度也可以把月球探测器送到月球，但这需要更强大的运载火箭，还需要月球探测器在月球附近进行更大幅度的"刹车"减速，否则探测器会高速冲过月球，进入更远的深空。用这样极高的速度将使运载火箭和月球探测器浪费大量的能量或推进剂，所以，发射月球探测器一般都低于这个速度。

上面我们谈了克服地球引力奔向月球的飞行，但只考虑了地球对月球探测器的引力以及利用运载火箭提供足够高的速度来克服地球引力的问题，而实际情况复杂得多。依据万有引力定律，飞往月球的探测器不仅受地球引力的作用，还受月球引力的作用。所以，月球探测器从地球到月球并不是沿着一条纯粹的椭圆路线，那么"嫦娥"1 号和"嫦娥"2 号月球探测器飞行的是怎样一条路线呢？

在设计"嫦娥"月球探测器的飞行路线时，科学家考虑了月球探测器受到的引力的变化。从地球飞往月球的过程中，它开始主要受地球引力作用，遥远的月球的引力作用十分微弱；当它越远离地球、越靠近月球时，地球引力对它的作用就越来越小，月球引力的作用越来越大，靠近到一定范围时，地球引力作用变得十分微弱，此时，它所受的引力作用将从以地球引力为主转变为以月球引力为主。由此，科学家将地月空间按照地球引力为主和月球引力为主划分为两个不同的区域，分界面是以月球为中心、半径约6.6万千米的圆球的球面，这个球形区域称为月球的"影响球"（图2-4）。在对"嫦娥"月球探测器进行轨道设计时，当它还没有进入月球的"影响球"时，主要考虑地球引力的作用，忽略月球引力的影响，它的飞行路线是围绕地球的一段大椭圆轨道；当它进入月球的"影响球"时，主要考虑月球引力作用，忽略地球引力的影响，这时它的飞行路线可以看成是以月球为焦点的一段双曲线轨道。把在这两段飞行轨道连接起来，探测器就得到了一条从地球转移到月

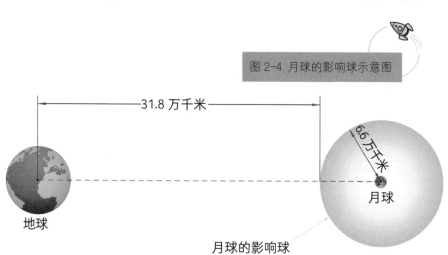

图 2-4 月球的影响球示意图

31.8 万千米

6.6万千米

月球

地球

月球的影响球

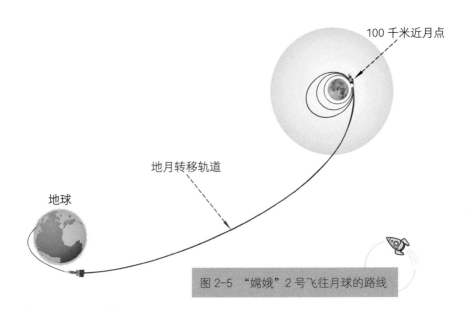

图 2-5 "嫦娥" 2 号飞往月球的路线

球的路线，我们把这条路线称为"地月转移轨道"，也称"奔月轨道"，"嫦娥"月球探测器就是沿着这条"地月转移轨道"一路飞奔到访月球的。

在发射"嫦娥"2 号探测器时，采用运载能力强大的长征 3 号丙运载火箭。长征 3 号丙为"嫦娥"2 号提供了足够高的速度，让"嫦娥"2 号直接进入了地月转移轨道，它在地月转移轨道上飞行约 112 小时后飞到月球上空，到达离月球表面 100 千米的近月点（图 2-5），随后"嫦娥"2 号将进入环绕月球飞行的轨道。

"嫦娥"1 号月球卫星采用长征 3 号甲运载火箭发射，因为长征 3 号甲运载火箭提供的近地点速度不能将"嫦娥"1 号直接送入地月转移轨道，因此科学家采用了巧妙的"调相轨道"策略。在实际发射时，先用运载火箭将"嫦娥"1

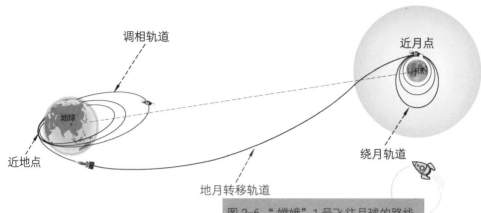

图 2-6 "嫦娥"1号飞往月球的路线

号送入围绕地球飞行的近地点 200 千米、远地点 5.1 万千米
的椭圆轨道，随后"嫦娥"1号围绕地球飞行多圈。每一次
到达近地点时，"嫦娥"1号就让自己的发动机点火工作，
提高飞行速度，使自己进入更大的椭圆轨道，在近地点经
过几次加速，"嫦娥"1号的速度越来越高，最后获得足够
高的近地点速度时，发动机再次点火将自己送入"地月转
移轨道"，一路奔向月球。科学家将"嫦娥"1号绕地球运
行并且不断增加近地点飞行速度，调整轨道高度轨道称为
"调相轨道"。把"调相轨道"和"地月转移轨道"连接起
来，就是"嫦娥"1号从地球奔向月球的轨道（图2-6）。
到达月球后，"嫦娥"1号将进入环绕月球的轨道。

看了上面的介绍，你一定知道无论是"嫦娥"1号还是"嫦
娥"2号，或者是其他任何一个飞往月球的航天器，它们的
飞行路线都不可能是直线哦！

三、一脚刹车环绕月球

　　我们已经知道月球探测器沿着奔月轨道飞往月球，但如何让它进入环绕月球飞行的轨道，成为一颗绕月飞行的月球卫星呢（图3-1）？

　　前面讲过，对于地球来说，一个物体达到或超过11.2千米／秒的"逃逸速度"，它将飞离地球，进入围绕太阳飞行的轨道。与此相似，月球也有一个"逃逸速度"，通过科学计算可知，这个速度是2.38千米／秒。如果一个物体从月球上发射或者在月球上空飞行，达到或超过这个速度，

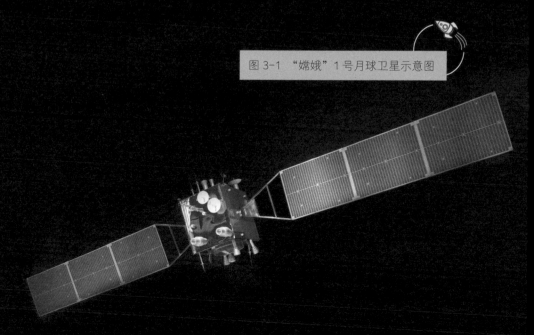

图 3-1　"嫦娥" 1 号月球卫星示意图

则月球的引力就不能"抓住"它，它将飞离月球，进入更远的深空。

　　月球探测器在飞向月球时，它离月球越近，受到月球的引力越大，这个引力把它拽向月球，使飞行速度增快，这时如果它的速度达到或超过月球的"逃逸速度"，它就会从月球上空快速飞越月球，也就不会进入环绕月球的轨道，当然不可能成为围绕月球飞行的月球卫星。所以，要让它环绕月球飞行就必须"踩一脚刹车"，让它减速，使月球引力能够"抓住"它，这样它就会进入一条绕月飞行的大椭圆轨道（图3-2）。减小速度的方法是利用月球探测器

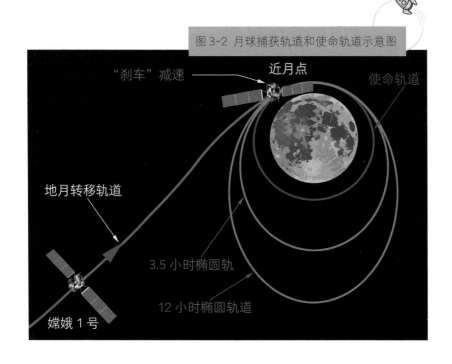

图 3-2 月球捕获轨道和使命轨道示意图

"刹车"减速 ── 近月点

使命轨道

地月转移轨道

3.5 小时椭圆轨

12 小时椭圆轨道

嫦娥 1 号

自身携带的火箭发动机点火工作，提供一个与飞行速度方向相反的推力，从而降低飞行速度。以"嫦娥"1号为例，当"嫦娥"1号到达月球上空时，它在近月点的速度为2.412千米/秒，来一个"刹车"减速，将近月点的飞行速度降到2.0642千米/秒，从而被月球的引力捕获，进入12小时环绕月球一圈的椭圆形轨道。

月球卫星被"捕获"后，最初环绕月球的轨道并不一定适合开展探测工作，比如它飞行在离月球表面太高太远的轨道上，光学相机或科学仪器无法看清月球表面，所以还需要进一步调整飞行轨道。当月球卫星飞到离月球最近的位置（近月点）时，通过再次启动火箭发动机减速，可以调整绕月球飞行的轨道高度，最终让它进入符合探测任务要求的"使命轨道"。比如，"嫦娥"1号先进入绕月一圈12小时的椭圆形轨道飞行，在飞行到近月点时，第二次利用火箭发动机减速，将近月点速度从2.0642千米/秒降到1.8012千米/秒，这时"嫦娥"1号就会进入绕月一圈3.5小时的椭圆形轨道；接着它在近月点第三次启动火箭发动机减速，将速度降低到1.591千米/秒，最终"嫦娥"1号进入一条离月球表面200千米的绕月圆形轨道，既它的"使命轨道"。在这条轨道上，它将利用各种科学仪器对月球开展探测，执行预定的探测任务，完成它探测月球的任务使命。

把绕地球的调相轨道、地月转移轨道、捕获轨道和使命轨道连接起来，就构成了"嫦娥"1号的一条完整的飞行路线，它从地球上发射，沿这条路线飞行，最终成为在使命轨道上环绕月球飞行的月球卫星。

四、环环相扣着陆月面

要想精细地探测月球，最好的办法是让月球探测器降落月面，身临其境地开展现场探测。从月球上空缓慢下降并平稳着陆称为月面"软着陆"，执行软着陆任务的是月球着陆器，比如，我国的"嫦娥"3号、"嫦娥"4号和"嫦娥"5号着陆器（图4-1）。

在月球表面着陆面临着巨大的风险，人类早期的月球软着陆任务成功率很低。那么，月面软着陆面临着哪些挑战呢？我们仅举两个例子来看看。

第一个挑战是，月球没有大气层，无法使用降落伞，

图 4-1 在月球背面冯·卡门坑内着陆的"嫦娥"4号着陆器

着陆器只能用反推火箭减小下降速度。在这个过程中，火箭的点火、燃烧工作和关闭必须精确控制，一旦操作失误，月球探测器就可能重重地摔在月球上，粉身碎骨。

第二个挑战是，月球远离地球，月面着陆不能指望地面人员的大力协助，着陆器要自己完成一系列复杂的着陆操作。更糟糕的是，月球上密布着撞击坑、陡坡沟壑、嶙峋岩石，充满了未知风险。着陆器在下降过程中，要自己识别和规避这些危险，选择地势平坦、安全的着陆位置。换句话

图 4-2 "嫦娥" 3 号着陆过程

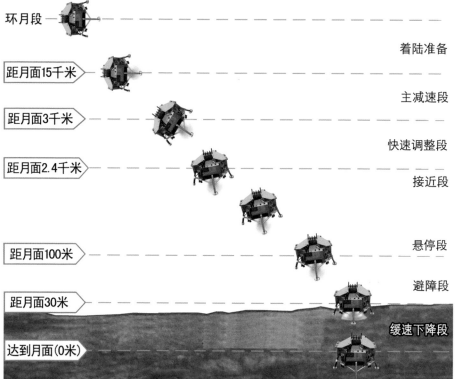

环月段

着陆准备

距月面15千米

主减速段

距月面3千米

快速调整段

距月面2.4千米

接近段

悬停段

距月面100米

避障段

距月面30米

缓速下降段

达到月面(0米)

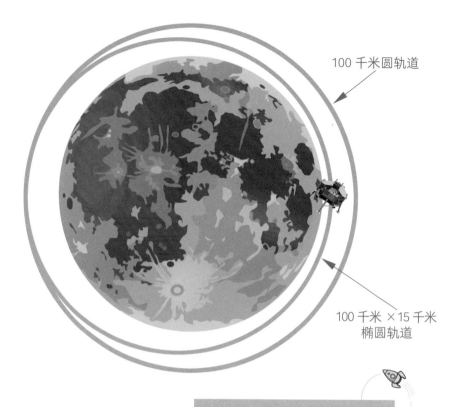

100 千米圆轨道

100 千米 ×15 千米
椭圆轨道

图 4-3 "嫦娥" 3 号调整轨道示意图

说，着陆器应该是一个"智商"很高的机器人，能够自主判断和规避危险，并精准完成每一项动作。

在月面软着陆不能一蹴而就，我们以"嫦娥"3号为例，看看它是怎样一步一步地降落在月球表面的（图4-2）。

第一步是着陆准备。"嫦娥"3号从地球飞到月球并进入环绕月球的轨道，要想从环绕月球的轨道上实现月面着陆，首先要飞近月面、降低高度。为此，"嫦娥"3号通过减速，把飞行轨道从离月球表面100千米的环月圆形轨道，调整为 100 千米 ×15 千米高度的椭圆形轨道（图4-3），使它离月面的最小距离缩小到 15 千米，这样它就可从 15 千米的高度实施下降了。

第二步是大幅度减速并大幅度下降。"嫦娥" 3 号通过反推火箭 "刹车"，大幅度减小向下降落的速度，并且在下降过程中利用先进仪器一边下降一边测量距离月球表面的高度，确定自己的飞行方向、加速度和飞行姿态。通过这段飞行，"嫦娥" 3 号离月面的高度从 15 千米下降到 3 千米，这段飞行也被称为 "主减速段"。

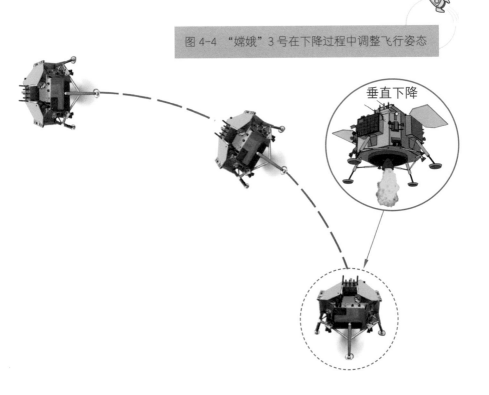

图 4-4 "嫦娥" 3 号在下降过程中调整飞行姿态

垂直下降

第三步是调整姿态。"嫦娥"3号要在这段飞行中转动身子，从歪着身子斜着下降快速调整成垂直下降（图4-4）。通过这段飞行，它离月面的高度从3千米下降到2.4千米，这段飞行也称"快速调整段"。

第四步是寻找安全着陆范围、避开险境。在这段飞行中，着陆器要一边下降一边观察月面情况，寻找坡度平缓的区域，避开下面大的陨石坑和岩石等着陆障碍，大致确定安全着陆的范围，这项工作也称"粗避障"。通过这段飞行，"嫦娥"3号离月面的高度从2.4千米下降到100米左右，这时它已经接近月面，这段飞行也称"接近段"。

第五步是空中悬停、精确确定着陆点。"嫦娥"3号通过火箭反推力，让自己像直升机那样悬停在100米左右的空中，利用先进的仪器观测下方着陆区，识别下方月面的粗糙度和坡度，在已大致确定的安全着陆范围内精确确定安全着陆点。

第六步是精确躲避障碍。在着陆前的最后一小段飞行中，通过斜向下降，精确躲避障碍，向着陆点下降。通过这段飞行下降了70米，下降之后离月面的高度仅为30米，这段飞行也称为"避障段"。

最后一步是安全着陆。以更慢的速度下降，在离月面数米时关闭反推火箭，"嫦娥"3号自由下落，最终利用着陆器上的4个着陆腿的缓冲作用平稳地着陆在月面（图4-5）。

整个下降和着陆过程环环相扣，总耗时720秒。安全着陆后，"嫦娥"3号着陆器打开太阳能电池板，启动各种科学设备，为执行探测任务做好准备，位于着陆器上方的"玉兔"月球车也开始为下降到月面做准备。

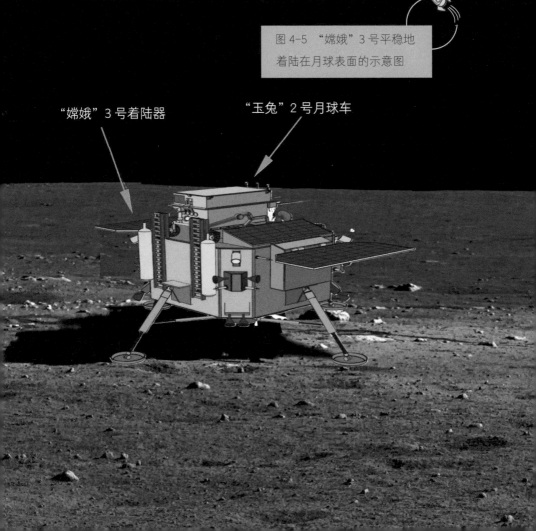

图4-5 "嫦娥"3号平稳地着陆在月球表面的示意图

"嫦娥"3号着陆器

"玉兔"2号月球车

五、两只小兔月面巡游

　　"嫦娥"3号和"嫦娥"4号分别带上了一只小兔子——"玉兔"号和"玉兔"2号月球车到达月球表面。在一路奔月和月面软着陆的过程中,它们分别趴在"嫦娥"3号和"嫦娥"4号着陆器背上,让着陆器驮着到达月面。随后,它们利用一套专门的装置下降到月球表面(图5-1),然后在月球表面开始了一路行驶、一路探测的工作。

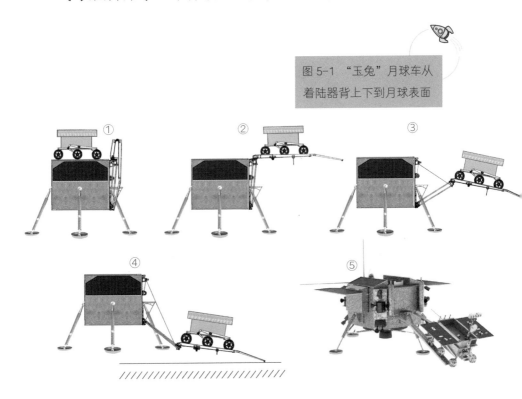

图5-1 "玉兔"月球车从着陆器背上下到月球表面

在月球表面一路行驶、一路探测可不那么容易，"玉兔"月球车必须避开大大小小的撞击坑、散布的岩石和沟沟坎坎，还要选定前方的探测目标和行驶路线。月球距离地球大约 38 万千米，在如此遥远的情况下，"驾驶"月球车可不像在地面开车那么简单。那么，两只小"玉兔"在月面上是怎样行驶的呢？

小"玉兔"是聪明的月球机器人，它既可以由地面人员用远程操作（也称遥操作）的方式行驶，也可以用"自主驾驶"的方式行驶，但以远程操作为主。

图 5-2 "玉兔"号月球车上的三种相机

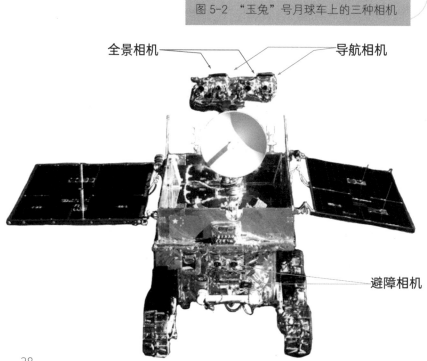

全景相机 导航相机

避障相机

采用远程操作方式时，整个过程分成多个步骤实施。首先是确定"玉兔"月球车行驶的目的地。"玉兔"在月面上走走停停，每当它要确定下一个目的地时，它将用一对全景相机拍摄立体全景图（图5-2），并将全景图发回地面，地面人员根据图像分析，确定哪里可以作为下一个目的地。比如，远方有一块奇怪的月岩，它可能有科学探测的价值，地面人员就会将这块月岩作为下一个要到达的目的地，并把选定的目的地位置发送给"玉兔"月球车。全景相机和导航相机安装在一根高高竖起的"桅杆"上，可以360度旋转，拍摄前后左右各方向的照片。

要想让"玉兔"到达预定的目的地，地面人员需要知道"玉兔"周围月面的环境和状态，以便指挥"玉兔"向目的地行驶。这有点像驾车司机要眼观六路，看清路况后再转动方向盘踩油门。获得月面环境和状态数据，主要由"玉兔"的导航相机完成。一对导航相机可以在10米范围内，对同一物体拍摄两张不同角度的照片，拍好的照片发回地面，地面人员根据照片可以还原出立体地形图，从图上能够看出"玉兔"的前方10米内有没有月坑，坑的大小和深度；前方有没有挡路的石块，石块的位置和大小。除了导航相机，"玉兔"月球车前端还安装了一对避障相机，可以拍摄3米以内的立体图像，发现和识别前方近距离的坑凹地势、危险石块等障碍，为"玉兔"月球车避开眼前的障碍提供前方的环境数据（图5-3）。

有了"玉兔"周围的月面环境和状态信息，就像驾车司机掌握了路况，地面控制人员就可以根据月球车翻越障碍、爬坡等能力，为"玉兔"规划出一小段安全行驶的路径，也就是为"玉兔"行驶提供了导航。北京航天飞行控制中心的地面人员将规划结果转换成控制指令，发送给"玉兔"

图5-3 "玉兔" 2号月球车用避障相机拍摄的照片

圆圈区是规划到达的目标地点

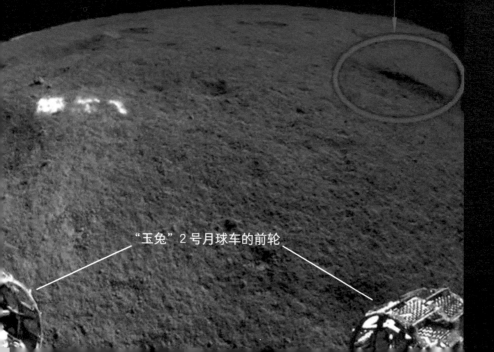

"玉兔" 2号月球车的前轮

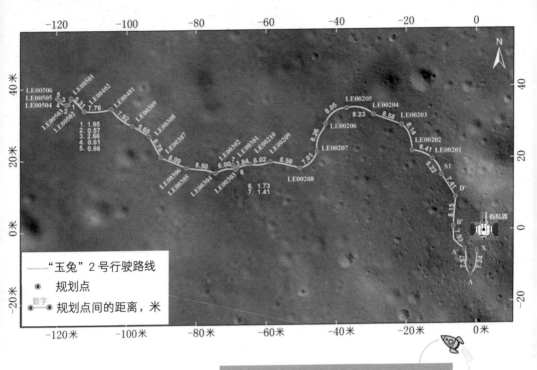

图 5-4 "玉兔" 2 号前 5 个月的行驶路线

号月球车，月球车接到指令后，按指令要求行驶，完成这一小段路程的移动。

在完成一次移动后，月球车的导航和避障相机将再次获取月面数据，地面人员将规划下一段路径，月球车则从新的规划点（或者称"导航点"）再一次向前出发，到达下一个规划点。从起点开始，月球车一路经过许多规划点，直至到达目的地。当它到达一个目的地后，地面人员将选定下一个目的地，月球车又开始了新的行程。（图 5-4）

采用"自动驾驶"方式时，月面行驶主要由"玉兔"月球车自主完成，但需要地面人员将确定的目的地数据发达给"玉兔"号月球车，其他操作由月球车自主完成，相当于用月球车上的导航和控制系统以及计算机替代地面人员完成相应的工作。

中国先后将"玉兔"号和"玉兔"2号月球车送上月球。"玉兔"号因发生故障行驶了大约114米后停止了移动。"玉兔"2号于2019年1月降落在月面（图5-5），至2023年2月已在月面上工作了4年多，累计行驶近1500米。

图5-5 在月面行驶的"玉兔"2号月球车

六、架起鹊桥传递信息

　　我们在地球上看到的皎洁明亮的月亮，永远是月球对着地球的正面。由于月球自转周期和它围绕地球公转的周期相同，所以，在地球上永远看不到月球的背面（图6-1）。

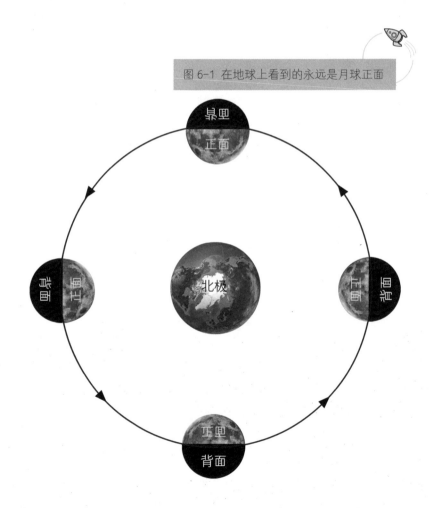

图 6-1 在地球上看到的永远是月球正面

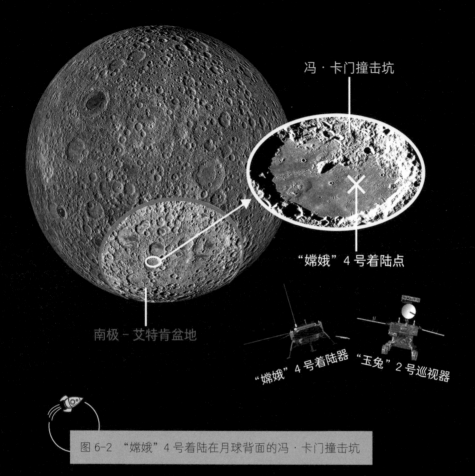

冯·卡门撞击坑

南极 - 艾特肯盆地

"嫦娥" 4 号着陆点

"嫦娥" 4 号着陆器　"玉兔" 2 号巡视器

图 6-2　"嫦娥" 4 号着陆在月球背面的冯·卡门撞击坑

从 1959 年人类发射第一颗月球探测器到 2019 年中国的"嫦娥" 4 号登陆月球之前，人类发射的月球探测器从未在月球背面实施过软着陆。那里是名副其实的科学发现"处女地"，隐藏着众多等待探索的科学之谜。

2018 年 12 月 8 日，"嫦娥" 4 号乘着推力强大的长征 3 号乙运载火箭呼啸升空，26 天之后降落在月球背面的南极 - 艾特肯盆地内的冯·卡门撞击坑，随后它的着陆器和"玉兔"2号月球车开始了漫长的探索历程（图6-2）。在月球背面开展探索比在月球正面更富有挑战性，其中要解决的一个重大技术问题是，落在月球背面的"嫦娥"4号怎样与地球保持通信联系，它与地球之间如何传递信息。

月球探测器与地面之间依靠无线电波进行通信联系，用无线电波传递各种数据和信息，而无线电波的传播与光线一样，只"走直线"，不拐弯，这就像是我们人类的目光，只有眼睛与观看的物体之间没有任何遮挡物时，眼睛才能看见物体。地面与月球探测器进行通信也是如此，只有在月

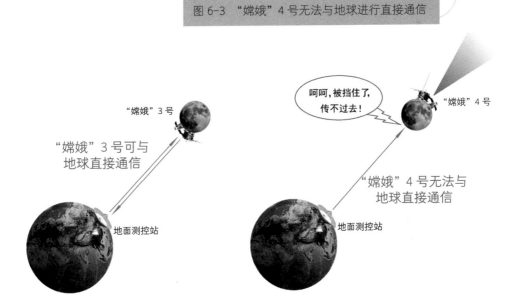

图 6-3 "嫦娥"4号无法与地球进行直接通信

"嫦娥"3号

"嫦娥"3号可与地球直接通信

地面测控站

呵呵，被挡住了，传不过去！

"嫦娥"4号

"嫦娥"4号无法与地球直接通信

地面测控站

球探测器与地面测控站之间没有受到遮挡，它们能够相互"看见"时，才能实现直接通信。比如，"嫦娥"3号落在月球正面，它与地面测控站之间没有任何遮挡，可以直接进行通信联系；但"嫦娥"4号落在月球背面，巨大的月球遮挡了无线电波，无线电波传不过去，导致"嫦娥"4号无法与地球进行直接通信（图6-3）。

无线电波传不过去怎么办？为了解决这个问题，科学家和工程师们采用了一种巧妙的方法，他们向月球背后发射了一颗名叫"鹊桥"的中继通信卫星。这个"鹊桥"号卫星既可以"看见"月球背面的"嫦娥"4号着陆器和"玉兔"2号月球车，也可以"看见"地球上的测控站（图6-4）。从地球发送的无线电信号可以先到达"鹊桥"号，再由"鹊桥"

图6-4 "嫦娥"4号与地面之间通过"鹊桥"号实现通信联系

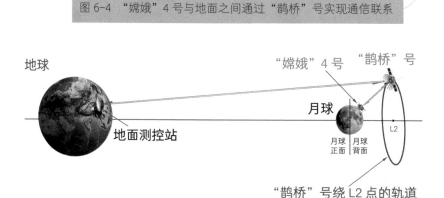

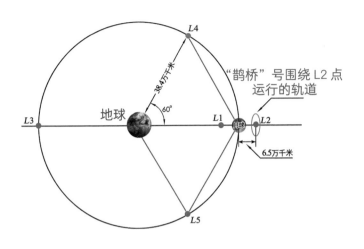

图 6-5 "鹊桥"号围绕地月拉格朗日 L2 点绕圈圈

号转发给"嫦娥"4 号着陆器和"玉兔"2 号月球车；同样，从月球背面发送的信号也可以经过"鹊桥"号转发回地球。这样一来，"鹊桥"号成了"二传手"，在地面测控站与"嫦娥"4 号着陆器和"玉兔"2 号月球车之间架起了一条无线电波传输的通道，起到了信息传递"中继站"的作用，从而实现了"嫦娥"4 号着陆器和"玉兔"2 号月球车与地球之间的通信联系。

那么这颗"鹊桥"号部署在空间的什么位置？它的飞行轨道又是怎样的呢？经过深入的研究论证，航天专家们决定将"鹊桥"号发射到月球背后一个称为地月拉格朗日 L2 点的特殊区域，让"鹊桥"号围绕地月拉格朗日 L2 点绕圈圈（图 6-5），而这个特殊的地月拉格朗日 L2 点位于

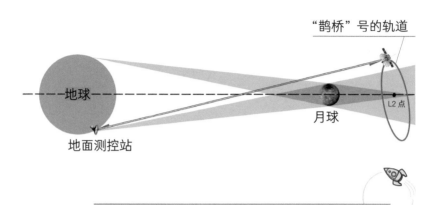

图6-6 "鹊桥"号环绕L2点的轨道在月掩的阴影之外

地月连线上的月球外侧，离月球约6.5万千米。

在地球和月球组成的地月系统中，一共有5个拉格朗日点，即L1～L5，它们也被称为平动点，是地月系统中非常特殊的空间位置。它们就像地月空间中的5个可以让航天器停泊的太空停车场，到达那里的航天器只需提供很小的速度增量，就可以在一定的空间范围内稳定运行。比如，"鹊桥"号到达地月拉格朗日L2点附近后，只需消耗很少的推进剂，就可围绕L2点长期稳定地运行。

既然"鹊桥"号要围绕地月拉格朗日L2点运行，那么它的轨道又是怎样的呢？首先，"鹊桥"号绕L2点运行的轨道不能太小，否则月球会遮挡地面测控站与"鹊桥"号中继星之间的通信链路，这种情况称为月掩。如果要保证"鹊桥"号与地面测控站之间的通信，"鹊桥"号绕L2点运行的轨道要在月掩的阴影之外（图6-6）。

其次，"鹊桥"号的轨道也不能太大。轨道越大，"嫦娥"着陆器和"玉兔"2号在月面上仰望"鹊桥"号的角度（高度角）就越小（图6-7），从月面上看到的"鹊桥"号就越靠近月球的地平线。如果高度角太小了，着陆器和"玉兔"2号只能"贴"着月球表面向"鹊桥"号发送无线电波，这将影响发送数据和信息的质量。

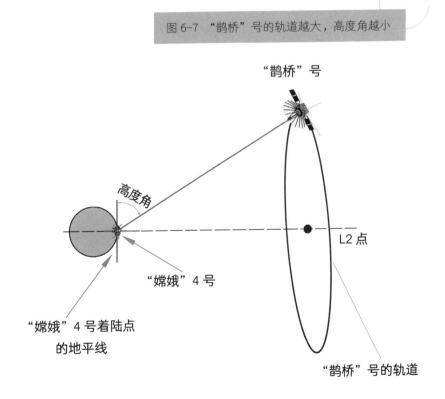

图6-7 "鹊桥"号的轨道越大，高度角越小

最终，科学家在考虑了各种复杂的因素后，为"鹊桥"号设计了一条最合适的轨道（图6-8）。2018年5月21日，"鹊桥"号从中国西昌卫星发射中心发射升空，提前进入环绕地月拉格朗日L2点的轨道。6个月后，"嫦娥"4号到达月球背面，它通过"鹊桥"号与地面人员保持了通信联系，先完成了月面着陆，随后在月球背面开展了科学探测任务。

图 6-8 "鹊桥"号绕地月 L2 点运行的轨道示意图

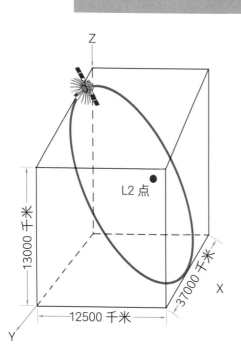

七、月宫取宝带回地球

2020 年 12 月，"嫦娥" 5 号顺利发射升空，它的主要任务是从月球上取回宝贵的样品，供科学家们在地球上的实验室中利用先进的科学仪器开展深入的分析。比如，利用扫描电子显微镜观察月球物质的微观结构。

"嫦娥" 5 号是由轨道器、返回器、着陆器、上升器组成的"四器合一"月球采样返回探测器，重量 8.2 吨，高度 7.2 米，摆在一起好比一串糖葫芦（图 7-1）。四器组合在一起

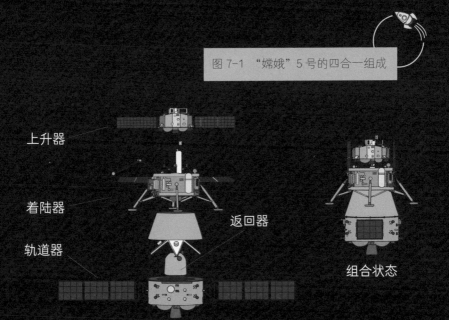

图 7-1 "嫦娥" 5 号的四合一组成

上升器

着陆器

返回器

轨道器

组合状态

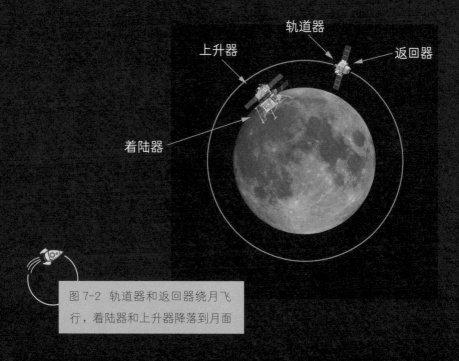

图 7-2 轨道器和返回器绕月飞
行，着陆器和上升器降落到月面

　　一同飞往月球。到达月球后，轨道和返回器组合在一起，
在月球上空环绕着月球飞行；着陆器和上升器组合在一起，
从环绕月球的轨道上降落在月球表面（图 7-2），然后它俩
使出浑身解数，先钻后挖，采集宝贵的月球样品，再把样品
装进特殊的密封罐子里，随后上升器带着月球样品飞离月面。

　　按照科学家们提出的要求，"嫦娥" 5 号要采集两种月
球样品，一种是用 "钻取" 方法，用钻具钻到月球表面以下，
收集月球地下浅层样品，钻取深度可达 2 米左右。另一种是
采用 "表取" 方法，利用采样机械臂末端的采样器，获取
月面表层的月壤样品。太阳直射月球表面，月面土壤会受到
从太阳发射出的粒子流的影响，而地下土壤和碎石则不受

这种影响，因而钻取和表取的两种样品有所不同，要分别采样。说起来容易做起来难之又难，不论是钻取还是表取都非常不容易。

"嫦娥" 5 号钻取采用原地钻取方式，简单来说，就是让采集样品的钻具在一个位置往地下钻，一边向下钻一边取样。钻具安装在着陆器上，由空心钻杆、钻头、取芯软袋、提芯绳等组成（图 7-3）。当钻具向下钻时，月壤样品便会自动进入空心钻杆内部的软袋中。随着钻具越钻越深，软袋

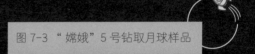

图 7-3 "嫦娥" 5 号钻取月球样品

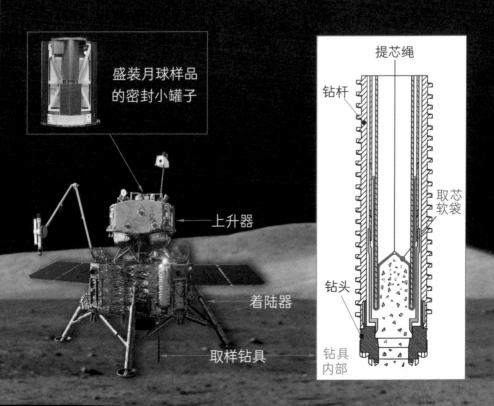

盛装月球样品的密封小罐子

上升器

着陆器

取样钻具

提芯绳

钻杆

取芯软袋

钻头

钻具内部

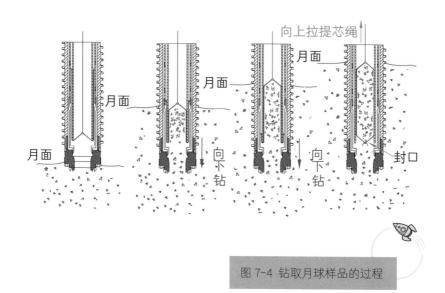

图 7-4 钻取月球样品的过程

会从外侧翻入，装入软袋的样品越来越多（图7-4），当装入足够多的样品后，给软袋封口，电动装置会向上拉提芯绳，将装满样品的软袋从空心钻杆中提出，卷起来放入位于上升器顶部盛装样品的密封小罐子里，从而完成钻取任务。

完成钻取后开始"表取"月球样品。"嫦娥"5号用一个固定在着陆器上的机械臂和装在机械臂"手腕"上的2个采样器来"表取"样品。机械臂的作用类似人的手臂，不过它比手臂长多了，伸展后长度达3.7米，可以在着陆器身边不同位置采集样品（图7-5）。转动"手腕"可以让两个采样器中的一个对着月面采样，也可以更换采样器。其中，一个采样器像一个勺子，配了一个盖子，它接近月面时，通过转动"勺子把"来挖取松散的月壤，或者像铲子那样铲月壤，还可让勺子与盖子配合夹取小石块。另一个采样器有齿状金属瓣，带有破碎功能，通过旋转可以破碎粘结在一起的月壤或石块。在采集过程中，采集好一勺样品，就用机械臂把样品装入专门存放表取样品的容器中，"嫦娥"5号一共采了12勺月球表面的样品并装入容器内。最后，机械臂把存放表取样品的容器也放进盛样品的密封小罐子中。

密封小罐子装好样品后，自动盖上小罐子的盖子，把

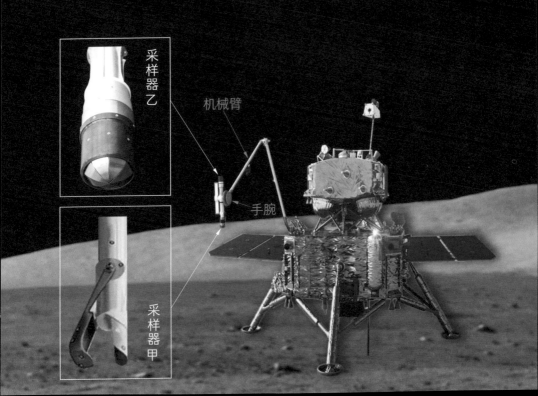

图 7-5 "嫦娥" 5 号采集月球表面样品

采样器乙

机械臂

手腕

采样器甲

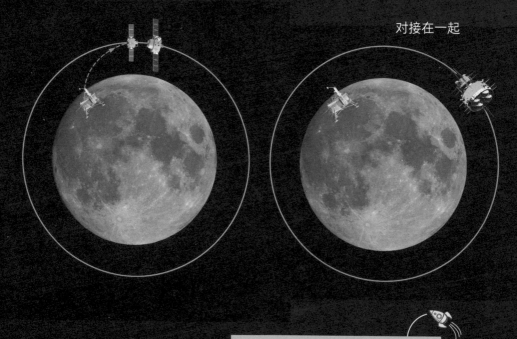

在环绕月球的轨道会合

对接在一起

图 7-6 "嫦娥" 5 号上升器离开月面
与轨道和返回器会合并对接在一起

样品严密地密封在小罐子内。做好这些工作后，按照地面控
制人员发来的指令，上升器的火箭发动机点火，从月面起
飞离开月球，携带小罐子到达环绕月球的轨道上，与围绕
月球飞行的返回器与轨道器会合，并对接在一起（图 7-6），
然后利用特殊的装置让上升器把小罐子转手交给返回器。最
终让具有穿越地球大气层本领的返回器带着密封小罐子返
回地球，把从月球上取回的 1731 克样品交给科学家（图 7-7）。

值得一提的是，1970—1976年苏联先后派出了"月球"16号、"月球"20号和"月球"24号3个月球采样机器人，这三兄弟分3次带回了总计约326克月球样品，而"嫦娥"5号一次采样就达1731克，超过了苏联3次采样总和的5倍之多。

图7-7 "嫦娥"5号从月球上取回的样品

八、打个"水漂"飞回家乡

"嫦娥"5号把月球样品带回地面，是由它的返回器完成的。返回器要想回到地球家乡可不容易，从月球回来速度太快，接近地球时，一秒钟就飞行大约11千米！这比起我国"神舟"载人飞船从环绕地球的低地球轨道回返地面的速度快多了。以这样的速度穿越地球大气层，使返回器面临极大的挑战。

任何一个返回地球的航天器，在它高速进入地球大气层时，一方面大气层中的空气会对返回航天器形成气动阻力，这种阻力可以减慢返回航天器飞行的速度，这就像我们迎着强风跑步时会感受到风对我们的阻力一样；另一方面，返回航天器冲入大气层并高速下降时，因剧烈压缩周围的空气、与空气猛烈摩擦，从而产生大量的热量，使航天器周围气体的温度迅速上升，航天器外部被加热到上千摄氏度，这个过程称为"气动加热"。比如，美国"阿波罗"11号登月飞船指令舱返回地球时（图8-1），它外表的温度接近3000摄氏度。此外，航天器进入稠密大气层后，还会产生巨大的冲击过载，这种过载尤其会对载人飞船中航天员的生命安全构成威胁。

"嫦娥" 5 号返回器在进入大气层时，飞行速度接近 11.2 千米 / 秒，如果以这么快的速度冲入大气层直接下降到地面，将导致返回器难以承受的高温，即使返回器使用了先进的防热系统，也难免被烧毁。而小小的返回器重量仅 300 千克，无法安装大的反推发动机和携带大量推进剂，所以不能用反推火箭来降低飞行速度！那么，有什么办法可以降低返回器的速度，避免剧烈的加热导致返回器烧毁呢？

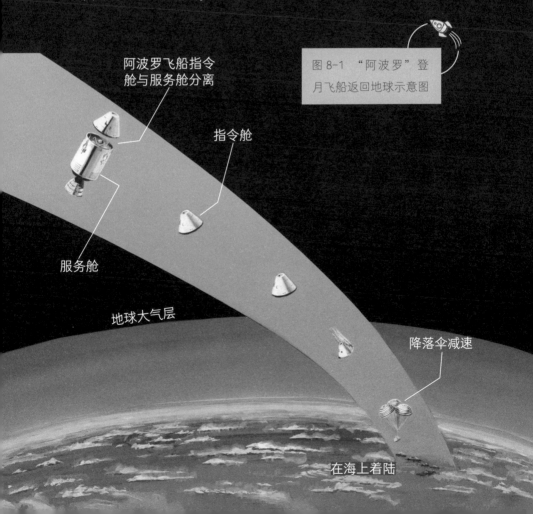

图 8-1 "阿波罗"登月飞船返回地球示意图

阿波罗飞船指令舱与服务舱分离

指令舱

服务舱

地球大气层

降落伞减速

在海上着陆

图 8-2 打水漂

　　为了解决这个问题，"嫦娥"5号的专家们为返回器巧妙地设计了一条穿越地球大气层的"跳跃式"的路线：返回器返回地球时，让返回器先冲进大气层，然后再"跳跃"出大气层回到太空滑行，接着再第二次进入大气层，最后

图 8-3 "嫦娥"5号返回器再入大气层和着陆过程

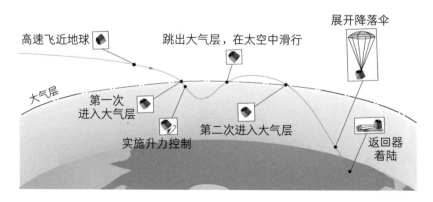

高速飞近地球

跳出大气层，在太空中滑行

展开降落伞

大气层

第一次进入大气层

第二次进入大气层

实施升力控制

返回器着陆

利用降落伞减速，在着陆场缓缓着陆。这个过程有一点儿像我们用瓦片打水漂（图8-2），不过，用这种方式返回地球的正式名称是"半弹道跳跃式返回"。

我们可以把"半弹道跳跃式返回"的飞行过程看成为"进—出—进—着陆"的过程（图8-3），这个过程大致如下。

"嫦娥"5号的返回器在距离地面120千米时，以接近11.2千米/秒的速度和比较小的角度第一次冲进大气层，利用大气阻力实现了第一次减速，同时在大气层中经受了第一次气动加热。

在返回器下降至预定高度后，通过对返回器进行升力控制，使它获得升力跳出大气层，跳跃到大气层外的太空中滑翔飞行，这时它经过第一次减速，飞行速度已经大幅低降，而此时在太空滑行也不再受到气动加热。这个过程有点类似打水漂时瓦片从水面弹起然后在水面上方飞行的情景。第一次冲进大气层然后跳出大气层，这个过程非常快，返回器可以承受气动加热的挑战。

当返回器在太空滑翔飞行到最高点时，开始下降，之后返回器第二次进入大气层，这次进入大气层的速度比第一次进入要慢得多，进入后返回器在空气阻力作用下实现了第二次气动减速，同时也经受了第二次气动加热。

最后，经过两次气动减速，返回器达到了降落伞开伞的速度要求，在离地面 10000 米的高空打开降落伞，在我国内蒙古自治区四子王旗着陆场缓缓着陆，平安地回到地球家乡（图 8-4）。

　　这样，通过两次进入大气层，实现两次气动减速，大幅降低了返回器的速度，避免了以接近 11.2 千米／秒的速度一次冲进大气层可能因瞬时产生巨大热量而使返回器烧毁的危险，确保把"嫦娥" 5 号取回的月球样品平平安安地带回地球。

图 8-4　"嫦娥" 5 号的返回器顺利回到地球家乡

我们在《月球探测》（上、下）两本小册子中简要介绍了我国月球探测工程的星星点点知识，也介绍了一些国际上的月球探测活动。这些内容仅仅反映了月球探测工程的沧海一粟。

苏联科学家康斯坦丁·齐奥尔科夫斯基曾经说过："地球是人类的摇篮，但是人类不能永远生活在摇篮里。"探索月球是人类走出地球、探索浩瀚宇宙的第一步，在这条道路上中国人已经成功完成月球探测工程"绕、落、回"任务，正向着建设月球科考站，将航天员送上月球、建设月球基地的宏伟目标迈进，中国在月球探测和月球科学的道路上，将一步一个脚印，走得更快、更远……

很高兴看到这样的一套书，深入浅出，兼具科学性与趣味性，让孩子从小就能接触到尖端领域的航空、航天知识，帮孩子撷取"人类工业文明的皇冠"。

——中国工程院院士，飞行器导航控制专家　冯培德

好奇心是孩子的天性。书中以孩子能理解的方式，讲述详实有趣的航天故事和知识，点燃孩子内在的好奇心，将探索的种子根植于孩子的内心。
让阅读成为悦读，让梦想插上翅膀。

——中国人民解放军航天员大队首任大队长　申行运

这套书里，一流的科学家构建了完整的航空、航天知识体系，用巧妙的方式缀珠成线，一定能够满足你对科学的好奇心。未来的空间广阔，希望这次我们能为你们打开一个通往精彩世界的大门。

——空军退役飞行员　丁邦昕

国家出版基金项目
NATIONAL PUBLICATION FOUNDATION

少年儿童航空航天分级阅读

航天读本 太空传奇 4

太阳探测（上）

最熟悉的陌生人

冯培德 / 总主编

朱林崎 / 著

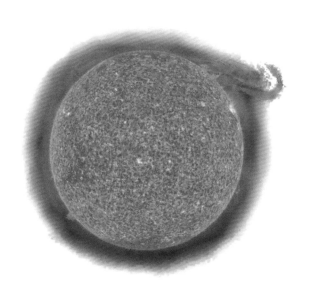

航空工业出版社

北 京

图书在版编目（CIP）数据

太阳探测．上，最熟悉的陌生人 / 朱林崎著．-- 北京 ：航空工业出版社，2021.12
（少年儿童航空航天分级阅读．太空传奇）
ISBN 978-7-5165-2869-3

Ⅰ．①太… Ⅱ．①朱… Ⅲ．①太阳探测器－少儿读物
Ⅳ．① V476.4-49

中国版本图书馆 CIP 数据核字（2022）第 005695 号

太阳探测（上）：最熟悉的陌生人
Taiyang Tance (Shang) : Zui Shuxi de Moshengren

总 主 编：冯培德
主　　编：蒋宇平
作　　者：朱林崎
字　　体：仓耳字库

策划编辑：雷蕾
责任编辑：张世昌
装帧设计：骑云星工作室　王锴

航空工业出版社出版发行
（北京市朝阳区京顺路 5 号曙光大厦 C 座四层　100028）
发行部电话：010-85672688　010-85672689
承印者：北京富泰印刷有限责任公司

2021 年 12 月第 1 版
2021 年 12 月第 1 次印刷
开本：635×965　1/16
印张：3.25
字数：24 千字
定价：201.60 元（全 12 册）

天上有10个太阳，后羿为什么只射下来9个？

因为他不想摸黑回家……

提起太阳，除了能让你不用摸黑回家之外，你还能想到些什么？如果让我们给太阳写个头条，恐怕绝大多数人写的都是"万物生长靠太阳""锄禾日当午，汗滴禾下土"……如果让科学家用自媒体的方式给太阳写个头条，冲上热搜的就很可能会是你万万没想到的内容：

太阳身体里藏着一百个惊天秘密，知道一个算你牛！

震惊，太阳竟然是狂暴巨兽！

嗯，看到这里是不是觉得："同一个太阳，科学家给出了与我们想象完全不同的评价，这是怎么回事？"你可以不了解太阳，但是必须读完这篇文章！让我们来一探究竟吧。

一、最熟悉的陌生人
太阳奇特的身体看不透

太阳是我们最熟悉的天体，我们每天都会看见太阳升起、落下，感受太阳带来的光和热。目前，人类掌握了很多有关太阳的知识，我们归纳出一些趣味数字，如图1-1所示。

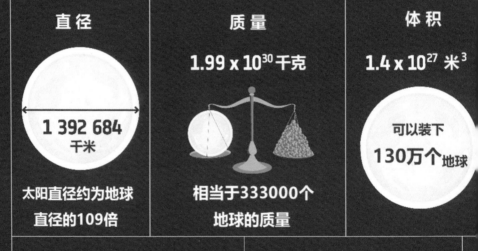

直径

1 392 684 千米

太阳直径约为地球直径的109倍

质量

1.99 x 10³⁰ 千克

相当于333000个地球的质量

体积

1.4 x 10²⁷ 米³

可以装下 **130万个**地球

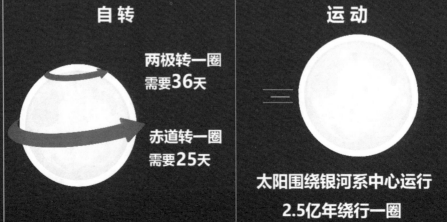

自转

两极转一圈需要36天

赤道转一圈需要25天

运动

太阳围绕银河系中心运行 2.5亿年绕行一圈

太阳直径约 140 万千米，是地球的 109 倍。如果把地球掰开了揉碎了，需要 130 万个地球才能填满太阳。如果太阳像一个篮球那么大，那么地球就只有针尖大小。面对如此之大的一个"巨无霸"，你不禁会好奇：太阳的身体是一个发光发热的大火球吗？它的脸长什么样？它的肚子里面有什么？

图 1-1 图说太阳

温度

太阳核心：
1500万摄氏度

日冕：
>100万摄氏度

太阳表面：
5500摄氏度

年龄

46亿 年

太阳已经到中年
过完了一半寿命

与地球之间的距离

  8 分钟

阳光从太阳到地球的时间

1.5亿千米

突出的特点

极翻转

有观测记录以来，人类经历过的最强烈的太阳风暴发生在1895年

最大的太阳黑子
出现在1947年

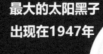

1年翻转1次

它的大小相当于
35个地球的面积

随着科学技术的发展，人类已经初步了解了太阳的特征和结构。然而，要想近距离研究太阳困难重重，观测太阳身体的细微结构仍然像雾里看花一样，很难看得清清楚楚、摸得真真切切。太阳对我们而言，可谓是"最熟悉的陌生人"。

1. 困难重重，至今可望不可至

想要深入了解太阳是什么样，首先必须克服的困难就是地日之间的遥远距离，太阳离我们太远了，实在难以到达！唐僧去西天取经走了 10 万 8 千里，地球到太阳的直线距离可是 1.5 亿千米。假设地球与太阳之间有一条笔直的高速公路，一个人不吃不喝不休息，保持以 100 千米 / 小时的速度开车，要经过 170 多年才能够到达太阳。如果这辆车能像火箭那样以 7.9 千米／秒的速度克服地球的引力来飞行，也需要 220 天左右的时间。

　　另一个必须克服的困难是太阳的温度太高了，实在难以接近！就算最"凉快"的太阳表面，温度也达到了 5500 摄氏度，这样的温度不仅会熔化钻石，还会使钻石沸腾。要知道，地球表面的平均温度只有 15 摄氏度。目前地球上最耐热的材料熔点为 4215 摄氏度，地球上任何物质在到达太阳之前就已经灰飞烟灭了。也就是说，当下没有铁扇公主的"芭蕉扇"，过不了太阳这个"火焰山"。

　　此外，去太阳的路上处处"暗箭难防"，太阳源源不断地吹出多种粒子和辐射，其附近各种致命的辐射的剂量远远高过地球。即便穿着航天服从地球飞向太阳，你也很可能"出师未捷身先死"，在途中死于太阳宇宙射线辐射。

　　假设上述困难你都克服了，历经了九九八十一难接近了太阳 —— 你以为自己就能取到真经了么？你会发现，太阳竟然无"陆"可登……太阳其实不是肉眼看到的大火球，而是一个炽热的"大气球"，你根本无处歇脚。太阳本质上是一个巨大的气体组成的气团，被引力束缚在一起成为一个球体。构成这个气体球的化学成分以氢和氦为主，它们分别占太阳总质量的 71% 和 27%，除了氢和氦还有其他多种重元素。所以太阳没有固体边界，没有像地球那样可供着陆的落脚点。

　　尽管人类迫切地想去太阳看看，但以目前的科学技术能力，我们很难像研究月球或火星那样，对太阳进行近距离的观察，更不要说在太阳上钻孔、挖洞和采集样本了。太阳"可望而不可及"。

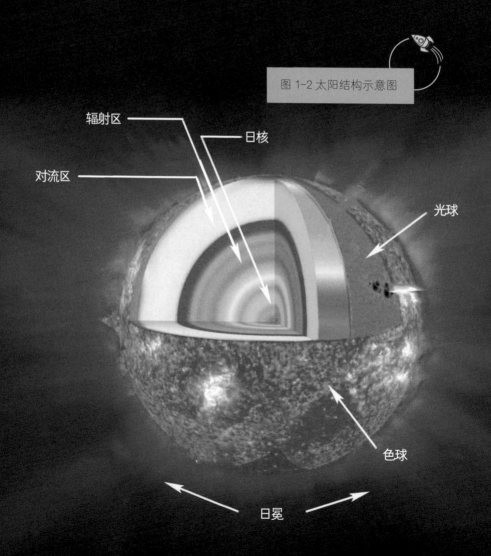

图 1-2 太阳结构示意图

辐射区

日核

对流区

光球

色球

日冕

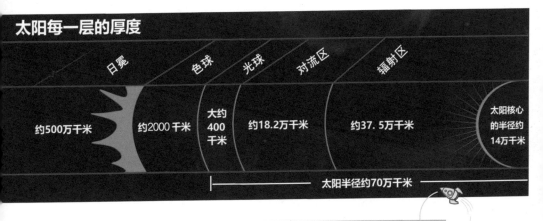

太阳每一层的厚度

| 日冕 | 色球 | 光球 | 对流区 | 辐射区 | |
| 约500万千米 | 约2000千米 | 大约400千米 | 约18.2万千米 | 约37.5万千米 | 太阳核心的半径约14万千米 |

太阳半径约70万千米

图 1-3 太阳 6 层结构的大致厚度

2. 迷雾重重，不识庐山真面目

如果有一个女孩浑身上下裹得严严实实密不透风，你只能看见她的轮廓，她的脸上还遮着一层面纱，头上戴着一个比她的脸大好几倍的皇冠，那么你对她会有什么印象？恐怕只能是"朦胧美"了……太阳，给你的就是这样一个"朦胧美"。

如同地球内部有分层结构、外部有大气层一样，太阳也分为内部结构和大气结构两部分，内部结构和大气结构又各分为 3 层，类似一个巨大的洋葱，如图 1-2 所示。图 1-3 显示了这 6 层的大致厚度。我们平时肉眼所看到的太阳，只是这个大洋葱外部第 3 层的层皮儿——光球。

太阳的内部结构从内向外分三层依次为日核、辐射区和对流区。

日核：它是太阳的心脏，从 46 亿年前太阳诞生起，这里就是一个巨大的核能聚变反应堆，产生的能量使太阳发光发热。

辐射区：在这个区域，日核产生的能量通过光子以电磁辐射的方式传递，因此被称为辐射区。虽然光子以光速传播，但由于这个区域的带电粒子太密，光子不断与带电粒子发生剧烈的碰撞，导致其方向一直在改变。光子就像弹球一样，无比曲折地一路跌跌撞撞地往外"走"，用平均 17 万年的时间走出这一区域。

对流区：这一区域的底部和顶部存在巨大的温度差，光子携带的能量以沸腾湍流的形式随着对流运动向外部传输，像一锅烧开沸腾的水，灼热的气体上下剧烈翻腾。因此这一区域被称为对流区。

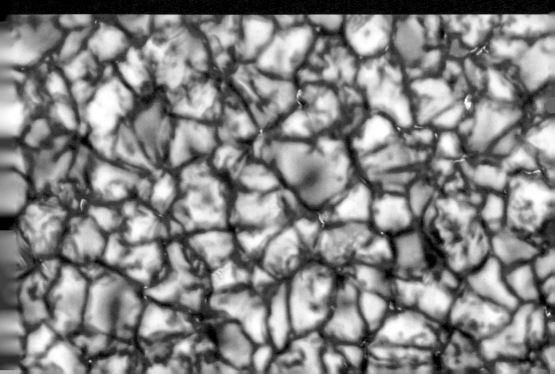

太阳的大气结构从内到外也分 3 层，分别为光球、色球和日冕。

光球：光球不是一层固体表面，而是一层不透明的气体薄层，厚度大约 400 千米。太阳的光球相当于地球的地面，我们把光球称为太阳表面。而通常所说的太阳半径，指的就是从日核中心到光球外边界的距离（不包括色球和日冕）。我们肉眼观察太阳时，看到的明亮的日轮就是这个光球，就像是太阳的脸。前面我们描述太阳的最低温时，说到太阳表面温度为 5500 摄氏度，指的就是光球的温度。要知道，这已经是整个太阳最"凉快"的地方了！

图 1-4 所示为 2020 年 2 月美国国家太阳天文台发布的

图 1-4 太阳表面特写

太阳表面的特写镜头。太阳表面是由缓慢冒泡的热气体聚集而成的气态海洋。深层的热气体像气泡一样冒出来，流动到太阳表面（温度高，因此颜色亮），热气体在太阳表面温度下降，成为相对冷的气体，这些温度相对低的气流分散到气泡边缘，又从边缘沉降下去。在图中，气泡边缘温度较冷的气体呈暗色，中心温度高的气体呈明亮色，从而形成了图上这种中间亮、四周暗的米粒状的结构，类似一锅沸汤中的景象。通常这些"米粒"是不规则的多边形，图中的"米粒"看上去不大，但实际上每一个米粒都代表了一个巨大的气泡，典型尺寸为直径 1000 ～ 1500 千米。

　　色球：在光球外面的一层粉红色的气体，厚度约 2000千米，仿佛是太阳披上了一层玫瑰色的面纱。色球的发光强度要比光球弱得多，只有在日全食期间用专用观测镜才能看到，如图 1-5 所示。

　　日冕："冕"指的是古代帝王、诸侯所戴的礼帽，日冕（corona）的希腊文词根表示的是皇冠（crown）。顾名思义，日冕就好像是太阳戴的巨大的"冕"。我们小时候画太阳时，一般都会画上一些象征阳光的锯齿状轮廓，那就是在画日冕呢。

　　日冕是太阳大气的最外层，形状复杂，厚度达到几百万千米以上。日冕只有通过日冕仪或者在日全食期间用专用观测镜才能看到，如图 1-6 所示。从图中可以看出，日冕向外延伸长达几个太阳半径的距离，其体积之大甚至超过了太阳本身。据天文学家推测，日冕很可能一直延伸到地球轨道以外，从某种意义上说地球也处在日冕之中。

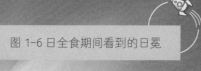

图 1-6 日全食期间看到的日冕

在太阳的大气结构中，平时我们只能看到太阳的脸（光球），它的面纱和皇冠（色球和日冕）通过专业设备或者在日全食期间用专用观测镜才能观测到。而太阳的内部结构，被其外部的太阳大气包裹得严严实实，在地球上是看不到的，只能依据太阳表面的观测结果和理论模型进行理论推测。因此，太阳这个大洋葱到底是什么结构，目前仍是迷雾重重，无法识得"庐山真面目"。

值得注意的是，在没有专业观察设备或者专业人士指导的情况下，你永远不要直接用肉眼长时间观看太阳，更不能用任何望远镜（包括天文望远镜、观剧镜、观鸟镜、军用望远镜、玩具望远镜等）直接看太阳，否则会对眼睛造成无法挽回的伤害！

3. 疑团重重，尘世无人知此意

太阳不仅裹得里三层、外三层，让你无法看透，它还藏着一些人类现在还无法理解的秘密。比如日冕反常加热之谜、太阳磁极每 11 年反转（南北磁极对调）一次之谜等。这里我们简单介绍一下日冕反常加热之谜。

从图 1-7 可以看出，在三层太阳大气结构中，最里层光球离太阳能量中心日核最近，温度大约 5500 摄氏度。离得

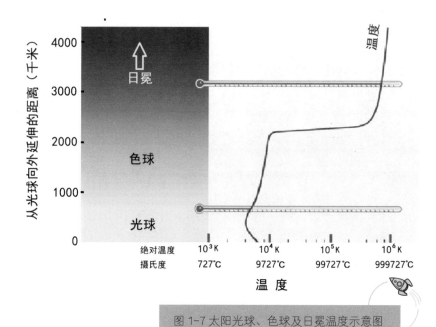

图 1-7 太阳光球、色球及日冕温度示意图

稍远些的色球的温度不但没有降低，反而上升至几万摄氏度。而距离太阳中心最远的日冕，温度更是高得邪乎，达到了 100 万～200 万摄氏度。想象一下，假如你在一楼房间的火炉前烤火，如果你起身上到二楼，离开了火炉却感觉比一楼还暖和，爬上三楼之后离火炉更远了，你却感觉到了更大的热量，热得无法忍受……这一在地球上不可能出现的现象，被太阳这个火炉以某种未知的神秘方式做到了。

天文学家将太阳大气结构中这种从光球到日冕"内冷外热"的现象形象地比喻为"油炸冰激凌"。至今日冕反常加热仍是一个未解的宇宙之谜，而解答这个谜团则是重大的科学难题之一。

二、难以捉摸的暴脾气
太阳古怪的性格猜不透

在电影《复仇者联盟》的众多超级英雄里，脾气最火暴的非绿巨人浩克莫属。他的性格很不稳定，上一秒还是温文尔雅的科学家布鲁斯班纳博士，下一秒就可能变身成狂暴的绿巨人浩克，反差极为强烈。你知道吗？太阳也和绿巨人一样，性格难以捉摸，时而平静时而狂躁。我们在地球上用

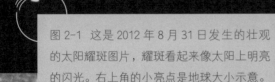

图 2-1　这是 2012 年 8 月 31 日发生的壮观的太阳耀斑图片，耀斑看起来像太阳上明亮的闪光。右上角的小亮点是地球大小示意。

肉眼看到的太阳，总是安静祥和地挂在天空，温柔地给大地带来阳光和温暖。实际上，太阳的大气层变化万千，存在大量的爆发性活动。太阳动不动就会毫无规律地大发怒火，最常见的是太阳耀斑和日冕物质抛射。此外，太阳还会反反复复地长黑斑，时时刻刻吹胡子瞪眼向外吹太阳风，可谓是"远看静如处子，近看动如'怪物'"的典型代表。

1. 隔三岔五眼喷火——太阳耀斑

太阳的脾气极为暴躁，隔三岔五就会突然出现暴跳如雷、两眼喷火的症状，这种太阳大气局部区域突然变亮的现象称为太阳耀斑。耀斑通常发生在色球，在光球、日冕也时有发生科学家推断，太阳大气中充满着磁场,磁场结构越复杂,越容易储存更多的磁能。当某一片活跃区域储存的磁能过多时,磁场不稳定会导致大气猛烈的爆发,快速释放大量磁能,使这片区域突然快速增亮。

太阳耀斑可以持续几分钟到几小时。一个典型的太阳耀斑在几秒内释放的能量就超过 100 万次至 1000 万次强火山爆发的总能量，引起局部区域瞬时加热，温度高达几百万摄氏度至上千万摄氏度，超级炽热的气体会发出大量高能粒子和电磁辐射，主要包括高能量的质子粒子和 X 射线、紫外线、射电波等辐射。科学家按照耀斑 X 射线峰值流量的大小来衡量太阳两眼喷火时愤怒的程度，从弱到强分为 A、B、C、M、X 5 个等级，所释放能量依次增大，各等级后面用数值表示 X 射线峰值流量的具体数值。目前记录到的最强劲太阳耀斑为 X28，M 级别以上的太阳耀斑就有可能对地球空间产生影响。

2. 屡见不鲜扔东西——日冕物质抛射

太阳是一个家大业大的土豪，随手扔东西也不心疼。除

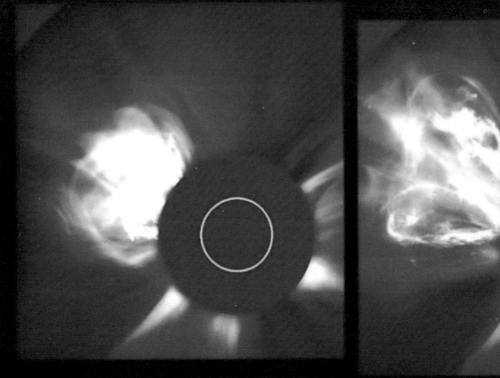

2003 年 4 月 25 日 6 时 26 分
世界时（UT）

2003 年 4 月

了时不时两眼冒火之外，太阳三天两头就会乱发脾气乱扔东西，那顶巨大的皇冠上的物质会瞬时向外膨胀并喷射，这些物质被加速到每秒几百千米甚至上千千米。这种日冕局部区域内的物质大规模快速抛射现象被称为日冕物质抛射。日冕在很短的时间内能向外抛射几亿吨到几十亿吨，甚至上百亿吨日冕物质，发一次脾气就能扔出如此之多的东西，可见太阳是个极度暴躁的超级土豪无疑了。

图 2-2 所示为 2003 年 4 月 25 日的一次日冕物质抛射

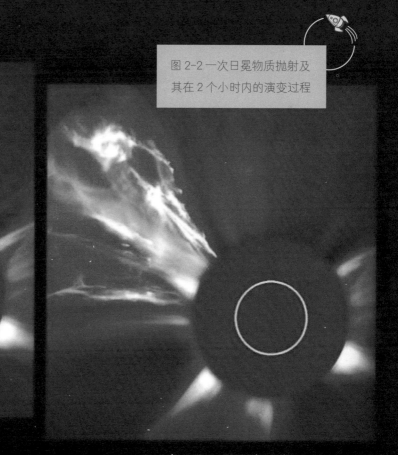

图 2-2 一次日冕物质抛射及其在 2 个小时内的演变过程

7 时 27 分

2003 年 4 月 25 日 8 时 36 分

及其在 2 个小时内的演变过程，质量高达 10 亿吨的气体正在被抛入太空。图中红色圆盘是探测仪器上遮挡太阳强光辐射的挡板，中间白色圆圈代表太阳大小。

太阳以耀斑和日冕物质抛射这两种方式发脾气，都涉及到巨大的能量爆发，这两种现象有时也会同时发生。不过耀斑和日冕物质抛射的外观和运行方式不同，两者的差异可以通过太阳望远镜看到，太阳耀斑显示为明亮的光，日冕物质抛射显示为膨胀到太空的巨大云团。这就像在地球上，雷雨到来之前我们往往会先看到闪电，一段时间之后狂风便会夹杂着骤雨侵袭而来。或许你可以这样进行比较，太阳耀斑与闪电类似，日冕物质抛射则和狂风骤雨类似。

3. 周而复始长黑斑——太阳黑子

我们经常听到"一白遮百丑，长斑毁所有"的俗语，幸亏太阳隔得太远听不到，否则非得暴脾气发作不可。因为太阳的脸一点也不光滑，长了不少黑斑——太阳黑子。太阳黑子是太阳光球上的低温区，因为比周围光球部分的温度低 1500℃ 左右，对比之下颜色就显得比较暗，因此被称为"黑子"。其实黑子并不黑，如果把一个太阳黑子放在夜空中，它会比月亮还要亮许多。导致黑子温度低的原因是它自身具

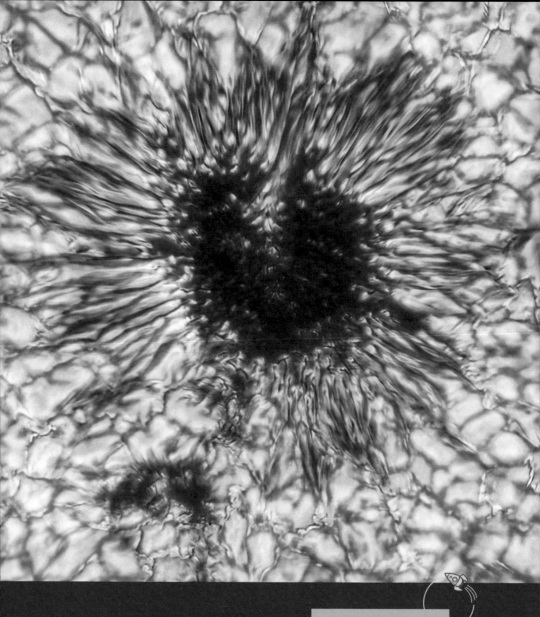

图 2-3 太阳黑子特写

有强磁场，当它延伸到太阳表面时，能量的对流受到强磁场的阻碍，这部分区域就比其他部分稍冷，从而以暗黑斑点的形式出现。图 2-3 所示为一张太阳黑子的特写照片，看来太阳也是个文艺范儿，连脸上长的斑都有点像梵高的《向日葵》。

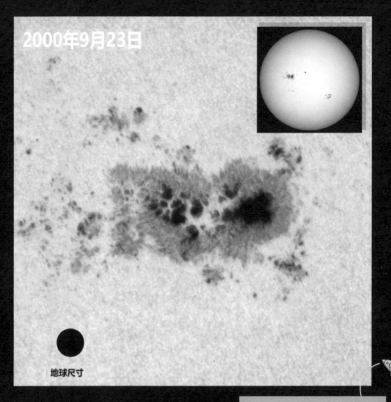

2000年9月23日

地球尺寸

图 2-4 大型太阳黑子群

太阳黑子通常成群出现，图 2-4 所示为 2000 年 9 月 23 日太阳表面的一个大型黑子群，它们在太阳表面的活动范围比整个地球表面要大十几倍，左下角的黑点是地球大小示意。单个太阳黑子的尺寸大小不等，一个中等大小的太阳黑子与地球一样大，因此在地球上有时用肉眼就能观察到太阳黑子。早在 1900 多年前，中国古籍《汉书·五行志》里就出现了有关太阳黑子的记载："日出黄，有黑气大如钱，居日中央。"这条关于公元前 28 年 5 月 10 日太阳黑子的记录，是世界公认的有关太阳黑子的最早记录。古代汉字用⊙

代表太阳，圆圈里的这个点，描绘的就是太阳脸上的黑斑。

太阳脸上的黑斑数量不是固定的，会随着时间的变化上下波动，并按 11 年的周期反复发作。在一个周期开始的时候太阳的脸上非常光滑，很少有黑斑甚至没有黑斑，之后黑斑越长越多，大约 5 年半达到高峰。然后黑斑又逐渐变少，慢慢回到初始状态。太阳黑子的数量从一个极小到另一个极小之间 11 年的时间被称为一个太阳黑子周期。国际上规定，以 1755 年作为第一个太阳黑子周期的开始。2020 年处于第 24 太阳黑子周期和第 25 太阳黑子周期的交接期，是太阳的脸最"无瑕"的时期，理论上也是太阳最"温和"的时期。太阳脸上的黑斑数量预计会在 2025 年中旬到达顶峰。图 2-5 所示为第 25 太阳黑子周期预测，同时显示了

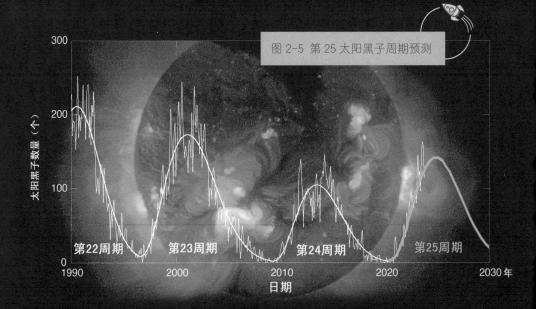

图 2-5 第 25 太阳黑子周期预测

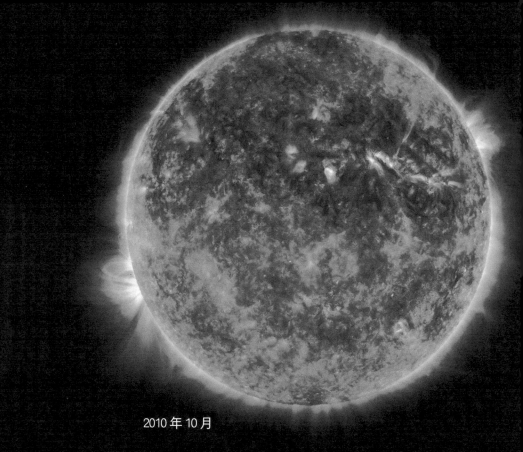

2010 年 10 月

1990 ～ 2019 年太阳黑子数量变化特性。

　　太阳黑子出现的区域是磁场最强的区域，因此太阳黑子是太阳活动强弱的重要标志，它直接反映了太阳的长期变化规律，其与太阳的爆发性活动也有密切的联系。有许多例子说明太阳耀斑、日冕物质抛射等事件都与磁场的变化有关。通常在太阳黑子高年，太阳活动区增加，爆发性活动明显增多。人们根据太阳黑子数目的多少定义了太阳活动高年和太阳活动低年。太阳黑子相对数量年平均值的极大年份和极小年份，称为太阳活动的极大年（峰年）和极小年（谷

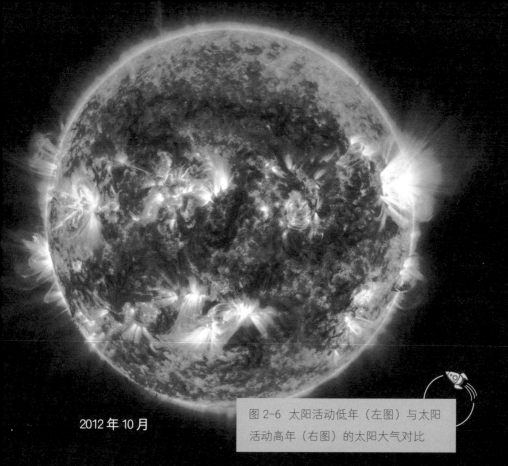

2012 年 10 月

图 2-6　太阳活动低年（左图）与太阳活动高年（右图）的太阳大气对比

年）。太阳黑子相对数量年平均值相对较高的太阳活动极大年和其相邻的几年，称为太阳活动高年；太阳黑子相对数量年平均值相对较低的太阳活动极小年和其相邻的几年，称为太阳活动低年。图 2-6 左侧所示为 2010 年 10 月的太阳大气，此时为太阳活动低年，比较平静；右侧为 2012 年 10 月的太阳大气，此时为太阳活动高年，接近太阳活动极大年（2013 年），太阳表面明亮的活动区域显著增加，太阳大气相比 2010 年 10 月活跃很多。

　　科学家发现，黑斑数目的多少与太阳发脾气有着密切的联系。一般而言，太阳脸上的黑斑越多，太阳脾气就越暴躁，太阳耀斑、日冕物质抛射等现象的出现就越频繁。不过太阳喜怒无常，并非总按常理出牌，有时明明脸上的黑斑越来越少，太阳却会突然大发怒火，爆发极强的耀斑，让科学家丈二和尚摸不着头脑。说到底，太阳的暴脾气太过古怪，想摸清其中的规律实属不易。

4. 时时刻刻吹狂风——太阳风

尽管太阳也有心情愉悦和柔情似水的时候，但是无论心情好坏，它的表情管理可不怎么样，每时每刻都在吹胡子瞪眼，向外不停地吹着狂风——太阳风。

太阳风指的是日冕因高温膨胀，不断抛射到行星际空间的带电粒子流。这一概念由美国天体物理学家尤金·帕克于 1958 年提出，通俗地说就是日冕温度高达几百万摄氏度，氢、氦等原子被"烤"得变成了带电粒子，太阳大气不断膨胀，使得这些带电粒子的运动速度极快，不断有带电粒子能够挣脱太阳的掌控逃向宇宙空间，它们形成的带电粒子流好像是从太阳"刮"出来的连续流动的风，吹入太阳系空间。帕克创造性地给这些连续粒子流起了个文艺范儿的名字——太阳风。有意思的是，帕克那篇如今被视为太阳风研究开山之作的重要论文，当年曾被著名的《天体物理学》杂志审稿人拒稿，在其发表后也遭到了冷遇。直到 1962 年，美国"水手"2 号行星探测器探测到了远离太阳的高速带电粒子流，终于给太阳风的存在带来了"实锤"，太阳风理论真的不是空穴来风！太阳风虽然叫"风"，但与地球上的风大相径庭。太阳风指的是太阳大气离开太阳吹向行星际空间的"风"，它刮的是带电粒子流（主要是带正电荷的质子和带负电荷的电子），不包括局限在太阳表面的大气流动。太阳风源源不断地向外刮，如果太阳发脾气，太阳活动就变得剧烈，太阳风也会跟着狂暴起来。

你知道太阳风比地球风快多少吗？天气预报对风力的描述出现频率最高的是"风力 3 到 4 级"，说的是我们常见的微风、和风的级别，风速为 3～8 米／秒。儿歌里"十二级风陆上无，海浪涛天闹龙宫"所描述的是非常罕见的 12 级以上的台风，摧毁力极强，风速提高了一个数量级，达到 33 米／秒。即便是这种在陆地上难得一见的超强风暴，其速度和太阳风速度相比，也仿佛树懒与猎豹赛跑，完全是天壤之别。太阳风的速度为 250～800 千米／秒，在地球附近经常保持在 350～450 千米／秒，比地球上的风快了几万倍！神奇的是，在靠近太阳表面的地方并没有任何明显的强风存

在。太阳风离开太阳表面后，非但没有放慢速度，而是大幅加速，然后开始扩散进入太阳系空间。当太阳风抵达太阳系行星时，变成了强烈的"狂风"。这些现象让科学家颇为费解，太阳风的形成机制，包括太阳风起源，以及太阳风是如何被加速的，和前面我们提到的日冕反常加热之谜一样，是人类迄今为止还无法理解的又一个太阳的未解之谜。

太阳风在广袤的行星际空间能刮多远呢？据科学家推

地球

图 2-7 太阳风吹过地球示意

算，太阳风可以刮到离太阳 150 亿～ 300 亿千米的深空。这个距离远远超过了所有太阳系已知行星的轨道半径，因此从某种意义上讲，地球每时每刻都沐浴在源源不断的太阳风中。图 2-7 所示为太阳风吹过地球示意，图中小黑点为地球。

太阳风如此强大，为什么地球能沐浴其中安然无恙呢？因为地球拥有一个神奇的盾牌——地球磁场，它能够抵御太阳风的侵袭，保护地球。图 2-8 所示为太阳风与地球磁场相互作用示意。白色曲线代表太阳风，像蜘蛛一样的蓝色区域代表地球磁场的作用范围，"蜘蛛"的头部、腿部和身体上的线条代表地球的磁场线，"蜘蛛"颈部上的小蓝点是地球。从图中可以看出，当迅猛的太阳风高速到达地球附近时，会导致地球的磁场严重变形，将地球磁场的向阳面（朝着太阳的一侧，即白昼一侧）吹扁，把地球磁场的磁场线吹得向后弯曲，背阳面（夜晚一侧）拖出一个长长的磁尾。地球磁场在与太阳风的搏斗中形成一个大大的防护盾牌（暗

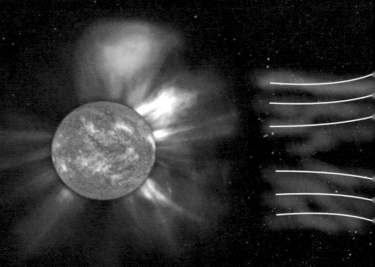

粉红色曲线），顶住了太阳风，疏导绝大部分太阳风从地球周边划过（白色曲线），吹向远方。这块防护盾牌构成了一片安全的空腔，将地球守护在空腔里，此时的地球磁场外形就像一个一头大一头小的"蜘蛛"。

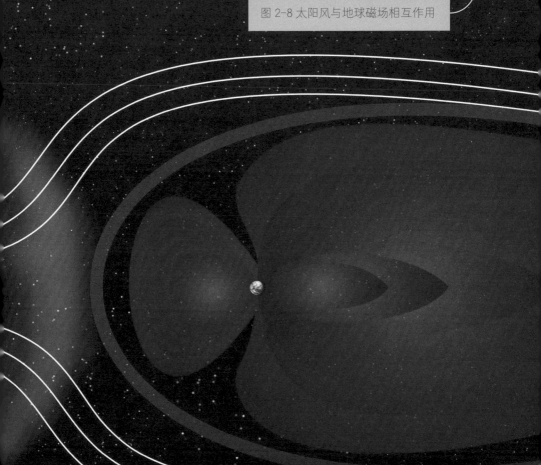

图 2-8 太阳风与地球磁场相互作用

三、太阳一打喷嚏，地球就感冒

太阳活动异常导致地球末日是科幻电影的常见题材，从《太阳浩劫》《2012》到《流浪地球》，无一不描述了太阳发生重大变故之后给地球带来灭顶之灾的场景。这些科幻电影并非捕风捉影、无稽之谈，灵感很大一部分来源于科学家对"太阳一打喷嚏，地球就感冒"的担忧。尽管太阳远在1.5亿千米之外，一旦太阳冲着地球发脾气的动静太大，仍会对地球产生直接的影响。

1. 空间"风雨交加"，地球可能"躺枪"

我们出门离家往往会抬头看天，天空有没有风沙雨雪、烟霞雾霾，会不会影响我们的出行，所以我们关心地球上的气象，而这些天气现象都发生在离地表较近的地球大气层内。航天器离开地球远赴太空，太空中会不会也有天气？当然有啦！太空环境对航天器来说，也有好天气和坏天气，坏天气甚至会影响航天器的安全。不过，空间天气与我们熟知的风雨雷电等地球大气层内天气现象截然不同，空间天气是指近地空间或从地球大气到太阳大气之间空间环境状态的变化，它缘于太阳活动，发生在距离地面 30 千米之上到太阳之间的空间。空间天气的好与坏由太阳活动控制，太阳活动特别是太阳风暴产生的电磁辐射、高能粒子和高速等离子体经过日地空间的传播到达地球，通过各种物理机制在地球磁层、电离层和中高层大气中诱发一系列剧烈变化，进而会对人类生活、健康和安全造成影响。图 3-1 所示为形成空间天气的部分因素，如太阳耀斑、日冕物质抛射、太阳风、太阳黑子、太阳射电暴、地磁暴和地球磁场等。

空间天气和地球上的天气截然不同，例如空间天气的"风"是太阳风，空间天气的"雨"是来自太阳的带电粒子流，空间天气和地球天气二者的区别如表 3-1 所示。空间天气不关注冷暖，只关注射线、磁场、电场等，描述的是短时间内的粒子、磁场、辐射等的状态和变化。空间天气也没有阴晴之分，但有太阳和地球磁场的"平静"与"扰动"之别。太阳活动平静时是"好天气"；当太阳活动剧烈时，可能影响到地球上的通信导航和电力系统，以及航天器的运行，就是"坏天气"。如果强烈的太阳爆发活动像狂风暴雨一样侵袭了地球，引发了日地空间强烈扰动，给地球带来了灾害性的影响，就被称为"太阳风暴"。

太阳黑子:

太阳黑子是太阳光球表面温度相对较低的区域,大型复杂的黑子群是空间天气变化的重要原因之一。

日冕物质抛射:

日冕物质抛射是太阳剧烈释放在几分钟至几小时内从太阳向外层大气(日冕)物质,向地球子体或过热气体物质可达数十在1天内到达地球,最慢的需亯

太阳风:

太阳风是从太阳上层大气不间断地辐出的高速带电粒子流,包括质子和电太阳风大约4天到达地球。

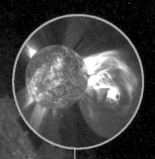

——日冕

太阳耀斑:

太阳耀斑是太阳大气中剧烈的爆发活动。太阳突然释放出巨大的能量,太阳局部区域瞬间变亮,产生强烈的X射线、无线电波等强烈的电磁辐射和高能粒子辐射。电磁辐射8分钟、高能粒子数天后到达地球。

图 3-1 形成和影响空间天气的各种因素

的一种形式，
抛射大量的
抛射的等离
，最快的可
天到达地球。

空间天气

空间天气是指从地球大气到太阳大气之间空间环境
状态的变化。空间天气受太阳耀斑、日冕物质抛射、
太阳风、太阳黑子、太阳辐射风暴等太阳活动的影响。

太阳辐射风暴：

质子和电子等带电粒子被太阳耀斑或日冕物质抛射加
速，沿磁力线高速辐射，最终"轰击"地球，速度最
快的粒子可以在太阳耀斑发生后数十分钟影响地球。

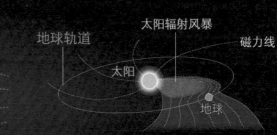

地磁暴：

地磁暴是地球磁场的全球性扰动现象。
地磁暴的发生与日冕物质抛射、太阳
风及其磁场密切相关。地磁暴对人造卫
星、电力系统、导航通信等会造成危害。

球磁场：

球就像一个巨大的磁铁，拥有
有的地球磁场。地球磁层是保
地球的天然屏障，它能阻止太
风"吹"入地球，阻挡太阳辐
出的高能粒子直接到达地球表面。

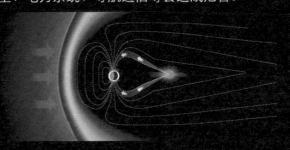

表 3-1　天气与空间天气的区别

名　称	天　气	空间天气
高度范围	0～20 千米	30 千米以上至太阳
天气现象	雨、雷电、雾、雪、雹、风、霾、海浪、潮汐、风暴等	太阳耀斑、日冕物质抛射、太阳风、黑子、太阳射电暴，以及由太阳活动和太阳风引起的地磁暴、极光、电离层暴、高能电子暴等
观测要素	温度、压强、水气等	X 射线、磁场、电场等

前面我们提到过，太阳温柔似水、云淡风轻的时候，地球磁场防护盾能将绝大部分太阳风拒之门外。但是如果太阳大发脾气风云突变，发生强烈的太阳耀斑或日冕物质抛射等爆发性活动时，空间天气出现了"狂风暴雨"，地球有可能躺着也"中枪"。这种情况下，可能危害地球的"侵略者"除了高速而来的太阳风，还有日冕上抛射出来的物质、太阳耀斑发射出的电磁辐射和高能粒子等。这些不速之客都有可能突破地球磁场的防线，给地球带来不良影响甚至灾难。

图 3-2 所示为影响空间天气的几种太阳活动及其到达地球所需的时间。

从图 3-2 中可以看出，太阳耀斑发射出的电磁辐射只需 8 分多钟就跑完了日地之间 1.5 亿千米的距离。尽管地球大气作为地球的第二层铠甲，能够吸收相当一部分能量，但是如果耀斑发射出的辐射战斗力过于强大，地球大气往往招架不住。强烈的电磁辐射将"入侵"近地空间，导致地球电离层的电子密度急剧增加，使电离层产生严重的扰动。无线电信号、导航与定位信号在这样一个不均匀的电离层中传播，会受到严重的干扰，甚至完全中断。

太阳风、日冕上抛射出来的物质，以及太阳耀斑发出的粒子辐射在很短时间到达地球。这些狂暴的粒子会遭到地球磁场防护盾的极力抵抗，但是防护盾百密一疏，难免有一些身强体壮的"不法分子"通过各种迂回的渠道，从某些地球磁场抵抗力薄弱的环节，例如从地球南、北极区域破窗而入。地球的磁场就变成了一间漏风的房子，使地球空间发生剧烈的扰动，如磁暴等。在磁暴期间，地球周围的带电粒

图 3-2 影响空间天气的几种太阳活动及其到达地球所需时间

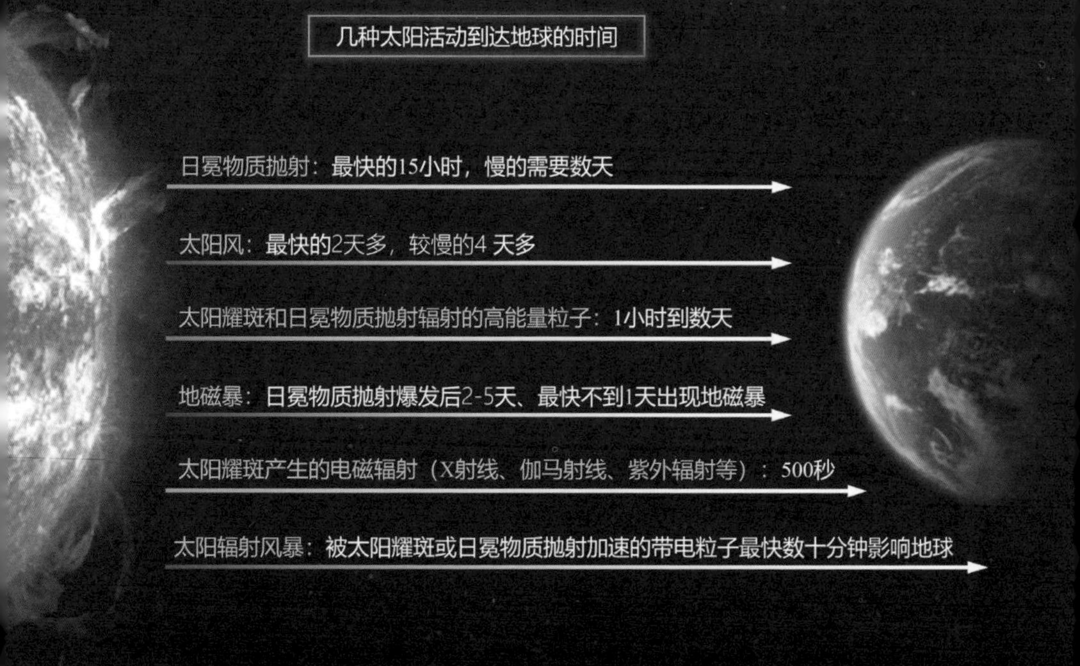

几种太阳活动到达地球的时间

日冕物质抛射：最快的15小时，慢的需要数天

太阳风：最快的2天多，较慢的4天多

太阳耀斑和日冕物质抛射辐射的高能量粒子：1小时到数天

地磁暴：日冕物质抛射爆发后2-5天、最快不到1天出现地磁暴

太阳耀斑产生的电磁辐射（X射线、伽马射线、紫外辐射等）：500秒

太阳辐射风暴：被太阳耀斑或日冕物质抛射加速的带电粒子最快数十分钟影响地球

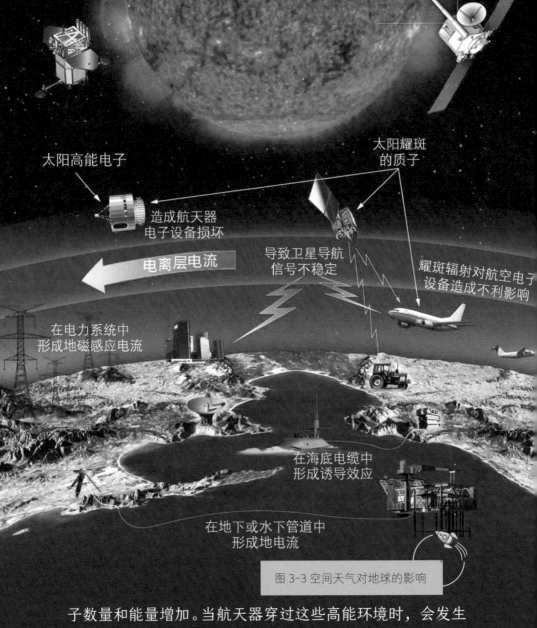

太阳高能电子

太阳耀斑
的质子

造成航天器
电子设备损坏

电离层电流

导致卫星导航
信号不稳定

耀斑辐射对航空电子
设备造成不利影响

在电力系统中
形成地磁感应电流

在海底电缆中
形成诱导效应

在地下或水下管道中
形成地电流

图 3-3 空间天气对地球的影响

子数量和能量增加。当航天器穿过这些高能环境时，会发生
表面充电、放电等严重威胁航天器安全的现象。快速扰动的
地磁场还有可能在电网中产生强大的电流，影响电力系统，
甚至造成电力变压器损坏，乃至电力系统的崩溃。这种电流
也可能出现在石油、天然气等长距离管道内，使管道的侵蚀

率明显增加，可能造成巨大的经济损失。美国空间研究委员会粗略估计，如果超级太阳风暴击中地球，那么灾后恢复重建时间可能长达 4 ～ 10 年，仅在第 1 年就会造成高达 1 万亿～ 2 万亿美元的损失。

不过太阳风暴发生的概率并不高，不是每次太阳大发雷霆都会对地球造成影响。有些太阳爆发活动不一定"冲着"地球来，就算正面袭击了地球，也需要一定的条件才能冲破地球磁场和地球大气两层防线。以往发生的空间天气灾害还没有严重到产生巨大破坏，引起全人类灾难的地步。通过观测、研究太阳活动，许多空间天气事件是可以预报的，一定范围内及时采取相应措施可以减轻或防止太阳风暴带来的灾害。空间天气对地球影响如图 3-3 所示。

2. 太阳耀斑拉掉电闸——1989 年魁北克事件

"枯藤老树昏鸦，空调、Wi-Fi、西瓜……"小日子过得太美啦！可是如果此时突然毫无征兆地停电，空调、Wi-Fi、冰箱三大续命神器纷纷罢工，你是不是就会有无所适从、度秒如年的感觉？如果有人告诉你这不是检修，不是常规的电力故障，而是一股神秘的力量造成了停电，你能想象到罪魁祸首的是 1.5 亿千米之外的太阳吗？

这可不是什么科幻大片，像绿巨人一样破坏力爆表的太阳发起脾气来，确实能在上亿千米之外"拉电闸"，分分钟把地球上的电力切断。1989年3月13日凌晨，太阳就曾把加拿大魁北克省的电闸"拉掉"，让600万居民惊恐不安地度过了9个小时的"末日"大停电。研究表明，事件发生前太阳爆发了一系列的耀斑，其中一个耀斑相当于36个地球的大小。耀斑产生的辐射和高能粒子排山倒海般地径直向地球袭来，剧烈扰乱了地球磁场，导致强烈的磁暴，仿佛上演了一出"手拿菜刀砍电线，一路火花带闪电"的大片。磁暴给魁北克水电站的电路带来了额外的感应电流，造成严重负载，魁北克电网在90秒内崩溃，导致了这场大规模的停电事故。图3-4是此次停电事故中受损的变压器。

图 3-4 1989 年魁北克"末日"大停电事故中被损毁的变压器

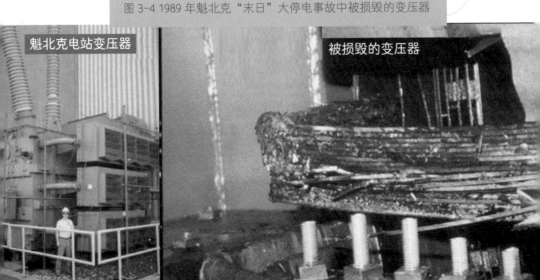

魁北克电站变压器

被损毁的变压器

3. 太阳风暴洗劫卫星——2003年"万圣节事件"

2003年10月上旬，太阳离11年活动周期的高峰已经过去了三年半，处于活动下降阶段，它脸上的黑斑逐渐减少，呈现出非常平静的状态。出人意料的是，从10月18日开始太阳突然暴跳如雷、怒火万丈，太阳表面的黑子数量从20多个激增至上百个，最多时达到两三百个。其中三个大黑子群在同一时间出现在太阳朝向地球的一面，这是自1990年以来人们观测到的最大太阳黑子群，其中一个尺寸为地球尺寸的13倍。随着黑子数量的增加，太阳进入了极为反常的活跃状态。此前两个月的时间里科学家只观察到2次太阳爆发活动，而从10月18日到11月4日不到三周时间就观察到了143次耀斑和80次日冕物质抛射，它们给地球的空间环境带来了灾害性的影响。由于发生时间恰好在西方万圣节前后，这一太阳风暴事件被媒体冠名为"万圣节事件"。

"万圣节事件"中对地球影响最为严重的是10月28日和10月29日相继爆发的两次日冕物质抛射。图3-5显示了2003年10月28日太阳风暴的演变过程。左上角橙色图像下半部分的棕黑色斑点为巨大的太阳黑子群；右上角绿色图像下半部分的亮白部分是太阳爆发出的一个耀斑。在十几分钟内，一个体积可与太阳相比的日冕物质抛射出现了（见左下

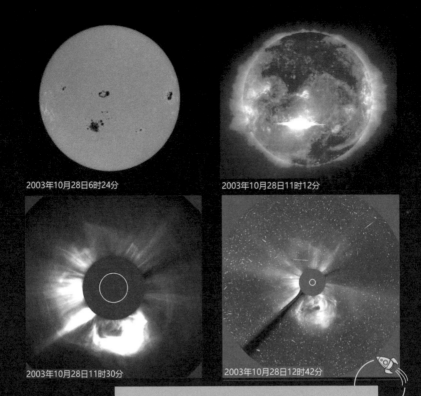

图 3-5 2003 年 10 月 28 日太阳风暴的演变过程

角红色图像，图中明亮的部分是日冕物质抛射，红色圆盘是
探测仪器上遮挡太阳强光辐射的挡板，白色圆圈代表太阳大
小）。1 个多小时后，日冕物质抛射以惊人的 2125 千米 / 秒
的速度飞过拍摄这些图像的太空中的探测器。由于这个探测
器恰好位于日地连线上，说明日冕物质抛射正朝着地球飞去。
高能粒子击中了探测器上的科学仪器，在右下角的蓝色图像
中形成了"雪"，好在只是影响了仪器的图像压缩效率，延
长了图像下载时间，而仪器并没受到严重损坏。这个日冕物
质抛射只用了不到 19 个小时就到达了地球，而大多数日冕
物质抛射需要 2 ～ 4 天的时间才能穿越太阳和地球之间 1.5

亿千米的距离（见图 3-2）。如此高速的日冕物质抛射给地球造成了强烈的磁暴，并持续了 27 个小时。

图 3-5 中的太阳耀斑级别达到了 X17（X 为最高级），在有记录以来十大耀斑之中排名第三，它释放的能量相当于 500 亿个原子弹。2003 年 11 月 4 日，太阳的坏脾气达到了最高点，爆发了史上有记录以来最强烈的太阳耀斑，如图 3-6 所示。巨大的辐射超过了测量耀斑 X 射线的仪器的量程，以致测量仪傻傻地停留在饱和值 X17.5 的水平长达 12 分钟。根据估算，这个耀斑达到了 X28 级，太阳怒火冲天发脾气的剧烈程度可见一斑。幸运的是，太阳这次没有对准地球大发雷霆，没有给地球造成极为严重的影响。

万圣节太阳风暴在侵袭地球之前，先对在大气层外运行

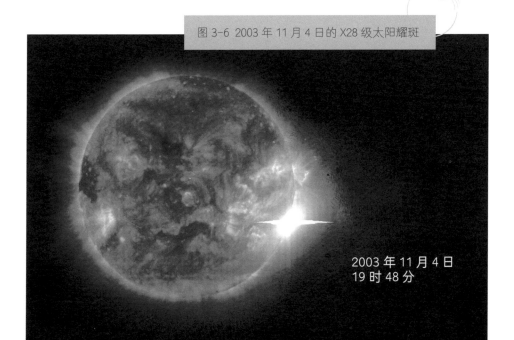

图 3-6 2003 年 11 月 4 日的 X28 级太阳耀斑

2003 年 11 月 4 日
19 时 48 分

的卫星进行了一番"洗劫"。多个深空探测器因受到严重的辐射而进入安全模式，76颗通信卫星里有46颗卫星不幸"受伤"，出现操作异常或者进入安全模式，其中价值6.4亿美元的日本先进地球观测卫星-2（ADEOS-2）完全失效，卫星上还搭载了价值1.5亿美元的科学仪器。有意思的是，先进成分探索者卫星（ACE）是一个探测太阳风暴的"哨兵"，一旦发现太阳风暴即将吹拂地球，ACE就会拉响警报。但在本次事件中，这位"哨兵"还没来得及说话就被太阳风暴狂虐了，它的一个部件受到重创而且再也没有恢复。国际空间站也被迫关闭了机械臂，宇航员被短暂地安顿在屏蔽辐射能力较强的空间站服务舱的尾部中躲避。

除了对航天器的影响，万圣节事件期间全球范围内的通信受到了不同程度的干扰，途经地球南、北极附近的飞机航班大量延误或停飞。为了避免飞机乘客和机组人员受到辐射伤害，其他飞机被指示将航线从1万米下降到约7600米。更改航线的成本高达每个航班1万～10万美元，粗略估算航空公司损失数百万美元。

4. 不速之客擦肩而过——2012年地球躲过一劫

2012年7月23日，太阳暴脾气发作，爆发了一次极为剧烈的日冕物质抛射（见图 3-7），速度高达 2900 ～ 3540 千米 / 秒，引发了罕见的超级太阳风暴。

科学家早在 2009 年就预测到 2012 年地球将面临超级太阳风暴，当时英国《新科学家》杂志还曾做过如下描述：

"2012 年 9 月 22 日午夜时分，纽约曼哈顿上空将出现闪烁的彩色光芒。在短短几秒内，居民家中的灯泡会变得昏暗并闪烁，接着又在短暂的一瞬间变得异常明亮，然后全州所有的灯都将熄灭。90 秒之内，整个美国东半部地区断电。"

上述描述并非危言耸听，2012 年 7 月 23 日的太阳风暴

图 3-7 2012 年 7 月 23 日的日冕物质抛射

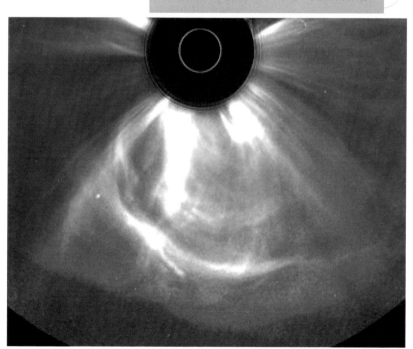

威力比 1989 年 3 月的魁北克太阳风暴大 5～10 倍，是 150 年以来最强的太阳风暴。幸运的是，当时地球在太阳的另一面，太阳喷发出的日冕物质并没有对准地球，而是与地球擦肩而过，地球因此躲过了一场浩劫。由于太阳和地球一样也在自转，如果此次爆发提前一周甚至更早发生，这些威力无比的不速之客就将直奔地球而来，给地球的通信、导航、电力等系统带来严重的影响，据科学家估算，可能在全球范围内造成超过 26000 亿美元的损失。

从以上几次"太阳一打喷嚏，地球就感冒"的事件可以看出，太阳不仅是一个在 1.5 亿千米之外给地球带来光和热的天体，也是一个与地球有直接联系的日地系统的主宰。太阳的各种爆发性活动，直接或间接地通过辐射和高能粒子的运动，对地球施加影响。随着人类科技的进步，爆发性太阳活动对人类现代生活的影响日益凸显，尤其是对卫星、航天器安全，以及航空、通信、导航、电力等领域产生影响和危害。为了避免和减少灾害空间天气给人类活动造成的损失和危险，空间天气预报应运而生。相比地面的天气预报，空间天气预报的诞生和发展要晚得多，而空间天气更加复杂多变，因而目前预报的水平相对比较低，但它的发展越来越受到重视，发展速度正在加快。

为了成功预报太阳活动并防止重大灾害性空间天气给人类带来灾难性影响，科学家既需要全面探索太阳本身，也需要深入了解太阳如何对地球空间产生影响。为此，数十年来世界各国陆续发射了 70 余颗与太阳探测相关的航天器，它们在太阳系中的不同位置开展太阳探测、研究活动，上演了一部部现实版"夸父逐日"的大片。我们可以把这些航天器按照探测任务分成两类：一类负责给太阳做体检，看清太阳奇特的身体，摸清太阳火暴的脾气，以期更好地预测太阳活动，更准确地判断大型太阳风暴在何时发生，是否会瞄准地球，从而为地球早期预警，防患于未然；另一类负责给地球做保健，摸索如何预防和减轻太阳爆发性活动对地球的伤害。

太阳体检：太阳 - 行星际探测，主要任务包括探测太阳结构、太阳风及太阳磁场，研究太阳黑子、耀斑和日冕物质抛射产生、发生的机制和规律，对太阳及太空环境进行实时、连续监测等。

地球保健：地球空间探测，主要任务包括研究太阳风对地球磁场的影响，太阳活动引发磁暴的机理和规律、地磁活动、极光现象等。

图 3-8 所示为 1990 ～ 2020 年间在轨运行的重要的太阳探测器。

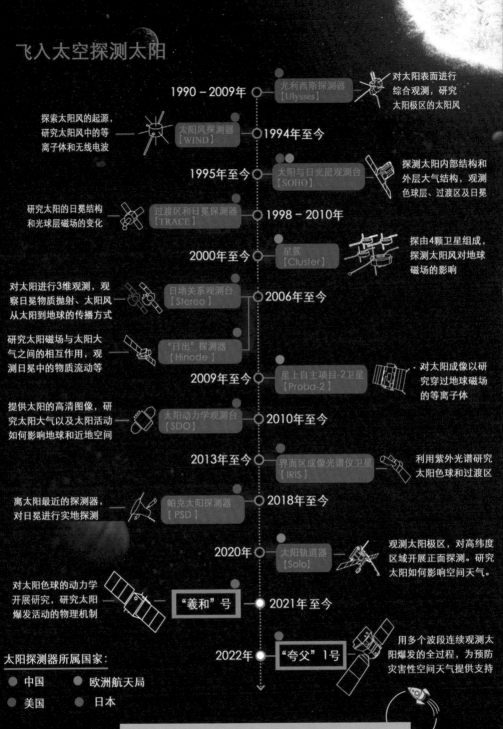

飞入太空探测太阳

1990 - 2009年 ○ 尤利西斯探测器 [Ulysses] — 对太阳表面进行综合观测，研究太阳极区的太阳风

探索太阳风的起源，研究太阳风中的等离子体和无线电波 — 太阳风探测器 [WIND] ○ 1994年至今

1995年至今 ○ 太阳与日光层观测台 [SOHO] — 探测太阳内部结构和外层大气结构，观测色球层、过渡区及日冕

研究太阳的日冕结构和光球层磁场的变化 — 过渡区和日冕探测器 [TRACE] ○ 1998 - 2010年

2000年至今 ○ 星簇 [Cluster] — 探由4颗卫星组成，探测太阳风对地球磁场的影响

对太阳进行3维观测，观察日冕物质抛射、太阳风从太阳到地球的传播方式 — 日地关系观测台 [Stereo] ○ 2006年至今

研究太阳磁场与太阳大气之间的相互作用，观测日冕中的物质流动等 — "日出"探测器 [Hinode]

2009年至今 ○ 星上自主项目-2卫星 [Proba-2] — 对太阳成像以研究穿过地球磁场的等离子体

提供太阳的高清图像，研究太阳大气以及太阳活动如何影响地球和近地空间 — 太阳动力学观测台 [SDO] ○ 2010年至今

2013年至今 ○ 界面区成像光谱仪卫星 [IRIS] — 利用紫外光谱研究太阳色球和过渡区

离太阳最近的探测器，对日冕进行实地探测 — 帕克太阳探测器 [PSD] ○ 2018年至今

2020年 ○ 太阳轨道器 [Solo] — 观测太阳极区，对高纬度区域开展正面探测。研究太阳如何影响空间天气

对太阳色球的动力学开展研究，研究太阳爆发活动的物理机制 — "羲和"号 ○ 2021年至今

2022年 ○ "夸父"1号 — 用多个波段连续观测太阳爆发的全过程，为预防灾害性空间天气提供支持

太阳探测器所属国家：
● 中国   ● 欧洲航天局
● 美国   ● 日本

图 3-8 1990—2022 年人类发射的重要的太阳探测器

作者的话

　　亲爱的读者，你手中的这本《太阳探测（上）：最熟悉的陌生人》，对太阳系的主宰——太阳进行了介绍，还介绍了太阳活动对地球和人类生活的影响。这本书的姐妹篇《太阳探测（下）：逐日神器探天机》，将带你领略许多太阳探测器的故事，了解人类探测太阳的历程、取得的辉煌成果，希望你会喜欢。

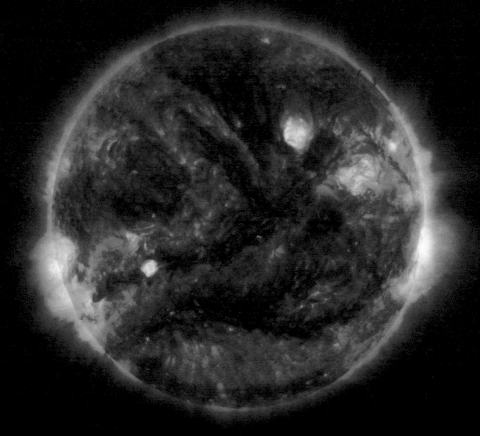

很高兴看到这样的一套书，深入浅出，兼具科学性与趣味性，让孩子从小就能接触到尖端领域的航空、航天知识，帮孩子撷取"人类工业文明的皇冠"。

——中国工程院院士，飞行器导航控制专家　冯培德

好奇心是孩子的天性。书中以孩子能理解的方式，讲述详实有趣的航天故事和知识，点燃孩子内在的好奇心，将探索的种子根植于孩子的内心。让阅读成为悦读，让梦想插上翅膀。

——中国人民解放军航天员大队首任大队长　申行运

这套书里，一流的科学家构建了完整的航空、航天知识体系，用巧妙的方式缀珠成线，一定能够满足你对科学的好奇心。未来的空间广阔，希望这次我们能为你们打开一个通往精彩世界的大门。

——空军退役飞行员　丁邦昕

你喜欢本书中的

你的名字是

少年儿童航空航天分级阅读

4 航天读本 太空传奇

少年儿童航空航天分级阅读

学会阅读，一步一步来！科学启蒙，一级一级读！

1 启蒙级（亲子阅读 3~5 岁）
以绘本故事融合航空航天常识，启蒙孩子的空天意识，激发孩子的好奇心。

2 感知级（指导阅读 6~8 岁）
以航空航天界标志性人物为榜样，激发孩子的探索精神和求知欲。

3 认知级（自主阅读 9~10 岁）
解读航空航天器的构成和背景知识，使孩子有足够的认知和解读能力，培养孩子的分析能力，并能提出自己的问题。

4 理解级（分析阅读 11~12 岁）
● 帮助孩子阅读解析科普读物，培养孩子系统认知科学知识的素养。
● 更广泛深入的航空航天知识及应用的解读，帮助孩子贯通校内接触的科学常识。
● 结构化、系统化的知识获取，培养孩子的结构认知能力和逻辑思维能力。

这套分级阅读丛书，会使您的孩子享受到：

科学理性时空观的阅读快乐！

航空航天知识有趣的叙事！

结构化和体系化获取知识信息的乐趣！

上架建议：航天/科普

ISBN 978-7-5165-2869-3

中航出版传媒有限责任公司
CHINA AVIATION PUBLISHING & MEDIA CO.,LTD.

www.aviationnow.com.cn

官方微店

9 787516 528693 >

定价：201.60 元（全 12 册）

少年儿童航空航天分级阅读

太阳探测（下）

逐日神器 探测天机

冯培德 / 总主编

朱林崎 / 著

航空工业出版社

北京

图书在版编目（CIP）数据

太阳探测．下，逐日神器探测天机／朱林崎著．——
北京：航空工业出版社，2021.12
（少年儿童航空航天分级阅读．太空传奇）
ISBN 978-7-5165-2869-3

Ⅰ．①太… Ⅱ．①朱… Ⅲ．①太阳探测器－少儿读物
Ⅳ．① V476.4-49

中国版本图书馆 CIP 数据核字 (2022) 第 015828 号

太阳探测（下）：逐日神器探测天机
Taiyang Tance (Xia) : Zhuri Shenqi Tance Tianji

总　主　编：冯培德
主　　　编：蒋宇平
作　　　者：朱林崎
字　　　体：仓耳字库

策划编辑：雷蕾
责任编辑：张世昌
装帧设计：骑云星工作室　一铭

航空工业出版社出版发行
（北京市朝阳区京顺路 5 号曙光大厦 C 座四层　100028）
发行部电话：010-85672688　010-85672689
承印者：北京富泰印刷有限责任公司

2021 年 12 月第 1 版
2021 年 12 月第 1 次印刷
开本：635×965　1/16
印张：3.75
字数：34 千字
定价：201.60 元（全 12 册）

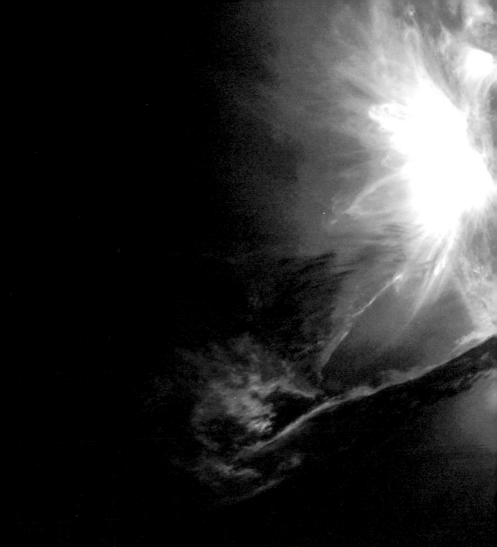

　　从本书上册《太阳探测（上）：最熟悉的陌生人》，我们已经知道，数十年来世界各国陆陆续续发射了 70 余颗探测太阳的航天器，这些航天器可以分成两类：一类针对太阳本身开展探测，它们就像给太阳做体检的航天器大夫，负责探查太阳身体的内部结构，研究太阳的活动，了解太阳的性格特征，寻找太阳大发脾气——太阳风暴的机理和规律，这类太阳探测器飞向天外为太阳做"体检"，构成

了一支"体检天团"。另一类针对太阳活动给地球造成的影响开展探测，负责弄清楚太阳是如何影响地球的，摸索如何预防和减轻太阳风暴给地球带来的灾害，它们就像给地球做保健的航天器医生，构成了"保健天团"。这本小册子挑选了若干探测太阳的著名航天器进行介绍，它们分别来

一、不畏浮云能蔽日
体检天团识天机

　　尽管去往太阳的旅途困难重重，摸清太阳情况的任务迷雾重重，但这可难不住太阳"体检天团"的成员们！他们个个都是盖世之才，"不畏浮云能蔽日"，施展各自的绝技，全方位探测和研究太阳，监测太阳和太空环境动态，努力把太阳看个"真真切切、明明白白"。目前，正在太空执行任务的体检天团的豪华阵容里有几位重量级"人物"，下面我们将按他们上岗时间的先后顺序，介绍一下他们的"十八般武艺"。

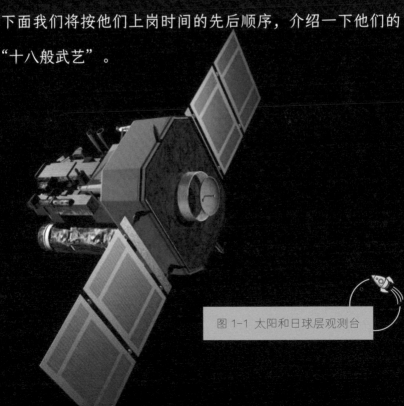

图 1-1 太阳和日球层观测台

1. 全科"大夫"——太阳和日球层观测台，里里外外查个遍

1995 年 12 月 2 日，欧洲与美国联合向太阳派出了一位全科"大夫"——太阳和日球层观测台（英文缩写SOHO），给太阳做综合性的体检，见图 1-1。SOHO 是个多面手，既能看"内科"，透过太阳的一层又一层，看清它的内部结构；又能看"外科"，探究太阳外层大气的奥秘，比如日冕的结构，太阳风是如何形成的，等等。

作为全科"大夫"，SOHO 携带的观测设备非常齐全，共有三大类 12 台科学仪器，每台仪器都能够独立地观测太阳或者太阳的某个局部。图 1-2 所示为根据 SOHO 各个仪器

图 1-2 根据 SOHO 获得的数据制作的图像，展示了从太阳内部到太阳大气不同圈层的状态

获得的数据制作的图像，展示了太阳从内部到太阳大气不同圈层的状态，也反映了SOHO给太阳"做体检"的范围之广，从太阳内部，到太阳表面和日冕，再到太阳风，可谓里里外外"查"个遍。

SOHO 的轨道设计很特别，它从地球飞到太阳与地球之间的一个引力平衡点，然后在这个引力平衡点上对太阳开展长期探测，如图 1-3 所示的 L1 点。任何一个航天器，相对于太阳或地球来说，质量小得几乎可以被忽略。如果这个航天器位于太阳和地球构成的日地系统中，它将被太阳和地球巨大的引力分别拉扯着左右为难。假如它能到达一个引力平衡点，在这里太阳和地球对航天器产生的引力以及航天器围绕太阳做圆周运动所需的向心力达到平衡，这时航天器不仅能够以与地球相同的运动周期和地球"并肩"围绕着太阳旋转，而且其相对于太阳和地球的距离保持动态稳定，似乎它就停留在这个引力平衡点上。在日地系统中，一共有 5 个引力平衡点，它们被称为日 - 地拉格朗日点。SOHO 运行在其中一个日 - 地拉格朗日点 L1 上。

L1 点位于日地连线之间靠近地球的一侧，距离地球 150 万千米。由于 SOHO 围绕太阳运行一圈的时间与地球的相同（整 1 年），因而其与地球基本保持相对静止，这就像

SOHO 在日地连线上找到了固定停车位一样，一直"停泊"在地球身边 150 万千米的位置上，而且只需消耗很少的燃料就可以长期保持在这个轨道位置上。可以说，SOHO 在日地之间找到了一个理想的观测太阳的风水宝地，因为它始终在地球与太阳的连线上，既能够一直围绕太阳运行，每天 24 小时不间断地监测太阳，又与地球保持相对静止，可以方便地与地球保持通信联系。

　　SOHO 获得了大量的探测成果，在某种程度上刷新了人类对太阳的认知。例如，首次获得了太阳大气的结构图像，

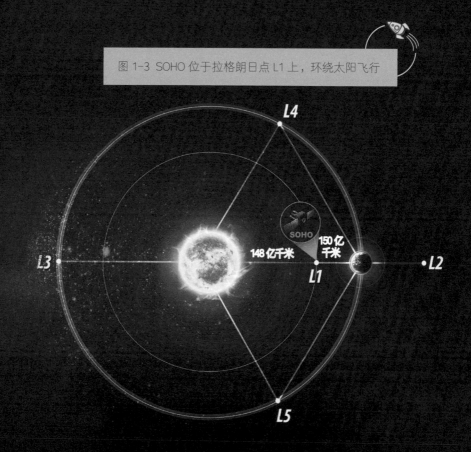

图 1-3 SOHO 位于拉格朗日点 L1 上，环绕太阳飞行

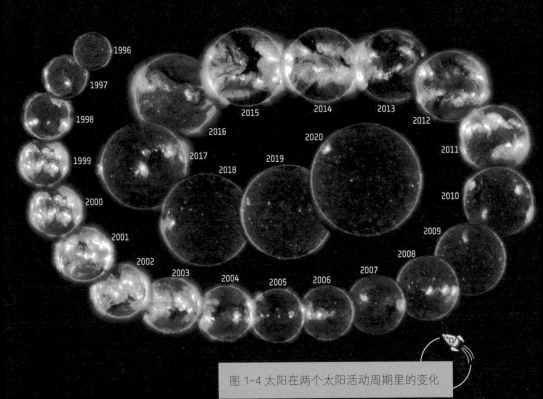

图 1-4 太阳在两个太阳活动周期里的变化

了解了太阳的内部结构，并对太阳极端变化的大气有了新的认识。SOHO 提供的太阳"体检报告"让人类大吃一惊，比如太阳可不是静静地悬在天空温柔似水的乖乖女，而是脾气暴躁的"河东狮"。太阳动不动就扔东西、抛物质，爆发日冕物质抛射基本上是"三天一小闹，五天一大闹"。在太阳活动极小年，太阳脸上的黑子比较少，心情还算愉悦，大约每 5 天发生 1 次日冕物质抛射；而在太阳活动极大年，太阳脸上的黑子很多，心情不好，甚至每天就会发生大约 3 次日冕物质抛射。"震惊！太阳竟然是'狂暴巨兽'！"

SOHO 最初只被派去给太阳做两年"体检"，没想到这位优秀的全科"大夫"是个劳模，兢兢业业服役 20 多年了，至今依然精神抖擞地奋斗在第一线。图 1-4 所示为 SOHO 从 1996 年开始连续 22 年给太阳拍的写真集，记录了太阳每年的表面状态，完整地展现了两个太阳黑子活动周期。照片中明亮的部分代表太阳的活动区域，越明亮表示太阳活动越活跃。从图 1-4 中可以看出，太阳在 11 年黑子活动周期开始时处于太阳活动极小年，非常平静，图片比较暗。之后每年太阳活动逐步增多，图片越来越明亮，直到太阳活动极大年明亮区域达到顶峰，此后太阳活动又逐渐变少，慢慢回到初始状态。

2. 双胞胎"护士"——日地关系观测台，360 度观察无死角

2006 年 10 月 25 日，美国宇航局给太阳配备了一对双胞胎"护士"，组成"日地关系观测台"（英文缩写 STEREO)，对太阳进行 360 度无死角的观察 姐妹俩编组飞行，位于前方的姐姐名为"前导空间观测台"（STEREO-A)，在一条比地球绕飞太阳轨道略小的轨道上围绕太阳运行；后方的妹妹叫作"后随空间观测台"（STEREO-B)，在一条比地球轨道略大的轨道上围绕太阳运行，它们分别从不

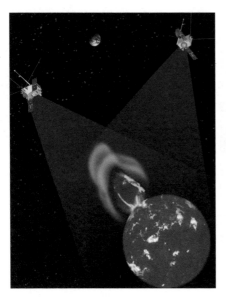
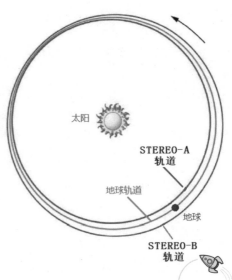

图 1-5 STEREO 概念及轨道示意图

同角度形成对日观测的立体视角，可以提供太阳的立体影像。双胞胎"护士"对太阳的"照看"重点包括：观察太阳风暴的过程，提供日冕物质抛射的三维图像，研究日冕物质抛射的基本性质，确定抛射出日冕物质到达地球所需时间。

图 1-5 左侧所示为 STEREO 概念图，展示了双胞胎观测日冕物质抛射的情景。右侧所示为双胞胎的轨道示意，红色轨道是姐姐 STEREO-A 运行的轨道，蓝色轨道是妹妹 STEREO-B 的轨道，绿色则为地球轨道。

在双胞胎"护士"的帮助下，2007 年 3 月 24 日，太阳终于拥有了有生以来第一张 3D 照片，见图 1-6（需要用 3D

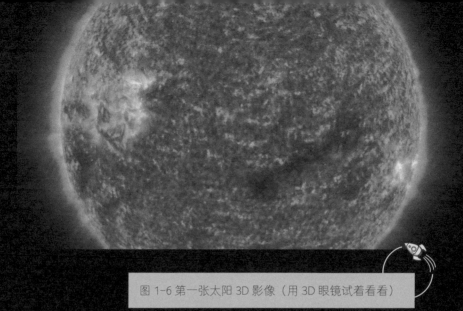

图 1-6 第一张太阳 3D 影像（用 3D 眼镜试着看看）

眼镜看 3D 图像）。

STEREO 是如何实现对太阳 360 度观测的呢？如图 1-5 和图 1-7 所示，姐姐 STEREO-A 在地球绕日轨道内侧运行，总是位于地球的前方，她绕太阳运行一圈的周期短、速度快；而妹妹 STEREO-B 在地球绕日轨道外侧运行，总是位于地球

图 1-7 STEREO 实现 360 度观测太阳

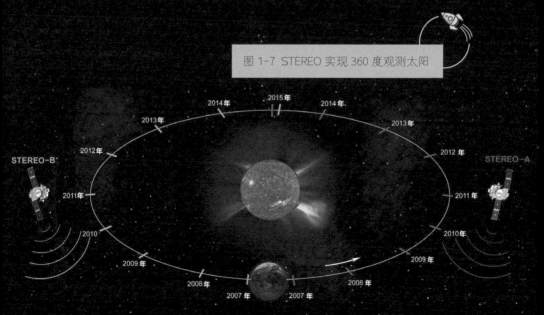

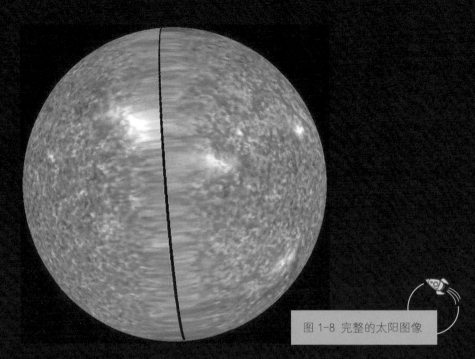

图 1-8 完整的太阳图像

　　的后方，她绕太阳运行一圈的周期长、速度慢。一快一慢让两"姐妹"朝相反的方向慢慢远离地球，并且姐妹俩逐渐拉开了距离，在绕太阳运行的圆形轨道上每年以大约 22 度的角度反向分离。姐妹俩在不同的位置以不同的角度观测太阳，这如同我们用双眼观测物体一样，可以获得立体的太阳图像，而且由于姐妹俩之间的距离越来越大，这样她们就可以每时每刻都在不断变化的角度和方向上拍摄太阳。

　　2011 年，"姐妹"俩分离达到 180 度，分别站在太阳的两侧，与太阳三点一线，拍下了多张图片。将"姐妹"俩拍摄的数据进行组合，就实现了对整个太阳（全日面）的瞬时观测，获得了完整的太阳全景照片，见图 1-8。美国宇航局还幽默地进行了官宣："太阳，确实是个球！"

安排双胞胎上岗可谓革命性的举动，给太阳"体检"提供了一个独特的视角，对空间科学来说也是一个历史性的进步：人类首次看到了太阳表面的 360 度全景。STEREO 是人类第一个也是目前唯一一一对能够对太阳实施立体探测的探测器。它提供的太阳 360 度"体检报告"硕果累累，如全程报导了日冕物质抛射从开始直到抵达地球的行踪，首次提供了与日冕物质抛射的速度、轨迹和形状有关的立体图像，还捕捉到了太阳黑子爆发时的全景三维图像等。

　　图 1-9 所示为 STEREO 于 2012 年 7 约 23 日拍摄的日冕

图 1-9 STEREO 拍摄的速度最快的日冕物质抛射

2012 年 7 月 23 日

物质抛射，一团巨大的太阳物质云从太阳喷发而出（图右侧），进入太空。根据 STEREO 获得的数据，科学家推测，抛射出的物质离开太阳的速度达到 2897 ～ 3540 千米 / 秒，这是人类迄今观测到的最快的日冕物质抛射。

2008 年 12 月 12 日到 16 日，STEREO 还观测了从日冕物质抛射开始，在日地空间传播，最终到达地球的完整过程，而此前人们对日冕物质抛射的测量与数据记录只能在抛射物质抵达地球后 3 ～ 7 天才能完成。STEREO 能够更精准地观测和跟踪日冕物质抛射事件，一旦发生太阳风暴，科学家就可以在第一时间观测到太阳风暴的速度和方向，及时对太空中的各种卫星，比如通信卫星、气象卫星遥感卫星等，采取适当的防护措施，免遭太阳风暴袭击，做到有"警"无险。

3. 放射科"医生"——太阳动力学观测台，高清大片拍起来

医院里的放射科医生利用医学成像设备进行医学影像拍摄工作，以便更直观、更深入地分析病情病理，常常被人们称为"拍片子的大夫"。2010 年 2 月 12 日，美国给太阳送去了一位拍片高手"太阳动力学观测台"（英文缩写 SDO），如图 1-10 所示。

SDO 的主要任务是拍摄太阳的高清图像，研究太阳大气以及太阳活动是如何影响地球和近地空间的。SDO 的绝技之一是快如闪电，速度分辨率远远高过两位前辈 SOHO 和 STEREO，1 秒就能获取一幅太阳图像，分别是 STEREO 的 180 倍和 SOHO 的 720 倍。因为拍摄速度快，SDO 可以连续地捕捉到太阳的瞬时变化。SDO 的另一项绝技是明察秋

图 1-10 太阳动力学观测台（SDO）概念图

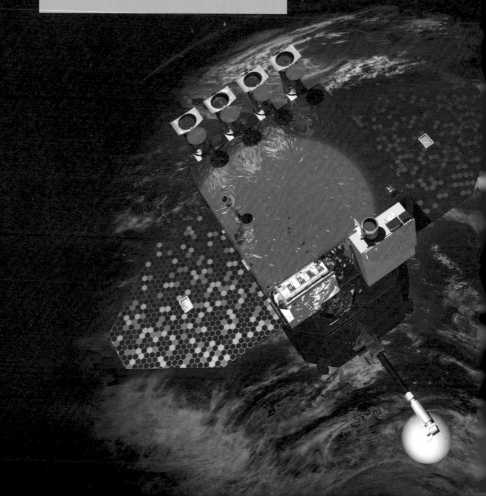

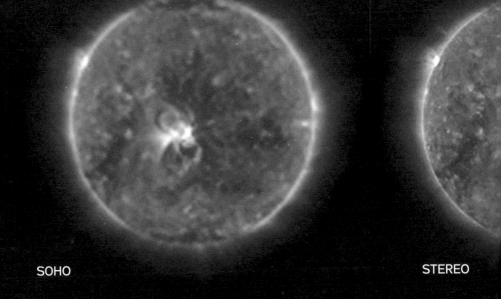

SOHO   STEREO

毫，它拍摄的所有图像的分辨率都是 4096×4096 像素，是
STEREO 的 2 倍、SOHO 的 4 倍，达到了巨幕电影级的画质。
太阳大气的各种活动如太阳黑子、太阳耀斑、日冕物质抛射
等细节都逃不过它的"法眼"。SDO 与 SOHO 和 STEREO 的
图像分辨率对比如图 1-11 所示。

　　你可能觉得很奇怪，上面图里的太阳为什么是蓝色的？
这要从太阳发什么光讲起。太阳和很多星星都能发光，这里
所说的"光"除了有我们能看到的光（称为"可见光"），
还包括很多我们肉眼看不到的"光"，比如伽马射线、X 射
线、紫外线、红外线与无线电波等，这些可见和不可见的光，
统称为电磁波，如图 1-12 所示。我们肉眼能看到的可见光
只是电磁波中非常狭小的一部分，波长在 400 纳米～ 760

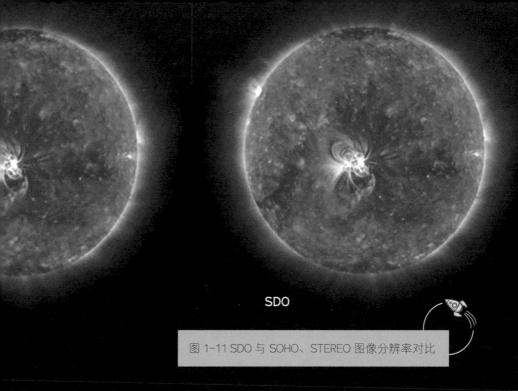

SDO

图 1-11 SDO 与 SOHO、STEREO 图像分辨率对比

纳米（1 纳米 =0.000001 毫米）范围内，比如波长 500 纳米以下的单色光在人眼中呈现出蓝色，650 纳米左右的单色光在人眼中呈现为红色。一根小孩子的头发的直径大约为 0.05 毫米，把它纵向平均剖成 5 万根，每根的厚度大约就是 1

图 1-12 电磁波波谱

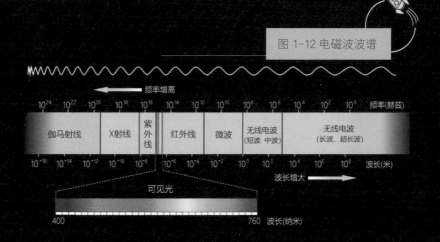

纳米。

　　太阳会发射从伽马射线、X 射线到无线电波的所有波长的能量，但绝大多数辐射的波长在 250 纳米～ 2400 纳米，包括紫外线、可见光和红外线 3 个主要成分。我们的肉眼无法看到紫外线和红外线，但科学仪器可以观测到，科学家采用了不同颜色来表达各类不可见光的波长，这些颜色被称为"假彩色"。图 1-11 所示为波长为 33.5 纳米的紫外线对应的成像图，实际上它是由温度接近 250 万摄氏度的一种铁离子发出的，尽管我们肉眼看不见，但科学家还是使用了温柔的蓝色来表示，所以你会看到蓝色的太阳。

　　太阳包含了多种原子，如氦、氢和其他各种重元素的原子，每种原子携带不同数量的电荷，以离子形式存在。当达到特定温度时，每种离子都能发出特定波长的光，而物质的离子形态、温度、光的波长三者之间存在特定的对应关系，科学家通过这种对应关系，就可以知道太阳及其活动的基本特征。SDO 携带了 3 台科学仪器，能够捕捉到太阳十几种不同的波长的光或射线，从而分析判别太阳活动的变化。图 1-13 是 SDO 获得的太阳图像拼贴图，显示了不同波长的太阳观测图像。每一波长的光线大部分是由一种离子（也可能是两种离子）在一定的温度下发出的，突出显示了太阳大

光球层
可见光图像

光球层
波长 170 纳米，
温度 4727 摄氏度

光球层
波长 450 纳米，
温度 5727 摄氏度

光球层上层
波长 160 纳米，
温度 9727 摄氏度

色球层
波长 30.4 纳米，
温度 49727 摄氏度

日冕／耀斑等离子体
波长 19.3 纳米，
温度 100 万摄氏度

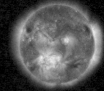
太阳活动活跃区
波长 21.1 纳米，
温度 200 万摄氏度

太阳活动活跃区
波长 33.5 纳米，
温度 250 万摄氏度

太阳耀斑
波长 9.4 纳米，
温度 600 万摄氏度

太阳耀斑
波长 13.1 纳米，
温度 1000 万摄氏度

图 1-13 SDO 不同波长的太阳图像拼图

气层中某一特定的部分。例如，波长为 450 纳米的黄色光线成像图（第一排左三），反映了温度约 5700 摄氏度的太阳表面，即光球的状况。波长 30.4 纳米的紫外线成像图（第二排左二），展示了温度接近 5 万摄氏度的太阳光球区域；而波长约 13 纳米的极紫外光线成像图（第三排左三），反映了温度约 1000 万摄氏度的太阳耀斑。科学家通过组合这

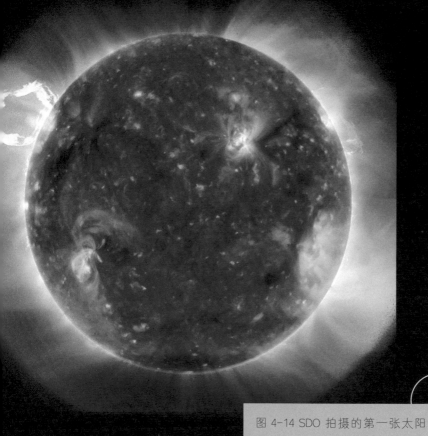

图 4-14 SDO 拍摄的第一张太阳
照片"当我第一次看到你的脸"

些信息就能够描绘出太阳的全景图，从而了解太阳活动的

情况。

SDO 与前辈 SOHO 一样，也是位任劳任怨的劳模。本来

的任务是给太阳做 5 年"体检"，但是这位放射科"医生"

实在太敬业了，十年如一日地坚守在岗位上，2020 年 2 月

刚刚庆祝了工作十周年纪念。SDO 为人类呈现了大量精美无

比的太阳高清照片，或色彩缤纷，或火焰炽盛。图 1-14 所

示为 SDO 上岗后给太阳拍摄的第一张高清图像，这幅图像

用著名歌手席琳·迪翁的经典歌曲命名："当我第一次看到

你的脸"（The First Time Ever I Saw Your Face），多么诗意盎然。图中不同的颜色代表不同的气体温度，红色部分相对较冷（别误会，"较冷"也有大约 6 万摄氏度），蓝色和绿色区域较热。图 1-15 所示为 SDO 拍摄的一幅"太阳微笑"的影像，看上去太阳非常"快乐"。但你可不要被它的外表迷惑，太阳可不像蒙娜丽莎那么矜持，它的"笑脸"正在喷出强烈的太阳风！

图 1-15 太阳的"笑脸"

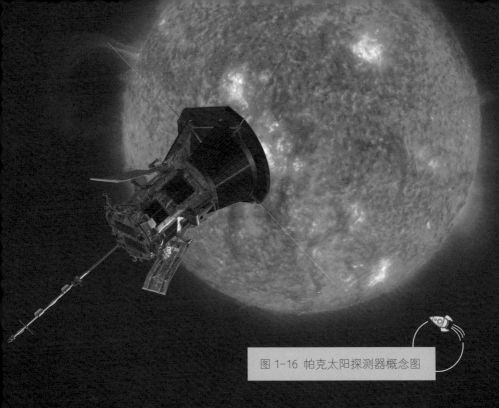

图 1-16 帕克太阳探测器概念图

4. 勇敢的"医师"——帕克太阳探测器，飞越日冕"摸"太阳

日冕温度高达 100 万～ 200 万摄氏度，如此炽热显然是"老虎屁股摸不得"。然而，2018 年 8 月 12 日，一位吃了熊心豹子胆的"帕克太阳探测器"（Parker Solar Probe）"偏向虎山行"，开启了名为"触摸太阳"的日冕之旅。它将在有史以来最接近太阳的地方给太阳做"体检"。图 1-16 为帕克太阳探测器概念图。

这位艺高人胆大的"医师"在上天之前就万众瞩目，受到科学界的极度关注。为什么它能在众星云集的"体检天团"里脱颖而出，作为明星大伽 C 位出道？因为这是一个本领超强的探测器：一是可抵达距离太阳最近的位置进行仔细观测，二是飞行速度最快，三是最不怕热。这颗探测器还是美国宇航局历史上第一颗以当时还在世的科学家——美国天体物理学家尤金·帕克（1927—）的名字命名的航天器。名字听起来很熟悉吧？没错，他就是我们前面提到的发现并提出太阳风的那位科学家。

● 距离太阳最近

在7年的探测任务中，这位"医生"将绕太阳飞行24圈，不断观察并逐步接近太阳。2024年到2025年的最后三圈，它将扎扎实实地飞入日冕中，在离太阳最近的位置，对日冕开展实地勘测。此时它离太阳表面只有约620万千米，这是地球到太阳距离的4%。打个比方来说，如果地球到太阳的距离是一个足球场的长度，帕克太阳探测器将会到达距离太阳球门区不到4米的地方（见图1-17）。而在此之前，

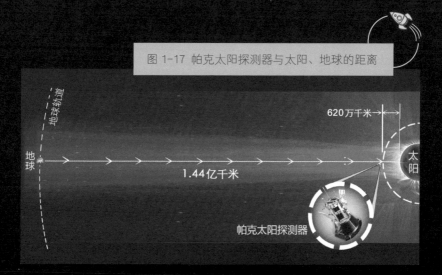

图1-17 帕克太阳探测器与太阳、地球的距离

地球轨道
地球
1.44亿千米
620万千米
太阳
帕克太阳探测器

最接近太阳的探测器也与太阳隔着 4300 多万千米。

● 飞行速度最快

帕克太阳探测器在离太阳最近时，将以接近 192.2 千米／秒的速度飞掠太阳，这是史上速度最快的航天器。从北京到上海 1200 多千米的路程，如果保持以 100 千米／小时的速度开车，需要 12～13 个小时，而帕克太阳探测器只需 6 秒！

● 最不怕热

日冕温度虽然高达几百万摄氏度，但是据计算，帕克探测器进入日冕后，面向太阳的那一面仅会被加热到接近 1400 摄氏度。这是因为温度不等于热量，温度测量的是粒子运动的速度，而热量则是测量粒子传递的能量总量。日冕那里的粒子运动得很快（高温），但粒子分布得非常稀疏，很少的高温粒子与帕克探测器相互作用，并不能传递出惊人的热量，所以，帕克探测器不会被加热到难以想象的高温。

当然，接近 1400 摄氏度的高温仍然相当恐怖，炽热无比的火山熔岩也不过 700～1200 摄氏度！帕克探测器为什么敢在太阳的边缘疯狂"试探"，却不会被太阳的"热情"熔化？因为帕克探测器有 3 件抵抗高温的法宝，一是"遮阳伞"，全身能遮住的部件统统被遮住；二是冷却系统，"遮阳伞"遮不住的部件通过冷却降温；三是靠自己，既遮不住又无法冷却的部件靠自身耐热性能来抵御高温。

（1）"遮阳伞"下享阴凉

帕克探测器的头部是一个直径2.4米的防热罩，"学名"叫作"热防护系统"（图1-18）。这个防热罩像一把"遮阳伞"，始终朝向太阳，将绝大多数观测仪器严严实实地遮在它的阴影中，阻挡住了太阳的"热情"。"遮阳伞"面对太阳的一面被喷上特别的白色防热涂层，以尽可能地反射太阳的能量，起到防热的作用。"遮阳伞"的结构类似一个

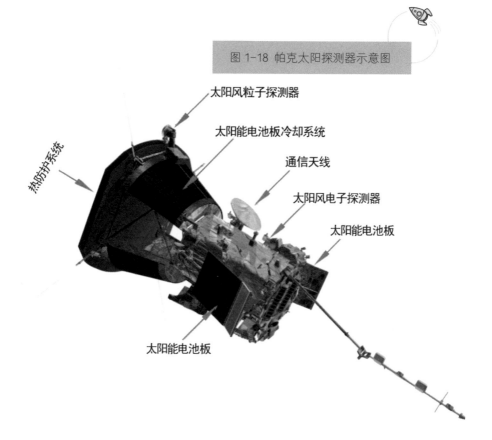

图 1-18 帕克太阳探测器示意图

太阳风粒子探测器

太阳能电池板冷却系统

通信天线

太阳风电子探测器

太阳能电池板

热防护系统

太阳能电池板

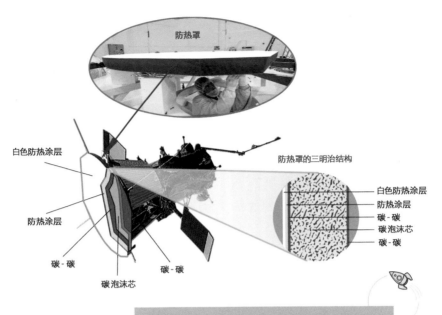

图中标注：
防热罩

白色防热涂层
防热涂层
碳－碳
碳泡沫芯
碳－碳

防热罩的三明治结构
白色防热涂层
防热涂层
碳－碳
碳泡沫芯
碳－碳

图 1-19 帕克太阳探测器热防护系统及其结构

三明治（见图 1-19），两边是耐高温的碳－碳材料。这种材料可以承受极高的温度，40 多年前就应用于航天飞机表面，现今研制的碳－碳材料耐热性能更加优异；中间夹着 11.4 厘米厚的碳泡沫芯（类似于软质铅笔芯），碳泡沫芯具有优异的隔热本领，就像一个保温层能阻挡热量向内部传送，这样可以更好地隔热，减缓温度上升。这把"遮阳伞"的质量与一个成人的体重相近，以极轻的质量达到了防热和保护效果。经测试，"遮阳伞"能够抵御 1650 摄氏度的高温。在帕克探测器离太阳最近的地方，"遮阳伞"的温度达到近 1370 摄氏度左右，这使遮在它阴影后面的所有仪器可以保持在相对适宜的 30 摄氏度左右，正常工作。

为了确保观测仪器一直被"遮阳伞"保护，在被遮住的阴影区的每个角都安装了阳光"侦察哨"——传感器。任何一个传感器感知到阳光，会立刻报警通知中央计算机，帕克探测器立刻就能知道大事不好，要赶紧调整自身的位置和姿态，让"遮阳伞"将传感器和观测仪器重新遮挡得严严实实，以防"晒伤"。

（2）冷水循环散热强

帕克探测器有两块太阳能电池板，像翅膀一样可以伸展和收缩。每次接近太阳时，太阳能电池板大部分会收缩到"遮阳伞"的阴影后面，仅有一小部分暴露在强烈的阳光下，科学家为太阳能电池板专门配备了一个冷却系统，用来冷却太阳能电池板，如图1-20

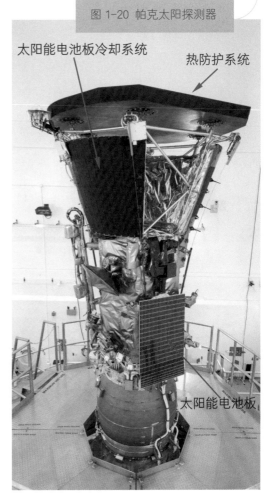

图 1-20 帕克太阳探测器

太阳能电池板冷却系统

热防护系统

太阳能电池板

所示。这个由水箱、散热器和泵组成的冷却系统简单到令人惊讶，它的原理就是让冷水从太阳能电池板背面流过，带走太阳能电池板的热量使其降温，而流过太阳能电池板的冷水吸收热量后变成了热水，热水流进散热器中散热降温又变成冷水，在泵的驱动下，冷却水如此循环往复，就可以确保太阳能电池板和仪器在强烈的阳光下保持凉爽，正常工作。

（3）耐高温材料敢和太阳"正面刚"

为了探测太阳风，帕克太阳探测器上有4根天线和1个太阳风粒子探测器（图1-18）必须暴露在阳光下和太阳"正面刚"，既不能用"遮阳伞"遮住，也没有冷却系统给降温。因此，这两种部件必须采用耐高温材料。其天线由铌合金制成，熔点约2468摄氏度；太阳风粒子探测器则用钛 - 锆 -

图 1-21 帕克太阳探测器观察到太阳磁场的"折返"现象

钼合金制造，熔点约 2349 摄氏度。

作为明星大伽 C 位出道的帕克太阳探测器如此"深入虎穴"，首次踏进太阳大气的深层领地日冕，自然也是雄心勃勃，其目标就是，从太阳的日冕源头研究太阳风，开展近距离观测，希望能"革命性地改变对太阳的认识"，解开困扰人类的不解之谜——日冕的温度为何如此反常的高？为什么会有太阳风？

截至 2020 年 6 月，在飞离地球近两年时间里，帕克太阳探测器 5 次近距离地接触太阳，与太阳表面的最近距离约为 1860 万千米，已经成为史上最靠近太阳的探测器。给太阳做了如此近距离的"体检"，这位"医生"发回的"体检报告"自然为科学家带来了大量惊人的发现，这些发现很可能会改进人类对太阳的认知。例如，太阳风是从太阳"吹"出来的带电粒子流，在地球附近，太阳风的粒子流几乎不改变方向，呈放射状"吹"入深空，而帕克太阳探测器在太阳附近则观察到了完全不一样的太阳风，太阳风"刮"出的粒子流的方向是不固定的，有时向前"吹"入太空的粒子流会突然出现一个短暂、急剧的转向，经过一个 S 形的折返再进入太空；不仅如此，太阳风的扰动还会导致太阳磁场的弯曲，这种现象被称为太阳"折返"（图 1-21），可持续数秒到数小时，这一现象至今仍无法解释。

5. 外科"医生"——环日轨道器，从头到脚看个够

地球绕着太阳转的轨道平面称为"黄道面"。太阳系中其他行星以及绝大多数太阳探测器的运行轨道，都在黄道面上或非常接近黄道面，而太阳的南北极连线几乎垂直于黄道面。面对太阳这样一个庞然大物，当太阳探测器在黄道面或者黄道面附近运行时，往往只能看到太阳的"大肚皮"（太

图 1-22 尤利西斯号太阳探测器概念图

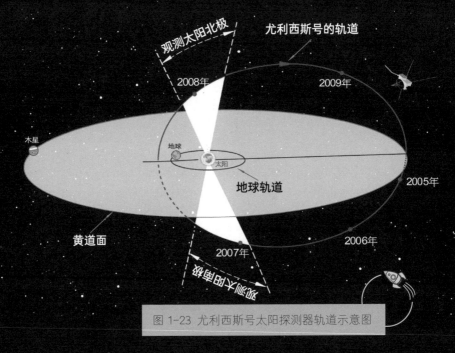

图 1-23 尤利西斯号太阳探测器轨道示意图

阳赤道及赤道南北两侧），很难看到太阳的"头顶"（北极）和"脚底"（南极）。想要看清太阳的头和脚，必须将探测器发射到一个与黄道面成一定角度的轨道上，以便探测器能居高临下地看到太阳的南极和北极。1990 年 10 月 6 日，美国和欧洲联合研制的尤利西斯号（Ulysses）太阳探测器发射升空（图 1-22），进入几乎垂直于黄道面的轨道，成为首个对太阳极区进行探测的太阳探测器，如图 1-23 所示。

尤利西斯号太阳探测器的主要任务是对太阳极区、太阳风和行星际磁场进行探测，飞出黄道面使它不仅可以研究太阳的南、北两极，还能在运行过程中从不同高度全方位地观测整个太阳，使科学家具备了三维的观察视角。原计划服役 5 年的尤利西斯号精神抖擞地运行了接近 19 年，3 次飞越太阳南北极，传回了大量高价值的观测资料。例如，证明了太阳磁极的南北极与太阳的南北极是颠倒的，发现了太阳磁场每 11 年翻转 1 次的特性，观测到了太阳极区 750 千米 / 秒的高速太阳风，证明了太阳的磁极有大量的太阳风粒子和太阳宇宙线产生，等等。

遗憾的是，尤利西斯号太阳探测器并没有携带相机，只能进行局地探测。而且它与太阳的距离在 2 亿千米到 8.1 亿千米，比地球距离太阳还远，很难看到太阳清晰的样子，更不用说看清楚太阳的头和脚了。尤利西斯号太阳探测器退休后 10 年的时间里，尽管地球发射了多颗太阳探测器，拍摄了数不胜数的照片，但它们都在黄道面附近工作，无法像尤利西斯号太阳探测器一样对太阳的南北两极进行细致的观测。所以，太阳直到今天都没有一张有头有脚的全身照．

不过好消息是，2020 年 2 月 10 日，尤利西斯号太阳探测器的兄弟——"环日轨道器"（英文缩写 SolO）上岗啦！环日轨道器将完成前辈没有完成的任务，把太阳从头到脚看个够，它可以斜视太阳的南、北两极，还可为高纬度区域拍摄"正面照"。环日轨道器如图 1-24 所示。

环日轨道器的轨道设计极为精密、复杂，在 10 年的任务期内将围绕太阳飞行 22 圈。它出发后先在黄道面飞行，在最初的两年与金星相遇两次，然后与地球相遇一次，借用金星和地球的引力改变飞行方向，调整轨道，逐渐增大与黄道面的夹角，使自己的轨道呈倾斜状态的椭圆轨道，

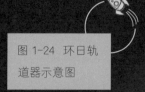

图 1-24 环日轨道器示意图

◎ 离太阳最近的距离为 4200 万千米
◎ 安装了能抵挡太阳热辐射的防热罩
◎ 首次对太阳南极和北极地区拍照
◎ 携带了 10 种探测仪器
◎ 实现近距离研究太阳表面

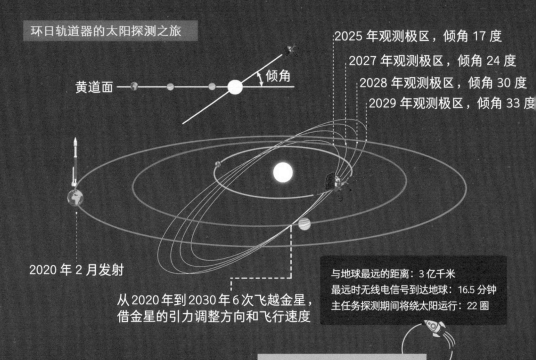

环日轨道器的太阳探测之旅

黄道面 —————

倾角

2025 年观测极区，倾角 17 度

2027 年观测极区，倾角 24 度

2028 年观测极区，倾角 30 度

2029 年观测极区，倾角 33 度

2020 年 2 月发射

从 2020 年到 2030 年 6 次飞越金星，
借金星的引力调整方向和飞行速度

与地球最远的距离：3 亿千米

最远时无线电信号到达地球：16.5 分钟

主任务探测期间将绕太阳运行：22 圈

图 1-25 环日轨道器飞行路线

如图 1-25 所示。2021 年 11 月，环日轨道器进入第一个椭圆工作轨道，开始执行科学探测任务。从 2021 年 11 月直至探测任务结束，环日轨道器将 6 次与金星定期"约会"，借用金星引力调整飞行速度和方向。预计 2025 年 3 月，它相对于黄道面的倾角将达到 17 度，此时将首次看到太阳的南、北极区域，可以为太阳两极拍摄照片；到 2029 年 7 月，这个倾角可以达到 33 度，环日轨道器将在太阳的较高纬度鸟瞰太阳的"头"和"脚"，可以从更佳的角度拍摄太阳的南极和北极。虽然环日轨道器并没有从太阳南北两极的正上空飞越，只能斜着观看太阳的南北极区，但其到达的空间位置足够完成拍摄太阳两极的任务了。

环日轨道器的主要任务是近距离研究太阳，首次进行太阳南极和北极的高分辨率观测，洞察日地联系，探索太阳如何影响空间天气就像一位给太阳开展体检的外科医生，它将探察太阳身体的秘密，包括驱动太阳风的神奇原因，日冕磁场的来源，以及耀斑、日冕物质抛射如何影响地球等。它飞行的轨道与黄道面的倾斜度是逐渐增加的，这意味着它每次靠近太阳时都是从不同的角度观察太阳，从而可以一点一滴地逐渐揭开太阳极区的奥秘。

2020 年 6 月 15 日，环日轨道器到达了距离太阳表面7700 万千米处，这一距离大约是地球与太阳距离的一半，随后它向地球传回了首批科学数据，包括比历史上任何航天器都更接近太阳时拍摄的图像，这个任务被许多科学家称为人类航天史上一次里程碑式的任务。传回地球的第一批图像显示，在日冕中遍布着成千上万个微型太阳耀斑，它们被形象地称为日冕中的"篝火"，如图 1-26 所示（白色箭头处）。这些"篝火"的大小仅为地球上可见太阳耀斑的百万分之一或十亿分之一，科学家将它们戏称为太阳耀斑的"小外甥"。不过最小的微型太阳耀斑跨度也有 400 千米

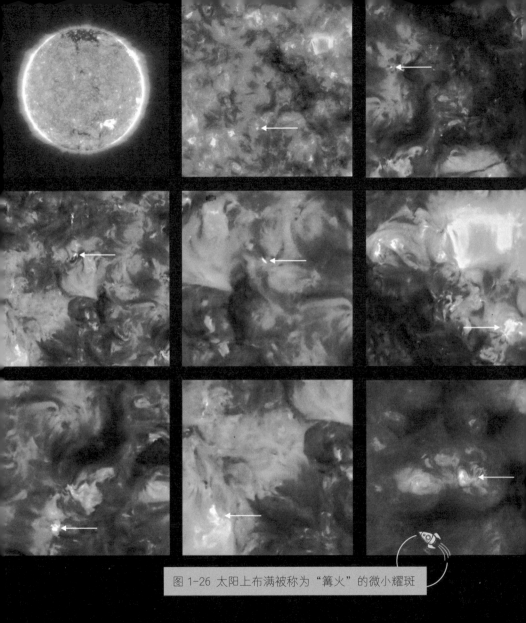

图 1-26 太阳上布满被称为"篝火"的微小耀斑

左右，比一些国家的国土面积还大。环日轨道器传回的这些

惊人的图像，可以帮助科学家更深刻地认识太阳的大气，

这对于理解其如何影响地球附近以及整个太阳系的空间天

二、日长地远无觅处
保健天团观天路

地球的生存和发展与太阳息息相关，地球每时每刻都处于从太阳发出的粒子流和磁场的包围之中，太阳活动诱发的空间天气变化时时刻刻影响着地球。因此，科学家急需搞清太阳磁场与地球磁场的相互作用关系，以便有效防范空间天气对地球和人类社会的影响。这样一来，地球磁层就成了科学家研究太阳对地球影响的最近、最好的实验场所。在地球空间开展探测研究，科学家首先关注、研究和保护的是人类生存的地球，为此，科学家派出了一支地球"保健天团"进行了一系列的地球空间探测。

与太阳体检天团每位"医生"各有绝活单打独斗的风格不同，保健天团的"医生"多为组合形式，由多颗卫星协同研究，对扑朔迷离的地日空间进行立体探测、多空间尺度探测，深入揭示日地磁场相互作用的过程。目前，正在执行任务的两支亮眼的队伍，它们都是明察秋毫的多胞胎组合，让我们来看看它们的表现吧！

1. 五姐妹"忒弥斯计划"，追光逐影揭秘极光秀

在地球南北两极的高纬度地区，夜晚经常可以看见横跨天空的巨大绿色、红色、紫色光带，舞动的光带变化万千、辉煌夺目，上演一场流光溢彩的"霓虹灯秀"。这些绚丽的光辉被称为极光，是大自然最壮丽的奇观之一。可是你知道吗，令人心醉神迷的极光其实是太阳"脾气暴躁"的证据！前面我们在介绍空间天气时提到过，太阳袭向地球的带电粒子流绝大部分都被地球磁场拒之门外，悻悻地从地球周边划过。但是也难免有一些"不法分子"会从地球磁场抵抗力薄弱的地区如地球南、北极区"破窗"而入。高速飞奔的粒子遭到地球高层大气原子的顽强抵抗，在激烈的冲撞中与大气原子碰出了"火花"，并将能量传输给大气原子。随后，大气原子将多余的能量以光能的形式释放，不同的气体分子放出的光能大小不一样，便会呈现某些特定颜色的光，也就产生了极光。可以说，极光是地球磁场为了保护地球与太阳粒子流进行"搏斗"而上演的日地互动秀。

不过这种碰撞产生的极光通常是相对"宁静"的绿色光点，非常微弱，肉眼很难看到。我们能欣赏到的极光是太阳这个魔术师上演的动态极光秀，微弱的极光会突然变得明亮而耀眼，有时绿色的极光会变成五颜六色的光（红色、

黄色、紫色等）轻轻舞动，翩如惊鸿，璨若云霞。科学研究表明，这一变化是由被称为"亚暴"的空间天气诱发的，因此，科学家将我们肉眼所能看到的这些绚烂多姿的极光称为"亚暴极光"，这也是地球上肉眼可见的空间天气现象。图2-1展示了空间天气呈现的最具震撼视觉效果的图景：在太空中拍摄的地球极光（左）、在地面拍摄的极光（右）。

那么什么是"亚暴"呢？

我们前面介绍过，当太阳发脾气时，会出现剧烈的太阳爆发活动（比如耀斑），此时太阳将喷射出大量的高能带电粒子。如果太阳袭向地球的粒子流一旦"破窗"而入就会兴风作浪，将能量转移到地球磁层中，可能导致地球磁场的剧烈扰动，也就是通常所说的"磁暴"。在磁暴期间出

图 2-1 用肉眼在太空和地面看到的极光

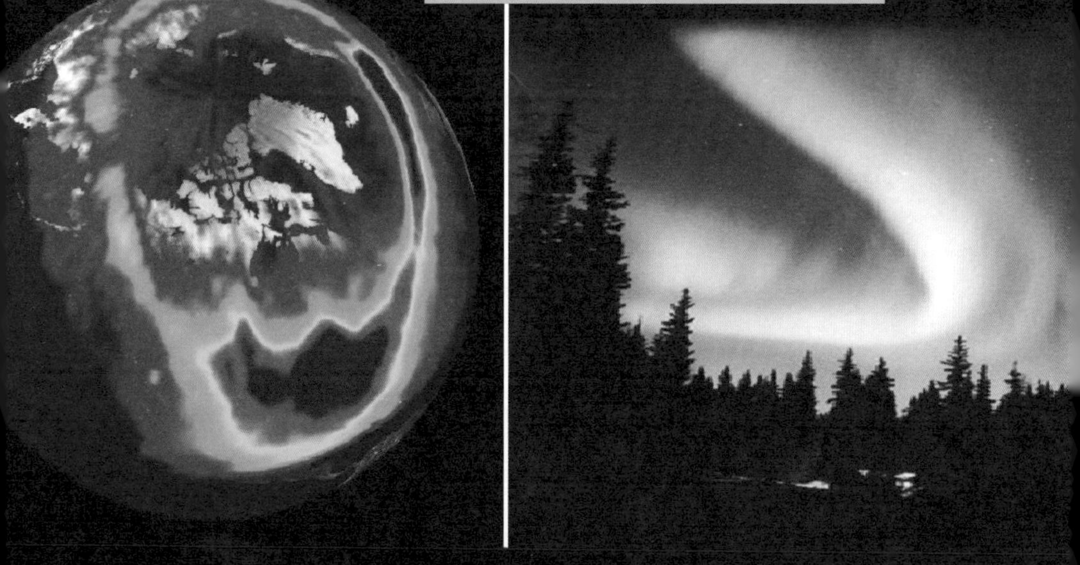

现的短暂的强磁扰动，被称为"亚暴"。亚暴是间歇性的，一般持续时间为1～3小时，比磁暴的持续时间短得多。亚暴每天发生3～4次，每次都能突然爆炸性地释放来自太阳的能量，这些能量大约相当于一次中等地震的能量。这种能量的爆发性释放除会使极光突然变得明亮外，还会引起地球极区空间环境的剧烈变化，在地球电离层激发强烈扰动，可能造成高纬度地区无线电通信中断，还可能会引发卫星表面放电，导致卫星故障。因此，研究亚暴不仅有助于揭开极光的奥秘，也有助于了解太阳活动是如何影响地球磁场的，从而帮助我们预测亚暴的形成，更好地预防和减轻空间天气对地球的影响。

尽管经过近三十年对极光的研究，科学家已经了解亚暴会诱发动态极光，但目前为止对亚暴是如何"触发"的仍然存在较大争议。亚暴触发过程的时间以分钟计算，涉及的空间范围为高至几十千米的中高层大气，甚至延伸到数万千米或者更高，要在眨眼之间探寻如此广阔空间区域的触发源头比大海捞针还困难。研究人员长期以来一直在争辩究竟是什么触发了亚暴，亚暴又是如何在一分钟内诱发极光的。科学家提出了许多不同的假设，仅描述亚暴过程的模型就有六种。为了探明哪一种物理模型是正确的，摸清亚暴的发展过程，揭开亚暴诱发极光的奥秘，2007年2月17日美国启动了"忒弥斯计划"，发射了围绕地球运行的5颗卫星探索奥秘。该任务的全称为"亚暴事件时序过程及宏观相互作用"（英文缩写 THEMIS），THEMIS 恰好和希腊神话中正义女神忒弥斯的名字相同，因此得名"忒弥斯计划"。由于单个THEMIS卫星无法确定亚暴出现的地点和时间，以及一些大尺度物理过程的演化时序，THEMIS 派出了长得一模一样的"五姐妹"卫星，分别飞往地球磁场的不同空间区域，担负起协同观测、守望地球的职责，宛如一支地球保健大夫的5人小组，如图2-2所示。

图 2-2 THEMIS 卫星概念图

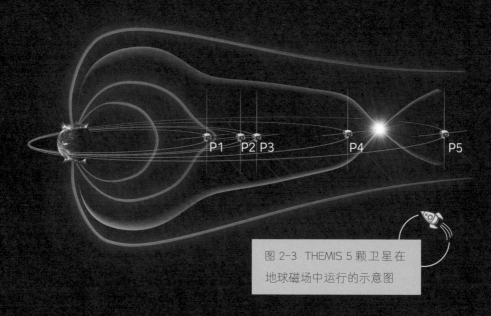

図 2-3 THEMIS 5 颗卫星在地球磁场中运行的示意图

　　5 颗 THEMIS 卫星携带相同的仪器，在地球磁层的不同地方围绕地球运行，同步探测磁层的变化，以判断亚暴发生的时间和地点，分析研究亚暴的各个组成部分是如何相互作用的，以及亚暴是如何驱动极光的。每 4 天这 5 颗卫星会在各自的轨道上连成一线，跨越同一纵平面线，如图 2-3 所示。图中从右至左分别为 P1、P2（远地探测）和 P3、P4、P5（近地探测），代表了 5 颗卫星的位置；橙色椭圆代表"五姐妹"卫星各自的轨道，蓝线曲线为地球磁场，白色闪光代表亚暴期间释放的能量。

　　图 2-4 为根据 THEMIS 观测数据制作的亚暴事件的计算机模拟图，黑色曲线表示由于太阳风的到来地球的磁场向后延伸，红色和蓝色区域代表地球磁层中等离子体受到压力（红色表示高压，蓝色表示低压），玫红和橙色圆点

代表 THEMIS 卫星。对比左图和右图，可以看到右图中在 THEMIS 的 P2 卫星附近，一个"亚暴"事件爆发了。火眼金睛的 THEMIS 将海底捞针，探明在"亚暴"事件中"亚暴"触发位于何处，以及"亚暴"在爆发后几分钟内如何演变。

"五姐妹"卫星在工作 3 年并完成主要任务之后，其中两颗卫星被派往了新的工作岗位：进入绕月轨道，开始对地球磁尾状况进行系统探测。剩下的 3 颗卫星目前仍在继续环绕地球运行，以帮助科学家进一步了解磁暴和亚暴。2020 年，THEMIS 的一项研究表明，磁暴的发生可能比以前想象的更接近地球。之前科学家认为在地球附近相对稳定的磁场结构中发生"磁暴"的可能性很低，但是 3 颗 THEMIS 卫星在靠近地球同步轨道的区域观测到了与磁暴有关的高能粒子，表明磁暴可能在地球附近形成，如果它们与通信

图 2-4 THEMIS 观测的亚暴事件的模拟图

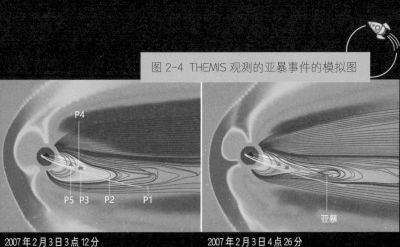

2007年2月3日3点12分　　　　　　　　2007年2月3日4点26分

卫星和 GPS 卫星的轨道重叠，将对在轨道上运行的卫星构成危险。这一发现将帮助科学家完善地球磁层对太阳风暴的响应模型，以便提前预警，应对可能出现的太阳风暴。

2. 四兄弟"磁层多尺度任务"，乘风破浪探寻"X点"

在科幻小说和电影中常常会出现"神秘入口"这样的设定，一个在空间或时间上的"X点"，或者是一扇通往未知世界的大门，或者是一个穿梭到过去或未来的通道。有意思的是，太阳磁场与地球磁场相遇的地方也会出现这样的"X点"。地球磁场面对高速袭来的太阳风或粒子流并不总是严防死守，也有"我家大门常打开，开放怀抱等你来"的时刻，这些看不见的入口每天打开和关闭几十次。大多数"X点"的尺度范围很小，打开的时间很短，但也会出现巨大而且打开时间很长的长寿命"X点"。例如，THEMIS 五颗卫星执行探访任务不到半年，就观测到地球磁场这个防护盾上出现了两条巨大裂缝，如图 2-5 所示（橙色曲线）。这是迄今为止在地球磁场发现的最大缺口。令人吃惊的是裂缝的扩张速度非常快，宽度达到了地球本身的四倍。来自太阳的高速粒子无须爬墙头翻窗户越过地球磁场防线，而是大摇大摆地从缺口长驱直入。好在这一缺口只是暂时的，持续了大约一小时。据分析，缺口打开时每秒有 10^{27} 个粒子流入地球磁层，这种涌入的数量级让科学家大吃一惊，没有想到地球磁场防线会被如此大规模地突破。

科学家的研究表明，"X 点"是"磁重联"现象造成的。一般而言，太阳风中的磁场和地球磁场的方向是同向的，但当太阳风磁场的方向与地球磁场方向相反，并且方向相反的磁力线相互靠近时，在交汇处地球磁场的磁力线仿佛会突然断开或消失，之后又重新连接，这一现象被称作"磁重联"，这就像太阳风磁场将自己包裹在地球磁层上，使

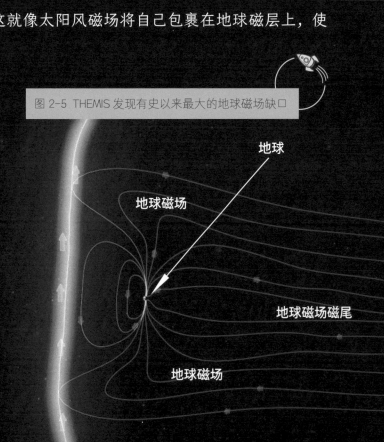

图 2-5 THEMIS 发现有史以来最大的地球磁场缺口

地球

地球磁场

地球磁场磁尾

地球磁场

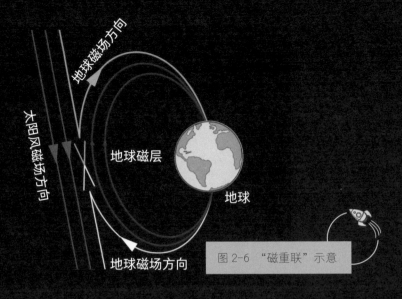

地球磁场方向

太阳风磁场方向

地球磁层

地球

地球磁场方向

图 2-6 "磁重联"示意

地球磁场破裂，形成了"X点"，如图 2-6 所示。图中的"X"表示发生"磁重联"的地点，"磁重联"可以使带电粒子从"X点"奔涌而入。这些"不法分子"侵入地球磁场兴风作浪，可能会引发地球磁层的强烈扰动，造成恶劣的空间天气。

"磁重联"发生后，磁能会转化为动能或热能等其他形式的能量释放出去，这种巨大的能量释放可使粒子加速到接近光速。科学家认为"磁重联"是宇宙中的普遍现象。50 多年来各国对"磁重联"开展了大量的理论研究，但是由于"X点"难以捉摸，无法预知它何时以及如何打开、关闭，"磁重联"始终是科学家知之甚少的神秘领域。只有到"磁重联"发生的现场——太阳磁场和地球磁场发生相互作用的会合点进行观测，才能深入了解"磁重联"到底是怎样发生的，又是如何影响地球的。2015 年 3 月 12 日，一支由四颗卫星组成的探测"舰队"扬帆启航，穿越地球附近的"磁重联"点，在看不见的粒子流中乘风破浪，探寻"磁重联"的奥秘。这支人类首次直接在磁层空间观测"磁重联"的舰队名为"磁层多尺度任务"（英文缩写 MMS），如图 2-7 所示。

　　MMS 的任务是通过 4 颗相同的卫星，将地球磁场作为"实验室"，研究"磁重联"现象。MMS 卫星在环绕地球的椭圆轨道上运行，穿过地球磁层中已知的"磁重联"点，每 30 毫秒进行一次测量，通过 4 颗卫星可实现立体测量。MMS 卫星先是在地球磁场面向太阳的一面开展探测，这里是地球

图 2-7 MMS 探测器概念图

磁层与太阳风发生相互作用的边界。MMS 卫星反复穿越地球向阳一侧的"磁重联"点，观测发生"磁重联"的事件。然后，MMS 卫星又集中于背向太阳的一面，定期经过磁尾的"磁重联"点。MMS 轨道的探测区域如图 2-8 所示。

MMS 卫星组合的探测方式极为酷炫，4 颗卫星不是排成一条曲线或平面，而是相互伴飞，在太空中组成一个四面体的金字塔编队，它们分别占据金字塔的四个角，如图 2-9 所示。灵活的金字塔形编队让 MMS 卫星可以在立体空间展

图 2-8 MMS 卫星的探测区域

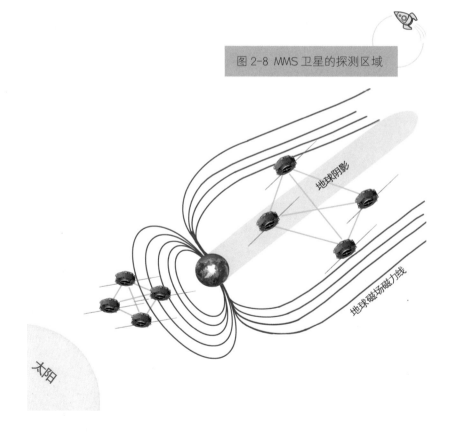

地球阴影

地球磁场磁力线

太阳

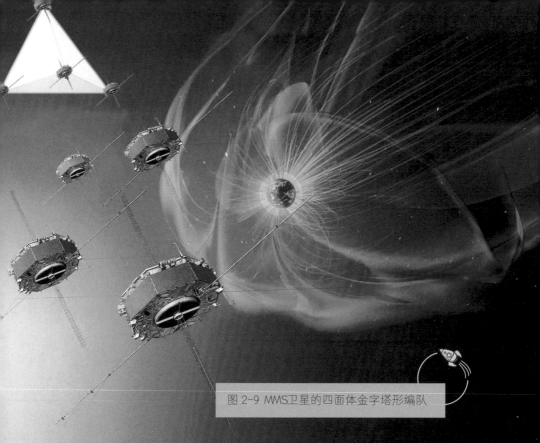

图 2-9 MMS卫星的四面体金字塔形编队

开科学观测，针对"磁重联"过程采集到最佳的三维数据，确定"磁重联"事件是在一个孤立的地点发生，还是在更大区域内的数个地方同时发生，并监测它们如何随时间变化。4颗MMS卫星的轨道可以分别调整，如同聚焦望远镜一样，通过改变4颗卫星之间的距离调整MMS卫星编队，就可以看到不同的"磁重联"过程。4颗卫星之间的距离可以随任务需要而改变，最远时达到400千米，最近时则仅相隔10千米。MMS卫星的酷炫可不止于此，这个神奇的组合还打破了吉尼斯世界纪录，是迄今为止飞行高度最高的使用GPS定位的飞行器！许多通信工程人员认为GPS在太

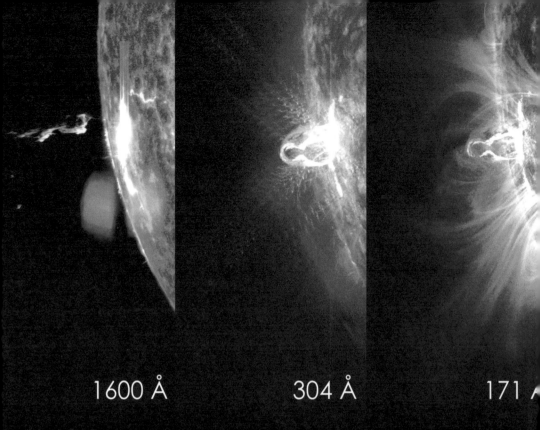

1600 Å 304 Å 171 Å

空中导航的高度上限约 3.5 万千米，可是在 2019 年 2 月，MMS 卫星在距离地球超过 18.72 万千米的轨道（大约为地月距离的一半）上仍接收到了足够强的 GPS 信号。借助精确的轨道设计和破纪录的 GPS 定位，MMS 卫星成为目前最精确的伴飞飞行器系统。

　　截至 2020 年，在发射后 5 年里 MMS 卫星绕地球飞行了 1000 多圈，经历了无数次"磁重联"事件。2017 年 MMS 卫星首次完整地捕捉到了"磁重联"事件中电子的动力学过程，完美地重现了电子在微小尺度时的行为。我们知道电子极其微小并以极高的速度运动，非常难以追踪，这是科

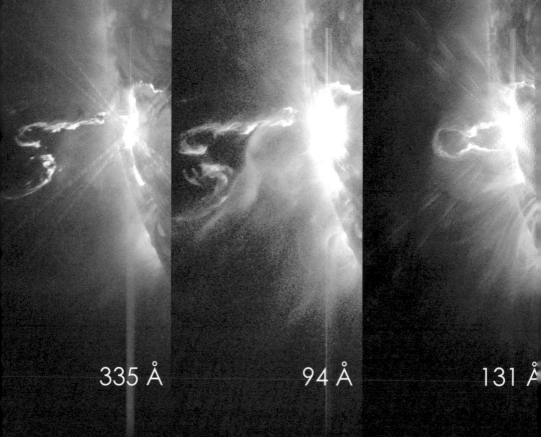

335 Å   94 Å   131 Å

学家首次在太空中观察到电子类型的"磁重联"。2018 年 MMS 卫星还在地球磁场与太阳风的边界观察到了"磁重联"，而这一区域的太阳风极为动荡凶猛，科学家一直认为这里无法出现"磁重联"。这一出乎意料的观测结果将改变人们对地球防护层的了解，有助于科学家更好地认识不断变化的太空环境，守护人类的地球家园。

MMS 卫星最初只计划执行两年任务，因为能力出众已经延长了三年。科学家估计，4 颗 MMS 卫星还能够继续在地球磁场中运行 20 年。

结束语

　　太阳是太阳系大家庭的主宰，为我们的地球家园带来了阳光和温暖。但它也时常爆发脾气，引发灾害性的空间天气，影响人类的生活。为了研究太阳以及太阳活动对地球的影响，上世纪 60 年代以来，人类发射了众多航天器远赴太空对太阳开展探测。在我们这本小册子里，一共选择了其中 7 种探

图 2-10 "羲和"号卫星

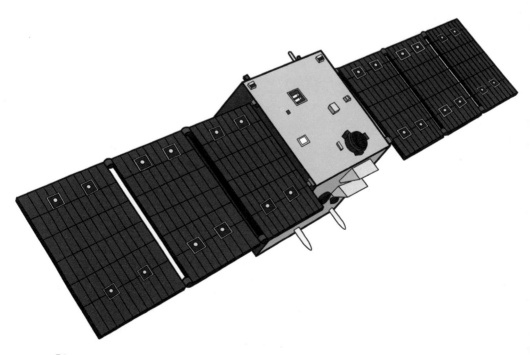

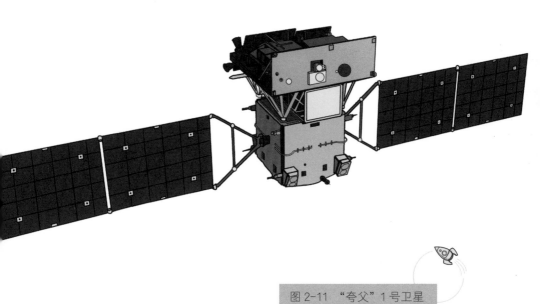

图 2-11 "夸父" 1号卫星

测器进行简单介绍，希望起到"管中窥豹可见一斑"的效果。

　　值得我们欣喜的是，在取得火星探测、月球探测举世瞩目成就的同时，我国已经拉开了太阳探测计划的帷幕。2021年10月，中国将发射自己的首颗太阳探测科学技术试验卫星——"羲和"号（图2-10），它将利用先进的科学仪器对太阳进行高分辨率成像，获得太阳色球和光球数据，探测太阳爆发时大气温度、速度等物理量的变化，填补国际上太阳爆发源区高质量观测数据的空白。随后，中国将在2022年发射"先进天基太阳天文台"卫星，即"夸父"1号（图2-11），它是一颗综合性太阳探测专用卫星，利用多个波段连续观测、

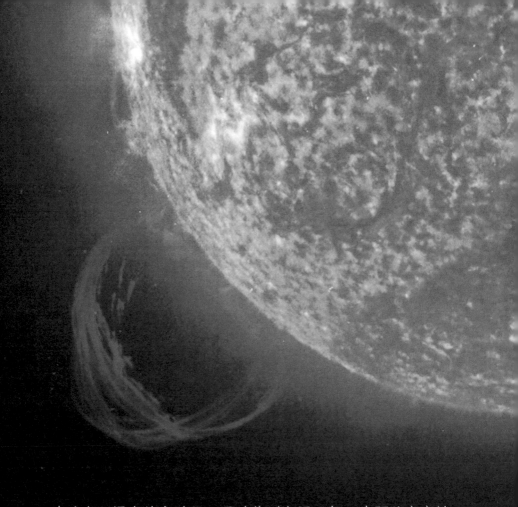

追踪太阳爆发的全过程，通过监测空间天气，为预防灾害性空间天气提供支持。羲和是中国上古神话中的太阳女神，以太阳母亲的形象流传民间；夸父是追逐太阳的巨人，英勇无畏的神话人物。以他们的名字命名的两颗太阳探测器远赴太空，标志着我国正式进入探索太阳的时代。我们预祝这两颗肩负科学探索重任的太阳探测器，遨游太空，追天逐日，取得辉煌的科学成就。

目前，人类对太阳的了解还非常有限，不断地通过各种方式对太阳开展观测和研究。到 2022 年，正在太空运行的探测太阳及日地关系的航天器近 30 个，还有一批正在研制的探测器（图 2-12）。它们之中有的独挡一面，有的与其他探测器协同开展探测，组成了一支探测太阳的逐日队伍，将帮助人类更深刻地认识太阳及太阳活动对地球的影响。我们期盼着中国"羲和"号和"夸父"1 号成功的太阳探索之旅，也期待更多的读者和朋友了解太阳的奥秘，关注我国的太阳探测计划，关注我国的航天事业。

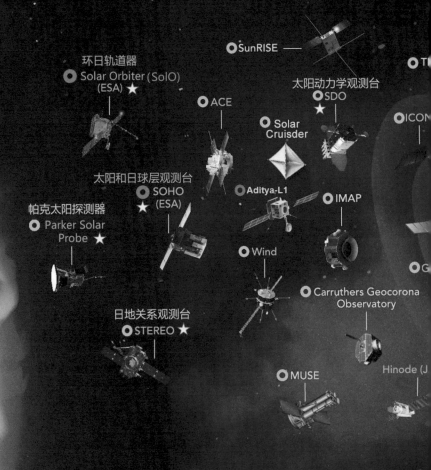

○ SunRISE —

环日轨道器
○ Solar Orbiter (SolO)
(ESA) ★

○ ACE

太阳动力学观测台
○ SDO ★

○ Solar Cruisder

○ T

○ICON

太阳和日球层观测台
○ SOHO ★
(ESA)

○ Aditya-L1

○ IMAP

帕克太阳探测器
○ Parker Solar Probe ★

○ Wind

○ G

○ Carruthers Geocorona Observatory

日地关系观测台
○ STEREO ★

○ MUSE

Hinode (J

浅蓝色字体: 2022年在轨运行并开展探测的探测器
黄色字体: 2022年正在研制的探测器

○ 中国的探测器　　○ 美国的探测器　　○ 欧洲航天局的探测

图 2-12 截至 2020 年 6 月正在太空运行和尚在研制的太阳探测器

很高兴看到这样的一套书，深入浅出，兼具科学性与趣味性，让孩子从小就能接触到尖端领域的航空、航天知识，帮孩子撷取"人类工业文明的皇冠"。

——中国工程院院士，飞行器导航控制专家　冯培德

好奇心是孩子的天性。书中以孩子能理解的方式，讲述详实有趣的航天故事和知识，点燃孩子内在的好奇心，将探索的种子根植于孩子的内心。让阅读成为悦读，让梦想插上翅膀。

——中国人民解放军航天员大队首任大队长　申行运

这套书里，一流的科学家构建了完整的航空、航天知识体系，用巧妙的方式缀珠成线，一定能够满足你对科学的好奇心。未来的空间广阔，希望这次我们能为你们打开一个通往精彩世界的大门。

——空军退役飞行员　丁邦昕

少年儿童航空航天分级阅读

国家出版基金项目
NATIONAL PUBLICATION FOUNDATION

航天读本 太空传奇 **4**

火星探测（上）

情有独钟的红色星球

冯培德 / 总主编

朱林崎 / 著

航空工业出版社

北京

图书在版编目（CIP）数据

火星探测．上，情有独钟的红色星球 ／ 朱林崎著
．—— 北京 ：航空工业出版社，2021.12
（少年儿童航空航天分级阅读．太空传奇）
ISBN 978-7-5165-2869-3

Ⅰ．①火… Ⅱ．①朱… Ⅲ．①火星探测器－少儿读物
Ⅳ．① V476.4-49

中国版本图书馆 CIP 数据核字（2022）第 005774 号

火星探测（上）：情有独钟的红色星球
Huoxing Tance (Shang) : Qingyouduzhong de Hongse Xingqiu

总 主 编：冯培德
主　　编：蒋宇平
作　　者：朱林崎
字　　体：仓耳字库

策划编辑：雷蕾
责任编辑：张世昌
装帧设计：骑云星工作室　王锴

航空工业出版社出版发行
（北京市朝阳区京顺路 5 号曙光大厦 C 座四层　100028）
发行部电话：010-85672688　010-85672689
承印者：北京富泰印刷有限责任公司

2021 年 12 月第 1 版
2021 年 12 月第 1 次印刷
开本：635×965　1/16
印张：3
字数：22 千字
定价：201.60 元（全 12 册）

图 0-1 在地面肉眼可以看到的红色火星

　　自古以来，人类仰望星空，可以观察到一颗很亮的星星——火星，明亮的火星似火一般闪烁着红色的光芒（图 0-1）。

　　很多人对火星产生了浓厚兴趣，有的也许是从《火星救援》这部科幻片开始的。电影讲述了航天员马克与他的团队失联，孤身一人留在火星上，靠种土豆吃土豆求得生存，最终获救回到地球的故事。在这部影片里，中国也加入了营救马克的行动，中国航天的尖端科技成为火星救援行动中的关键一环。

当然，《火星救援》只是一部科幻电影。事实上，2020 年中国真的加入了远征火星的队伍。2020 年 7 月 23 日，长征 5 号运载火箭搭载"天问"1 号火星探测器从海南文昌航天发射场发射升空，开启了中国火星探索之旅。2021 年 5 月 15 日，"天问"1 号探测器在火星成功着陆，随后对火星开展了科学考察，我国首次自主探测火星任务取得了圆满成功（图 0-2）。

今天，我们可以更有底气地说："火星，我们来了！"

图 0-2 "天问"1 号火星探测任务示意图

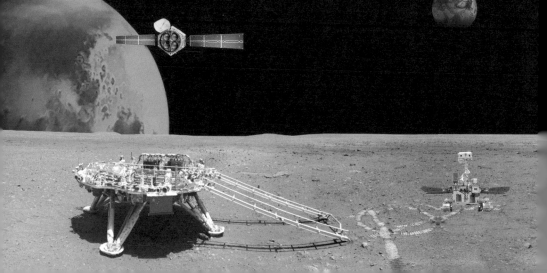

一、千挑万选
人类对火星"情有独钟"

    人类关注和观测火星已有几千年的历史，由此产生的火星题材的作品数不胜数，图 1-1 展示了部分关于火星的科幻小说。火星承载着人类关于地外星球的无穷想象，一直是文学作品、影视、动漫和游戏中耀眼的角色。从 20 世纪 60 年代起，美国、俄罗斯、欧洲和日本等国家和地区，竞相向

图 1-1 一些关于火星的科幻小说

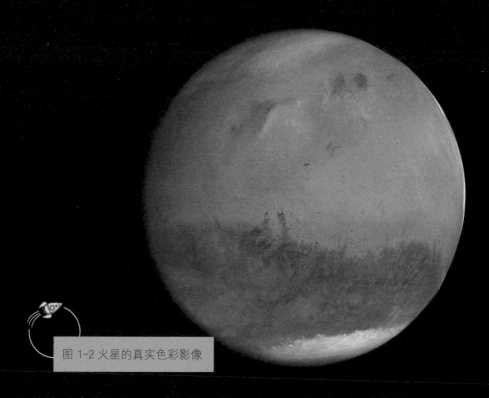

图 1-2 火星的真实色彩影像

火星派出探测器，对火星开展探索，人类对火星这颗红色行星的了解与日俱增（图1-2），火星成为人类行星探测活动的"宠儿"。可以说，火星一直都很"火"！那么对于地球而言，火星究竟有什么魔力，让人类对它如此的情有独钟呢？

1."同桌的你"——离得近

太阳是一位热情似火的"班主任"，吸引了无数"同学"围着她转圈儿。其中有八位大块头的"铁杆粉丝"，被称为太阳系的八大行星。地球离太阳大约1.5亿千米，是距离太阳第三近的行星；火星离太阳平均距离大约为2.3亿千米（图

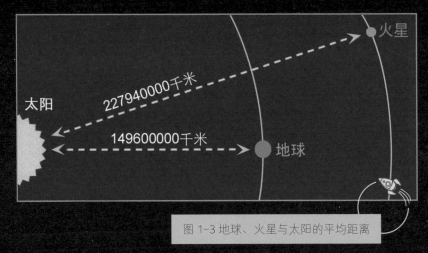

图 1-3 地球、火星与太阳的平均距离

1-3），紧邻地球排在第四位，是地球的"同桌的你"（图1-4）。

既然是"同桌的你"，火星与地球之间的距离是多少呢？其实，火星与地球之间的距离是随时变化的，最近距离是5500万千米左右，最远距离则达到了4亿千米（图1-5）。5500万千米是一个什么概念呢？这是地球到月亮距离的140多倍！假设有一条笔直的高速公路，保持以每小时100千米的速度开车，即便是不吃不喝不休息，这段距离也要开63年！虽然对我们来说，地球到火星的距离听上去太遥

图 1-4 太阳系八大行星中火星与地球相邻

"同桌的你"

水星　金星　地球　火星　木星　土星　天王星　海王星

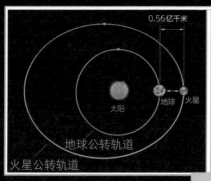
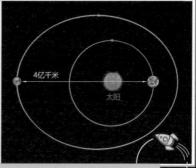

0.56亿千米

太阳 地球 火星

地球公转轨道

火星公转轨道

4亿千米

太阳

图 1-5 火星与地球之间最近（左）与最远（右）的距离

远了，但是以人类现有的航天能力，6～10个月就可以从地球到达火星。这个距离对于深空探测来说，可以算得上离得近、到得了，可望也可及了。

2. "双胞胎兄弟"——长得像

火星这颗太阳系中的红色星球与地球（图 1-6）有很多

图 1-6 地球（左）与火星（右）对比

地球和火星都拥有的是：

日与夜

年代

气候与天气

声音

航天器

磁场

沙丘

极地

辐射

峡谷

曾有活

可能曾有温泉

曾经有水体

火山口

土壤与岩石

是否存在或曾经存在过
生命？仍在探寻中！

重力场

太阳

图 1-7 火星与地球有许多共同之处

天然卫星

自转轴与绕太阳的
轨道面呈倾斜状态

春夏秋冬

大气层

云层

风

沙尘和沙尘暴

地震

圈层结构

是一个铁核

相似之处，就像个迷你版的地球，经常被称为蔚蓝地球的"双胞胎兄弟"。

图 1-7 列举了火星与地球的很多共同之处，比如同样有日夜、有四季，有风、有云、有沙漠、有峡谷，就像那首《好汉歌》唱的"你有我有全都有啊"。

火星的直径大约是地球的一半，约为

6794 千米。地球的"肚子"里能塞下 6 个火星。10 个火星的质量加在一起相当于一个地球的质量。火星重力约为地球的三分之一，到了火星上人人都变得身轻如燕，能一蹦十尺高。人类掌握了很多有关火星的基本知识，归纳出一些趣味数字，如图 1-8 所示。

直径

6794千米

约为地球直径的一半

重力

3.71 米/秒²

约为地球重力的八分之三

密度

3.93 克/厘米³

地球：
5.51 克/厘米³

到太阳的平均距离

太阳

2.279亿千米

1.496亿千米

地球

火星

表面积

1.428
亿平方千米

与地球陆地面积相当

卫星

火卫一

12千米 11千米

15千米

火卫二

22千米 18千米

27千米

20000千米

6000千米

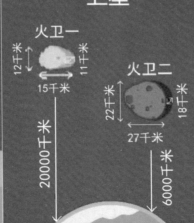

奥林巴斯山

25千米

600千米

水手谷
太阳系中最大的火

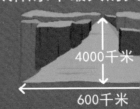

4000千米

600千米

（1）结构

与地球一样，火星也属于岩石行星，有类似地球的固态岩石表面，火星的土壤和岩石含有丰富的矿物质及各种化合

图 1-8　图说火星

火星日	温度	火星表面大气压	大气成分
24小时37分	最高温度：27摄氏度		1.9%氮
火星年	平均温度：−63摄氏度		1.9%氩　0.2%微量气体
687 个地球日	最低温度：−133摄氏度	6.35 毫巴	96% 二氧化碳

惊人的数据

峰高度

赫拉斯盆地

深9千米

2300千米

太阳系中最大的撞击盆地之一

峡谷

7千米

北半球：撞击坑少，平坦的低地

南、北半球的平均高度差约6千米

南半球：遍布撞击坑的高地

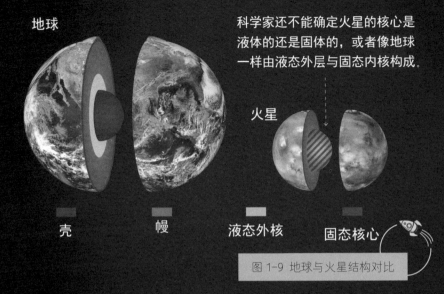

科学家还不能确定火星的核心是液体的还是固体的，或者像地球一样由液态外层与固态内核构成。

地球

火星

壳　　　幔　　　液态外核　　固态核心

图 1-9 地球与火星结构对比

物。从图 1-9 可以看出，火星与地球的结构相似，是由壳、幔和核组成的，就像鸡蛋一样，有蛋壳、蛋清还有蛋黄。

（2）公转与自转

火星和地球转圈的方式也很像，都是一边自己转圈一边绕着太阳转。与地球相比，火星离太阳更远，它绕着太阳转圈转得比地球慢，转一圈需要 687 天，也就是说火星上的一年为 687 天，一个火星年接近于地球上的两年。

火星和地球自己转圈都是歪着转，如图 1-10 所示，歪的角度也差不多，也就是说它们的自转轴与它们绕太阳公转的轨道面的夹角相差不大，因此火星与地球一样，也有一年四季，只是每个季节持续的时间大约是地球上的两倍。火星自转一圈的时间和地球非常接近，火星上的一天是 24

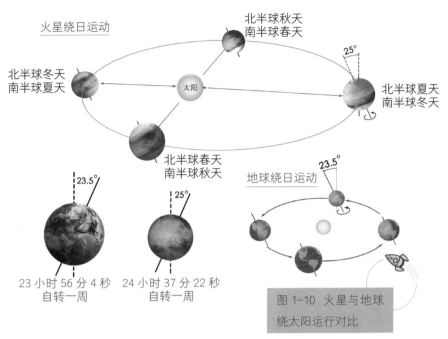

火星绕日运动

北半球秋天
南半球春天

北半球冬天
南半球夏天

太阳

25°

北半球夏天
南半球冬天

北半球春天
南半球秋天

23.5°

地球绕日运动

25°

23.5°

23 小时 56 分 4 秒
自转一周

24 小时 37 分 22 秒
自转一周

图 1-10 火星与地球
绕太阳运行对比

小时 37 分，比地球上的一天只长了 40 多分钟。所以在火星

上过日子，每天的时间和在地球上几乎没什么区别，绝不

会出现"度日如年"的状况。

（3）大气

火星上有一层薄薄的大气，比地球的大气稀薄得多，

大气层密度只是地球的 1/100。图 1-11 边缘处可以观察到太

图 1-11 火星稀薄的大气层

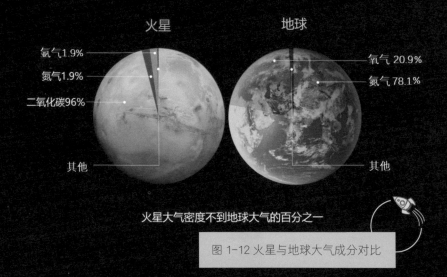

火星　　　　　　地球

氩气1.9%

氮气1.9%

二氧化碳96%

其他

氧气 20.9%

氮气 78.1%

其他

火星大气密度不到地球大气的百分之一

图 1-12 火星与地球大气成分对比

空中火星的红色大气层，稀薄的一层，布满了尘埃。

　　火星与地球的大气成分差别很大，如图 1-12 所示。火星大气的主要成分是二氧化碳，高达 96%，稀薄的大气就像火星披上一层二氧化碳轻纱。地球大气的主要成分是 78%的氮气和 21% 的氧气，浓密的大气层就像地球穿上了氮气大棉袄和氧气小坎肩。

　　（4）温度

　　由于火星大气层很薄，难以通过大气运动传递和扩散表面的热量，因此其表面温度变化较大，变化范围从 30摄氏度到零下 140 摄氏度，平均温度为零下 63 摄氏度。而地球的平均温度为 14 摄氏度左右。听上去火星的名字中有"火"，可原来比地球冷得多！尽管火星平均温度与地球

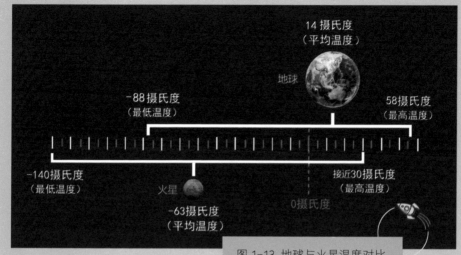

图 1-13 地球与火星温度对比

有很大差别，但夏天阳光直射区域温度可以上升到约20摄氏度，赤道附近的极高温度则有可能接近30摄氏度。而且就太阳系的行星中，火星的温度已经是和地球很接近的了。坐在地球左边的"同桌"金星，平均温度高达460摄氏度，差别可就大了去了。

（5）地形地貌

火星是一颗不折不扣的沙漠星球，地表遍布着沙丘和砾石。图1-14所示为一张名为"火星还是地球？"的照片。

图 1-14 火星还是地球？

图 1-15 火星沙丘（左）与地球沙丘（右）对比

大家猜猜看，这是拍的哪里？答案是火星，是不是看上去和地球一样呀？的确，火星有许多与地球相似的地形地貌。图 1-15 的左边是火星上的沙丘，右边是地球上的沙丘，是

图 1-16 火星沙尘暴前后

2001年6月26日

沙尘暴爆发前哈勃望远镜拍摄的火星

2001年9月26日

沙尘暴爆发时哈勃望远镜拍摄的火星

图 1-17 科学家推测的 40 亿年前的火星

不是也很难分辨？

有意思的是，火星与地球一样，也有沙尘暴。大量的沙尘悬浮在空气中，剧烈的火星风伴随着巨大的沙尘所形成的沙尘暴是火星常见的天气。大的沙尘暴往往持续数月，弥漫整个大气，整个火星表面会被厚厚的沙尘所覆盖。从图 1-16 火星沙尘暴前后对比可以看出，火星沙尘暴可比地球上的沙尘暴严重多了，整个火星都被蒙上了一层红色的灰尘。科幻电影《火星救援》的主人公马克的飞船就是遭遇火星沙尘暴而严重损毁的，马克也因此与其他队友失去了联系，这个情节看来还是有一定科学依据的。

3. 老年版的地球——可参考

图 1-17 所示为科学家根据现有数据推测的大约 40 亿年前的火星，和现在的地球是不是挺像的？科学家认为，早

图 1-18 火星现在（左）与过去（右）环境对比示意图

期火星的气候与现在截然不同，曾经历了温暖湿润的时期，是一颗有机会孕育出生命的行星。那时，火星有较厚的大气层，比现在温暖湿润得多，很长的一段时期内都有河水在地表流淌，甚至有汪洋大海。然而，经过了几十亿年的演化，火星大气层逐渐稀薄、水源逐渐枯竭，曾经的湿润景象已消失不见，变成了现在这个寒冷、干燥、遍布沙漠与砾石的荒凉星球（图 1-18）。

那么，地球会不会也面临着与火星一样的演化过程？火星的现在会不会就是地球的未来呢？火星之所以成为行星探测的热点，是因为科学家普遍推测，火星很有可能是老年版的地球。探寻火星上水和生命存在的痕迹，追溯火星过去的气候和地质历史，可以帮助我们深入了解火星的历史气候变化，反演火星的形成与变化过程。深入探测、了解火星，对探究地球的过去和未来、研究地球的演变、防止它变成人类难以生存的家园具有重要的作用。

4. 人类备用家园——可改造？

人类一直在茫茫宇宙中寻找外星生命，并提出了一个"宜居带"的概念。科学家认为，对某个恒星系统来说，距离恒星周围一定范围内可能存在"适宜居住"的地方。在那里，围绕炽热恒星运行的行星，其表面既不会因离恒星太近而温度太高，也不会因离恒星太远而温度太低，从而使行星表面的温度适宜，水能以自然的液态形式存在，不会全部蒸发消失得无影无踪，也不会始终凝固不融化，这个区域就是"宜居带"（图1-19）。

图 1-19 太阳系宜居带示意图

绿色环形带为宜居带

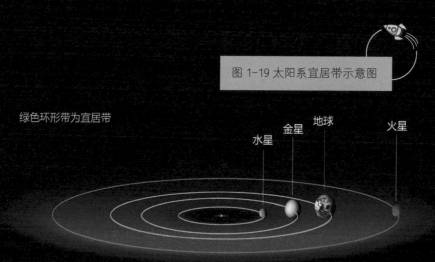

我们知道，液态水是生命生存不可或缺的元素，如果一颗行星在"宜居带"内围绕恒星运行，那么水能够以液态的形式存在，这颗行星就被认为有更大的机会拥有生命或可能拥有生命可以生存的环境。按照科学家的分析，太阳系的宜居带大致在金星轨道外侧和火星轨道外侧之间，如图 1-19 中绿色圆圈所示。地球位于太阳系的宜居带中间，火星则位于宜居带的外边界附近。

火星的表面积与地球陆地面积相近（如图 1-20 所示），它与地球同处太阳系的宜居带内，人类如果想要离开地球

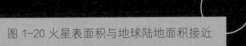

图 1-20 火星表面积与地球陆地面积接近

直径:6794千米

火星表面积：
1.44亿平方千米

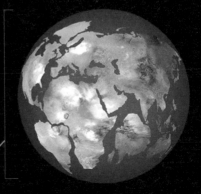

直径：12742千米

地球陆地面积：
1.48亿平方千米

地球表面积：5.1亿平方千米

移居到太阳系的其他行星上，首选显然是火星这个地球的"同桌的你"。地球的其他行星兄弟全都不宜居，比如，地球的另一个近邻——金星，其环境极为恶劣：厚厚大气层的主要成分是浓密的二氧化碳，高空飘浮着有毒的硫酸云，地表平均温度高达 460 摄氏度……相比之下，火星就像温柔可亲的"同桌"，成为地球人离开"地球村"寻找"新家园"唯一的希望了。因此，火星当仁不让地成为科学家最关注的行星，是目前人类开展深空探测炙手可热的"宠儿"。

科学家提出了火星地球化的想法，也就是逐步改造火星。比如，一些科学家梦想将火星极区冰盖、火星矿物和土壤中的二氧化碳释放到火星大气中，增加火星大气层的浓度、压力和厚度，并通过二氧化碳这种温室气体提高火星表面的温度，从而改变火星环境，让它变得与地球更加相似。因此，探测火星，不仅是了解行星环境变化的过程和原因，对营造人类备用家园也意义深远。

不过，目前还没有任何一项技术可用于火星的地球化！改造火星环境还只是人类美好的幻想，目前还是遥不可及的事情，而我们当下首先要做好的，就是保护好人类的家园——蓝色的地球。

二、千难万险
火星之旅步步惊心

　　20 世纪 60 年代人类就开始对火星进行探测，截至 2022 年 4 月，60 多年共实施了 47 次火星探测任务，只有 21 次成功，4 次部分成功。而在 47 次任务里共有 22 次火星着陆任务，仅仅成功了 10 次，成功率不到一半，火星探测任务的艰难程度可见一斑。所以火星也被戏称为探测器的"坟场"，用网络流行语来说就是"追星一时爽，半数火葬场"。

　　火星探测任务为什么如此艰险？我们从出发、飞行过程和着陆三个方面来了解一下火星之旅是怎样的步步惊心。

1. 出发时机太珍贵，两年才能等一回

　　2020 年 7 月下旬，在短短的十来天时间内，世界航天界上演了一场热闹的火星探测"三国演义"。

　　●2020 年 7 月 20 日，阿联酋的"希望号"火星探测器踏上火星之旅，这是阿联酋乃至阿拉伯世界的第一个火星探测任务；

　　●2020 年 7 月 23 日，我国首次火星探测任务"天问"1

号探测器成功发射；

● 2020 年 7 月 30 日，美国"毅力号"火星车发射升空。

为什么这年 7 月人们如此着急"上火"，多国竞相发射火星探测器呢？因为去火星可不是"一场说走就走的旅行"，每两年多才有一次最佳的出发机会，错过一次机会就要再等 26 个月。

前面我们讲了在太阳系这个"操场"上，火星在"第四跑道"、地球在"第三跑道"，按照逆时针绕着太阳公转。地球的公转周期是 365 天，火星的公转周期是 687 天，它们之间的距离是不断变化的（图 2-1），由远到近再由近到远，在 5500 万千米到 4 亿千米之间变化，周而复始，大约 780 天重复一次，也就是 26 个月左右。

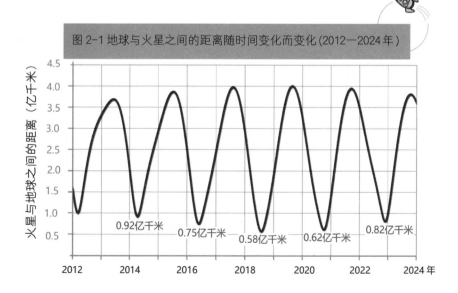

图 2-1 地球与火星之间的距离随时间变化而变化(2012—2024 年)

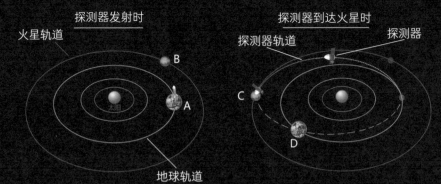

A：发射时地球的位置；B：发射时火星的位置
C：探测器到达火星时探测器与火星的位置；
D：探测器到达火星时地球的位置

图 2-2 火星探测器飞向火星的示意图

　　理论上，火星探测器可以沿任意路径从地球飞向火星，当地球与火星距离较近时，发射探测器显然可以节省路程和火箭燃料。科学家研究发现了一条尽可能节省燃料的轨道，如图 2-2 右图黄色曲线所示。图中心是红色的太阳，蓝色圆圈为地球绕太阳运行的轨道，红色圆圈为火星绕太阳运行的轨道。在实施火星探测任务时，选择地球与火星距离较近的合适时机（左图）发射火星探测器，借助地球的公转速度把探测器"甩"向火星，探测器将沿着一条连接地球与火星的椭圆形轨道（右图黄色线条）到达与火星相会的位置。探测器走的这条椭圆形的"地火转移轨道"是最节省燃料的轨道，同时路程也相对较短，但并不是最短路程或者最省时间的轨道。

　　当火星与地球距离较近，且火星在地球前方某个角度时发射探测器，才能使探测器沿着图 2-2 所示的"地火转移轨道"飞过大约半个椭圆后与火星自然"相遇"。在发射火星探测器时，如果火星与地球肩并肩，或者火星在地球后方时发射，探测器比火星跑得快，探测器与火星就没有交会的机会。如果发射时火星的位置太过靠前，发射的探测器追不上火星，也将错过与火星相会的机会。所以，发射时机既不能过早也不能过晚，需要火星恰好位于地球前方合适的角度之时。这个火星在地球前方某个角度的合适时机被称为探测器去火星的"发射窗口"。一旦错过这个"发射窗口"，由于地球绕着太阳跑的圈小，跑得比火星快，地球跑完两圈多火星才能跑一圈，也就是再过 26 个月左右，才能等来下一次的"发射窗口"，如图 2-3 所示。2020 年 7 月正是

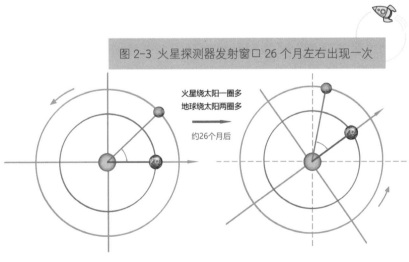

图 2-3 火星探测器发射窗口 26 个月左右出现一次

火星绕太阳一圈多
地球绕太阳两圈多

约26个月后

火星和地球的相对位置形成一个合适的"发射窗口"　　　大约26个月后火星和地球再次处于同样的相对位置

火星探测器的"发射窗口"，一旦错过就要等到 2022 年 9 月，到那个时候火星探测器会迎来新的"发射窗口"。

2. 飞行复杂又漫长，稍有不慎就"凉凉"

图 2-2 是火星探测器飞向火星的简单示意图。实际上，由于火星与地球距离遥远，探测器要飞行 6 ～ 10 个月，整个过程既复杂又漫长。探测任务对于探测器发射、轨道设计、飞行控制、测控通信、火箭发动机和电源等技术都提出了很高的要求，任何一个环节出现差错都有可能造成任务失败。

下面以我国"天问"1 号火星探测器为例，看一看奔火之路是怎样的路途艰险、漫长曲折。

"天问"这个名字来自两千多年前诗人屈原的一首长诗《天问》。他化身"好奇宝宝"，对天地万物发起了一连串的"灵魂拷问"，特别是发出了"九天之际，安放安属？"的旷世之问，意思就是九重天的边缘延伸到何方，依托何物连接、安顿和运行？两千多年后，我国对太阳系各个行星进行探测的系列任务被命名为"天问"系列，我国首次火星探测任务的探测器被命名为"天问"1 号。中国航天人要用"天问"系列来回答屈原的《天问》，开启行星探测的壮举。这个命名，体现了探索真理征途漫漫，科技创新永无止境，表达了中华民族对追求真理的坚韧与执着。

大家可能小时候都玩过一种叫"套娃"的玩具，"天问"1号火星探测器主要由环绕器、着陆器和火星车等3个航天器共同组成，就像一个套娃三件套，如图2-4所示。从地球出发，"套娃三件套"一起飞向火星，到达火星后，环绕器、着陆器和火星车各自独当一面，分别对火星开展探测。

● 环绕器。外形是一个长着一对"翅膀"的土豪金6面柱体（如图2-4中①所示）。"套娃三件套"到达火星后，环绕器与着陆器及火星车分离，然后环绕火星飞行，在火星上空对火星进行探测，同时它还起通信中转站的作用，

图2-4 "天问"1号火星探测器组成示意图

在地球与着陆器及火星车之间建立通信链路，传递信息。

● 着陆器。从地球飞往火星的途中，着陆器和火星车构成组合体，藏在外形像"钟罩"一样的进入舱里，到达火星上空后，着陆器和火星车一同在火星上着陆，随后着陆器在火星表面开展原位探测（如图2-4中②所示）。

● 火星车。在一路奔往火星的途中，火星车一直与着陆器相伴，到达火星上空后，着陆器驮着火星车在火星表面着陆，然后火星车沿着导轨从着陆器平台上下降到火星表面，随后在火星表面开展巡视探测，也就是一边行驶一边探测（如图2-4中③所示）。这台灵巧的火星车被命名为"祝融"号。其车体呈长方形的箱体形状，在火星表面着陆后，两侧的四块太阳能电池板像蝴蝶舒展翅膀一样展开（如图2-5所示），因而它的构型被称为箱板式"蝶"形构型。

图2-4中④所示的白色锥体为进入舱（或称气动外罩），

图 2-5 火星车从着陆器平台下到火星表面

祝融号火星车

着陆器

祝融号位于着陆器平台上

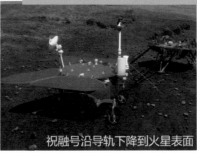

祝融号沿导轨下降到火星表面

祝融号在火星表面开展巡视探测

在飞往火星和从火星上空下降的过程中，负责对着陆器和火星车起保护作用，在进入火星大气后它还能满足气动减速的技术需要。

"天问"1号的火星车承担科学考察重任，必须有一个响亮的名字，经过全球征集，最终被命名为"祝融"。祝融是我国上古神话传说中的火神，火的应用促进了人类文明的发展，驱散黑暗，带来温暖。"祝融"号寓意点燃我国星际探测的火种，指引人类对浩瀚星空的接续探索和自我超越。"祝"，表达了对人类踏进星辰大海的美好祝愿；"融"，体现融合、协作，表达中国人和平利用太空、增进人类福祉的格局和愿景。

图2-6是"天问"1号火星探测器飞往火星的飞行轨迹示意图。从地球到火星上空的整个飞行过程，分为发射段、地火转移段、捕获及停泊段三个阶段。2020年7月23日发射后，"天问"1号经历了复杂漫长的飞行过程，需要极其精确的轨道计算与控制。

发射段，是用运载火箭将"天问"1号发射升空，并把"天问"1号送到进入地火转移轨道"窗口"的一段飞行。发射段结束时"天问"1号探测器与运载火箭分离。在发射段，"天问"1号将获得足够高的"奔火"飞行速度，然后进入地火

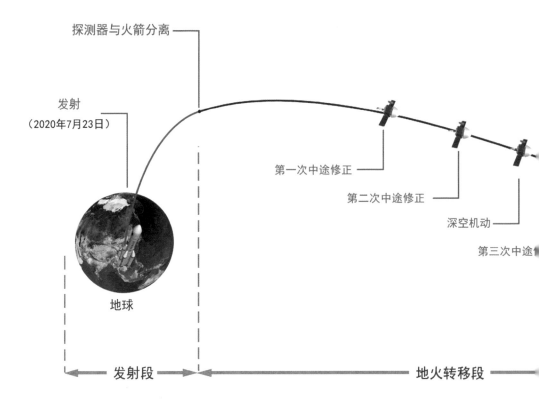

探测器与火箭分离

发射
（2020年7月23日）

第一次中途修正

第二次中途修正

深空机动

第三次中途修

地球

发射段　　地火转移段

转移轨道。

　　地火转移段，这是"天问"1号从地球上空飞往火星的
一段路程，这段飞行称为地火转移，飞行的路线也称"地
火转移轨道"。如果你来过北京，你或许知道，围绕着北京
中心有二环路、三环路直到六环路（实际上许多城市都有环
路），这有点像太阳系中八大行星一圈一圈地围绕着太阳
运行。我们可以把地火转移轨道看作从太阳系的三环（地球）
飞往四环（火星）的一条"高速公路"，"天问"1号将沿
着这条"高速公路"从地球到达火星环绕太阳运行的公转
轨道，与火星相会。

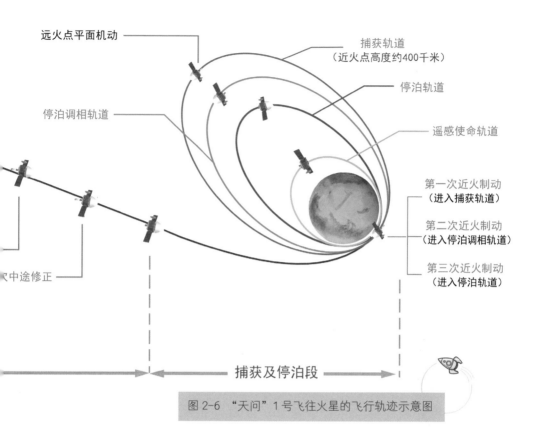

远火点平面机动

捕获轨道
（近火点高度约400千米）

停泊轨道

停泊调相轨道

遥感使命轨道

第一次近火制动
（进入捕获轨道）

第二次近火制动
（进入停泊调相轨道）

第三次近火制动
（进入停泊轨道）

中途修正

捕获及停泊段

图 2-6 "天问" 1 号飞往火星的飞行轨迹示意图

　　为了让"天问"1号尽量按预定的轨道飞行，必须在合适的时机进行飞行方向和速度的细微调整。就像我们在高速公路上开车一样，出现略有跑偏的问题时需要微调方向盘，以保持在车道中间行驶，对于"天问"1号来说就是轨道的"中途修正"。这条高速公路长达几亿千米，在飞行的过程中即使是微小的速度或位置误差都会逐渐累计和放大，"失之毫厘，谬以千里"，最终造成严重"跑偏"。如果在地球附近有1米/秒的速度误差或1千米的高度误差，探测器飞到火星附近时就会产生10万千米的位置误差。例如，日本"希望"号火星探测器就是由于一个器件故障导致轨道修正出现了偏差，跑偏之后无法按原计划一年内到达火星，不得不调整飞行程序，以便让"希望"号重新对准火星飞行。这一调整可不是小打小闹，"希望"号探测器不得不围着太阳多飞一圈，在太空飞行了5年后才获得与火星碰面的机会！更不幸的是，探测器经过4年的飞行后，通信和电子系统损坏，无法被火星捕获，导致任务失败。

在太空高速公路上飞奔，要到达目的地可不是一条道走到黑，有时也需要大转弯或者大漂移来变换车道，对于"天问"1号来说，就是"深空机动"。"天问"1号在奔火之路上，成功地完成了四次中途修正和一次深空机动，最终从"三环"到达了"四环"，顺利地与火星在深空相会。

捕获及停泊段，"天问"1号到达火星上空后，要通过自己的火箭发动机提供反向推力降低飞行速度，这样才能被火星的引力"捕获"，从而进入环绕火星飞行的椭圆形捕获轨道。接着它一圈圈地环绕火星飞行，其间它调整了飞行的轨道平面，然后再经过二次减速机动，最终进入椭圆形的停泊轨道，并"停泊"在环火轨道上，等待时机实施火星着陆，"天问"1号的这段飞行就称为捕获及停泊段。

在捕获及停泊段，"天问"1号面临的最关键挑战是被火星的引力"捕获"进入环绕火星飞行的椭圆形轨道，那么怎样才能进入环绕火星的轨道呢？沿着地火转移轨道经过漫长的旅行，完成第四次中途修正后，"天问"1号已经接近火星了。要想进入环绕火星的轨道，就需要准确识别从地火转移轨道"高速公路"去往火星的"出口"路标，在通向环火星轨道的"匝道"上，在合适的位置及时踩下"刹车"，减慢飞行速度，从而由火星出口下"高速"，进入环绕火星的轨道。假如不能及时刹车，探测器就会从火星身旁高速冲过，与火星失之交臂。"天问"1号在太空飞行了6个多月之后到达火星附近，此时它距离地球大约1.93亿千米，从地球发送一个无线电信号大约要11分钟才能收到，这意味着在地面无法进行实时监控和快速应对，显然这一脚"刹车"只能靠探测器自己独立完成了。根据计算，踩"刹车"前，探测器相对于火星的速度接近每小时2万千米，"刹车地点"是距离火星表面约400千米的"近火点"，"刹车"时间很短，必须精准把握"刹车"的时机和踩"刹车"的力度大小，如图2-7所示。

太空"刹车"的时机有多难把握呢？如果"刹车"踩早了或"刹车"力度过大了，探测器速度降得过低，探测器会被火星的引力过早地拽过去，扎猛子似的撞入火星，

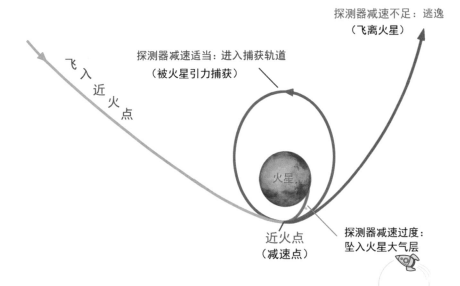

图 2-7 "天问"1号火星探测器切入环火轨道示意图

在火星上摔个粉身碎骨。如果"刹车"踩晚了或者"刹车"力度不够，探测器飞行速度过快，火星引力拽不住它，探测器又会高速掠过火星，与火星失之交臂，出现这种情况，要么让探测器多绕太阳飞行一圈，数年之后再尝试寻找机会与火星碰面，要么探测器可能永远与火星失之交臂，导致任务彻底失败。

这一脚"太空刹车"的分寸有多难拿捏呢？为"刹车"提供反向刹车推力的火箭发动机，其推力大小、推力方向和工作时间，都要实现极其精准的控制。科学家比喻说，探测器的"太空刹车"相当于从法国巴黎打一个高尔夫球，穿过半个地球，正好落到日本东京的某个球洞里。要知道，巴黎到东京飞行航线约9700多千米，飞机要飞12个小时左右。

听起来如此"不可能完成的任务"，"天问"1号于 2021 年 2 月 10 日顺利完成，被火星成功捕获，进入环火星轨道。

3. 着陆"恐怖 7 分钟"，大半葬身太空中

出发难，路途难，着陆更是"鬼门关"。前面我们提到人类火星探测 60 多年里 22 次火星着陆任务只成功了 10 次，很多失败的原因都是没能熬过这着陆"恐怖 7 分钟"，即在大约 7 分钟内将高速环绕火星飞行的着陆器的速度降至 0，使其成功着陆在火星表面上，不"翻车"，不过度倾斜。"恐怖 7 分钟"是一个术语，用来形容火星着陆的艰难，实际上不同着陆器的着陆时间并非都是 7 分钟，比如"天问"1号着陆火星的过程用了将近 9 分钟。

"天问"1号"套娃三件套"组合体到达火星后，先通过"太空刹车"被火星引力"捕获"，然后经过多次轨道调整进入环绕火星飞行的"停泊"轨道，着陆器和火星车将从"停泊"轨道上降落在火星表面。在实施降落前，"套娃三件套"中的环绕器将与着陆器和"祝融"号火星车分离，进入环绕火星的中继轨道和遥感使命轨道，对火星开展遥感探测；而着陆器驮着"祝融"号火星车将经历恐怖的下降过程，最终降落在火星表面。

着陆器驮着"祝融"号火星车从火星上空降落在火星表面，必须在9分钟之内将速度从接近每秒5千米降低到0。此时火星与地球之间的距离约3.2亿千米，"天问"1号与地面测控站之间无线电信号传输大约需要18分钟，这种通信延迟使地面测控站无法及时指挥和控制着陆器的降落过程，着陆过程只有短短的9分钟，要完成上千个动作只能靠着陆器自主完成。一旦开始下降，着陆器就如同高速进入一个漆黑的隧道，不能偏道，不能掉头，只能一直往前走，最终避开障碍、把速度降到0，其艰难程度不言而喻。任何一个环节出现偏差，都将导致着陆失败，所有动作环环相扣，可谓步步惊心。2016年欧洲"斯基亚帕雷利"火星探测器就是由于一个仅1秒的计算失误，导致着陆时坠毁在火星表面。

2021年5月15日，"天问"1号着陆器与火星车组合体在火星乌托邦平原南部预选着陆区成功着陆，在火星上首次留下了中国印迹，迈出了我国星际探测征程的重要一步。那么"天问"1号是如何闯过"恐怖7分钟"，成功着陆火星的呢？

让我们看看我国的科学家和工程师是如何采用"三套方法""四大法宝"让"天问"1号着陆器和火星车安全降落在火星表面的。

第一套方法是让"幕后英雄"环绕器先立一功。"天问"1号进入环火轨道后，环绕器可以近距离观察火星，它用3个月左右的时间精心细致地测"地"形、观"天"象，在火星上空拍摄了大量高清照片，摸清了备选着陆区的地形地貌，探测了火星的天气情况，为挑选平坦的着陆区和有利时机立下了汗马功劳。例如，火星环境复杂、沙尘暴肆虐是造成火星探测器经常"阵亡"的重要原因，当年苏联的火星3号着陆器就因火星沙尘暴天气导致任务失败。1971年，火星3号登陆火星后仅仅在1分30秒时传回一张图像异常的火星表面图像，14秒后突然停止数据传输且再未恢复通信。据分析，火星3号着陆时遭遇了极为强劲的沙尘暴，着陆器被吹翻，导致拍摄的图像难以识别；干燥的沙尘颗粒相互碰撞积累了较高的电荷，加剧了电晕放电现象，造成火星3号通信中断，任务失败。因此，"天问"1号的环绕器对火星天气进行了细致观测，为着陆器与火星车挑选风和日丽、没有沙尘暴的着陆时机提供了依据。

第二套方法是拿出"四大法宝"，确保下降和着陆成功。我国科学家在"天问"1号着陆火星过程中采用"四大法宝"成功地对付了"恐怖7分钟"，这"四大法宝"包括气动减速、降落伞减速、动力减速、悬停避障与缓速下降，如图2-8所示。

气动减速："天问"1号高速进入火星大气层时，会迎

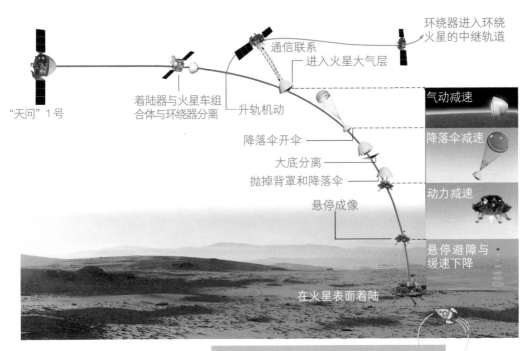

环绕器进入环绕火星的中继轨道

通信联系

进入火星大气层

"天问"1号

着陆器与火星车组合体与环绕器分离

升轨机动

降落伞开伞

大底分离

抛掉背罩和降落伞

悬停成像

气动减速

降落伞减速

动力减速

悬停避障与缓速下降

在火星表面着陆

图 2-8 "天问"1号着陆火星过程示意图

面受到大气阻力和升力，利用这种大气阻力可以大幅减小进入大气层后的飞行速度。虽然火星大气密度只有地球的1%，导致与地球大气相比气动阻力较小，但仍然能够利用火星大气实现气动减速，"天问"1号的进入舱从离火星地面大约125千米的高度进入火星大气层，随即利用火星大气实现"制动"减速，在短短的5分钟，把速度从约每秒4800米降到每秒460米，飞行速度下降到不足原来的十分之一；同时，它从离火星表面125千米的高度下降到约11千米的高度（如图2-9所示）。

"天问"1号要实现气动减速，科学家和工程师需要克服许多难题。比如，"天问"1号进入舱的设计必须满足气动减速需要的气动外形，还要能够承受高速进入大气层后面临的极高温度；"天问"1号采用了一种称为"头球双锥体"的气动外形设计，确保了高效的气动减速。

又如，必须确保"进得去"，"天问"1号要成功地进行火星大气层，需要精确控制切入火星大气层的角度，角度过大时，它会"一头扎进"大气层中，剧烈的气动加热会使它在进入过程中烧毁；角度小了，又会被大气层反弹回太空，导致着陆失败。"天问"1号大约以10度角切进火星大气层。

再如，"天问"1号还要保证"进得稳"。进入舱需要通过被称为"配平攻角"的原理和方法，保证进入火星大气层

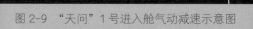

图2-9 "天问"1号进入舱气动减速示意图

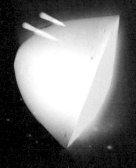

后能够稳定飞行；还要控制进入舱所受的升力大小和方向，确保按设计的轨道飞行。

降落伞减速："天问"1号进入舱在离火星表面约11千米的高度时，降落伞从进入舱顶部的伞舱中拉出，通过降落伞，把速度由每秒460千米降到每秒95米，同时高度从11千米降到约2千米，火星的大气密度极低，降落伞是在超声速状态下拉出的，这与在地球大气层中展开降落伞有很大不同。降落伞打开的时机也很重要，开伞过早，如果进入舱攻角调整还未到位，降落伞会偏离拉直方向，导致受力不均而断裂或者撕裂；开伞过晚，降落减速时间不够，会导致减速不够造成坠毁。所以，在火星上成功实现降落伞减速有很大难度。

动力减速：利用着陆器上的反推发动机提供一个向上的推力，从而减缓降落的速度。在距离火星表面2千米时，降落伞和进入舱都被抛掉了（如图2-8所示），着陆器和火星车暴露在火星大气中，这时反推发动机点火工作，进一步降低下降速度。采用反推发动机减速，必须精确控制发动机点火和关闭的时间，还要对发动机的推力大小进行精确控制，否则会让火星着陆功败垂成。例如，苏联的火星6号探测器在着陆火星的最后阶段，由于发动机点火出现问题，导致无法有效减速，直接高速撞击火星表面而坠毁。

悬停避障与缓速下降：在下降到距离火星表面 100 米左右时，通过控制反推发动机推力，使着陆器和火星车组合体对于火星表面处于相对静止的悬停状态，这时下降速度为 0，它们好像飘浮在空中。在悬停过程中，组合体将对火星表面进行成像，以便对下方预定的着陆点进行判断，这如同用自己的"眼镜"去查看身下的火星表面，确定身下的这个地点是否适合降落。如果不适合，比如下方火星表面坡度过大，或者有危险的坑凹、岩石等障碍，这就需要调整水平位置，避开障碍物，去寻找更适合、更安全的着陆点。如果适合着陆，组合体将利用反推发动机实施缓速下降，最后伸出四条着陆腿，把着陆时的冲击力缓冲掉，平稳着陆。在接触火星地面前的一瞬间，反推发动机必须迅速熄火关机，如果做不到，组合体就会翻倒在地。发动机关闭时机过早、过晚均会导致着陆失败，因此发动机关机时间必须分毫不差。例如，美国的火星极地着陆器，由于飞行软件误将触地敏感器发出的不稳定信号作为触地确认信号，在距离火星表面 40 米处提前关闭发动机，致使着陆器坠毁在火星表面。

第三套方法是使用先进的防热系统抵御高速进入大气

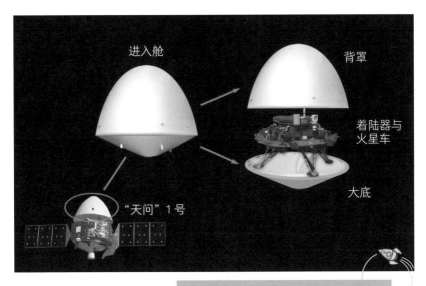

图 2-10 进入舱保护着着陆器和火星车

层后遇到的上千摄氏度的极端高温，保护着陆器和火星车安全无恙。从地球发射升空开始，着陆器与火星车一直躲藏在进入舱（气动外罩）内部，进入舱主要由防热大底和背罩组成（图2-10），它一路保护着组合体渡过千难万险，尤其在渡过"恐怖7分钟"的过程中，劳苦功高，功不可没。

高速进入火星大气层的探测器，将对前方空气猛烈压缩并与空气剧烈摩擦，从而产生大量热能，使周围空气急剧升温，这种热能又传给探测器本身，使探测器表面温度急剧升高，这种现象称为"气动加热"。"天问"1号在进入火星大气层后，同样面临严峻的气动加热挑战。在"恐怖7分钟"过程中，"天问"1号进入舱将防热大底对着迎风保护着陆器和火星车高速冲入火星大气层。在气动减速的短短几分钟内，剧烈的气动加热使其表面温度急剧升高，它如同一颗流星经历着高温灼烤，表面温度升至 2000 多摄氏度。幸好，科学家为了让"天问" 1 号抵御极端高温，早早地为进入舱防热大底和其他防热部位研制了多种先进的防热结构和材料，它们既可以耐受极高的温度和剧烈的烧蚀，

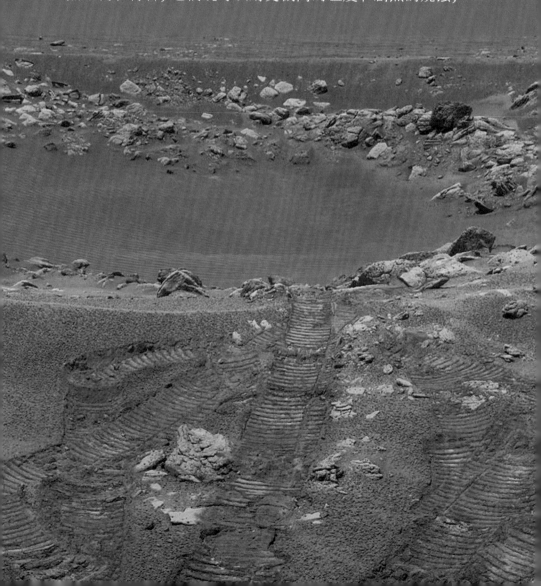

还能起到隔热作用，从而把上千摄氏度的高温"挡"在了外面，确保躲在防热大底后面的着陆器和火星车丝毫不受影响，安全无恙。

"天问"1号着陆器和"祝融"号火星车历经千难万险，终于安全地到达遥远的火星表面。它们着陆在火星乌托邦平原南部，首次在火星上留下了中国的印迹，向全世界展示了五星红旗，随后开展了五花八门的科学考察活动，取得了丰硕的科学成果。

作者的话

　　亲爱的读者，你手中的这本《火星探测（上）：情有独钟的红色星球》，对我们地球的近邻——红色的火星作了简要介绍，还对火星探测器从地球出发前往火星的"奔火之旅"进行了介绍。这本书的姐妹篇《火星探测（下）：千年探寻的红色星球》，将向你讲述更多的关于火星和火星探测的故事，让我们了解人类探测火星的历程、取得的辉煌成果，希望你会喜欢。

图 2-11 火星地球化概念

很高兴看到这样的一套书，深入浅出，兼具科学性与趣味性，让孩子从小就能接触到尖端领域的航空、航天知识，帮孩子撷取"人类工业文明的皇冠"。

——中国工程院院士，飞行器导航控制专家 冯培德

好奇心是孩子的天性。书中以孩子能理解的方式，讲述详实有趣的航天故事和知识，点燃孩子内在的好奇心，将探索的种子根植于孩子的内心。让阅读成为悦读，让梦想插上翅膀。

——中国人民解放军航天员大队首任大队长 申行运

这套书里，一流的科学家构建了完整的航空、航天知识体系，用巧妙的方式缀珠成线，一定能够满足你对科学的好奇心。未来的空间广阔，希望这次我们能为你们打开一个通往精彩世界的大门。

——空军退役飞行员 丁邦昕

国家出版基金项目
NATIONAL PUBLICATION FOUNDATION

少年儿童航空航天分级阅读

航天读本 太空传奇

4

火星探测（下）

千年探寻的红色星球

冯培德 / 总主编

朱林崎 / 著

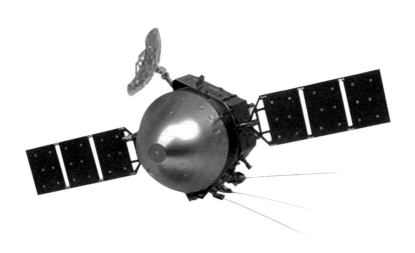

航空工业出版社

北 京

图书在版编目（CIP）数据

火星探测．下，千年探寻的红色星球 / 朱林崎著
．－－ 北京 ：航空工业出版社，2021.12
（少年儿童航空航天分级阅读．太空传奇）
ISBN 978-7-5165-2869-3

Ⅰ．①火… Ⅱ．①朱… Ⅲ．①气象卫星－少儿读物
Ⅳ．① V474.2-49

中国版本图书馆 CIP 数据核字 (2022) 第 005789 号

火星探测（下）：千年探寻的红色星球

Huoxing Tance (Xia) : Qiannian Tanxun de Hongse Xingqiu

总 主 编：冯培德
主　　编：蒋宇平
作　　者：朱林崎
字　　体：仓耳字库

策划编辑：雷蕾
责任编辑：张世昌
装帧设计：骑云星工作室　一铭

航空工业出版社出版发行
（北京市朝阳区京顺路 5 号曙光大厦 C 座四层　100028）
发行部电话：010-85672688　010-85672689
承印者：北京富泰印刷有限责任公司

2021 年 12 月第 1 版
2021 年 12 月第 1 次印刷
开本：635×965　1/16
印张：3
字数：24 千字
定价：201.60 元（全 12 册）

图片提供

NASA	ASU	中国新闻社
JPL-Caltech	MSSS	鲸视觉
University of Arizona		
丁丁	J.V. Schiaparelli	Lori Glaze
屠空	ESA - S. Poletti	Egor Kamelev
Socrates Linardos		

人类观测火星的历史可谓一波三折，跌宕起伏。在古代，人类对火星这颗难以捉摸的红色星球普遍感到恐惧和不安，无论是西方还是东方都将它妖魔化，并将其与火神、战神或灾祸相连，"灾星"的黑锅火星一背就背了几千年。直到17世纪望远镜发明后，人们借助这双"慧眼"才观察到火星很多细节特征，各种版本的火星地图陆续问世，火星才洗刷了不白之冤。然而，由于望远镜的观察范围和清晰度有

限，因此火星的观测成果中往往掺杂了科学家的主观想象。19 世纪后期，火星被幻想成一个繁华的文明世界，"火星存在高等智慧生命"的说法成为经久不息的话题，带给科幻作品无尽的想象空间，也引发了持续上百年的火星观测热潮。20 世纪 60 年代，火星探测器时代拉开大幕，人类终于得以飞越迷雾，把火星看清楚。经过 60 多年的探测与研究，火星科学的深度和广度得到空前发展，火星的神秘面纱正在逐步揭开。

一、战神、荧惑？
千年误解背黑锅

　　在古人眼中，火星是一颗血红色的星球，让人联想到流血与战争。它在夜空中忽明忽暗，亮度变化无常难以预测。更为诡异的是，它运行时快时慢，位置飘忽不定，有时向前运行有时却会向后运行，出现"逆行"的现象，让人难以捉摸。因此，在古老的埃及文明和两河流域文明中都将火星视为死亡、战争与灾难的象征，火星背上了"血红之星""死亡之星""瘟疫之星"的黑锅。欧洲的古希腊文明用奥林匹斯十二主神中主宰战争、杀戮与暴乱的战神阿瑞斯（Ares）来命名火星，罗马文明也用他们的战神玛尔斯（Mars）来命名火星，这一名称沿用至今，成为火星的英文名称。

　　在东方人眼中，火星也同样代表着战乱、天灾等，是不祥之兆。火星在梵文中被称为安加拉卡（"一个红色的人"），是战争之神。在印度的占星术中，火星被视为灾星。古代中国人把火星称为"荧惑"，取"荧荧火光，离离乱惑"之意。"荧"指火星在夜空中荧荧似火，"惑"指火星时隐时现捉摸不定，令人感到迷惑。在中国文化中，阴阳五行说又将火星与灭万物的"火"联系在一起，认为火星主灾祸，是"罚星"，象征了战争、疾病、饥荒、死亡等各种灾难。每隔几十年出现的"荧惑守心"天象，更是被视为大凶之兆，意味着皇帝驾崩或者宰相失位，会引发极大的恐慌。

如图1-1所示，所谓"荧惑守心"是指火星在心宿二（天蝎座中最亮的恒星）附近徘徊运动，发生由顺行（自西向东）转为逆行（自东向西）或由逆行转为顺行，并在心宿二附近停留一段时间（称为"守"）的现象。心宿二是银河系内一颗巨大的红超巨星，呈现红色，是夜空中最亮的星星之一，自古就有至高地位，象征着帝王。因此"荧惑守心"代表荧惑侵犯帝王，灾难即将降临，被视为不祥的天象。

其实，火星出现"逆行"现象是由它和地球的轨道周期、

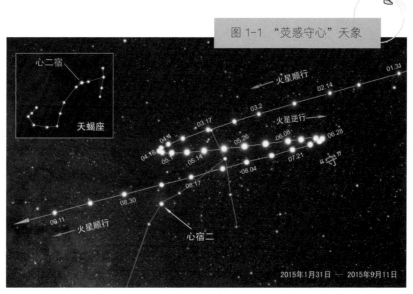

图1-1 "荧惑守心"天象

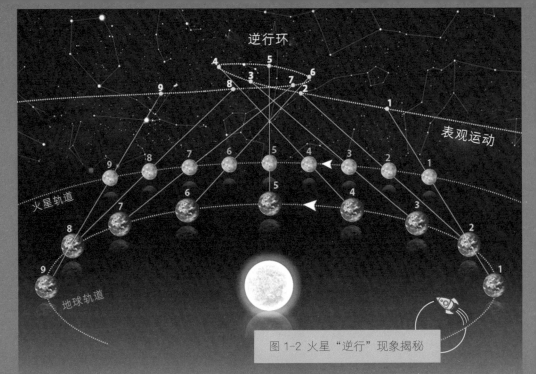

图 1-2 火星"逆行"现象揭秘

轨道位置决定的。如图 1-2 所示，火星与地球一起绕着太阳运行，火星绕太阳运行的轨道半径比地球的大，运行得又比地球慢，与地球并不同步。所以在地球上的观测者眼里，火星时而超前，时而落后，会从地球的前面变到后面而出现神奇的"逆行"现象，这是视觉上的错觉而已。在顺行与逆行的方向转换时，火星会在一定范围内看起来停滞不前，这种现象被称为"守"。不仅荧惑可能"守心"，其他星宿也可能出现"守"的现象。火星看起来似乎与另外一颗星星走到了一起，但这两颗星之间的距离非常遥远，毫无联系，当然更与吉凶无关。现代研究发现，自西汉以来，本应有的 40 多次"荧惑守心"天象并未被记录在案，而历史文献中有关"荧惑守心"的 23 次记录里只有 6 次是真实发生的天象。可见火星蒙受了多少不白之冤！

二、水道、运河？
万般想象引狂热

受望远镜发明的启发，1610 年伽利略自制了世界上第一台天文望远镜。他对火星进行了观测，看到了一颗橘红色的星球，这是人类第一次用望远镜观测火星的面貌。有了天文望远镜，天文学家观察到了火星上的许多地形特征。由于当时的光学天文望远镜分辨率很低，不能看清火星表面的细节，以致天文学家认为火星除了有山谷、山脉和大陆，还有江河湖泊和海洋。火星上明亮的区域被想象为大陆，黑暗的区域被想象为海洋和湖泊。随着望远镜的发展和科学进步，天文学家发现火星与地球有诸多相似之处，如自转周期相似，都有四季变化等，火星的更多细节开始为大众所知。火星终于沉冤得雪，摘下了"灾星"帽子，迎来了火星观测的春天。

从 18 世纪末到 19 世纪，各种版本的火星地图不断面世。意大利天文学家斯基亚帕雷利（Giovanni , Schiaparelli）在观测火星后，借用拉丁语中的神话和《圣经》中出现的名字，对火星上的一些地貌特征进行命名，如塔尔西斯火山(Tharsis)、希腊盆地(Hellas)、克里斯平原(Chryse)等，并综合各家说法绘制了火星地图。他创立的火星地貌命名系统被广泛采纳，沿用至今。为了纪念他，人们把火星上的一个环形山命名为斯基亚帕雷利。在电影《火星救援》中航天员马克的最后一段旅程，就是前往斯基亚帕雷利环形山，从那里离开火星。斯基亚帕雷利这个名字听起来是不是有点耳熟？我们在本书的上册《火星探测（上）：情有独钟的红色星球》中，曾经讲到欧洲的"斯基亚帕雷利"火星探测器，由于一个仅1秒的计算失误，没能熬过"恐怖7分钟"。这个探测器就是以这位天文学家的名字命名的。

1877年，斯基亚帕雷利在使用当时最先进的天文望远镜观察火星时，发现火星表面有一些纤细的线条，向各个不同方向穿越明亮的区域（被认为是陆地），把一些黑暗的区域（被认为是海洋）连接起来，很像连接海湾的水道，于是他将这些暗线叫作"Canali"，在意大利语中是"天然水道"的意思。图2-1是斯基亚帕雷利根据他1877年到1888年的观测而绘制的火星两个半球的地图，地图上可以看到无数"水道"纵横交错，形成了覆盖火星大陆的网络。

斯基亚帕雷利绘制的火星地图发表后，万万没想到的事情发生了，由于一个小小的翻译失误，引发了火星观测史上的著名乌龙事件，影响长达百年之久。斯基亚帕雷利标注的

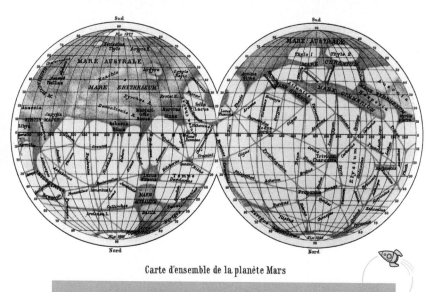

Carte d'ensemble de la planète Mars

图 2-1 意大利天文学家斯基亚帕雷利 1888 年绘制的火星地图

"天然水道"从意大利语"Canali"翻译为英语时，最恰当的对应词汇本应是"Channel"，却被错误地翻译成了"Canal"，在英语中的常见意义是"人工开凿的河道""运河"。一石激起千层浪，一词之差，激发了人们的无穷想象。既然是"运河"，想必是由智慧生命人工开凿的，他们能建造出覆盖火星全球的运河，而且这些运河远在数千万千米之外的地球都能看到，想必也是巨大的工程……人们瞬间沸腾，浮想联翩，火星上肯定有能够修建大型水利工程的高等智慧生物！关于"火星高等文明"的想象之门从此打开，人们激动地将火星幻想成一个繁华的文明世界，出现了对火星生命的狂热追捧。

火星存在高等智慧生命成为经久不息的话题，在很长一段时间内影响了大众对火星的认识。火星人建造了运河的观念直到 20 世纪上半叶仍然广为流传，并成为许多经典科幻小说和电影的灵感来源。被称为"科幻之父"的英国小说家赫伯特·威尔斯于1898年出版了科幻小说《世界大战》，描绘了长得像章鱼、体格如狗熊的火星人入侵地球的故事。1938年的万圣节，这部小说被改编成广播剧，以模仿新闻播报的形式在美国新泽西州的电台演播。当时正值第二次世界大战爆发的前夜，美国社会弥漫着紧张的气氛，由于小说的描写太为逼真，很多美国听众都信以为真，认为真的有火星人入侵地球，纷纷收拾行李逃离家园，引发了一场大恐慌。据统计，大约170万人相信这是真实的新闻播报，120万人离家出逃，造成了一个广播史上毁誉参半的"奇迹"。这一经典作品被多次搬上荧幕，甚至在100多年后的2005年，好莱坞著名导演斯蒂芬·斯皮尔伯格还以此为蓝本，推出了轰动一时的电影《世界大战》。

抛开"运河"英文翻译错误"以讹传讹"不谈，即便是斯基亚帕雷利所画的那些火星"天然水道"，随着天文观测技术的发展，人们使用更强大的望远镜也始终观测不到。科学家终于意识到，这些所谓的"天然水道"是在分辨率不高的情况下，观测者以自己的想象造成的视觉错觉，它们实际上是许多大小不一、各个独立的陨石坑组成的遍布火星表面的暗斑，观测者凭想象，自动把这些暗斑连成了线。

三、环绕、巡视，
多国奔火寻真知

　　20 世纪 60 年代，随着航天技术的进步，人类不再满足于只在地面通过天文望远镜观测火星，"火星那么大，我要去看看！"苏联和美国在冷战背景下，将火星视为显示国家实力的竞技场，你追我赶地向火星进发。1960 年 10 月 10 日，苏联发射了人类历史上第一个火星探测器——"火星"1A（Marsnik 1，如图 3-1 所示），火星探测器时代正式开启。可惜"火星"1A 连万里长征第一步都没走完，因第

图 3-1 第一个火星探测器——苏联发射的"火星"1A

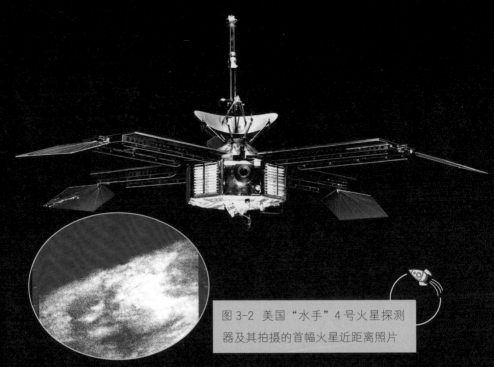

图 3-2 美国"水手"4 号火星探测器及其拍摄的首幅火星近距离照片

三级火箭发动机点火故障,探测器未能进入地球轨道,在离地面 120 千米的高度坠毁,任务宣告失败。

1965 年 7 月 14 日,美国发射的"水手"4 号火星探测器在经过近 8 个月的飞行后,成功飞掠火星,抓拍下了第一张火星表面的近距离照片(如图 3-2 所示)。"水手"4 号总共向地球传送了 21 张火星表面照片,尽管照片模模糊糊,只拍摄到了火星南半球的一小部分,但毕竟是人类历史上第一次成功飞越火星,第一次近距离目睹了火星的真容,揭开了火星的神秘面纱。从照片上看,火星表面遍布撞击坑,坑坑洼洼,荒凉而沉寂,既看不到"运河",也没有"天然水道",更没有任何高等智慧生命存在的迹象。"水手"4 号的探测结果给了人类当头一棒,完全颠覆了人们以往对火星的认知，打破了人们长久以来对"火星人"的狂热幻想。

1975 年美国发射了"海盗"1 号火星探测器，这个探测器由环绕器和着陆器两部分组成。还记得我们在本书上册中讲过的"天问"1 号"套娃"吧，"海盗"1 号是人类航天史上第一个成功的"套娃"火星探测器。环绕器与着陆器组合体成功进入环火星轨道，在飞行一段时间后择机释放着陆器。1976 年 7 月 20 日，"海盗"1 号的着陆器成功登陆火星（如图 3-3 所示），成为第一个踏上火星表面的探测器。在

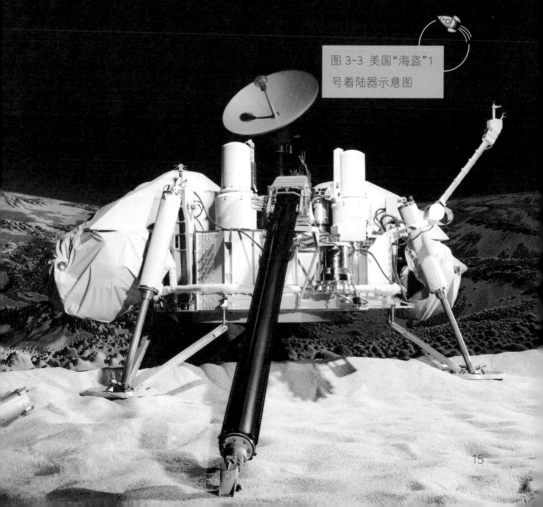

图 3-3 美国"海盗"1 号着陆器示意图

着陆 1 分钟后，"海盗"1 号传回了第一张在火星表面拍摄的照片（如图 3-4 所示）。和以往环绕器发回的抓拍照片一样，火星呈现在世人面前的依然是一个怪石嶙峋、荒凉寂静的世界，与人们憧憬了上百年的火星豪华世界大相径庭。

从 1960 年到 1976 年，人类先后实施了 23 次火星探测任务，其中 7 次取得成功或部分成功，形成了火星探测的第一个高潮。但 1976 年"海盗"1 号和"海盗"2 号之后，

图 3-4 第一张在火星表面拍摄的照片

火星探测进入了低潮期，在后续 20 年中全球仅发射了 3 个探测器，全部以失败告终。直到 1996 年，科学家和航天工程师重新将探索太空的目光聚焦于火星，大量探测器先后奔赴火星开展探测，形成了火星探测的又一个高潮期，取得了许多令人惊叹的科学成果。截至 2022 年 4 月，60 多年来全球共实施了 47 次火星探测任务（如图 3-5 所示），其中 21 次成功，4 次部分成功。

47：毅力号火星车，2020.7.30
成功着陆开展巡视探测

1-2:
1960

46：天问1号，2020.7.23，环绕器成功环火探测
着陆器和祝融号火星车分别在火星表面开展探测

45：希望号，2020.7.19，成功环绕火星探测

44：洞察号，2018.5.5，成功着陆探测

esa 43：微量气体轨道器(TGO)/斯基亚帕雷利着陆器
2016.3.14，轨道器成功探测，着陆器坠毁

42：火星大气与挥发演化任务探测器
2013.11.18，成功环绕火星开展探测

41：加里曼安号，2013.11.5
成功环绕火星开展探测

40：火星科学实验室，2011.11.26
好奇号火星车成功开展巡视探测

39：福布斯-土壤探测器/荧火1号
2011.11.8，发射失败

38：凤凰着陆器，2007.8.4
着陆火星极区，成功探测

37：火星侦察轨道器
2005.8.12，成功环绕火星探测

35-36：火星探索漫游车，2003.7.7/7.10
机遇号和勇气号两台火星车成功巡视探测

esa 34：火星快车/猎兔犬2号，2003.6.2
火星快车成功环火飞行，猎兔犬2号着陆失败

33：火星奥德赛号，2001.1.4.7
成功环绕火星飞行，开展探测

32：火星极地轨道器/深空2号
1999.1.3，在火星表面坠毁

31：火星气
1998.12.1

中国

苏联

俄罗斯

美国

esa 欧洲空间局

日本

印度

阿联酋

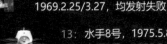

图 3-5 全球火星探测任务
（1960 年 10 月—2022 年 4 月）

1A号/火星1B号，
0/10.14，均发射失败

3-5: 火星2MV4/火星1号/火星2MV3，1962.10.24/11.1/11.4，均失败
8: 探测器2号，1964.11.30，任务失败

6: 水手3号，1964.11.24，失败
7: 水手4号，1964.11.28，掠火探测，成功

9-10: 水手6号/水手7号
1969.2.25/3.27，掠火探测，均成功

11-12: 火星1969A/火星1969B
1969.2.25/3.27，均发射失败

13: 水手8号，1975.5.8，发射失败
17: 水手9号，1975.5.28，成功

14: 宇宙419号，1971.5.10，奔火失败
15-16: 火星2号/火星3号，1971.5.19/5.28，先后着陆失败

18-21: 火星4号/火星5号/火星6号/火星7号
1973.7.21/7.25/8.5/8.9，火星4号进入环火轨道失败
火星5号实现环绕火星，火星6号和7号着陆失败

22-23: 海盗1号/海盗2号，1975.8.5/8.9
两个轨道器分别成功环火探测，两个着陆成功着陆，原位探测

24-25: 福布斯1号/福布斯2号，1988.7.7/7.12
福布斯1号中途失联，2号到达土卫一上空失联

26: 火星观察者，1992.9.25，到达火星上空失联

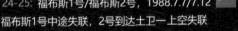

27: 火星全球勘测者，1997.11.7，环火飞行，成功

28: 火星96，1996.11.16，发射失败

29: 火星探路者，1994.12.4，索杰纳火星车成功开展巡视探测

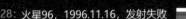

30: 希望号，1998.7.4，未能进入环火星轨道，任务失败

器
进入环火星轨道时坠毁

示例: 水手6号/水手7号，1969.2.25/3.27，掠火探测，均成功
——1969年2月25日发射水手6号、3月27日发射水手7号 火星探测器，
2个探测器采用掠火探测方式，探测都获得成功

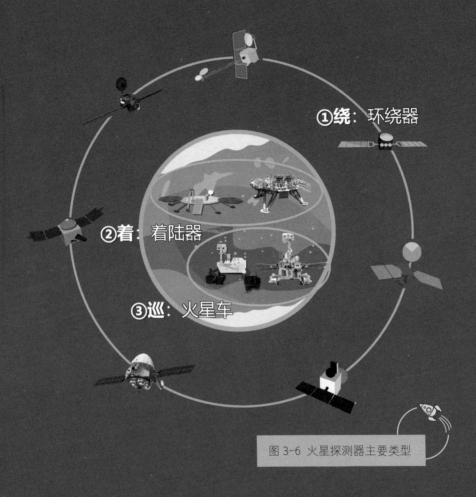

①绕：环绕器

②着：着陆器

③巡：火星车

图 3-6 火星探测器主要类型

　　早期人类曾采用"掠火探测"方式探测火星，就是让探测器从火星上空飞掠而过的瞬间用相机等科学设备开展探测，这种"掠火探测"方式现在已很少采用，目前火星探测的主要方式有环绕探测（绕）、着陆探测（着）和巡视探测（巡）。火星探测器相应地分为以下三种，如图3-6所示。

　　●环绕器：在火星上空绕着火星飞行，"边飞边看"，可以对火星进行全球性的探测。环绕器也称为火星轨道器，最明显的特征是有长长或宽宽的"翅膀"（太阳能电池板，也称"太阳翼"）。

●着陆器：能够在火星表面着陆，之后停在着陆位置原地不动，通过携带的科学仪器和钻具等设备"原地打探"火星情况，完成科学考察。大多数着陆器最明显的特征是有好几只"脚"（着陆缓冲装置），但不会移动。

●巡视器：即我们常说的火星车，它可以在火星表面进行巡视探测，巡视器最明显的特征是有轮子，能在火星表面四处巡视，边走边探。巡视器可以利用专门的着陆装置独自降落在火星表面，也可以由着陆器驮着下降，与着陆器一同在火星表面着陆。

在三种探测方式中，环绕探测技术较为成熟，美国、苏联、欧空局、印度和阿联酋均已成功实施了火星环绕探测任务。而火星着陆任务，代表了当今火星探测的最高水准，如同我们在本书上册中提到的那样，火星着陆困难重重、步步惊心，需要掌握各种最先进的技术。苏联／俄罗斯、欧洲接连失败，成功的只有美国和中国。截至 2022 年 4 月，全球 47 次火星探测任务中有 22 次是火星着陆和巡视任务，仅成功了 10 次，总成功率为 45%。成功登陆火星的着陆器与火星车及其在火星上的位置如图 3-7 所示。

1.乌托邦平原
2.乌托邦平原（靠近极地冰盖边缘）
3.埃律西昂平原
4.盖尔撞击坑
5.古谢夫环形山
6.北极瓦斯蒂塔斯—伯勒里斯平原
7.克莱斯平原
8.阿瑞斯峡谷
9.子午线平原
10.杰泽罗陨石坑

天问

祝融

车体尺寸：
3米×2.8米×2.2米
质量：1025千克

毅力号

尺寸：跨度3米、高2米
质量： 567千克（干重）

海盗1号

凤凰号

索杰纳

机遇号

尺寸与质量
与洞察号相近

长0.63米
质量10.5千克

⑥

⑦ ⑧ ⑨

图 3-7 成功登陆火星的着陆器与火星车及其着陆位置（截至 2022 年）

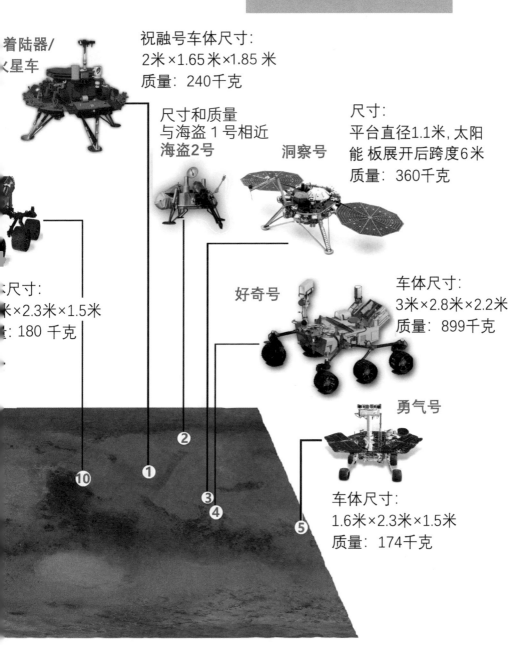

着陆器/
火星车

祝融号车体尺寸：
2米×1.65米×1.85米
质量：240千克

尺寸和质量
与海盗 1 号相近
海盗2号

洞察号

尺寸：
平台直径1.1米，太阳
能 板展开后跨度6米
质量：360千克

尺寸：
×2.3米×1.5米
：180 千克

好奇号

车体尺寸：
3米×2.8米×2.2米
质量：899千克

勇气号

❶
❷
❸
❹
❺
❿

车体尺寸：
1.6米×2.3米×1.5米
质量：174千克

勇气号
(2004年)

好奇号
(2012年)

祝融号
(2021年)

机智号

毅力号
(2021年)

索杰纳
(1997年)

机遇号
(2004年)

图 3-8 成功登陆火星的火星车及大小对比

　　图 3-8 给出了成功登陆火星的火星车的发射年份和大小对比。

　　显然，通过一次发射实现多种探测方式、完成多种探测任务的技术难度极高、风险巨大。目前，只有美国的"海盗"1号、"海盗"2号火星探测器成功实现了一步完成环绕和着陆两项探测任务。我国"天问"1号"一举三得"，一次发射成功完成"绕""着""巡"三项任务［详见火星探测（上）］，这在人类的火星探测史上是前所未有的。我国也成为世界上第二个在火星上成功着陆、第二个在火星上开展巡视探测的国家。

四、上天、打洞，
各怀绝技显神通

经过了漫长的旅程，历经了千难万险，成功登陆火星的着陆器与火星车可不是来火星游玩的。它们个个身怀绝技，在遥远的红色星球上大显身手。下面我们就挑几个来看看吧。

1. 会打洞的"内科大夫"——"洞察"号火星着陆器

美国"洞察"号火星着陆器是一位探测火星内部的"内科大夫"，它停留在火星表面，利用放置在火星表面的科学仪器和扎入地下的探测设备，通过原地测量与钻探实验，探测火星的"内心"。"洞察"号有两大绝活，一是会听诊，二是会打洞。这两个本领是通过在两根"绳子"上拴着的两大核心科学仪器——火震仪和热流探测仪实现的（图4-1）。

火震仪主要负责给火星的"五脏六腑"听诊，监测火星内部"火震"活动。我们在《火星探测（上）》中曾对火星的内部结构进行过介绍，火星内部从中心向外可大致分为核心、幔、壳三个圈层，实际上还可以更细地分层，比如火星的壳层还可以分为上、中、下三层，每层的密度都不同，上层主要是被陨石击碎的火山岩，中间层是更连贯的火山岩，而科学家目前还无法确定下层的结构特性。当火星发生震动时，震动产生的"火震"波在不同密度的火星层中传播和反射，而且传播的速度不同，通过测量不同层传来的"火震"波之间的时间差，就可以推算出火星内部每一层的厚度和密度，从而更深入地了解火星内部结构（如图4-2所示）。

热流探测仪负责给火星"量体温"。它首先要在火星上

图 4-1 "洞察"号着陆器探测火星内部

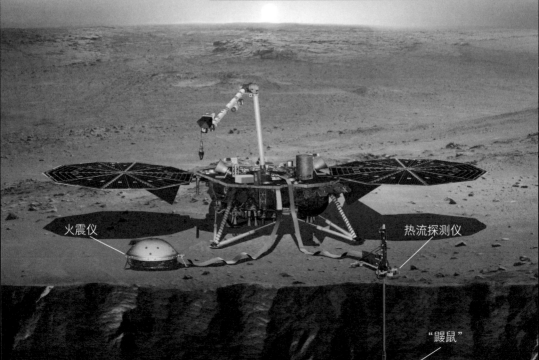

火震仪

热流探测仪

"鼹鼠"

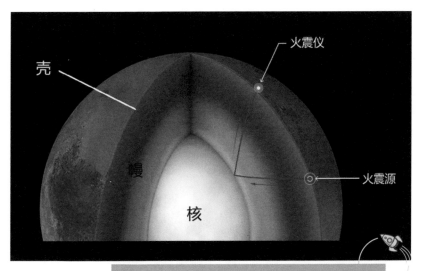

图 4-2 火震仪利用火震探测火星内部 结构示意图

打洞，并将一只"温度计"插进火星地下 5 米处，测量火星内部的温度，"温度计"的钻头被昵称为"鼹鼠"。通过测量火星地下浅表层的温度，可以帮助我们推算火星内部还有多少热，火星几十亿年经历了怎样的热变化，等等。

"洞察"号的"听诊"工作进展顺利，到 2022 年探测到了上千次火震，获得了大量火震观测数据。然而，"洞察"号的打洞工作却意外受阻，这只"鼹鼠"竟然不会打洞，无论如何没有办法把"温度计"插下去给火星"量体温"。科学家在一年半时间内尝试了无数种办法试图解救"鼹鼠"，却始终没能把"温度计"按计划插入火星土壤深处。2021年 1 月，科学家不得不宣布"鼹鼠"抢救无效，停止了打洞工作。据分析，主要原因是"洞察"号着陆区的土壤摩擦力不足，导致"鼹鼠"钻不下去。可见，尽管已有多年研究积累，人们对火星土壤的特性仍然缺乏深入的了解，火星探测的道路曲折而漫长。

2. 浑身是眼的"独臂金刚" —— "毅力"号火星车

在《火星探测（上）》中我们讲到，2020 年 7 月下旬世界航天界上演了一场热闹的火星探测"三国演义"，其中一个主角就是来自美国的"毅力"号火星车（如图 4-3 所示）。2021 年 2 月 18 日，"毅力"号火星车成功登陆火星，开始了寻找火星远古生命迹象之旅。

图 4-3 "毅力"号火星车示意图

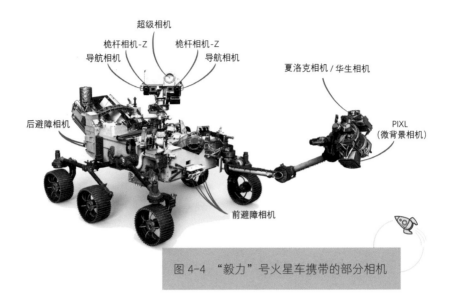

超级相机
桅杆相机-Z   桅杆相机-Z
导航相机   导航相机   夏洛克相机 / 华生相机

后避障相机   PIXL
                                                                  （微背景相机）

前避障相机

图 4-4 "毅力"号火星车携带的部分相机

　　从图 4-4 可以看出，"毅力"号火星车的一大特点是浑身上下都是"眼睛"。它是迄今为止携带相机数量最多的火星车，足足有 23 台！除了 7 台相机用于"恐怖 7 分钟"，帮助"毅力"号安全着陆外，还有 9 台工程相机和 7 台用于考察火星的科学相机。有趣的是其中一台相机以大名鼎鼎的神探"夏洛克·福尔摩斯"为名，叫作"夏洛克"。这台相机全称为"拉曼和荧光扫描宜居环境、寻找有机物和化学物质仪"，英文缩写正好是 SHERLOC（音译"夏洛克"）。它也与神探夏洛克一样，不放过任何蛛丝马迹，拼尽全力探测火星表面的有机分子和可能的生命痕迹。"夏洛克"安装在"毅力"号机械臂的前端，与"夏洛克"在一起的还有一台昵称为"华生"的相机，妥妥的火星神探二人组。"毅力"号还携带了超级相机，可以拍摄远处的岩石，开展化学成分分析；而另一台 X 射线岩石化学行星仪器（PIXL）可以利用 X 射线束来分析火星岩石的化学成分和矿物组成。这些科学仪器通过精细的化学分析，可以识别生物特征，寻找可能存在生命痕迹的岩石样本。

除了在火星上"边走边探"外，"毅力"号火星车还有一项非常重要的任务就是获取火星样本。它将精心挑选 30 多块有希望发现生命迹象的岩石，然后钻孔取出岩芯样品，经过处理存储起来。为了完成钻孔、抓取、切割等一系列繁重的工作，科学家给"毅力"号安装了一条长达 2.1 米的机械臂，使它成为超级强壮的"独臂金刚"，如图 4-5 所示。"毅力"号的机械臂可以像人的手臂一样运动，有肩膀、肘

图 4-5 "毅力"号火星车的机械臂

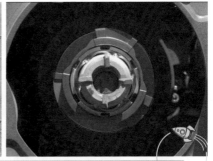

图 4-6 "毅力"号在火星岩石上
钻的孔(左图)和采集的岩芯(右图)

部和手腕等关节，能抓取 30 千克的岩石，可对钻取的岩芯
进行切割，还能拍摄显微图像。在机械臂的前端安装了一个
转塔关节，就像一只握着的大手，可以握住和使用工具。前
面我们提到的"夏洛克"和"华生"神探二人组就安装在
这只大手中。

　　"毅力"号在火星岩石上打洞用的钻具和我们平时在
家里墙上开孔安装空调的开孔钻几乎一样，只是体积稍小，
钻的孔也稍小，图 4-6 显示了"毅力号"在火星岩石上钻
的孔洞（左图）和采集岩芯（右图）的情形。"毅力"号将
采集到的岩芯切断为粉笔大小，并放置在手电筒大小的样
品管中存储起来。除了采集岩石样品，"毅力"号还采集了
火星土壤样品和大气样品，同样保存在样品管中。

　　在火星上工作了一年后，截至 2022 年 3 月，"毅力"

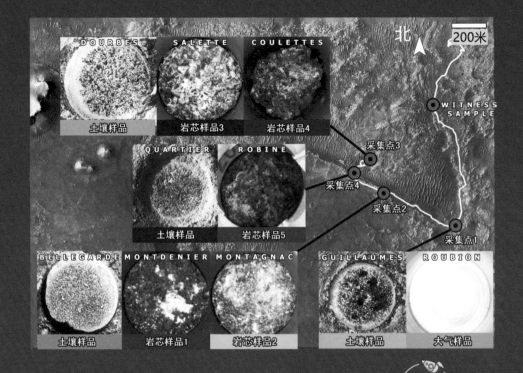

图 4-7 "毅力"号的行进路径和采集的样本

号火星车已经收集了 8 块珍贵的岩石样本，图 4-7 展示了
其中最早采集的 5 个岩石芯样本。按照科学家的计划，"毅
力"号火星车采集的样品先保留在火星上，在未来 10 年内，
美国宇航局将派出前往火星取货的"快递员"，它将先登
陆火星，再从火星现场取走样品管，放入能够返回地球的
返回舱中，然后返回舱从火星发射升空（图 4-8），返回地
球，最终科学家将在地面的实验室里采用最先进的仪器对
样品进行精细分析，查看样品中是否有生命的痕迹。

"毅力"号是个多面手，特别值得一提的是，它携带

图 4-8 携带火星样品的返回舱从火星表面发射示意图

了一台制取氧气的试验设备（如图 4-9 所示），开展了以火星大气中的二氧化碳作为原料制取氧气的试验。在试验中，这台名为"火星氧气原位资源利用试验仪"（MOXIE）的微型设备总计制取了 122 克氧气，这些氧气可以让一只小狗呼吸 10 个小时。氧气是维持生命生存最根本的要素之一，

图 4-9 "毅力"号携带的火星制氧试验设备

$$CO_2 \xrightarrow{\Delta} O_2 + CO$$

把火星大气中的二氧化碳转换成氧气和一氧化碳

也是人类未来登陆火星必不可少的物质，"毅力"号已经开始为未来人类登陆火星提前做准备了。

3. 翩若惊鸿的小精灵——"机智"号直升机

"毅力"号火星车"独臂金刚"的造型已经够酷炫的了，更酷炫的是，它在火星着陆后，竟然从"肚子"下面"生"出了一架直升机！这个出生的小家伙就是"机智"号，人类历史上第一架被派往外星球的无人机，如图 4-10 所示。

我们曾在前面提到过，火星被称为探测器的"坟场"，"机智"号只有纸巾盒大小，当然不会冒险独自闯天涯，从地球飞往火星，再到在火星表面着陆，"机智"号在整

图 4-10 "机智"号火星直升机示意图

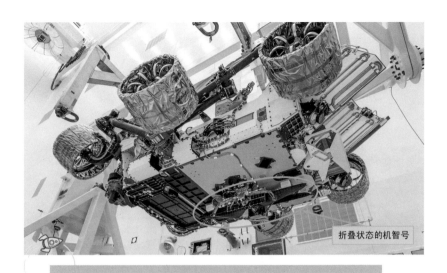

折叠状态的机智号

图 4-11 "机智"号直升机固定在"毅力"号火星车的腹部

个过程中非常"机智"地折叠起来，缩成一团，藏在"毅力"号火星车的"肚子"下面（如图 4-11 所示），通过搭"毅力"号的顺风车完成了奔向火星的旅程。

"毅力"号成功着陆火星后，为了把缩成一团的"机智"号"生出来"，"毅力"号使出了浑身解数，足足奋斗了 8 天！小心翼翼地放出、展开"机智"号的 4 条腿就用了 4 天（如图 4-12 所示刚伸出两条"腿"），为"机智"号的 6 块锂电池充满电又花了 4 天。最后，切断了连接"机智"号与"毅力"号腹部的"脐带"，正式官宣了"机智"号在火星"诞生"。

2021 年 4 月 19 日，"机智 "号无人直升机惊艳亮相，从火星表面飞了起来，起飞后在 3 米高的空中翩若惊鸿地执行了悬停、下降等设定动作，然后成功降落在火星表面，

图4-12 "毅力"号火星车在火星表面释放"机智"号直升机

完成了历时39.1秒的首飞任务。"机智"号飞行试验活动如图4-13所示，首飞图像见图4-14。这是人类历史上第一次在外星球上成功进行无人机飞行，如同一百多年前莱特兄弟试飞世界上第一架飞机"飞行者"1号一样，"机智"号的首次飞行被称为火星上的"莱特兄弟时刻"，而它起飞和着陆的地方被称为"莱特兄弟机场"，这次飞行成为人类深空探索史上的一个里程碑。

"机智"号没有携带任何科学设备，任务就是验证在火星大气层中飞行。为什么一个听起来如此简单的"飞起来"任务，竟然有些科学家将其与莱特兄弟试飞第一架飞机相提并论？因为在火星上"飞得起来"可没有想象的那么容易！在空气极稀薄的情况下，直升机翼片和转轴必须旋转得足够

图 4-13 "机智"号直升机飞行试验活动示意图

快，才能产生起飞和飞行所需的升力。火星大气层比地球大气层稀薄，约为地球的 1/100，这使得飞行变得极为困难，"机智"号要想飞起来，必须大幅提高旋翼产生的升力，还要尽

图 4-14 "机智"号直升机 2021 年 4 月 19 日首飞图像

量减轻重量。为此，"机智"号被设计成了小身体超长翅膀的造型，它又小又轻，只有 0.49 米高，1.8 千克重，但为了产生足够的升力，它的旋翼从一端到另一端的长度却足足有 1.2 米，旋翼转速达到了每分钟 2400 转，是地面直升机的 8 倍。同时，由于火星与地球的距离为 5500 万千米到 4 亿千米，从地球发一个信号到火星有 4～23 分钟的延迟，远在地球的工程师没有办法"告诉""机智"号如何飞行，所有的操作和判断都只能靠"机智"号自己完成。因此，"机智"号首飞成功意义重大，验证了人类设计制造的飞行器能够在稀薄的火星大气环境下自主飞行，为开展无人机火星探测开辟了道路。人类探索地外星球除了环绕探测、着陆探测与巡视探测之外，又多了一种新的探测方式：无人机探测。当前的巡视探测方式由于巡视器行动缓慢，探测范围十分有限。无人机将大大拓宽探测范围和视野，为人类未来的深空探测任务打开了一扇新的大门。

为了纪念人类首次挑战火星无人机飞行，科学家在"机智"号的一块太阳能面板下的电缆上绑上了一小块来自 1903 年莱特兄弟试飞的世界上第一架飞机"飞行者"1 号的蒙皮布。仅仅过了一百多年，人类就已经将航空飞行从地球拓展到了地外星球，开启了全新的地外星球探索征程。

（4）深藏不露的越野高手——"祝融"号火星车

2021年5月22日，在我国"天问"1号着陆火星后的第7天，"祝融"号火星车从"天问"1号着陆器的背上探出头来，像蝴蝶一样打开了4只"翅膀"——4块太阳能电池板，缓缓地从着陆器上走了下来，踏上了火星的乌托邦平原。图4-15所示为"祝融"号火星车驶离着陆器的过程中，用自己的一对避障相机拍摄的场景，照片清楚地将着陆现场展现在我们的面前。对于"祝融"号来说，这只是它在火星上漫长的巡视考察旅程的第一步，而这小小的一步，标志着我国成为第二个实现在火星表面巡视探测的国家，并且是世界上唯一在

图 4-15 "祝融"号火星车驶离着陆器的场景
（左：前避障相机拍摄；右：后避障相机拍摄）

火星和月球两颗地外星球上同时拥有巡视器的国家。

　　历经千难万险到达火星，怎么能不照张"到此一游"打卡照呢！2021年6月11日，国家航天局发布了"祝融"号火星车的写真集。图4-16所示为"祝融"号火星车的自拍照，"祝融"号身高1.85米，类似一辆SUV汽车大小。眼睛大大的，脖子长长的，4只美丽的深蓝色翅膀下面是6

图4-16　"祝融"号的自拍照

个闪闪发光的轮子，就像柯基犬的小短腿，别提多萌了。

除了自拍，"祝融"号火星车还拍摄了一张自己和着陆器的同框照，如图4-17所示。这对火星CP（火星车与着陆器）受到了众多网友的喜爱，"着巡合影"迅速走红，还引发了网上征名活动。最终，这张照片被命名为"星火燎原"。

那么，"祝融"号的自拍与合影是谁拍摄的呢？难道是《火星救援》中滞留在火星上的航天员马克？原来，"祝融"号在腹部下面放置了两台相机，叫作Wi-Fi分离探头。"祝融"号先往前走几米，把相机放到火星表面，再后退几米到达拍摄最佳位置，这时相机开始拍摄"祝融"号的标准

图 4-17 "星火燎原" —— "祝融"号火星车与着陆器合影

照。随后"祝融"号再继续后退，到达着陆器身边，相机拍下了这张距离地球3.2亿千米的合影。

　　在火星上"散步"听起来似乎很轻松，其实危机四伏。由于火星常年有沙尘暴天气，因此尘土在局部区域越积越多，堆成了极度松软的沙土。但是由于部分沙地表面风化形成了一层硬壳，从外表很难看出这种"外焦里嫩"的特点，极易导致火星车行驶在冒似坚硬的表面时毫无防备地沉陷。美国的"勇气"号火星车就是因为陷入一个松软的沙坑无

图 4-18 美国"好奇"号火星车车轮严重破损

法脱困，最终"牺牲"在工作岗位上。另外，火星表面岩石密布，车轮极易被尖利的岩石刺穿或撕裂造成破损，例如美国"好奇"号火星车的车轮就发生了严重的破损，如图4-18所示。

作为火星上唯一的中国选手，"祝融"号吸取了几位前辈选手的经验教训，练就了一身的越野本领。"祝融"号的6个轮子每个都可以独立驱动、独立转向，在多轮悬空的情况下依然能自由移动。当6个轮子转向同一方向时，"祝融"号就能像螃蟹一样横向行走或者斜向行走，这种"蟹行"的本事能够实现灵活避障。

"祝融"号最独特的地方是它的身体被设计成了可升降的主动悬架结构，这是世界上第一个，也是唯一一个在地外天体上成功应用的主动悬架移动系统。这一结构使"祝融"号拥有了多项美国选手所不具备的特殊越野本领。

主动悬架结构的一大特点是车体可以升降，图4-19所示为"祝融"号火星车车体升降能力验证的情景，在硬质地面环境下车体能实现0～0.5米的车体抬升和下降。

当"祝融"号在火星表面行驶遇到大的障碍物时，主动悬架可以自主升高，从而加大底盘到火星表面的距离，避免托底。在爬坡的时候，可以通过降低车体高度，减小爬

图 4-19 "祝融"号火星车车体升降示意图，左图为车体下降至 0 米，右图为车体抬升至 0.5 米

图 4-20 "祝融"号火星车可像尺蠖一样"蠕行"

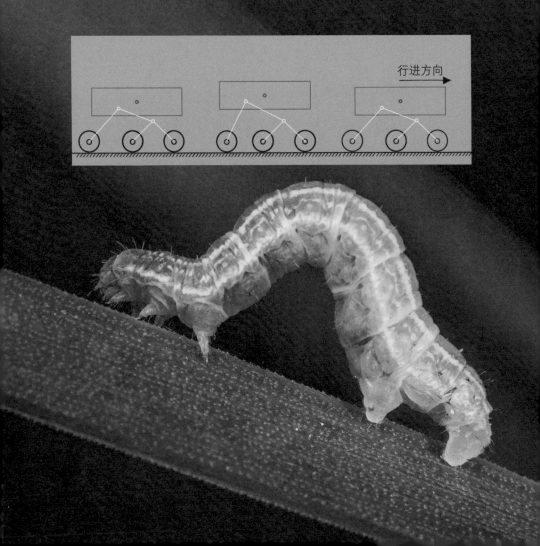

坡时前后车轮的载荷和车轮驱动力矩的差异，从而增强爬坡能力。一般火星车陷入沙坑是因为车轮打滑，此时把几个车轮锁定，通过主动悬架将整辆车提起来，进入"蠕行"模式，就可以帮助火星车脱困。"蠕行"状态下的火星车就像尺蠖（一种蛾类的幼虫）一样运行，以自己的轮子作为锚点，一步一步蠕动行走脱困，如图 4-20 上图所示。即使在 6 个轮子全部沉陷 30 毫米的极限情况下，"祝融"号也能够在 16 分钟内迅速脱离困境。

"祝融"号还有一个绝活，就是会自己"抬腿"而不影响行走。当任意一侧的车轮发生故障时，能够抬起出现车轮故障的那条"腿"，通过其他 5 个车轮正常行走和转向。如果两侧各有一个车轮出现故障，也可以同时抬起两侧的"腿"，通过其他 4 个车轮正常行走和转向。图 4-21 为火星车抬起前轮和中轮后的行走能力实验。当火星车在火星表面

图 4-21 "祝融号"火星车抬轮能力验证，左图为前轮抬升，右图为中轮抬升

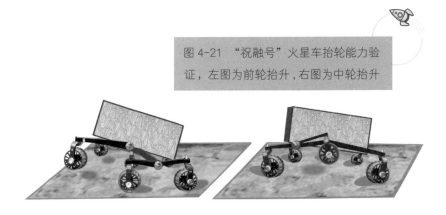

沉陷或者车轮出现故障时，这项本领能够将沉陷或故障车轮抬起顺利脱困，并且在"瘸腿"的情况下仍能正常移动。

"祝融"号虽然拥有"蟹行""蠕行""抬腿"等高强的越野本领，却非常低调，深藏不露。平时在火星表面巡逻时，"祝融"号的行走速度堪比蜗牛。截至2022年3月11日，"祝融"号在火星表面工作了8个多月，行走了差不多1.5千米，如图4-22所示。

图 4-22 截至 2022 年 2 月 "祝融"号火星车行走路线

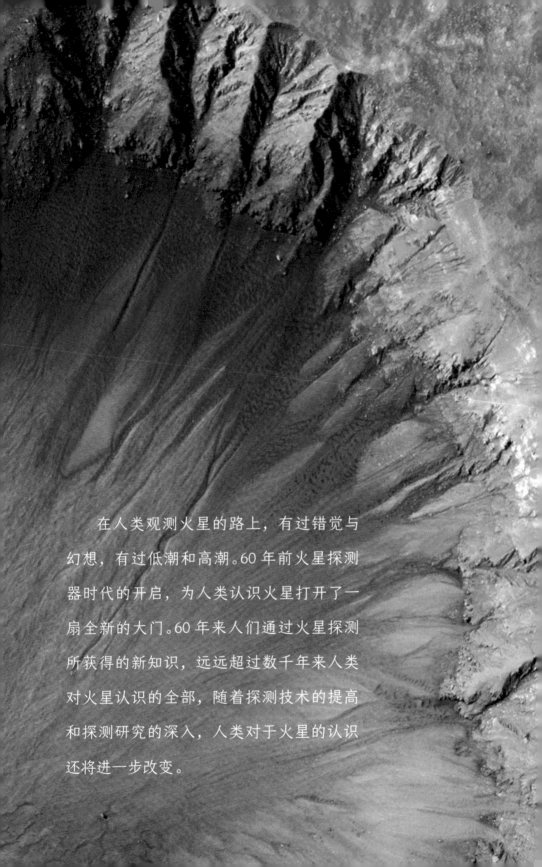

在人类观测火星的路上，有过错觉与幻想，有过低潮和高潮。60 年前火星探测器时代的开启，为人类认识火星打开了一扇全新的大门。60 年来人们通过火星探测所获得的新知识，远远超过数千年来人类对火星认识的全部，随着探测技术的提高和探测研究的深入，人类对于火星的认识还将进一步改变。

很高兴看到这样的一套书，深入浅出，兼具科学性与趣味性，让孩子从小就能接触到尖端领域的航空、航天知识，帮孩子撷取"人类工业文明的皇冠"。

——中国工程院院士，飞行器导航控制专家　冯培德

好奇心是孩子的天性。书中以孩子能理解的方式，讲述详实有趣的航天故事和知识，点燃孩子内在的好奇心，将探索的种子根植于孩子的内心。让阅读成为悦读，让梦想插上翅膀。

——中国人民解放军航天员大队首任大队长　申行运

这套书里，一流的科学家构建了完整的航空、航天知识体系，用巧妙的方式缀珠成线，一定能够满足你对科学的好奇心。未来的空间广阔，希望这次我们能为你们打开一个通往精彩世界的大门。

——空军退役飞行员　丁邦昕

国家出版基金项目
NATIONAL PUBLICATION FOUNDATION

少年儿童航空航天分级阅读

航天读本 太空传奇 **4**

行星探测（上）

探访地球的行星小兄弟

冯培德 / 总主编

屠空 / 著

航空工业出版社

北 京

图书在版编目（CIP）数据

行星探测．上，探访地球的行星小兄弟 / 屠空著
. —— 北京 ：航空工业出版社 ，2021.12
（少年儿童航空航天分级阅读．太空传奇）
ISBN 978-7-5165-2869-3

Ⅰ．①行… Ⅱ．①屠… Ⅲ．①外行星探测器－少儿读
物 Ⅳ．① V476.4-49

中国版本图书馆 CIP 数据核字 (2022) 第 005759 号

行星探测（上）：探访地球的行星小兄弟
Xingxing Tance (Shang)：Tanfang Diqiu de Xingxing Xiaoxiongdi

总 主 编：冯培德
主 编：蒋宇平
作 者：屠空
字 体：仓耳字库

策划编辑：雷蕾
责任编辑：张世昌
装帧设计：骑云星工作室 王锴

航空工业出版社出版发行
（北京市朝阳区京顺路 5 号曙光大厦 C 座四层 100028）
发行部电话：010-85672688 010-85672689
承印者：北京富泰印刷有限责任公司

2021 年 12 月第 1 版
2021 年 12 月第 1 次印刷
开本：635×965 1/16
印张：3.5
字数：28 千字
定价：201.60 元（全 12 册）

一、认识我们的太阳系和行星

1. 我们的太阳系大家庭

如果我们的目光离开地球进入地球之外的空间，你可能最先注意的是耀眼的太阳，太阳自诞生以来就永不停歇地释放巨大的能量，射出强烈的光线，向外抛出带电粒子流；在太阳周围，有 8 颗巨大的行星围绕太阳运转，其中六颗

海王星

土星

火星

金星

行星带着自己的卫星绕太阳飞行。在太阳系空间，还有多颗个头"矮小"的矮行星、数不尽的小行星、彗星等小天体沿着自己的轨道飞行，稀薄的微细颗粒物质形成的星际尘埃弥漫在太空之中，来自太阳系外的宇宙射线或高能粒子直达太阳系，这些天体和星际物质共同构成了我们的太阳系大家庭（图1-1）。

图 1-1 我们的太阳系

木星

小行星带

地球

太阳

水星

天王星

彗星

很久以前，人们发现天空中一些星星的位置和亮度千百年来几乎是恒定不变的，故而将这类星星称为恒星，我们的太阳就是亿万颗恒星中的一颗。太阳位于太阳系中心，是一颗自身发光发热的星球，而在太阳系这个庞大的家庭中，只有太阳这一颗恒星，它是太阳系大家庭的"主宰"。

　　行星在太空中的位置时时刻刻都发生着变化，因而它们是"行走的星星"，它们本身不会发光，但因表面反射

水星

我国古代也叫"晨星"，是距离太阳最近的行星，它没有大气层，表面温度最高超过 420 摄氏度，最低可达 -180 摄氏度。2个深空探测器曾对水星进行过近距离探测。

太阳

太阳是一颗巨大的恒星，质量占太阳系总质量的 99.86%，它通过核聚变反应发光发热，永不停息地为地球生命带来温暖和阳光。

金星

我国古代也叫"启明""长庚"或"太白"。金星与地球的大小差不多，质量是地球的82%，绕太阳转一圈要 225 天，自转一圈用 243 天，表面温度最高达 480 摄氏度。人类发射的20多个探测器曾访问过金星。

地球

地球是人类赖以生存的家园，也是目前已知的唯一孕育和支持生命的天体。地球上的每一个人，都有责任保护人类共同的家园。

火星

我国古代也叫"荧惑"。火星绕太阳一圈要687 天，自转一周耗时 24 小时 37 分钟，火星上有稀薄的二氧化碳大气层，还有四季变化，它的表面温度最高可达 28 摄氏度。中国发射的火星轨道器和巡视器正在对火星开展详细调查。

阳光而发出光亮。在中国古代，人们发现天空中有 5 颗星星的位置会发生变化，分别将它们命名为金、木、水、火、土，它们就是金星、木星、水星、火星和土星，这也是我国传统文化中"五行"的来源。实际上，太阳系中的行星数量不止这 5 颗，只不过当时人们用肉眼看到的仅有这 5 颗，地球本身就是一颗行星，加上天王星和海王星，太阳系内总共有 8 颗行星（图 1-2）。

图 1-2 太阳和八大行星

海王星

海王星是距离太阳最远的行星，它的外层是氢、氦组成的大气层，内部主要是水、氨和甲烷的混合物。由于大气中甲烷对光的吸收，使海王星呈蓝色色调。迄今只有 1 个探测器旅行者 2 号访问过它，哈勃望远镜对它进行了大量观测。

天王星

天王星与海王星相似，外层是氢、氦组成的大气层，内部主要是由水、氨、甲烷组成的"冰"物质，它与海王星都被称为冰巨星，迄今只有 1 个探测器旅行者 2 号访问过它。

土星

我国古代也叫"填星"。与木星相同，土星也是一颗气态巨行星，主要由氢和氦元素组成，并拥有美丽的土星环，它绕太阳一圈要 29.46 年，自转一周要 10 小时 14 分钟。卡西尼－惠更斯号曾对土星进行详细探测。

木星

我国古代也叫"岁星"，它是太阳系中最大的行星，其体积和质量比其他 7 颗行星的总和还大。木星主要由氢和氦元素组成，是一颗气态巨行星。它绕太阳一圈要 11.86 年，自转一圈只要 9 小时 50 分钟，是自转最快的行星。加俐略号等 5 个深空探测器曾访问木星系。

行星与太阳的平均距离

44.984 亿千

28.706 亿千

14.267 亿千

7.830 亿千米

2.275 亿千米

1.496 亿千米

1.082 亿千米

0.579 亿千米

太阳

太阳直径:139 万千米

行星的直径

水星　4879 千米

金星　12104 千米

地球　12472 千米

火星　6779 千米

木星　142984 千米

土星　116646 千米

天王星　50724 千米

海王星　49244 千米

图 1-3 行星的平均直径及其与太阳的平均距离

　　我们将行星围绕太阳的运动称为公转，离太阳最近的是水星，它与太阳之间的平均距离只有 5800 千米；最远的是海王星，它离太阳的距离大约为 45 亿千米，是地球到太阳距离的 30 倍（图 1-3）。奇妙的是，八颗行星的公转轨道几乎在同一个平面上，按照同一方向围绕太阳运行，所以八颗行星具有公转轨道共面性、运行方向相同性的共同特点（图 1-4）。

　　在太阳系的八颗行星中，水星、金星和火星像地球一样有固体表面，并以硅酸盐石为主要成分，内部构造与地球的相似，表面都有高山、峡谷或者由外来小天体撞击形成的撞击坑，这四颗行星都是岩质行星，也被称为类地行星。木星和土星的体积巨大，没有固体表面，是主要由氢、氦等轻元素构成的体积巨大的气态行星，被称为气态巨行星。离太阳最远的天王星和海王星，主要由氧、碳、氮等元素构成，在极寒冷的温度下，这些元素形成了水、氨和甲烷等冰物质，外层是以氢气为主的气体，它们被称为冰巨星。在八个行星兄弟中，木星的个头最大，它的直径是地球的 11.5 倍，绝对是行星中的"巨无霸"；可是木星与太阳相比，它的直径仅仅是太阳的 1/10，真是小巫见大巫了。

太阳系的行星中，除了水星和金星，其他行星都有围绕自己旋转的天然卫星，地球只有一颗天然卫星——月球，火星有两颗天然卫星——火卫一和火卫二；而土星已探明的卫星竟达 140 多颗，它还有美丽的土星环；同样，木星、天王星和海天星都有自己的"环"和众多卫星（图 1-4），它们组成了自己的小家庭，人们将其称为"行星系"，比如土星系、木星系等。

除了太阳和行星，在太阳系中还有若干围绕太阳运行的矮行星，因为"个头"小，也被称为侏儒行星；太阳系家族中数量最庞大的成员，要算数以百万计的小行星和大量的彗星了。它们按照各自的轨道运行，是太阳系中的小天体。除此之外，在太阳系中还存在着大量的星际空间物质。

　　这就是我们的太阳系大家庭，它是由一颗恒星（即太阳）、

八颗行星以及众多小天体和星际物质构成的一个"恒星系"。

太阳系如此之大，以致 1977 年发射的旅行者 2 号航天器飞

天王星

小行星带

地球

月球

海王星

木星

已发现海王星的 16 颗卫星。
海卫一是其中最大的卫星，它
有稀薄的氮气大气层，表面被
冰覆盖，温度低至 −240 摄氏
度，是太阳系中最寒冷天体之
一。

地球只有一个天然卫星——我
们熟悉的月亮。月亮是人类唯
一登陆的地外天体，也是离我
们最近的星球。

已发现木星的 92 颗卫星，57
颗已有名称，其余的只有编号。
其中最早发现的木卫一到木卫
四最受关注。木卫二和木卫三
在冰覆盖的表面下可能存在海
洋，是未来探测的重要目标。

行了 45 年、300 亿千米的旅程，仍不能逃脱太阳的掌心。如果你从太阳拉一条直线到海王星之外柯伊伯带外侧，这条

图 1-4 行星和它们的天然卫星

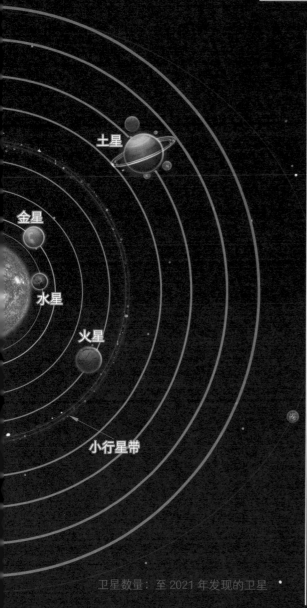

土星

金星

水星

火星

小行星带

卫星数量：至 2021 年发现的卫星

已发现天王星的 27 颗卫星，天卫三是其中最大的卫星，但直径不到月球直径的一半。除了卫星，天王星与土星一样，有一个环系统。

火星只有火卫一和火卫二两颗卫星。火卫二是太阳系中最小的卫星，直径仅 12 千米。

已发现土星的 146 颗卫星，63 颗已有名称，其余的只有编号。其中土卫六的个头最大，超过了水星。人类发射的"惠更斯"号着陆器曾成功地在土卫六表面着陆。

直线的长度将超过地球到太阳距离的55倍，达到82亿千米。

2. 认识行星

人们认识太阳系的行星最初只凭借双眼。中国古代就认识了金星、木星、水星、火星和土星。2100多年前，我国西汉时期的史学家、文学家司马迁，在他不朽的著作《史记》中，就叙述了这五颗行星的运动状况，并将它们写在《史记·天官书》这个篇章中。不过，古人用肉眼只能观测这五颗行星，无法看到更远的行星和行星的卫星，因而这五颗行星也被称为"可见行星"。

图 1-5 伽利略制造的光学天文望远镜

400多年前，意大利伟大的物理学家、天文学家伽利略制造了人类第一台真正意义上的光学天文望远镜（图1-5），他用这台望远镜首次发现了木星的4个卫星，以及金星、水星的盈亏，

改变了人们对行星的认识。18世纪之后，人们相继发现了天王星和海王星，还发现了更多的行星的卫星。

对行星更全面的认识是在人类社会进入航天时代之后。20世纪60年代，人们利用飞往太空的深空探测器对行星开展了详细探测，开启了行星探测的新纪元。1962年8月，美国的"水手"2号探测器发射升空，同年12月在距离金星34800千米处飞过，探测了金星的大气温度，成为第一个成功接近行星的深空探测器。截至2020年1月，各国用深空探测器先后执行了95次行星探测任务，成功或部分成功的只有55次，可见每次行星探测都面临着巨大的挑战。

2020年7月，中国成功发射了首个行星探测器，这是由一个环绕火星飞行的环绕器、一台降落在火星表面的着陆器和一台在火星表面漫游的"祝融号"火星车组成的"天问"1号火星探测器，迄今它们已对红色的火星开展了3年的科学考察，取得了丰富的科学数据，展示了中国探索神秘宇宙的先进能力，也吸引了世界各国的目光（我们将在本系列丛书中的《火星探测》中专门介绍）。

二、迎着炽热探水星

1. 认识水星

水星，每天凌晨出现在地平线上空，中国古代将它称为"辰星"；在日落前朦胧的黄昏，也出现在天空，被看作"昏星"。它是离太阳最近的行星，经常湮没在太阳的光辉中，出没在日落和日出之时。水星距离地球最近时约 9200 万千米，最远达 2.08 亿千米。从地球出发去水星，路途比去金星和火星要遥远，但比去木星和土星等巨行星近了许多。

水星沿着一条椭圆形轨道围绕太阳奔跑，离太阳最近时只有 4700 万千米，最远时有 7000 万千米，平均距离大约 5800 万千米，按这个平均距离计算，太阳光从太阳传播到水星需要 3.2 分钟。水星绕太阳跑一圈只需大约 88 个地球日，或者说水星的 1 年相当于地球上的 88 天，这相当于水星大约以 47 千米 / 秒的速度在太空飞行。在太阳系中的所有行星中，水星是运动速度最快的天体，也是绕太阳一圈所需时间最短的行星。

我们的地球每时每刻都在绕着自己的自转轴自西向东转动，完成一次自转需要 24 小时，也就是一个地球日。水星与地球一样，也绕着自转轴自身旋转，每完成一次自转需要 59 个地球日，我们把水星自转一周的时间称为水星的一天。有趣的是，水星上的 3 天等于 3×59=177 个地球日，水星上的 2 年等于 2×88=176 个地球日，也就是说水星的 3 天大约等于水星的 2 年。

因为它离太阳最近，得到的太阳热量最多，白天太阳光直射地区的温度超过 400 摄氏度，如果我们把金属铅、锡放到那里，它们都会熔化成液体；又因为没有大气层来保持热量，在夜晚或阳光照不到的阴影区，温度又可下降到零下 180 摄氏度以下。在这种极端温度环境以及强烈的太阳辐射环境下，任何生物都无法适应，因而也不会存在生命。

虽然这颗行星以"水星"命名，但它既没有江河湖海，也没有云雨雾霭，全然没有一点液态和气态水的痕迹。不过，在水星北极和南极地区可能有水冰，这两个地区存在太阳永远照射不到的永久阴影区，这里可能会保存少量水冰。

人类很早就用望远镜观测水星。随着航天技术的进步，1973 年人类首次发射的航天器"水手"10 号访问了水星（图 2-1），2004 年又发射了能够围绕水星运行的"信使"号水星轨道器，目前还有一位正在路途中的水星访问者"贝皮·科伦布"号，它将在 2025 年进入水星轨道，而来到水星身旁

图 2-1 近距离看水星

这是"水手"10 号 1974 年飞越水星时拍摄的水星照片，它由 18 张局部地区的照片拼接而成，水星的外表酷似月球，有起伏的山峦、巨大的盆地与裂谷、奇异的辐射纹、遍布全球的撞击坑……从图中我们可以看到一些明亮的条纹，它们是小行星或彗星猛烈撞击水星表面形成的，猛烈的撞击导致撞碎的物质被抛到距撞击坑很远的地方，然后落到表面，形成了这种"撞击坑射线"。图中右上角有一个四周发暗的"莱蒙托夫"撞击坑，直径为 160 千米。水星上的撞击坑大都以各国著名的文学家、艺术家的名字命名，李白、关汉卿、赵孟頫、曹雪芹、鲁迅等中国人的名字也在其中。

的任何一个航天器，都必须承受炽热与极寒的两重天地。

2."水手"号初探水星

探索水星的首个深空探测器是美国宇航局发射的"水手"10号，这颗探测器的使命是以"飞越"的方式探测水星和金星。在水星探测的早期，人们还没有掌握环绕水星飞行的技术，"水手"10号采取了从水星身旁飞过，并在"飞越"水星的瞬时对水星开展探测的方式。探测水星面临着巨

图 2-2 "水手"10 号深空探测器

"水手"10 号最引人瞩目的是安装了一个"遮阳伞",它被用来遮挡来自太阳的强烈热辐射,保护后面的仪器设备。在"遮阳伞"的中心是发动机喷管,"水手"10 号安装了一台推力 22.65 千牛的液体火箭发动机,用于飞行时的轨道控制;两侧装有两块长 2.7 米的太阳能电池板,用于提供电能。接收天线用来接收地球发送的指令,定向天线是一个直径为 1.37 米的抛物面天线,可以转动并对准地球,将探测数据传回地球。"水手"10 号携带了电视摄像机、磁场测量仪等 8 台探测仪器,用来拍照、探寻水星的外部环境和内部秘密。

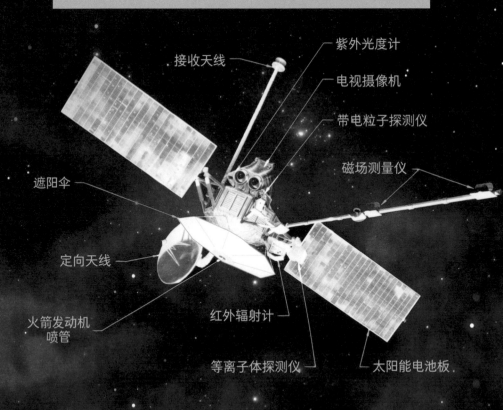

接收天线

紫外光度计

电视摄像机

带电粒子探测仪

磁场测量仪

遮阳伞

定向天线

火箭发动机
喷管

红外辐射计

等离子体探测仪

太阳能电池板

大的挑战，一方面，水星离太阳很近，探测器要承受太阳辐射导致的高温；另一方面，探测器要抵抗巨大的太阳引力，防止被太阳引力带走（图 2-2）。

1973 年 11 月 3 日，随着运载火箭的巨大轰鸣，"水手" 10 号发射升空。它先奔向金星，1974 年 2 月 5 日它从金星上空 5760 千米处高速飞过，拍摄了金星的图像，而后继续向水星飞行。1974 年 3 月 29 日，"水手" 10 号到达水星，它没有进入环绕水星的轨道，而是从距离水星表面 704 千米的高空快速飞过，并在飞越水星的暂短期间启动所有仪器开展探测，然后它进入围绕太阳运行的轨道。与水星分离 176 天后，它绕飞太阳一圈后回到原来的位置，这时水星恰好环绕太阳两圈也回到这一位置，两者相遇，"水手" 10 号再次对水星进行 "飞越" 探测。随后，再经 176 天飞行，它从水星上空 327 千米处进行第三次 "飞越" 探测。

也许朋友们会问，为什么 "水手" 10 号要先飞向金星再去水星？这是一个有趣的问题。我们知道万有引力定律，任何两个物体之间都存在着引力。如果 "水手" 10 号飞近金星，必然受到金星引力的作用，这个引力像一只强大的无形之手拽着 "水手" 10 号，"水手" 10 号可以利用这个引力改变飞行方向。同时，金星围绕着太阳运动，本身具有绕太阳公转

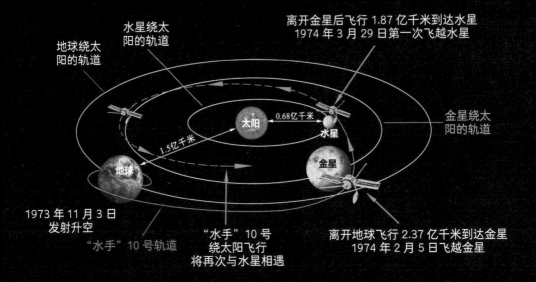

离开金星后飞行 1.87 亿千米到达水星
1974 年 3 月 29 日第一次飞越水星

水星绕太阳的轨道

地球绕太阳的轨道

太阳

0.68亿千米

水星

金星绕太阳的轨道

1.5亿千米

地球

金星

1973 年 11 月 3 日
发射升空

"水手" 10 号轨道

"水手" 10 号
绕太阳飞行
将再次与水星相遇

离开地球飞行 2.37 亿千米到达金星
1974 年 2 月 5 日飞越金星

图 2-3 "水手" 10 号的飞行轨迹

"水手" 10 号先到达金星,绕过金星时借助金星引力改变了轨道,然后到达水星,在飞越金星和水星上空时开展了科学探测,第一次飞越水星后远离水星,然后再次飞越水星,再第二次、第三次飞越水星。

的速度,金星引力拽着"水手"10 号飞行,将使"水手"10 号在原有速度的基础上又从金星得到速度增量,从而改变飞行速度。打个比方来说,金星引力犹如一把"弹弓",利用它可以让"水手"10 号改变飞行轨道和速度并甩向水星,而这个过程全然不用发动机或推力器提供额外动力。科学家根据这个原理,通过精心设计飞行轨道,使"水手"10 号恰当地靠近金星，然后借助金星引力实现调整轨道和速度的目的。"水手" 10 号绕过金星时，借助金星引力调整了飞行方向、减慢了飞行速度，从飞往金星改为向水星飞行（图 2-3）。

这种借助行星引力改变航天器轨道和速度的方法，称为借力飞行，也被形象地称为"引力弹弓效应"，利用这项技术可以减少航天器火箭发动机或推力器的负担，节省燃料，特别适用于挨着金星、火星之外的行星和小行星的探测。尤其要说的是，借助行星引力改变航天器速度，既可以让航天器加速，也可以减速，这取决于航天器的飞行方向和具体的轨道设计。"水手" 10 号是第一个借助行星引力调整轨道的航天器。

"水手" 10 号先后 3 次飞越水星，首次获得了近距离拍摄的水星照片，并总计向地球传回大约 1 万幅图片，取得了宝贵的水星探测成果。虽然这些图片仅覆盖 57% 水星表面，但它让人们第一次看到了水星的真实面貌。

"水手" 10 号的一项重要成就，是发现水星有一个球形磁场，推翻了以前认为水星无磁场的认识，虽然这个磁场的强度还不到地球磁场的 1%，但足以让科学家感到振奋。对于行星，只有快速旋转并且它的内部有铁质内核时，才能产生磁场。这一发现，意味着水星像地球一样，它的中心也有

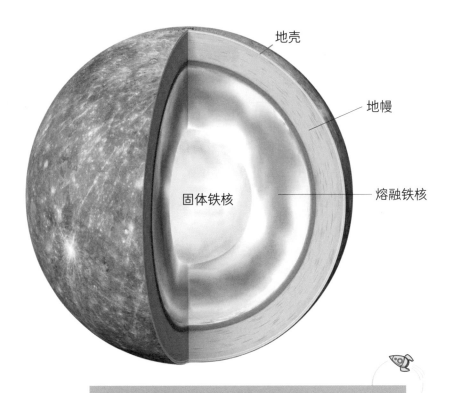

地壳

地幔

熔融铁核

固体铁核

图 2-4 水星的表面和内部结构

水星表面大部分呈灰棕色，外表看上去更像月球，布满了因小天体撞击留下的"疤痕"，但其内部与地球内部有些相像，最外层是由硅酸盐岩石组成的地壳和地幔，厚度约400千米；地幔以下是直径约2070千米的巨大的铁质核心。

一个铁核，这为人们认识水星内部结构提供了帮助（图2-4）。

在"水手"10号探测前，天文学家曾采用多种观测手段研究水星是否有大气，但都未得出确切结论。"水手"10号第一次回答了这个问题。现在我们知道，水星几乎没有大气，仅有一层密度只有地球大气密度千分之三的稀薄大气层，主要由 42% 的氦、42% 的气化钠和 15% 的氧组成。

1975 年 3 月 24 日，这位长途飞奔的探测器耗尽了用于飞行控制的气体，与地球失去联系，成为永远围绕太阳运行的人造行星。

3. "信使"报送水星秘密

"水手"10 号让人们看到的只是水星的冰山一角，科学家期待揭示更多的水星秘密。2004 年 8 月，美国宇航局发射了"信使"号。与"水手"10 号采用飞越探测方式不同，"信使"号是一个在环绕水星的轨道上运行的探测器，或者说是一个水星轨道器，它可以开展持续、详细的近距离探测活动。

环绕水星运行，最大的难题莫过于对付灼热的高温。这里离太阳非常近，太阳辐射会使"信使"号产生高温；水星表面温度超过 400 摄氏度，炙热的水星表面也会辐射热量，也会伤害"信使"号。在太阳和水星双重辐射作用下，"信使"号好像在经历炙烤，外表面经常超过 350 摄氏度。为了对付高温，科学家想了许多办法。

一个办法是给"信使"号安装一个遮阳罩，别看这个用耐热陶瓷制造的罩子怪模怪样，但它能耐受极高的温度，可将来自太阳和水星的热辐射反射到太空。另一个方法是，为"信使"号设计特殊的温度控制系统，让它的内部像一个保温箱，确保各种设备在 20 摄氏度左右的室温下工作。电子设备在工作时也会产生热量，就像我们长时间使用手机会发热一样，为了散热，许多设备都与排热装置相连，将产生的热量排放到空间。科学家还从轨道设计上考虑，让"信使"号沿一条大椭圆形轨道绕水星飞行，距水星表面

图 2-5 "信使"号水星探测器示意图

"信使"号朝向太阳的一面有一个面积 2.7×2.4 米、厚度 6 毫米的遮阳罩，用于抵挡强烈的太阳辐射。

最近为 200 千米，最远为 15000 千米，使它只在很短的一段时间靠近水星表面，然后远离水星表面，免受水星炙热表面辐射热量的损害。不过，这也让"信使"号观测北半球时比较清楚，观测南半球时就变得模糊了（图 2-5）。

"信使"号要解决的另一个难题是轨道问题。水星位于地球环绕太阳轨道的内侧，是离太阳最近的行星，从地球飞往水星的"信使"号会离太阳越来越近，它将受到太阳巨大的引力作用而不断加速，比如，"信使"号飞行速度最快时达到 62.5 千米／秒。过高的速度容易使"信使"号航天器从水星上空快速掠过，就像快速冲刺难以转弯一样，无法进入环绕水星的轨道。因而，降低飞行速度，确保进入环绕水星的轨道，成为必须解决的难题。科学家们再次使用了"引力弹弓效应"来调整轨道和降低速度。与"水手"10号利用金星进行一次减速不同，"信使"号从 2004 年发射后，途中 1 次飞越地球、2 次飞越金星、3 次飞越水星，先后借助地球、金星和水星三颗行星的巨大引力进行了 6 次轨道调整并降低飞行速度。在太空航行了大约 79 亿千米后，2011 年3 月它再次到达水星时，速度已经降得足够低，然后启动火箭发动机变轨，将自己送入环绕水星飞行的轨道。

"信使"号甘冒高温探访水星，当然不能枉来一趟，

图 2-6 彩色的水星立体图

在这幅彩色的水星立体图中，颜色用来表示水星表面不同的构成，不是真实颜色。较暗区域表现低反光率物质。图中上方偏右的明亮圆形区是水星最大的盆地，盆地表面是火山熔岩沉积物形成的广阔区域，而火山活动早在35亿年前已停止。白色的放射纹是"撞击坑射线"，像不像张牙舞爪的百足蜘蛛？

要好好"侦察"一番，必须带上一身好装备，比如用来解答水星磁场有什么特征的磁力计；探测不同元素丰度的伽马射线与中子光谱仪；可以测量水星地表反射率、测绘水星表面地形图的激光高度计；用于找水和物质成分的中子光谱仪；用来拍摄照片或影像的成像系统等。经过3次飞越和3年时间环绕水星飞行，"信使"号取得了众多成果。

"信使"号对水星表面进行了精确测绘，根据测绘数据，2009年科学家制作了世界上第一幅水星表面地形图，清晰展示了水星的全球面貌，包括小行星撞击形成的撞击坑、向四周辐射的条纹等精细的地质特征（图2-6）。

最惊人的发现是，"信使"号在水星南极和北极地区发现了大量的水冰和含碳有机物！这可是对水星"名副其实"的重大发现。发现水冰和有机物的地区位于撞击坑的最深处，这是阳光永远照射不到阴影区，温度低至零下200摄氏度。科学家推测，携带水分和有机物的彗星和小行星撞入这些地区，把水分和有机物留在极寒冷的阴影区，水冻成水冰。尤其在北极有3个大型撞击坑，蕴藏着巨大的地表冰盖(图2-7)。

"信使"号的另一个出乎意料的发现是，水星曾有大量的活火山，但这些火山在35亿年前基本停止了活动。确定火山年龄可以让研究人员掌握水星地质演化的历史。"信使"号还证实水星有一个内部磁场，它与地球一样也有两个极磁，南磁极和北磁极，分别位于南极和北极地区。在水星表面还发现了较多的金属元素铁，纠正了以前科学家认为水星表面缺乏铁、钛等金属元素的观点。

2015年4月30日，"信使"号的燃料耗尽，它在生命即将终结前向地球发回了最后一批科学数据，最终以3.91千米/秒的速度一头撞入水星表面，水星成为它的最后归宿。

4. 旅途中的"贝皮·科伦布"

在"信使"号的任务使命终结后第三年，2018年10

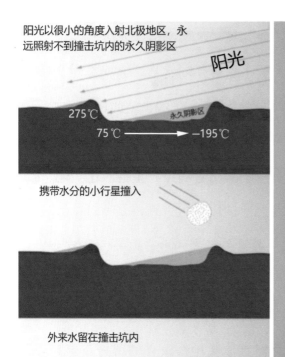

阳光以很小的角度入射北极地区，永远照射不到撞击坑内的永久阴影区

阳光

275℃ 永久阴影区

75℃ ——→ −195℃

携带水分的小行星撞入

外来水留在撞击坑内

外来水在极寒冷的永久阴影区保留下来，形成厚冰盖，其他区域的水散失

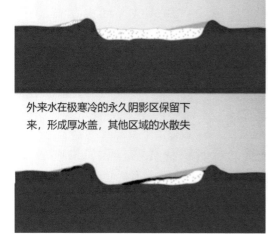

尽管太阳强烈地照射水星，但在水星的南极和北极地区，阳光仅以很小的角度照射，从而使南北极地区许多撞击坑底部存在阳光无法照射的永久阴影区，这里的温度可保持在零下200摄氏度以下。带有水分的外来天体撞入这些阴影区，为水星送来了水分，这些水分以水冰形式存在，一些地方的冰盖厚度超过了20米。"信使"号使用激光高度计和中子光谱仪两种仪器，证实了水星上水冰的存在。

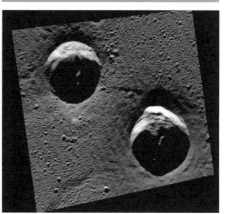

图 2-7 水星上水冰的形成过程示意图

左图是水冰的形成过程。右图是北极附近有永久阴影区的撞击坑，这里发现了冰盖。

月20日又一颗前往水星的探险器"贝皮·科伦布"号踏上了遥远的征程，这是迄今发射的最大的水星探测器，预计2025年进入环绕水星的轨道，然后开展探测活动（图2-8）。

"贝皮·科伦布"号是由四个兄弟组成的一个探险团队，老大叫"水星行星轨道器"，它携带了11种探测仪器，负责在较近距离对水星表面和磁场进行高精度探测；老二是"水星磁层轨道器"，它携带了5种探测仪器，到达水星后将沿着一条大椭圆形轨道独自围绕水星运行，主要任务是探测水星磁层；老三主要负责防热工作，是一个大型遮阳罩，用来抵御高温，为老二飞近水星而保驾护航；老四

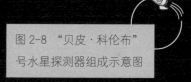

图2-8 "贝皮·科伦布"号水星探测器组成示意图

水星磁层轨道器

遮阳罩

水星行星轨道器

水星转移舱

叫作"水星转移舱"，是一位专门提供服务的"后勤机构"，它携带了火箭发动机和被称作"离子发动机"的太空推进装置，还安装了长长的太阳能电池板，在飞往水星的旅途中负责提供飞行动力和电能。

四兄弟组成一个整体一同飞往水星，到达水星后各奔东西。老大和老二各自进入自己环绕水星的轨道运行，兄弟俩一个距离水星较近，一个距离水星较远，同时开展探测（图2-9），它们获得的探测数据可用来研究水星的起源和演化过程，以及内部结构、地质特征、物质组成、磁场起源、磁层结构等。老三和老四不承担探测任务，完成保驾护航和后勤服务使命后，成为在太空中孤独游荡的废弃物体。

图 2-9 "贝皮·科伦布"号绕水星的飞行轨道

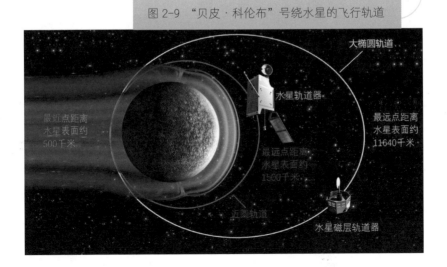

图 2-10 "贝皮·科伦布"号水星探测器探测水星示意图

图中大个头儿的是水星行星轨道器，它安装了大型散热器，内部使用了一种称为"热管"的装置，太阳能电池板的表面则使用了防热涂层，并通过旋转避免阳光垂直照射，以防高温伤害。小个头儿的是水星磁层轨道器，它会不停地旋转，避免某一部分一直受照射而过热，外表面装了反光镜，太阳能电池板也采用了防热涂层。

"贝皮·科伦布"号与它的前辈"水手"10 号和"信使"号一样，必须解决防热问题（图 2-10）；还要克服太阳的强大引力，借助地球、金星和水星的引力调整飞行轨道和减小速度。预计它飞行的里程将超过 70 亿千米，飞行 6 年后才能进入环绕水星的轨道。2018 年 10 月发射升空后，它至今还在漫长的太空旅途中，前面还将面临着艰难险阻和严峻挑战，我们关注着这位冒着艰险探索遥远水星的探险家，祝它一路平安，盼望它取回丰硕的科学成果。

三、穿云破雾探金星

1. 认识金星

金星，中国古代将它称为"太白"或"太白金星"，它在黎明前出现在东方天空，也被称为"启明星"；黄昏后出现在西方天空，又被称为"长庚"。金星是夜空中除月球外最亮的星，犹如一颗闪亮的钻石镶嵌在夜空（图 3-1）。

"金星"这个名子很闪亮，镶嵌在夜空中的金星也很美丽。

图 3-1 金星与地球、水星和火星

金星是太阳系中第六大行星，是地球的近邻，虽然大多数时间金星与地球相距甚远，但两者最近时，只相距 6100 万千米。金星的体积为地球的 86%，质量为地球的 81.5%，表面重力是地球的 90%，其尺寸、质量和重力与地球最接近。虽然金星与地球的大气状况完全不同，但两颗行星都属于主要由硅酸盐类岩石组成的"岩质行星"，也称类地行星，它们都有地壳、地幔以及由铁和镍构成的地核。所以，金星和地球也被视为"姐妹星"。

水星

金星

地球

火星

图 3-2 金星——被浓密大气层包裹的神秘行星

这是"麦哲伦"号探测器拍摄的金星照片，它的外表覆盖着朦胧的大气层，大气层内浓云密布，遮挡了光学视线，让光学相机和仪器无法看到它的真实面貌。金星大气层高度超过 60 千米，二氧化碳占大气层成分的 96%，氮占 3.5%，其他还有少量的一氧化碳、氩、二氧化硫、水蒸气和硫酸。金星的云呈明亮的白色或黄色，含有硫酸的浓云终年在上空飘荡，不凝结不下雨，也看不到明显的风暴旋涡。

但是，假如你真的能够靠近金星，就会发现它简直就是一座地狱！金星永久地笼罩在厚厚的有毒硫酸云中，硫酸云飘浮在距离金星表面 45 千米到 70 千米的大气层中。金星被浓密的大气包裹，二氧化碳——也就是人们所说的最重要的一种温室气体，在金星大气层中占了 96%，强烈的温室效应使金星成为太阳系中最热的行星，其地面温度最高可超过 460 摄氏度，足以融化铅等金属。金星还是一个巨大的"超级高压锅"，它的大气压力是地球的 90 倍。人类发射的金星着陆器，尽管采用了耐高压设计，在进入金星大气后，最长只工作 2 ～ 3 小时便在高压高温环境下毁于一旦（图 3-2）。

穿过浓密的金星大气层，我们能看到金星地面的真实面貌，这里遍布着众多的火山、绵延的山脊、巨大的裂缝，还有广阔的火山平原与高原，其中最高的一座山峰达到 11 千米，比地球上最高的山峰珠穆朗玛峰高得多。与水星或月球相比，金星上的陨石坑少得多，它的表面大部分被火山熔岩所覆盖。最近的科学研究表明，目前金星上仍然存在活火山。

　　"金星"在太阳系中的运动十分奇妙，它围绕太阳公转一圈需要 225 天，也就说金星的一年等于地球上的 225 天；而金星自转一圈需要 243 天，或者说金星的一天等于地球上的 243 天，它绕太阳公转的速度很快，而自转的速度很慢，这就使金星的一天比它的一年时间还长。想想看，在金星上是不是可以天天过新年！从地球上看，金星和太阳永远不会偏离彼此太远，这是因为金星环绕太阳的轨道在地球环绕太阳轨道的内侧，换句话说，金星的轨道比地球的轨道更接近太阳，这就让我们看到金星总是靠近太阳的。金星像月球一样也有盈亏，由于太阳、地球和金星三个天体位置周期性变化，人们有时看到被太阳照亮半个球体的金星，有时看到全部被太阳照亮的金星，因而出现与月球相似的盈亏现象。"人有悲欢离合，月有阴晴圆缺。"而"圆缺"不仅月球有，金星也有！不过，月球从"新月"到"满月"再到"新月"，完成这个过程只需要1个月,而金星完成一个"盈亏"需要584天。

人类利用航天器对太阳系行星进行探测,是从金星开始的,金星是航天器到达的第一颗行星,也是航天器着陆的第一颗行星。截至2020年,各国共执行了42次金星探测任务,其中仅有20多个探测器完成了飞越、着陆、环绕等不同形式的探测任务。

探测金星不是一件容易的事情,金星被包裹在浓密的大气层中,围绕金星飞行的航天器用光学相机仅能拍摄金星外部的大气层,只有用雷达成像设备等能够穿云破雾的科学探测设备,才能看到它的真实面貌。而冒着巨大的危险穿过高温高压的大气层直达金星表面的勇士,只工作很短的时间便结束了探测使命。

2. 勇闯金星的着陆器

1961年科学家开始向金星发射探测器,早期最著名的金星探险者是苏联1967年6月发射的"金星"4号硬着陆器,它于当年10月18日强行闯入金星大气层,在到达地面前被金星的高压大气层毁坏,所幸在毁坏之前测量了金星大气的温度、压力和化学组成,首次探测到金星大气中二氧化碳占90%～95%,在地面的科学家第一次获得了现场探测的金星大气数据。2年之后，"金星"5号和"金星"6号再次勇闯金星，在下降过程中又遭到损毁，但它们在损毁前也及时地向地球报告了金星大气的成分，证实金星大

图 3-3 "金星"4号着陆器下降和着陆示意图

"金星"4号由着陆器和主舱组成，它们在金星上空分离，着陆器首先闯入大气层，它携带了温度计、气压计、高度计和气体分析仪等探测仪器，还携带了把探测数据发送回地球的无线电发射机。在离地面50多千米的高度，它打开降落伞，开动所有探测设备收集科学数据。它在离地面约25千米的高度遭到破坏，此时它已发送了20多组数据。着陆器带了一项直径55米的巨大降落伞，还使用了厚厚的耐烧蚀防热屏，以减小下降速度和防止高温环境瞬间破坏着陆器。主舱带了测量金星磁场的科学仪器，它随后进入大气层并烧毁。金星的大气就像一个巨大的"高压锅"，如果不经过特殊的抗压和耐温设计，进入金星大气层内部的着陆器都会被压碎或烧毁。

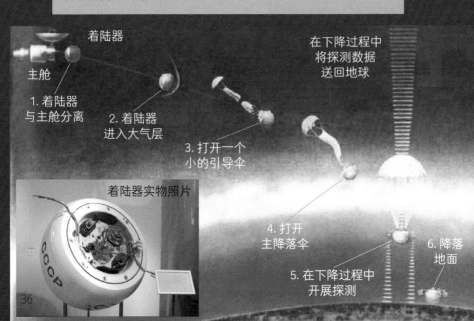

着陆器

主舱

1. 着陆器
与主舱分离

2. 着陆器
进入大气层

3. 打开一个
小的引导伞

在下降过程中
将探测数据
送回地球

着陆器实物照片

4. 打开
主降落伞

6. 降落
地面

5. 在下降过程中
开展探测

气的主要成份是二氧化碳和氮。（图 3-3）

1970 年 8 月，"金星" 7 号发射升空，成为第一个在金星表面软着陆的物体，它成功地穿越了金星大气层并安全着陆在金星表面，测量了金星地表温度和压力，并将测量数据发回地球，由此人们知道金星地面的大气压强为地球的 90 倍，温度高达 470 摄氏度。紧随其后的"金星" 8 号在下降过程中测量了金星大气中的风速，并在着陆后利用一种被称为"伽马射线谱仪"的科学设备对金星地面物质的组成进行了分析。

从 1974 年到 1983 年，"金星" 9 号到 16 号共 8 个金星探测器前往金星探险，最成功的要数 1981 年 10 月发射的"金星" 13 号着陆器（图 3-4），它承受了金星大气层 90

图 3-4 "金星" 13 号在金星表面着陆示意图

"金星" 13 号发射后，经过 4 个月飞行到达金星，1982 年 3 月 1 日进入金星大气层并成功登陆金星，在金星表面"存活"了 127 分钟，在这期间它快速完成了预定的探测工作，向地球发回了金星彩色照片。人们从照片上看到了金星的荒凉大地、橙色天空，仿佛金星大地沉浸在睡梦之中。

个大气压和 457 摄氏度的高温，成功降落在金星地面，向地球传回了第一张金星地面的彩色全景照片，让人们看到浓密大气层下面金星表面的真实面貌（图 3-5）；它利用自动钻取装置取出地下 3 厘米处的样品，并用 X 射线荧光光谱仪测定了样品的化学组成，确定了样品的岩石类型；测量出地表温度高达 457 摄氏度，大气压力为地球大气压的 89 倍；"金星"13 号还异想天开地带了一个麦克风，记录了大气中的风声，测量出风速为 0.5 米 / 秒。其间，分别由着陆器和轨道器组成的"金星"9 号和 10 号先后前往金星，它们的着陆器实现了软着陆任务，而轨道器成功进入环绕金星飞行的轨道，成为首批 2 个最先环绕金星飞行的航天器。

3. 探索金星的"先驱者"

美国最早派往金星执行探测任务的是一对姐妹——"先

图 3-6　"先驱者"金星 1 号拍摄的金星全景图

这是"先驱者"金星 1 号 1979 年 2 月 11 日用紫外相机拍摄的照片，
当时它离金星 65000 千米。从照片上看，金星被厚厚的云层包裹着。
金星是天空中最明亮的行星，但要看到浓云下的地面并不容易。

驱者"金星 1 号和 2 号。它们分别于 1978 年 5 月 20 日和 8

月 8 日从地球出发，同年 12 月 4 日和 9 日先后到达金星，

姐妹俩在环绕金星的椭圆形轨道上相伴飞行，不仅成为美

国探索金星的先驱，而且"先驱者"金星 1 号一直工作到

1992 年，成为长寿命的金星探测器。

　　姐妹俩各有所长，各显神通，"先驱者"金星 1 号携带

了 16 种科学仪器，其中的多台仪器用来探测金星大气层的

秘密，包括组成大气层的物质成分、大气层的热和温度特性、

大气层中带电粒子的情况、云的结构（图 3-6），还有一些

仪器用来研究金星的磁场和重力场。不过，人们最看重的科学探测"法宝"是一台叫作"雷达地面绘图仪"的科学仪器，它不是利用光学仪器进行观测，而是利用雷达进行探测，

图 3-7 "先驱者"金星 1 号和 2 号探测器

左图是 1 号探测器，它在环绕金星的轨道上用 16 台仪器开展金星探测，包括 1 台可以穿过浓密云层获取金星地面图像的雷达。右图是 2 号探测器，它携带了 4 个外形看上去像银色雨伞一样的大气探针。其中，大探针直径为 1.5 米，携带了 7 台仪器，从金星赤道附近的上空，以 11.5 千米 / 秒的速度进入金星的大气层，在距地面 47 千米的高度打开降落伞，最终在金星表面着陆。3 个小探针也安装了多台探测设备，依靠降落伞下降并着陆。图中的银色"帽子"是用耐烧蚀材料制作的防热罩，以防止探针进入金星大气层后因高温而很快损坏。4个探针进入大气层后只能工作很短时间，它们一边下降，一边探测，一边将探测数据发送给地球，直到在巨大的大气压力和高温下毁坏。

因而具有穿云破雾的"千里眼"本事，能在金星的上空透过浓密的大气层看到金星地面，它用14年的时间观测了金星93%的全球地形，拍摄了照片，让人们看到许多令人惊异的景象，遗憾的是这些照片的分辨率不高。

"先驱者"金星2号携带了4样法宝——4个金星大气探针，它们像4把投向金星地面的飞镖，从4个不同位置和方向发射，穿越大气层降落在金星地面（图3-7）。这4个大气探针，有的进入太阳光照不到的金星黑夜一侧，有的进入金星白天一侧，探针装有不同的探测设备，在下降过程中探测大气数据，然后把探测数据发送给留在轨道上"先驱者"金星2号，再转发回地球。其中，进入金星白天的一个探针到达地面后坚持工作了67分钟，传回了大气、云层和磁场数据。这些数据再次证实，金星大气的主要成分是二氧化碳，大气中含有硫酸，含硫气体可以到达离地面70千米的高空，形成硫酸云（图3-8）。

4. 远航的探险家"麦哲伦"号

美国宇航局1989年5月4日发射了大型金星探测器，并以16世纪的探险家麦哲伦的名字命名。"麦哲伦"号探测器环绕金星飞行了15018圈，历时4年多。它采用1套称

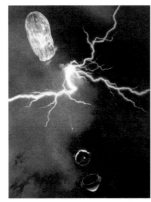

作合成孔径雷达的设备对 98% 的金星表面拍摄了图像,图像分辨率达 100 米,清晰度远远超过以往任何探测器获得的图像;同时还采用测量高度的仪器测量了金星表面的地形地貌,并且对金星 95% 的地区进行了重力测量,它把这些宝贵数据发送回地球,提高了人们对金星的认识(图 3-9)。

"麦哲伦"号于 1990 年 8 月 10 日进入环绕金星的轨道开始工作。金星自转一圈所用时间相当于地球上的 243 天。当金星在"麦哲伦"号的轨道下面完成一圈自转时,在金星上空的"麦哲伦"号上用合成孔径雷达恰好对金星完成一个周期的全球勘察。1991 年 5 月 15 日,"麦哲伦"号得到第一幅覆盖金星表面 83.7% 的清晰立体全球图像。随后，"麦哲伦"

号进入第二个 243 天的勘察周期，接着进入第三个勘察周期，

1992 年 9 月 13 日第三个周期结束时，将金星立体图像的覆盖

图 3-9 航天飞机上的"麦哲伦"号金星探测器

与用运载火箭发射航天器不同，"麦哲伦"号探测器是用航天
飞机发射的。"麦哲伦"号先与 1 枚固体火箭对接在一起，
放入航天飞机货舱，由航天飞机带到低地球轨道，然后释放到
太空中，随后固体火箭点火工作，将其送入距金星表面最近点
310 千米、最远点 8500 千米的环绕金星的椭圆形轨道。这幅照
片是"亚特兰蒂斯"号航天飞机货舱中的"麦哲伦"号探测器，
此时航天飞机货舱舱门已打开，准备将其释放到地球轨道上。

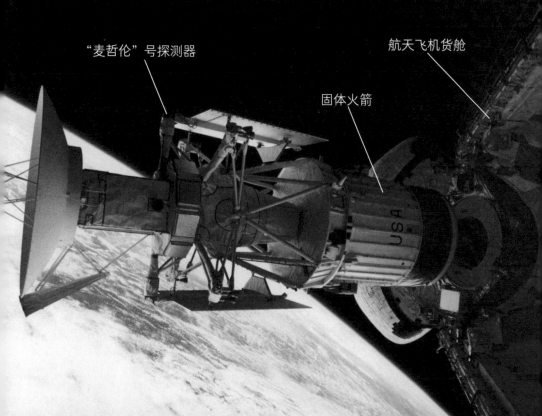

"麦哲伦"号探测器　　　　　　　　　　　　　　　航天飞机货舱

固体火箭

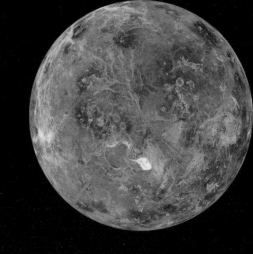

图 3-10 "麦哲伦"号获取的金星北半球影像

利用雷达成像设备和测高仪器，"麦哲伦"号探测器勘察了浓密大气层之下的金星全貌。这是依据"麦哲伦"号提供的雷达成像数据，用计算机仿真制作的金星北半球彩图。图中黑暗区域是被古老的熔岩覆盖的平原地区，亮暗变化表示地势变化。

面积提高到 98%（图 3-10）。通过三次全球雷达成像，科学家更详细地看到了隐藏在大气浓云之下的金星地表真面貌，那里有火山熔岩构成的广阔平原，巨大的断层与沟壑，遍布全球的熔岩流、高耸的火山和绵延的山脉，数以千计的陨石撞击坑以及时有发生的大风暴……探测结果表明金星仍然存在着地质活动（图 3-11）。

完成三个周期的雷达成像任务之后，"麦哲伦"号又开始对金星进行新的三个周期的重力测量，这期间它曾降低飞行轨道，距金星表面最低时仅 180 千米，科学家希望

图 3-11 金星上的撞击坑

金星上大约有上千个陨石坑，均匀地分布在金星的表面，表明金星曾经受到频繁的小天体撞击。这张图是"麦哲伦"号探测器用雷达获得的图像，显示了奇异的火山活动和 2 个巨大的撞击坑。

图 3-12 "麦哲伦"号获取的金星地势图

这是依据"麦哲伦"号 1990—1994 年获得的数据制作的金星半个球体的地势图，它由许多局部地区图像拼接而成，分辨率为 3 千米。上端为北极，下端为南极。不同颜色表示了不同的地势高度，北极附近红色区域是金星的伊师塔高原，这里有金星的最高山峰麦克斯韦山峰，它比金星表面平均高度高 11000 米；蓝色代表广阔的平原低地。

通过精确测量不同区域的重力变化，推算金星表面的地势情况（图 3-12）。1994 年 10 月 13 日，"麦哲伦"号完成了所有探测任务，坠入稠密的大气层，在大气层中燃烧了大约 10 小时，结束了辉煌的探险之旅。

5. 开往金星的"金星快车"

2006 年 4 月 11 日，肩负重任的欧洲"金星快车"经过

155 天的飞行抵达金星，进入环绕金星的工作轨道，开始了为期 8 年的揭秘金星的历程。"金星快车"是一个两侧安装有太阳能板的长方形航天器(图3-13)，携带了 7 台探测仪器，沿着一条椭圆形轨道围绕金星飞行，飞行一圈用时 24 小时，

图 3-13 金星快车飞行轨道示意图

图中的位置 1 和位置 2 分别表示 2005 年 11 月 9 日"金星快车"从地球上发射时金星和地球在空间的位置。"金星快车"从地球发射升空，在太空飞行中逐渐靠近金星，终于在发射后的第 155 天，即 2006 年 4 月 11 日，在位置 3 与金星交会，并进入环绕金星的轨道，此时金星已经绕太阳飞行了大半圈。

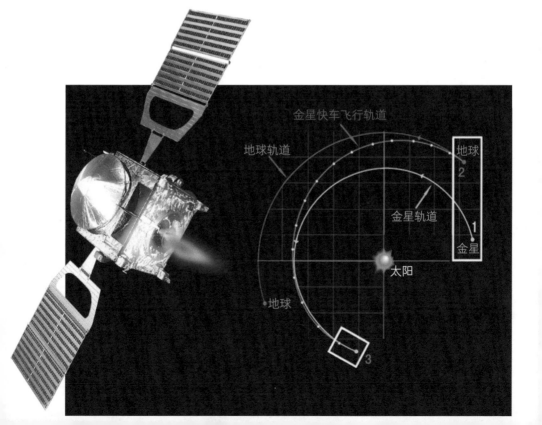

图 3-14 "金星快车"发现"双眼"气旋旋涡

金星大气层的上层有风速达 350 米/秒的超级气流,它们 4 天就可环绕金星一圈。图中是"金星快车"在南极上空发现的一对怪异的"双眼"气旋旋涡,中心呈螺旋下降,北极也有相同的旋涡,一些科学家认为,它们的形成与赤道地区的空气受热上升、大气层中的超级飓风以及金星自转有关。

每次要经过南极和北极,距南极最近,约 250 千米;距北极最远,约 66000 千米(图 3-13)。

科学家对这个探测器寄予厚望,希望它回答一系列科学问题,比如,金星上有没有活火山或地震活动,是什么导致大气超级旋转和飓风,云层和霾是如何形成与演化的,

"金星快车"观测到许多令人惊讶的现象，我们来举几个例子。

　　"金星快车"发现，像火炉一样炽热的金星，地表温度超过 400 摄氏度，但在距地面 120 千米的大气层中，竟然有一个寒冷层，温度降到零下 170 摄氏度，我们呼出的二氧化碳气体在那里也能冻成干冰。"金星快车"还发现金星大气层中有一层薄薄的臭氧层，这与地球有些类似，地球大气层中也有一个臭氧层。"金星快车"还对金星高温环境的形成原因开展了研究，证明"温室效应"是导致高温环境的主要原因（图 3-15）。它还测量了金星的磁场，发现金星自己不产生磁场，如果用指南针在金星上找北，那会让你迷失方向。"金星快车"还观测到更让人吃惊的现象，它用能穿透厚厚云层的红外热成像光谱仪对金星地表进行了 4 年观测，发现最初看到的地表特征在金星旋转一周后，没有出现在原来的地方，表明浓云覆盖的金星转速比以前测量的速度慢。"金星快车"测量的金星自转一周所需的时间，比"麦哲伦"号 16 年前测量的时间延长了 6.5 分钟，所以科学家得出了金星转速减慢的推论。

　　"金星快车"还为人们解开了许多迷惑。很多科学家认为干燥炽热的金星早期与地球一样，也是有水的世界，那么

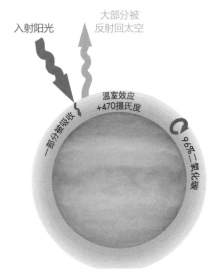
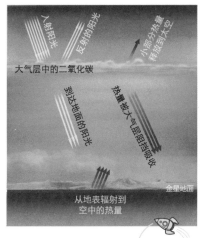

图 3-15 金星大气层的"温室效应"

"金星快车"证明"温室效应"是导致金星高温环境的主要原因。照射在金星的太阳光除一部分被反射到太空外，阳光中的短波辐射可以穿过大气层直达地面，给金星带来大量的热量；而金星地面受热后向外发出的长波辐射热量，却被含有大量二氧化碳的大气层阻挡吸收，只有少部分释放到太空中，导致大气层内积集了大量热量，使地表与低层大气温度增高，以至于地表达 470 摄氏度。打个比方来说，金星的大气层就像特殊的棉被，外部的热量可以进来，内部的热量无法散发出去，导致了金星的高温环境。这种现象被称为"温室效应"，而二氧化碳气体是一种重要的"温室气体"。地球也存在温室效应，但二氧化碳在地球大气中仅占体积的 0.04%，它的温室效应远不如金星的强烈。

水去哪里了呢？人们知道，水分子 (H_2O) 是由氢原子和氧原子组成的，"金星快车"发现，金星大气层外层的水分子在太阳紫外线辐射作用下会分解，一个水分子分解成两个氢原子和一个氧原子，来自太阳的高速带电粒子到达金星并碰撞金星外大气层后，将氢原子和氧原子带入太空。数十亿年来，水分子不断分解，再流失到太空，最终使金星变成干燥的星球。地球拥有强大磁场，这个磁场保护地球不受太阳辐射的带电粒子的影响。"金星快车"还对金星上有无活火山进行了观测，获得了活火山的有力证据（图 3-16）。

2014 年，在绕飞金星 8 年之后，"金星快车"燃料耗尽，无法与地球联络，进入金星大气层，结束了探险之旅。它的

图 3-16 "金星快车"发现金星上存在活火山

这幅图是根据"麦哲伦"号雷达绘图仪的探测数据制作的一座火山立体图，火山占地大约方圆 200 千米。十多年后，"金星快车"用红外热成像光谱仪对这个地区再次进行观测，形成左下角的小图，其中红橙色表示高温区域，紫色是低温区域，图中的亮度预示了火山熔岩流的存在，为判断金星是否存在活火山提供了证据。"金星快车"还发现金星高层大气中出现二氧化硫含量的急剧上升和逐步下降，而火山爆发时会向大气喷射大量的二氧化硫，这些现象也为判定活火山的存在提供了依据。

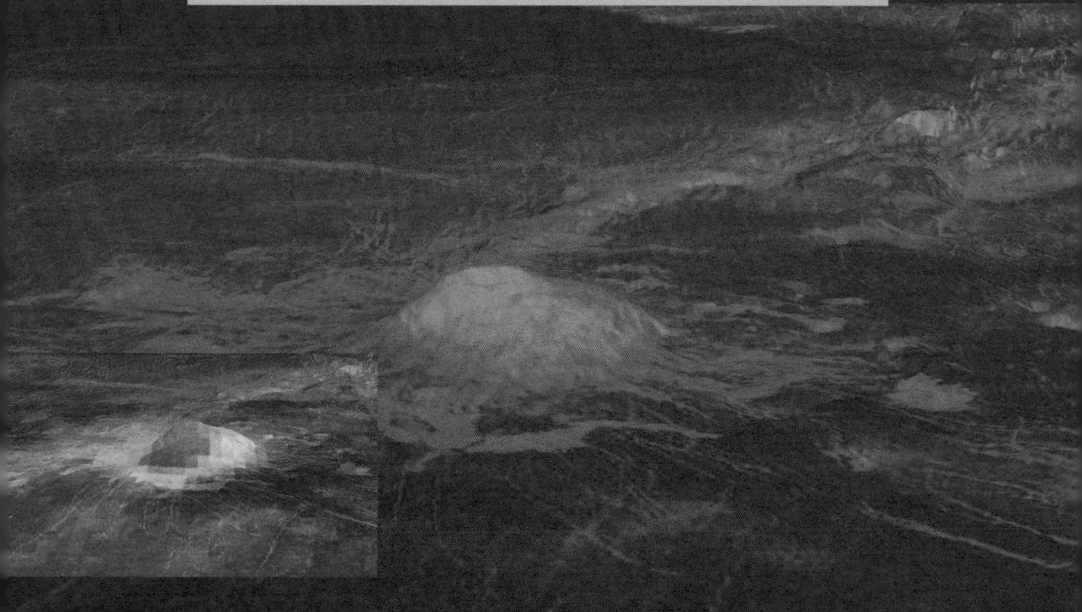

图 3-17 "拂晓"号金星探测器

"拂晓"号携带了7台科学仪器，包括红外相机、紫外相机、可见光相机等5台相机和两套科学辅助仪器。

设计寿命只有2年，但实际上它在金星轨道上超期工作了8年，被誉为欧洲最成功的深空探测器之一。

6. 历经至暗时刻的"拂晓"号探测器

"拂晓"号是日本2010年5月21日发射的首颗金星探测器，原准备当年12月7日到达金星上空，然后启动火箭发动机产生反向推力以调整轨道，使它进入环绕金星的轨道飞行（图3-17）。糟糕的是，火箭发动机出现了技术故障，"拂晓"号从金星身边快速掠过，无法控制地飞向远方，原来计划的探测任务进入"至暗时刻"。然而，科学家没有放弃这个探测器，全力施救。"拂晓"号在太空游荡5年后，2015年12月7日再次与金星相遇，科学家抓住宝贵时机，终于让这个太空游子进入环绕金星的轨道，开展探测工作。

不过，由于 5 年的飞行消耗了燃料，它已不能胜任原先设想的全部任务。

　　"拂晓"号进入金星轨道后用 5 台不同类型的照相机对金星进行了拍摄，将金星大气中旋转的云层和复杂的动态呈现在人们面前，揭示了这颗星球的另一副面貌。备受科学家关注的是，它发现了金星上有时隐时现的神秘"弓形波"（图 3-18），它是如何形成的，已成为科学家最感兴趣的研究课题之一。

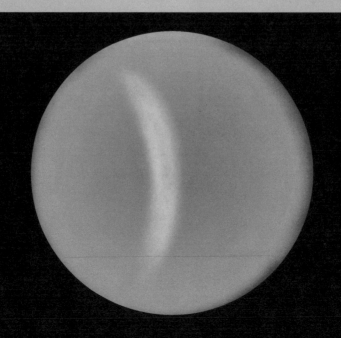

图 3-18 金星的"弓形波"示意图

图中颜色发白的弧形像一把弓的形状，长达 10000 千米，被称为"弓形波"。一些科学家认为，"弓形波"是金星大气在重力作用下产生的一种波动，而白色的弧形可能是"弓形波"导致的巨大的高温云。

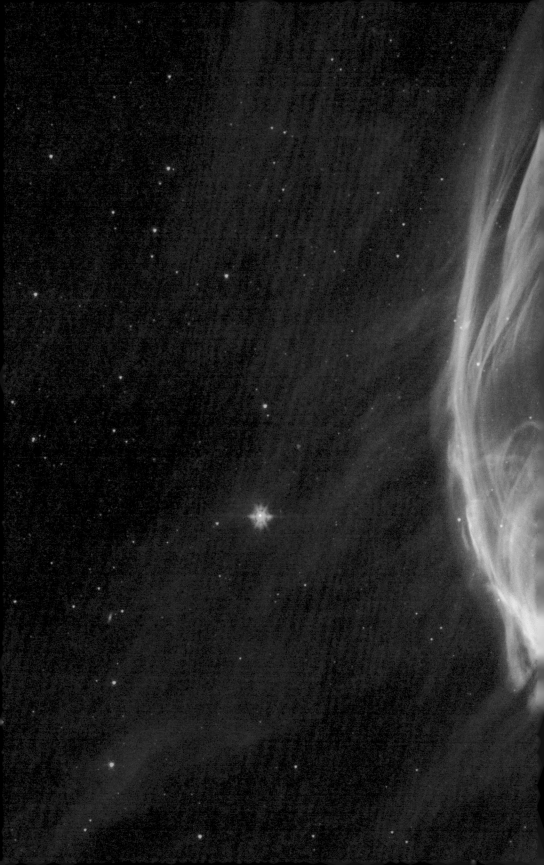

作者的话

　　我们在这本小册了中介绍了太阳系的一些基本知识，回顾了科学家利用深空探测器对水星和金星开展的探测活动。在下册中，我们将向您介绍科学家利用深空探测器对木星、土星、天王星和海王星的探测活动，您可以从中了解人类对太阳系行星开展探测的更多知识。

很高兴看到这样的一套书，深入浅出，兼具科学性与趣味性，让孩子从小就能接触到尖端领域的航空、航天知识，帮孩子撷取"人类工业文明的皇冠"。

——中国工程院院士，飞行器导航控制专家　冯培德

好奇心是孩子的天性。书中以孩子能理解的方式，讲述详实有趣的航天故事和知识，点燃孩子内在的好奇心，将探索的种子根植于孩子的内心。让阅读成为悦读，让梦想插上翅膀。

——中国人民解放军航天员大队首任大队长　申行运

这套书里，一流的科学家构建了完整的航空、航天知识体系，用巧妙的方式缀珠成线，一定能够满足你对科学的好奇心。未来的空间广阔，希望这次我们能为你们打开一个通往精彩世界的大门。

——空军退役飞行员　丁邦昕

4 航天读本 太空传奇

行星探测（下）

探访太阳系行星中的巨无霸

冯培德 / 总主编

屠空 / 著

航空工业出版社

北 京

图书在版编目（CIP）数据

行星探测．下，探访太阳系行星中的巨无霸 ／ 屠空著．-- 北京：航空工业出版社，2021.12
（少年儿童航空航天分级阅读．太空传奇）
ISBN 978-7-5165-2869-3

Ⅰ．①行… Ⅱ．①屠… Ⅲ．①外行星探测器－少儿读物 Ⅳ．① V476.4-49

中国版本图书馆 CIP 数据核字 (2022) 第 005766 号

行星探测（下）：探访太阳系行星中的巨无霸
Xingxing Tance (Xia)：Tanfang Taiyangxi Xingxing zhong de Juwuba

总 主 编：冯培德
主　　编：蒋宇平
作　　者：屠空
字　　体：仓耳字库

策划编辑：雷蕾
责任编辑：张世昌
装帧设计：骑云星工作室 一铭

航空工业出版社出版发行
（北京市朝阳区京顺路 5 号曙光大厦 C 座四层　100028）
发行部电话：010-85672688　010-85672689
承印者：北京富泰印刷有限责任公司

2021 年 12 月第 1 版
2021 年 12 月第 1 次印刷
开本：635×965　1/16
印张：4.25
字数：32 千字
定价：201.60 元（全 12 册）

一、认识行星中的巨无霸

在太阳系大家庭中，有 8 颗行星不停息地围绕着太阳运行。其中，距离太阳最远的 4 颗行星，按照由近及远依次是木星、土星、天王星和海王星，这 4 颗行星的体积和质量远远超过地球，是太阳系行星中 4 位"身躯"庞大的"巨无霸"兄弟，也被称为"巨行星"（图 1-1）。在本书中我们将介绍人类对这 4 颗遥远星球的探索活动。

在四颗巨行星中，木星和土星的"个头"比天王星和海王星更大，距离地球更近，也更容易观测，人类很早就

木星

水星

金星

地球

火星

对木星和土星进行了观测。比如，中国汉代伟大的史学家和文学家司马迁在他的《史记·天官书》中，就有对这两颗行星的记述。天王星和海王星被发现的时间要晚得多，1781年，欧洲的一位天文学家借助望远镜发现了天王星；1846年，一位法国数学家通过天体力学计算，预测出还没被发现的海王星并计算了它的运行轨道，随后，天文学家在德国柏

图 1-1 太阳系行星尺寸对比

在太阳系的八大行星中，按大小排队，木星排第一位，其直径是地球直径的 11.2 倍；土星排第二位，其直径是地球直径的 9.15 倍；天王星和海王星的体积接近，排在第三位和第四位，两者的直径分别是地球直径的 3.96 倍和 3.86 倍；地球排名在第五位，地球直径是金星的 1.05 倍、火星的 1.88 倍、水星的 2.61 倍。

土星

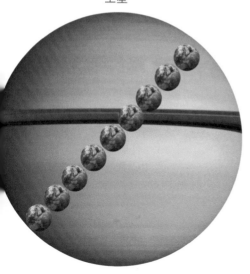

天王星

海王星

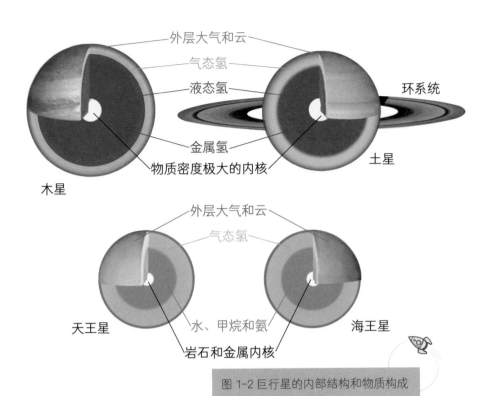

外层大气和云
气态氢
液态氢
环系统
金属氢
物质密度极大的内核
木星
土星

外层大气和云
气态氢
天王星
水、甲烷和氨
海王星
岩石和金属内核

图 1-2 巨行星的内部结构和物质构成

林的天文台用望远镜证实了海王星的存在，并且还发现了海王星的最大卫星"海卫一"。

很长一段时间，科学家认为这四颗行星的物质构成与木星相似，都是由氢和氦构成的气态星球，因而把它们称为"类木行星"。20世纪八九十年代，天文学家发现它们之间有巨大差别。其中，木星和土星的主要构成成分是最轻的元素氢和氦，它们的外层大气也由氢和氦构成，在中心可能是一个很小的由固态物质构成的内核，木星和土星也称为"气态巨行星"（图1-2）。天王星和海天星的主要物质是由水、甲烷和氨形成的一种液态"冰物质"，它们的外层是由氢和氦构成的厚厚的大气层，内部中心也有一个很小的核心，因而天王星和海天星又被称为"冰巨星"。由此，我们可以将太阳系的行星分为三类，第一类是像我们生活的地球一样，是以硅酸盐石作为主要成分的"类地行星"，包括地球、水星、金星和火星；第二类是"气态巨行星"，包括木星和土星；第三类是"冰巨星"，包括天王星和海王星。

行星"巨无霸"四兄弟有一些共同的特点，比如，它们都是不以岩石或其他固体为主要成分构成的大行星，没有固体表面，人类派出的深空探测器也无法登陆这四颗星球，只能进入它们的外层大气，在下降的过程中只能进行短时间探测，随后在高温高压下烧毁。这四颗行星的环境不适合生命存在，但它们的某些卫星有可能具有生命存在的条件，比如，木星的第二颗卫星（木卫二）和土星的第六颗卫星（土卫六）等。

四颗巨行星都拥有众多的天然卫星。其中，土星的卫星最多，已发现了146颗；海王星的最少，迄今已发现14颗。在卫星中，木卫三和土卫六比水星的"个头"还大。相比之下，地球只有一颗卫星——月球，按照体积大小来列队，月球只排在第五位，在木卫三、土卫六、木卫四和木卫一之后。

这四颗巨行星的身旁都有环绕自己的环系统。其中，土星环最为著名，它有 7 个或宽或窄的环，每个环由冰块、冰粒和尘埃组成，它们反射阳光形成明亮美丽的土星环。相比之下距太阳最远的海王星的环系统最暗淡，迄今已发现海王星有 5 个主环，但观测这些环颇不容易。每一颗行星、它们的卫星和环系统，构成了一个行星系统，或者称行星系。比如，我们将木星及其卫星和木星环构成的系统，称为"木星系"。

1973 年，"先驱者"10 号首先访问木星，从那时到今天，先后有 9 个深空探测器访问了木星系，4 个探测器访问了土星系，1 个探测器先后访问了天王星和海王星。

二、探测木星及其庞大家族

1. 认识木星及其卫星

木星，中国古代将它称为"岁星"。从地球上看，木星的亮度仅次于月球和金星，比火星、天狼星还亮。从拍摄的照片看，木星的表面像织锦一样美丽，有绚丽的彩带，还有神秘的斑点，这使木星成为色彩斑斓的迷幻星球（图 2-1）。

图 2-1　美丽木星好像包裹着织锦

这是卡西尼 - 惠更斯号土星探测器路过木星时拍摄的木星照片。木星表面有美丽的彩色条纹和斑点，在其赤道以南，有一个椭圆形的大红斑，像是木星漂亮的"胎记"。它是一个巨型大气旋涡，或者说是持续"发作"的超级风暴，长约 25000 千米，宽约 12000 千米，可以放入 2 个地球。

木星是太阳系中的"行星之王"，是体积最大的行星，赤道半径达 71400 千米，体积是地球的 1316 倍，如果我们把地球比作大粒葡萄，那么木星就相当于篮球；木星的质量是地球的 318 倍，太阳系中其他七大行星的质量加在一起还不到木星的四分之一。

按照行星距离太阳由近到远排列，木星是第五颗行星，

图2-2　木星与地球比"个头"

木星的直径是地球直径的 11.2 倍，而地球直径是月球的 3 倍多。

它环绕太阳运行的轨道平均离太阳约 7.8 亿千米，是地球到太阳平均距离的 5.2 倍。在天文学上，人们把地球到太阳的平均距离 1.496 亿千米称作"一个天文单位"，用英文字母"AU"表示，木星到太阳的距离等于 5.2 个天文单位（5.2AU）。

木星虽然身躯巨大，却是自转速度最快的行星，自转一周只需 9 小时 50 分 30 秒，也就是说木星上的一天还不到 10 小时，木星上的许多现象都与快速自转有关。尽管木星自转极快，但它围绕太阳的公转却需要很长时间，大约等于地球上的 12 年，或者说一个木星年等于 12 个地球年，因而木星是一个"天短年长"的奇异星球。

木星没有类地行星那样的固体表面，是一颗气态巨行星，主要物质成分是氢和氦。它的外层包裹着浓密的大气，大气之下是液态氢海洋，更深处是被称为"金属氢"的物质，人们还不能确定木星最深处的核心是什么，如果有一个坚实的内核，它很可能只有地球大小，而且物质密度极大。木星说起来有些奇特，它是太阳系中质量最大的行星，而构成木星的主要元素却是最轻的化学元素——氢和氦（图2-3）。

木星表面温度极低，"先驱者"11 号探测器测量的温度为零下 150 摄氏度；而木星内部的温度极高，科学家推测那里的温度可能高达 50000 摄氏度。

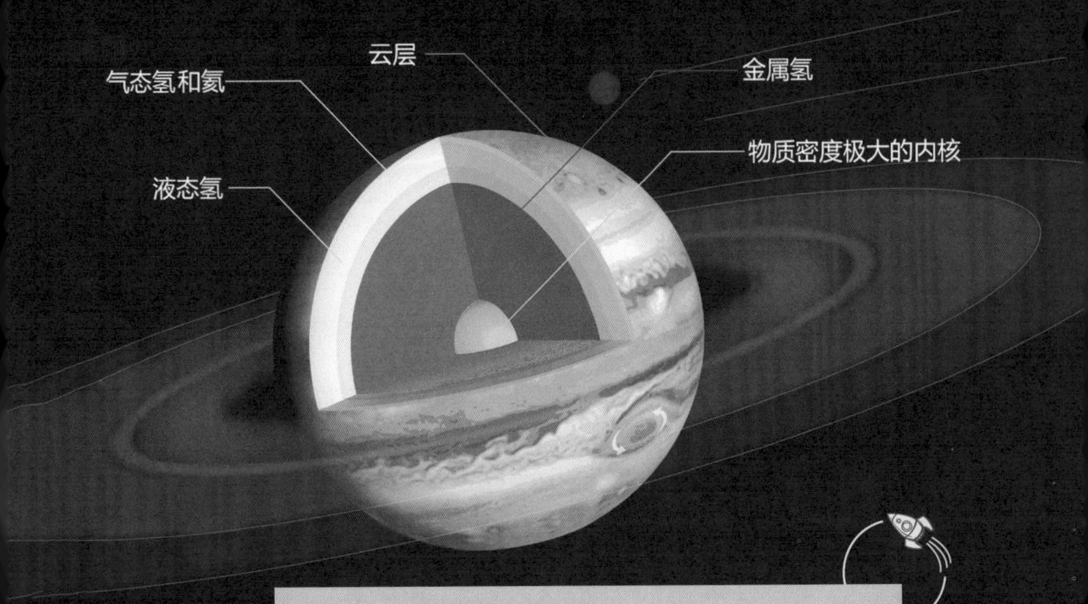

气态氢和氦

云层

金属氢

液态氢

物质密度极大的内核

图 2-3　木星的内部

木星外层包裹着浓密的大气，大气的主要成分是气态氢，还有一部分气态氦；从外向内，大气越深，压力和温度越高。在大气深处，氢被压缩成液态，使木星成为太阳系中拥有最大海洋的天体——一种由液态氢而不是水构成的海洋；更深处氦也变成液态的"雨滴"；再深的地方，由于压力极高，以至液态氢变成一种像金属一样可以导电的"金属氢"；最深的中心区域是一个物质密度极大的核心。

　　木星有一个庞大的家族，成员至少包括已探明的 95 颗卫星，以及一个围绕在木星周围的暗淡的木星环系统，这些卫星和木星环与巨大的木星共同构成了"木星系"。最让天文学家关心的是距木星较近的四颗大卫星，它们是木卫三、木卫四、木卫一和木卫二，这四颗卫星是意大利科学家伽利略首先发现的，天文学家也把这四颗卫星称为"伽利略卫星"（图

2-4）。1979 年，"旅行者"号探测器首次发现了木星暗淡的环系统，不过木星环远远没有著名的土星环明亮和美丽。

从 1973 年"先驱者"10 号首次探测木星到现在，已经有"先驱者"10 号和 11 号，"旅行者"1 号和 2 号，"伽利略"号、"朱诺"号等 9 个深空探测器对木星及其卫星进行了近距离探测。其中，美国宇航局的"伽利略"号、"朱诺"号两个木星探测器是专门探测木星家族的航天器，它们围绕着木星运行，执行长期探测任务，取得了许多重大成果，其他 7 个探测器只是路过木星，它们从木星身旁飞越时，顺路对这颗"行星之王"开展了短期勘察。

图 2-4 木星最大的四颗卫星

这是木星最大的四颗卫星。个头最大的是木卫三，直径 5262 千米，比水星和月球大得多，是太阳系中体积最大的卫星；发黄的那颗是木卫一，它拥有许多活火山，覆盖在表面的物质中含有黄色的硫化物；个头最小，在白色表面中布满棕色纹路的是木卫二，它的表面是一层厚厚的冰壳，冰壳之下是海洋；比木卫三略小的是木卫四，它的表面布满了密密麻麻的撞击坑，是太阳系中个头排名第三的卫星。

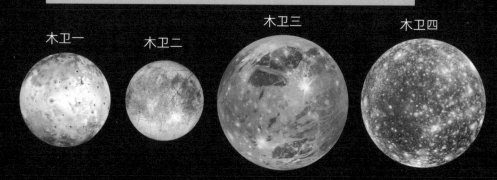

木卫一　　木卫二　　　木卫三　　　　木卫四

人类探测木星的一个重要目标是了解它的起源和演化，进而了解太阳系的形成过程。许多天文学家都认为，太阳系是从宇宙中一个巨大的气体尘埃云中诞生的，气体尘埃云的大多数物质形成了早期的太阳，太阳诞生后剩下的大部分物质形成了木星；而木星的物质构成与太阳一样——主要是氢和氦。木星巨大的质量形成了强大引力，使这些物质不能逃离木星，并让木星保持着原始的物质组成。科学家期望，揭开木星起源的秘密，或许可以发现背后隐藏的太阳系形成的更大秘密。

人类派探测器前往木星家族的另一个重大目标，是探测木星的四颗大卫星。科学家认为，木星上不存在任何生命，不能维持生命生存，但在木卫二、木卫三的表面下，可能有支持生命存在的巨大的地下咸海洋，那里有可能为太空生物提供生存条件，科学家希望未来能在这里发现惊人的秘密。

2. 访问行星之王——巨大的木星

"伽利略"号的木星之旅

第一个到达木星附近的是"先驱者"10号探测器，它在1973年从木星上空飞越而过，在距木星9万千米到13万千米的区域对木星进行了最早的探测。不过，首次对木星开展全面探测的是 1989 年发射的"伽利略"号木星探测器，它是历史上第一个环绕木星飞行的航天器。

1989 年 10 月 18 日，经过 10 年的精心准备，"伽利略"号背负着科学家认识木星的愿望，搭乘"亚特兰蒂斯"号航

图 2-5 航天飞机发射"伽利略"号木星探测器示意图

美国宇航局的"伽利略"号先由航天飞机送入地球轨道，然后从航天飞机货舱释放到太空，再利用火箭飞往木星。图中标有"NASA"的圆柱形是固体火箭，负责把"伽利略"号从地球轨道送往木星；固体火箭的上面是"伽利略"号探测器；远处的是"亚特兰蒂斯"号航天飞机；背景是蓝色的地球。

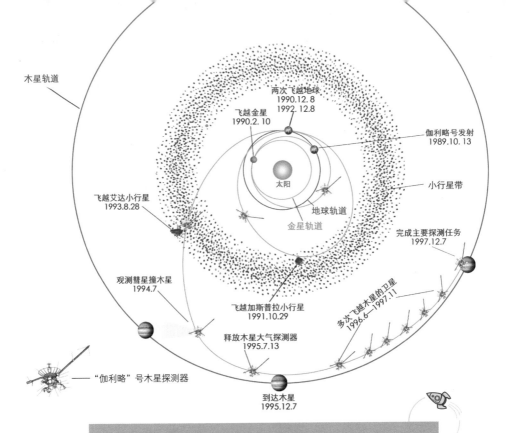

图 2-6 "伽利略"号木星探测器的飞行轨迹

"伽利略"号于 1989 年 10 月 18 日从地球启程,在围绕太阳运行的过程中,先飞越金星,再先后两次飞越地球,借助金星和地球的强大引力调整轨道和提升速度。在追逐木星的旅程中,先在 1991 年 10 月从编号 951 号的加斯普拉(Gaspra)小行星身边飞过,然后在 1993 年 8 月与编号 243 号的艾达(Ida)小行星相遇并发现了艾达小行星的一颗卫星,对这些小行星及其卫星进行了首次探测,拍摄了照片。1994 年 7 月,"伽利略"号幸运地观测到苏梅克-列维 9 号彗星撞入木星的天文奇观。"伽利略"号在到达木星之前的 150 天,即 1995 年 7 月 13 日释放了将进入木星内部的木星大气探测器,随后于 12 月 7 日进入环绕木星的大椭圆轨道,成为首个围绕木星运行的航天器。在随后的探测活动中,"伽利略"号对木星进行了科学考察,并多次飞越木星周围的不同卫星,还发现了木星的许多新卫星。2003 年 9 月 21 日,"伽利略"号完成了使命,坠入木星大气层。

天飞机呼啸升空，开始踏上飞往木星的征程（图 2-5）。经过 6 年多的长途跋涉，"伽利略"号于 1995 年 12 月抵达木星，进入了环绕木星飞行的轨道，随后对木星家族开展了近 8 年的科学探测活动。它沿着长长的椭圆轨道围绕木星飞行，飞行一圈大约两个月，每圈有一次近距离观测木星的机会，在 7 年多的时间里，它创造了绕木星运行 34 周，与木星的主要卫星 35 次相遇，向地球发回 14000 多幅珍贵照片的辉煌纪录（图 2-6）。

"伽利略"号携带了照相机、近红外绘图光谱仪、紫外光谱仪、尘埃探测器等 10 多种科学仪器，以及一个可以飞入木星大气层内部的大气探测器，这些先进的科学仪器"各司其职"，对木星家族开展了深入的科学研究（图 2-7）。它们探测了木星的大气层，调查组成木星大气的化学元素，拍摄了木星卫星的图像，分辨出卫星表面的细节；还对两个木星环系统进行了探测，并探明木星环由尘埃组成，为研究木星的形成和演化提供了科学数据。1994 年 7 月 22 日，它还幸运地拍摄到"彗木相撞"的天文奇观，一颗名为苏梅克 - 列维 9 号的彗星撞入木星南半球的情景，这是人类探测器首次近距离观测太阳系的天体撞击事件。

2003 年 9 月 21 日，"年事已高"的"伽利略"号结束

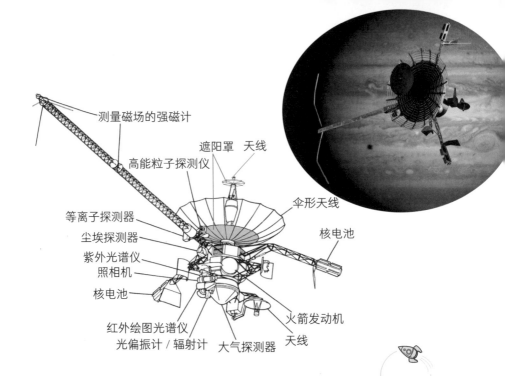

测量磁场的强磁计

遮阳罩　天线

高能粒子探测仪

等离子探测器

尘埃探测器

紫外光谱仪

照相机

核电池

伞形天线

核电池

火箭发动机

红外绘图光谱仪

光偏振计／辐射计　大气探测器　天线

图 2-7 "伽利略"号探测器

在深空探测器中，"伽利略"号属中等身材，高 5.3 米，重 2223 千克；在太空中它像陀螺一样不停地旋转，从而保持姿态稳定；前端像锅盖一样的伞形天线时时刻刻对准地球，保持与地球的通信联系并将探测数据发回地球；"伽利略"号安装了 2 个核电池，它们可以长期提供电能和热量。尾部的小圆锥体是大气探测器，它将与"伽利略"号分离，独自闯入木星大气层内部。

了 14 年的探险旅程，以每秒 47 千米的速度撞入木星大气层，与大气摩擦产生的高温让它焚烧殆尽，这时它已经在太空中飞行了 46 亿千米。值得一提的是，"伽利略"号坠入木星大气层烧毁，可以防止它因发动机燃料耗尽而失控撞向木卫二，木卫二可能存在支持太空生命的海洋，如果"伽利略"号沾染了地球上的细菌，撞入这颗海洋星球可能会造成污染。

"朱诺"号开启 21 世纪的首次木星探索

2011 年 8 月 5 日，21 世纪第一颗奔向木星的探测器——"朱诺"号探测器披挂出征，从地球出发后先绕太阳飞行一圈，又回到地球身旁，借助地球的强大引力调整轨道，提升飞行速度，飞越地球后奋力追逐遥远的木星，直到 2016 年与木星相会，此时它与地球之间的距离超过了 8.65 亿千米，它发出的无线电信号经过 48 分钟的延迟才能到达地球（图 2-8）。

"朱诺"号是一个大型深空探测器，外形看上去像是一个巨大的风车，发射时的质量超过了 3.6 吨，身高 4.6 米，如果算上太阳能电池板，它的直径达到了 20 米。这个"风车"在围绕木星的轨道上以每分钟 2～5 圈的速度不停地自旋，用来保持姿态的稳定，而每旋转一周可以让它的探测仪器对木星进行一次扫描。它从木星的北极飞到南极，可完成 400 次扫描。其间，它携带的 10 多种科学探测设备不停地进行探测并拍摄图像。这些探测设备承担着艰巨的科学任务，它们将探测木星大气层内部情况、木星内部深层结构（比如木星内部有没有岩石核心），测量木星巨大的质量和强大的磁场，研究和拍摄木星南极和北极上空奇异的极光，近距离拍摄壮观的木星云顶和众多木星卫星的图像……

图 2-8 "朱诺"号木星探测器及飞行轨道示意图

"朱诺"号看上去像不像一个风车？这个"风车"的轴上罩了一个钛合金制成的锅盖形状的圆形防护罩。由于木星周围有强烈的辐射带，辐射带中可能有损坏电子设备的高能带电粒子，所以科学家安装了这个防护罩，用于抵抗强辐射和高能粒子。这个防护罩重约200千克，是个夹层结构，内部有计算机和电子设备。"风车"还有3个长长的"叶片"，这是3块长9米的太阳能电池板，每块电池板的面积达60平方米，其上安装了18698个太阳能电池。木星距太阳的距离是地球距太阳距离的5倍多，那里阳光微弱，太阳照到那里的光能只有照到地球的4%左右，所以要采用巨大的太阳能电池板来发电。在木星附近，它们的发电功率为400～500瓦，虽然这个功率还不能启动微波炉，但对"朱诺"号来说已经足够了。

木星轨道

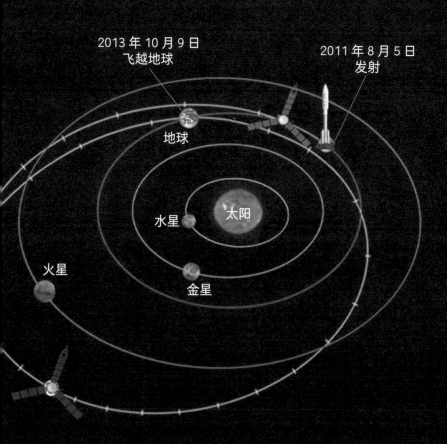

2013 年 10 月 9 日
飞越地球

2011 年 8 月 5 日
发射

地球

水星

太阳

火星

金星

"朱诺"号的飞行轨道，
每一小段表示飞行 30 天

2016 年 7 月 5 日
进入环绕木星的轨道

木星

经过 5 年飞行，2016 年 7 月 4 日，"朱诺"号以 57.8 千米 / 秒的速度进入环绕木星飞行的轨道，这个速度是人造卫星绕地球飞行的 7 倍多。最终，它进入一条围绕木星运行的椭圆形"工作轨道"。沿着这条轨道飞行，每环绕一圈需

图 2-9 朱诺"号围绕木星运行的轨道

"朱诺"号到达木星后，先沿着一条大椭圆形轨道飞行两圈，沿这条轨道飞行一圈需要 53 天，离木星最近时只有 4000 千米左右，最远时有 800 万千米。沿这条轨道靠近木星时，由于受木星强大引力的"拉拽"作用，"朱诺"号飞近木星时的速度达到令人难以置信的 74 千米 / 秒。绕大椭圆形轨道飞行两圈（107 天）后，"朱诺"号进入周期 14 天并且飞越木星南极和北极的"工作轨道"，沿着这条轨道至少"工作"了 32 圈。

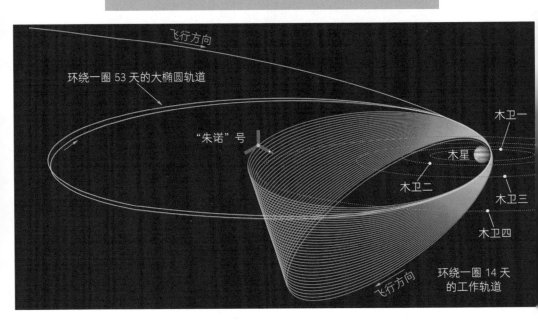

要 14 天，每圈都有一次靠近木星的机会，它离木星最近时，距离木星外层的云顶只有 4000 千米左右。当它接近木星时，将开动所有科学设备探测这颗行星之王，每次大约有 8 小时的探测时间。当它远离木星时，将对木星周围的空间进行探测，比如探测木星的磁层，观测木星的卫星，并将拍摄的照片和探测数据发送回地球，同时等待下一次飞近木星(图2-9)。

我们从图 2-9 中可以看到，"朱诺"号飞行的每圈轨道都稍微偏离上一圈，轨道不会重叠，好像春蚕吐出的一圈圈蚕丝。随着轨道一道道偏离，"朱诺"号距木星的最近距离也从 4000 多千米逐渐增加到 8000 多千米，并且逐步进入木星辐射更强烈的区域。按照科学家的计划，"朱诺"号在周期 14 天的轨道上"工作"32 圈，直到 2018 年 2 月。在第 33 圈之后，因为强烈的辐射，许多科学探测设备就很难正常工作了。自从"朱诺"号进入环绕木星的轨道后，几乎每次靠近木星，都会发现新的秘密，让关注木星的科学家兴奋不已。

"朱诺"号最大的本领也许是能靠近木星，这个逼近木星的本领比"伽利略"号探测器要强多了。它环绕木星飞行，每圈都通过木星的北极和南极。它先到达木星北极上空，然后飞往南极上空，这段路程给了"朱诺"号 2 小时近距离观测木星南北极地区的宝贵时间。此时，"朱诺"

图 2-10 "朱诺"号拍摄的木星 ——一个迷人的美丽彩球

这是根据"朱诺"号的相机接近木星时获得的图像数据绘制的照片，美丽的图片让木星变得更加迷幻。在地球利用先进的望远镜，人们可以看到木星的云带，但当"朱诺"号靠近木星的南北两极时，看到的这些云带往往会变形，构成动态图案。

图 2-11 木星云层中的旋涡和风暴

这幅图看上去像一幅色彩柔和的油画，它是"朱诺"号拍摄的木星云层中的旋涡和风暴图像，显示了令人惊异的巨大风暴的内部结构。

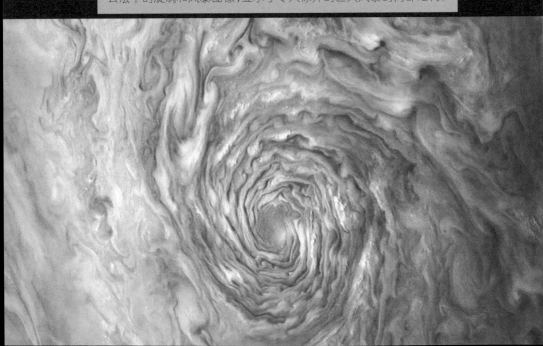

号调动各种科学仪器全力收集数据，观测其他航天器看不到的细节，拍摄壮观的彩色特写照片（图 2-10）。"朱诺"号的另外一项绝技，是能够透过浓密的大气层探测木星内部的秘密，比如，它的微波辐射计能够探测深度达 3000 千米的大气内部，它的重力科学和磁力计可以绘制木星重力场和磁场图，从而为研究木星的深层结构提供数据。它还专门携带了一台可见光相机，拍摄美丽的照片，用于面向公众的科普活动（图 2-11）。

迄今为止，"朱诺"号已经获得了许多重大的科学发现。比如，它探测到木星大气中有水分子，而且赤道附近的大气水含量远比其他地区更丰富，虽然水含量只占大气分子的 0.25%；它还发现木星是一个巨大的、动荡的星球，木星的南极和北极有与地球尺寸相当的巨型气旋（图 2-12），这是一种旋涡形状的巨大风暴，这些风暴一直延伸到木星的深层，直至 3000 千米；"朱诺"号还幸运地在木星南极和北极上空观测到数百次闪电（图 2-13），揭开了木星闪电之谜；它还探测了木星磁场的强度，发现木星的磁场强度比预想的强烈得多，是地球磁场最强区域的 10 倍……最初，科学家计划让"朱诺"号工作到 2018 年 2 月，后来又扩展了它的探测任务时间，直到 2022 年结束任务（图 2-14）。

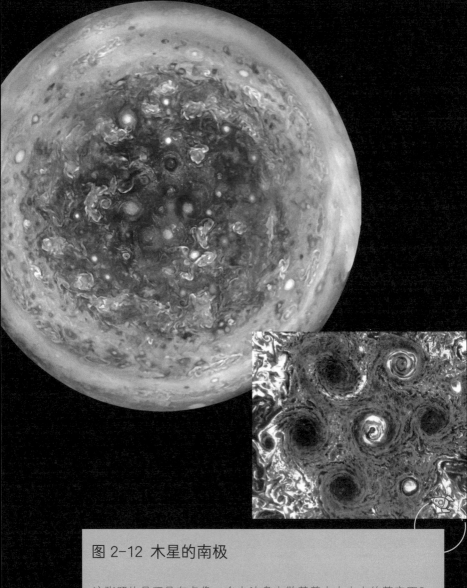

图 2-12 木星的南极

这张照片是不是有点像一个大沙盘中散落着大大小小的蓝宝石？实际上，这是"朱诺"号探测器 2017 年 6 月 7 日从木星南极上空 52000 千米的轨道上用可见光相机拍摄的多张照片合成的影像。图中一个个的椭圆形是巨大的气旋——旋涡形状的风暴。右下角的红色小方图是"朱诺"号 2019 年 11 月 4 日拍摄的南极红外图像，图中显示 6 个巨型气旋围绕着位于中央的气旋，中央气旋的尺寸比整个中国的面积还大。"朱诺"号还发现北极有 9 个气旋，1 个中央气旋被 8 个气旋包围着，它们的直径从 4000 千米到 4600 千米不等。

图 2-13 木星上奇异的闪电

科学家根据"朱诺"号携带的相机获得的数据，制作了这幅木星北半球闪电分布示意图。木星上发生的闪电大部分在它的南极和北极附近。由于"朱诺"号可以近距离接近木星，因而获得了比"伽利略"号探测器更多的木星闪电信息。

图 2-14 "朱诺"号拍摄的木星大红斑

这是"朱诺"号 2018 年 4 月从距木星 24750 千米的轨道上拍摄的木星大红斑。大红斑也许是太阳系行星中最具标志性的风暴，这个巨大的气旋已经持续了几个世纪。"朱诺"号的探测表明，它的深度超过 320 千米，是地球海洋深度的 50 倍到 100 倍；不过它的尺寸正在慢慢缩小，从 1979 年是地球的两倍缩小到 2017 年左右的 1.3 倍。

3. 钻进木星"肚子"的科学探测

要更细致地了解木星浓密大气的秘密，必须派勇敢的侦察兵深入浓密的大气之中。木星没有固体表面，这个侦察兵只能在钻进浓密大气和下降的过程中寻找秘密。陪伴"伽利略"号一同出征木星的有一位名叫"大气探测器"的勇士，它是迄今为止唯一钻进木星大气层，进入木星"肚子"的探测器。

这个大气探测器携带了6种科学仪器，用于探测木星的大气层、闪电和电磁辐射、氦元素含量等，它与"伽利略"号一同飞往木星，在距木星还有8000万千米时，提前与"伽利略"号告别，独自飞行了5个月。1995年12月7日，它以47.4千米/秒的速度一头冲入木星大气顶部的云层中，大气的阻力让它的速度减慢、温度骤升，随后它打开降落伞，抛掉防热罩，开启所有科学仪器对木星大气进行探测。随着高度的下降，它承受的压力也越来越大，当深入木星狂暴的大气内部180千米时，它的温度上升到16000摄氏度，承受的压力超过22个大气压。最终，它被巨大的压力压碎，又被高温熔化，在大气中蒸发（图2-15）。

从进入木星大气层到被压毁，这个大气探测器仅仅生存了短暂的58分钟，在这宝贵的时间里，它用大气结构探

①冲入木星大气层
②打开降落伞
③减慢速度继续下降
④抛掉防热罩开展探测

图 2-15 大气探测器在木星大气层内下降的示意图

大气探测器是一个很小的探测器，直径为 127 厘米，质量为 340 千克，外层是一个防热罩，用来抵御进入木星大气后遭遇的高温，保护科学仪器在高速下降过程中不受极端高温损害；防热罩的里面是下降舱，下降舱内有 6 台科学探测仪器和通信设备，还有一个展开后直径 2.5 米的降落伞。在展开降落伞减速后，防热罩被抛掉，探测仪器开始对木星大气开展探测，直到大气探测器毁坏。

测器、测云计等 6 台科学仪器测量了木星大气中氢和氦等物质成分、大气结构、温度和压力、大气中的粒子；它还发现云层中的巨大雷暴比地球的强烈许多倍，探测到闪电发出的光和电波辐射，还测量到每秒 200 米的风速。这个风速大约是地球上 12 级飓风速度的 6 倍。它把探测的数据不断传给围绕木星飞行的"伽利略"号，然后再由"伽利略"号转发给地球的控制人员，直到大气探测器在烈焰中消亡。

4. 探测木星的四个卫星——伽利略卫星

最先对木星的卫星开展探测的，是 1973 年从木星身旁飞过的"先驱者"10 号探测器（图 2-16、图 4-2），随后"先驱者"11 号、"旅行者"1 号和"旅行者"2 号等多个深空探测器陆续对木星的卫星开展了探测，但人们对木星卫星的了解大多来自"伽利略"号探测器，它是第一个围绕木星长期运行的木星探测器，从 1995 年 7 月到 2006 年 9 月，它对木星最大的四颗卫星——木卫一、木卫二、木卫三和木卫四——开展了 10 多年的探测，取得了惊人的成果。木星的这四颗卫星首先由意大利科学家伽利略发现，因而都被称为"伽利略卫星"。

在木星的众多卫星中，最迷人的要属木卫二。在四颗伽利略卫星中，它是离木星第二近的卫星。"旅行者"号和"伽利略"号探测器拍摄的照片显示，木卫二整个星球都覆盖着一层十分光滑的冰壳，冰壳的下面是一个全球性的地下海洋，海水量超过地球海水的两倍。

"伽利略"号先后 11 次飞到木卫二的上空，离表面最近时只有 261 千米，科学仪器甚至可以看清汽车大小的物体。它观测到木卫二表面冰壳有裂开和移动的现象，探测结果表明，地下海洋的液体有可能从冰壳裂缝处喷出，然后又重新冻结成平整的星体表面；"伽利略"号还探测到木卫二的微弱磁场，科学家认为，只有木卫二内部存在导电物质才能形成磁场，而最好的解释是冰壳下的海洋含有丰富的盐，是一个巨大的导电咸水海洋。更令人们兴奋的是，探测数据表明，

图 2-16 "先驱者" 10 号示意图

"先驱者" 10 号是第一个到达木星身旁的深空探测器，1973 年 12 月 4 日它到达与木星相距 13 万千米的最近距离，以 35 千米/秒的速度掠过这颗太阳系最大的行星。它携带了 11 种探测仪器，为木星和木卫二、木卫三、木卫四拍摄了数百张图像并发回地球。人类首次看到了木星家族成员的清晰照片。

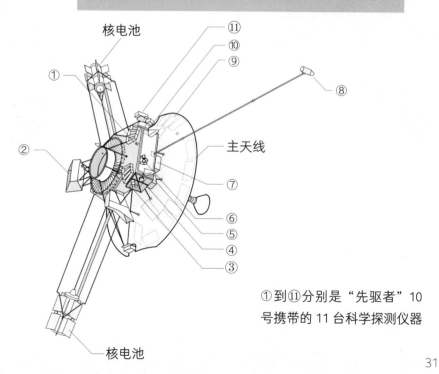

①到⑪分别是"先驱者"10号携带的 11 台科学探测仪器

尽管木卫二的表面极端冰冷，低于零下160摄氏度，但它内部的海洋相对温暖，甚至海洋底部可能有散发热量的喷口。这让天体生物学家格外惊喜，在地下海洋相对温暖、盐度不很高的地方，可为低等生物提供生存条件，这里会不会发现

图 2-17　木星的第四大卫星——木卫二

这是"伽利略"号探测器拍摄的木卫二照片。木卫二的表面覆盖着厚厚的冰壳，冰壳反复开裂和冻结形成了长长的裂缝，含有大量盐类的地下海水喷发出来，沉积在表面，使裂缝对太阳光的反射看上去呈暗褐色，形成了照片上密麻麻的褐色条纹。左上角是木卫二的喷泉——地下海洋的海水从冰壳裂缝喷发出来的示意图。

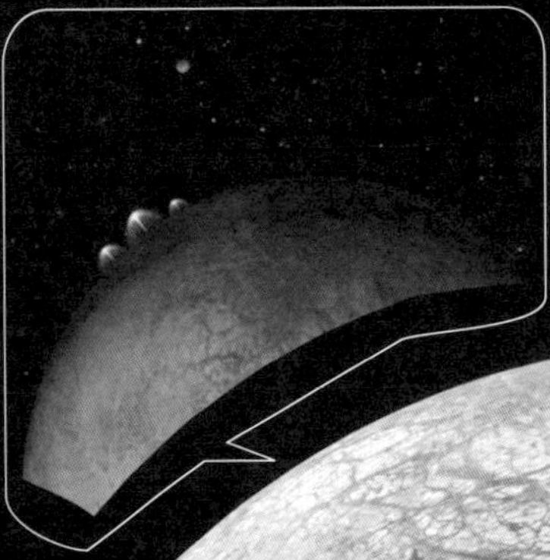

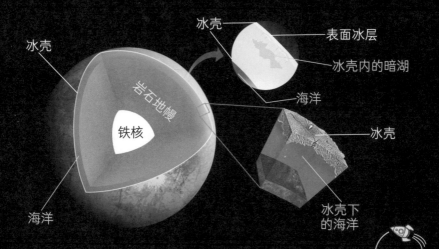

冰壳　　　　　表面冰层

岩石地幔

铁核　　　　　冰壳内的暗湖

海洋

冰壳

冰壳

海洋　　　　　冰壳下的海洋

图 2-18 木卫二内部结构示意图

图中木卫二最外层白色的一圈是冰壳，冰壳的最外层是表面冰层；蓝色的一圈是地下海洋。对冰壳厚度还存在着争论，有些科学家认为它是厚度数百米至几千米的"薄冰壳"，也有许多科学家认为它是厚度为 10 千米到 30 千米的"厚冰壳"，冰壳内部还存在着地下湖泊，也称暗湖。海洋下面是由岩石构成的厚厚的地幔，地幔包围着位于中央的铁核。

地球之外的生命呢，这是未来要揭示的科学秘密，因而木卫二成为科学家寻找地外生命的目标之一（图 2-17、图 2-18）。

在木星的卫星中，另一颗吸引科学家目光的是木卫一。1979 年，"旅行者" 1 号首次发现木卫一有火山活动的迹象，随后 "伽利略" 号探测器 8 次飞近木卫一，拍摄了高分辨率照片，探测了木卫一的温度，甚至观察到木卫一表面有火山喷发的熔岩，证明这里有频繁活动的活火山。木卫一是太阳系中火山最活跃的天体，它有数百个火山口，频繁的火山活动可能是地球火山的 100 倍，喷发的炽热物质直上 400 千米高空，喷发热量和频率让科学家想起了早期的地球。"伽利略"号还发现木卫一表面覆盖着黄色物质，那是从火山内部喷出的硫化物，覆盖在固体硅酸盐岩石地壳表面。探测数据还告诉人们，这颗星球表面的平均温度约为零下 130 摄氏度，而火山局部区域温度高达 1650 摄氏度，是真正的冰与火的世界（图 2-19）。

除了木卫一和木卫三，"先驱者"号、"旅行者"号、"伽利略"号、"朱诺"号等探测器对木卫三、木卫四开展的探测也取得了不凡的战果，"伽利略"号分别8次飞越这两颗巨大的卫星，对它们进行了详细勘察。其中的一项重大发现是，太阳系中最大的卫星木卫三有自己的磁场，科学家根据探测数据推测，木卫三主要由硅酸盐岩石和冰体构成，核心是富含铁的物质，而它的表面是厚厚的冰壳，内部深处也有

图 2-19 "伽利略"号探测器拍摄的木卫一

木卫一的外表有些丑陋，黄色表面分布着有许多麻点，那是木卫一上为数众多的火山爆发和火山熔岩留下的痕迹，黄色是火山爆发喷出的黄色硫化合物造成的。右侧两幅图分别拍摄于1999年11月和2000年2月，显示了木卫一火山地区流动的热熔岩，相差3个月的热熔岩明显不同，说明那里有活火山活动。

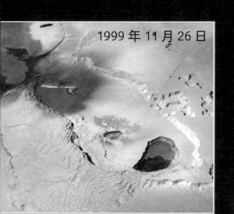

1999 年 11 月 26 日

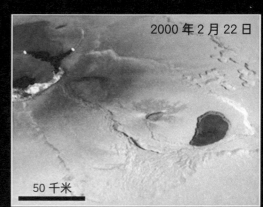

2000 年 2 月 22 日

50 千米

液态咸海洋（图2-20）。由于木卫二和木卫三的整个表面被冰覆盖，人们也将它们称为"冰卫星"或"冰封卫星"。

飞往木星家族去探测拥有咸海洋的冰卫星将成为国际上备受关注的深空探测任务。目前，美国宇航局的一颗名为"欧罗巴快帆"的木星探测器正整装待发，如果一切顺利，它将在2024年发射升空。按计划，它将45次飞越木卫二，还将派出登陆器在木卫二表面着陆，寻找地外生命。欧洲航天局也将发射"木星冰卫星探测器"，2029年到达木星，主要任务是探测木卫三；中国也已经宣布木星系统探测计划，开展了研制活动，未来我们将自豪地看到中国的探测器探险木星及其神密的卫星。

图 2-20　木卫三的内部结构

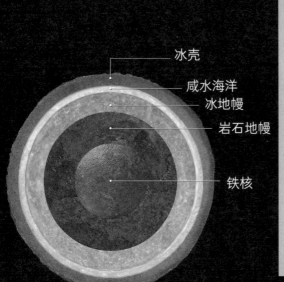

冰壳
咸水海洋
冰地幔
岩石地幔
铁核

木卫三的内部结构与木卫二有些相似，它的外层也有一个厚厚的冰壳，冰壳之下，也有一个全球性的咸水海洋。不过，科学家认为木卫三可能有一层由冰构成的地幔，在冰地幔与中心的铁核之间是由岩石构成的岩石地幔。

三、探访神秘的土星大家庭

1. 认识土星家庭

土星是太阳系中体积仅次于木星的气态巨行星，我国古代把它称作"镇星"。土星与它的众多儿女——土星的卫星，以及另一个家庭成员"土星环"组成了一个大家庭。人类派出的探测器访问土星家庭时，不仅是探望土星这位大家长，还要探望围绕在它身边的卫星和美丽的土星环。

从土星的外表来看，这颗行星的样子一点也不"土"，表面飘浮着明暗相间的云带，腰间缠绕着美丽的土星光环。它的直径大约 12 万千米，是地球直径的 9 倍多，而它的体积是地球体积的 764 倍，质量是地球的 95 倍；它的巨大引力使得任何企图离开它的物体的飞行速度必须大于 35.6 千米/秒。

土星是一颗气态巨行星，没有像地球那样的固体表面，其主要由氢和氦元素构成，在大气层中还有极微量的甲烷、氨、乙炔、乙烷分子等物质。关于土星内部，人们知之甚少，科学家推测它的内部存在一个岩石核心（图 3-1）。

土星最迷人的是拥有一圈套一圈的巨大土星环，从照片上看，它像一张密纹唱片，十分美丽。天文学家按照由内向

图 3-1 迷人的土星及其美丽的环

这幅图片是根据"卡西尼"号探测器 2013 年 10 月 10 日拍摄的 36 张图像制作而成,当时"卡西尼"号正飞过土星北半球的上空。在土星的赤道面上,有一圈套一圈的土星环,奇妙的是它们围绕土星运转的速度各不相同。请注意,土星北极地区有一个诡异的六边形,这是土星北极的超级风暴(见左下角放大图)。

外的排序,将它们依次命名为 D 环、C 环、B 环、A 环、F 环、G环和 E 环。其中, D 环是离土星最近的内环, 它的内侧边缘离土星大气外层仅 2400 千米;而环与环之间存在着缝隙空间,美国宇航局的"卡西尼"号探测器曾反复穿越缝隙,以便对土星和土星环开展探测。土星环由围绕土星飞行的冰块

碎块占了大多数，也有直径数米到 10 米的大碎块。公元 1610
年，意大利科学家伽利略首先发现了土星环，而人类派往土
星的先进航天器解开了土星环的更多秘密（图 3-2）。

与地球只有一个天然卫星——月球不同，已探明的土星
的卫星达到了 146 个，它们像土星的众多儿女，围绕着土星
组成了一个大家庭。其中，53 颗卫星有了自己的名字，而每

图 3-2 土星环

土星环看上去好像是一个环，实际上是一环套一环，一共
有 7 个环，环与环之间有间隙。这些环依照发现的先后顺
序按英文字母排序命名。最先发现的 A 环、B 环和 C 环 3
个环被称为主环。每个环的宽度有很大区别，F 环的宽度
小于 500 千米，而 B 环达到 2.5 万千米，E 环宽度超过 30
万千米。奇妙的是，这些环围绕土星运转的速度各不相同。

卡西尼号 22 次
从土星与 D 环之间
的缝隙中穿越

卡西尼号 20 次
从 F 环外侧
穿越土星环

C 环　B 环　A 环　　　　　G 环　　　　　　E 环

D 环　　　　　　　　F 环

恩克环缝

卡西尼缝

个名字都来自古希腊神话故事，比如土卫六的名字叫作"泰坦"，是希腊神话中一个曾统治世界的神族的名字。天文学家给这些卫星编了号，例如，我们把土星麾下的第一号卫星叫作"土卫一"，第六号卫星称为"土卫六"（图 3-3）。

土星在一条环绕着太阳的近圆形轨道上运行，这条轨道距太阳大约 14 亿千米，它围绕太阳转一圈相当于地球上的 29 年，也就是说土星上的一年等于地球上的 29 年。不过，也许你没想到，这个巨大的行星自转一圈大约只用 10.6 小时，转速比地球快多了，它的一天还不到地球上的半天时间。因

图 3-3 土星周围的重要卫星

迄今为止已发现了 146 颗土星的卫星，其中较大的卫星呈球形，许多小型卫星呈不规则的形状。"土卫六"体积最大，直径达 5150 千米，体积超过了水星，是太阳系中仅次于木卫三的第二大卫星；"土卫二"的直径约 500 千米；"土卫十八"的直径仅 1 千米。

土卫十八　土卫十五　土卫十六　土卫十七　土卫十　土卫十一　土卫一　土卫十四　土卫二　土卫十三　土卫十二　土卫五　土卫四　土卫六　土卫七　土卫八　土卫九

土星

为它离太阳太远了，所以获得的太阳光照很微弱。

土星到地球最近的距离有 12.77 亿千米，最远的距离达到 15.77 亿千米，如果用光束穿越这段遥远的距离，也需要 80 分钟左右。迄今为止，只 4 个航天器探访过土星家庭，第一个是 1979 年 9 月到达土星的"先驱者"11 号，随后是"旅行者"1 号和"旅行者"2 号，它们拍摄了上万张照片，发现了土星的 F 环和 G 环。不过，创造奇迹的是 1997 年发射的"卡西尼-惠更斯"号土星探测器，它在 20 年的飞行历程中，航行了难以想象的 79 亿千米，环绕土星飞行了 294 圈，执行了地面控制人员下达的 250 万条命令，拍摄了 453048 张图片，取得了惊人的成就。除了这 4 个访问土星的探测器，人们还利用太空望远镜，比如哈勃太空望远镜来观测土星大家庭，不断丰富人类对土星大家庭的认识。

2. 访问遥远的土星

1997 年 10 月 15 日，"卡西尼-惠更斯"号发射升空，开始了 20 年漫长的探索征途，它的探测目标不仅是土星，还包括土星的家庭成员——土星的卫星和美丽的土星环。探测器由两位探险伙伴组成，大哥是人类派出的第一个环绕土星飞行的"卡西尼"号轨道器，小弟是将在土卫六上软着陆

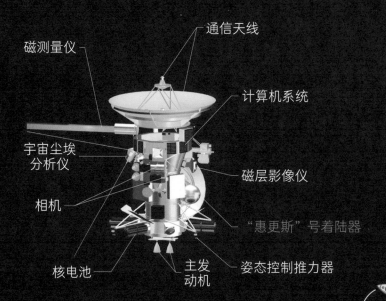

磁测量仪　　　　通信天线

计算机系统

宇宙尘埃
分析仪

相机

磁层影像仪

"惠更斯"号着陆器

核电池　　主发　　姿态控制推力器
　　　　　动机

图 3-4 "卡西尼 – 惠更斯"号探测器

"卡西尼–惠更斯"号由"卡西尼"号和"惠更斯"号两位伙伴组成，图中的主体是"卡西尼"号，侧面的圆形物体是"惠更斯"号，它们到达土星后分手，分别开展探测活动。其中，"卡西尼"号重 5394 千克，携带了 2950 千克的火箭推进剂，用于调整轨道，还装备了绘图雷达、光学成像设备等 12 台探测仪器。"惠更斯"号只有 318 千克，安装了防热和控制装置，用于进入土卫六大气层，携带了降落相机 / 光谱仪、大气结构探测仪、土卫六科学探测包等 6 种探测设备，它将降落在土卫六的表面。

的"惠更斯"号着陆器，它们分别由美国宇航局和欧洲航天局制造（图 3-4），并以法国天文学家乔瓦尼·卡西尼和荷兰科学家克里斯蒂安·惠更斯的名字命名；他们俩卡一位发现了土星的多颗卫星，另一位发现了土星最大的卫星"土卫六"。

"卡西尼—惠更斯"号进入太空后，没有直接飞向土星，而是先进入一条绕着太阳飞行的椭圆形轨道，随后在 7 年时间里，先是 2 次飞越金星，1 次飞越地球，然后飞越木星，通过借助金星、地球和木星的引力调整轨道，获得速度增量，并顺路对木星进行了 6 个月的探访，为最终飞抵土星铺筑了畅通的太空之路。与水星探测器通过行星引力降低飞行速度不同，"卡西尼 - 惠更斯"号借助行星引力提升了飞行速度，节省了火箭燃料，以到达遥远的土星。经过约 35 亿千米的长途跋涉，2004 年 6 月 30 日到达土星，它启动制动火箭减慢飞行速度，以便让土星引力捕获，进入环绕土星的轨道，然后开启了惊心动魄的探险活动（图 3-5）。

2004 年 12 月 24 日，"卡西尼"号与"惠更斯"号分离，开始独自环绕土星飞行。在 10 多年的探索中，它在环绕土星的轨道上飞行了 294 圈，对巨大的土星、美丽土星环和土星的众多卫星开展了探测。其间，"卡西尼"号拍摄了成千上万张照片，直接探测了土星的大气成分和温度，分析了大气中的尘埃粒子，获得了第一幅土星磁层图像，测量了土星的旋转速率，还拍摄到了土星夜间和白天的闪电，而闪电的威力超过地球闪电的 1 万倍。它在探测的过程中发现了新的土星环，对土星环的内部结构开展了研究，获得了许多惊人的科学发现。不仅如此，"卡西尼"号还看到了许多奇异的

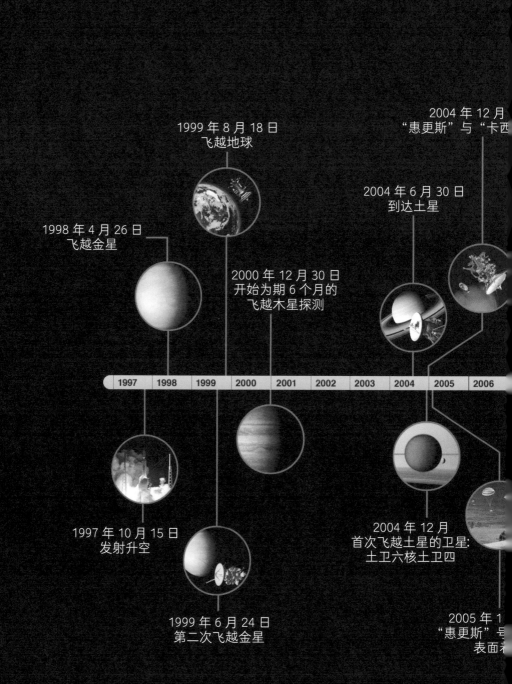

1999 年 8 月 18 日
飞越地球

2004 年 12 月
"惠更斯"与"卡西

1998 年 4 月 26 日
飞越金星

2004 年 6 月 30 日
到达土星

2000 年 12 月 30 日
开始为期 6 个月的
飞越木星探测

| 1997 | 1998 | 1999 | 2000 | 2001 | 2002 | 2003 | 2004 | 2005 | 2006 |

1997 年 10 月 15 日
发射升空

2004 年 12 月
首次飞越土星的卫星：
土卫六核土卫四

1999 年 6 月 24 日
第二次飞越金星

2005 年 1
"惠更斯"号
表面着

图 3-5 "卡西尼—惠更斯"号奔向土星的轨迹

"卡西尼 - 惠更斯"号奔向土星的过程中，2 次飞越金星，1 次飞越地球，1 次飞越木星并顺路对木星进行了 6 个月的探测，借助行星的引力调整轨道，提升速度，2004 年 6 月 30 日到达土星。

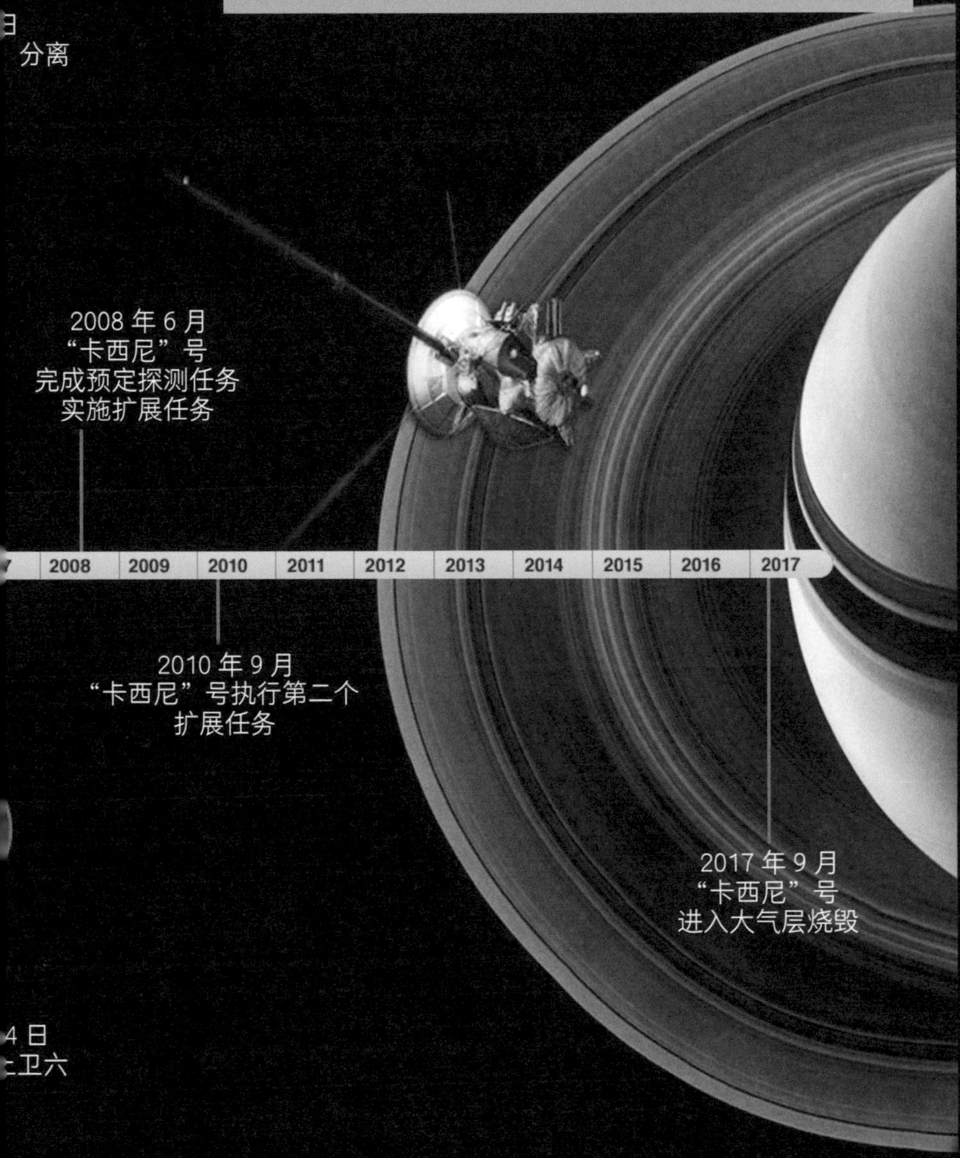

日
分离

2008 年 6 月
"卡西尼"号
完成预定探测任务
实施扩展任务

| 2008 | 2009 | 2010 | 2011 | 2012 | 2013 | 2014 | 2015 | 2016 | 2017 |

2010 年 9 月
"卡西尼"号执行第二个
扩展任务

2017 年 9 月
"卡西尼"号
进入大气层烧毁

4 日
土卫六

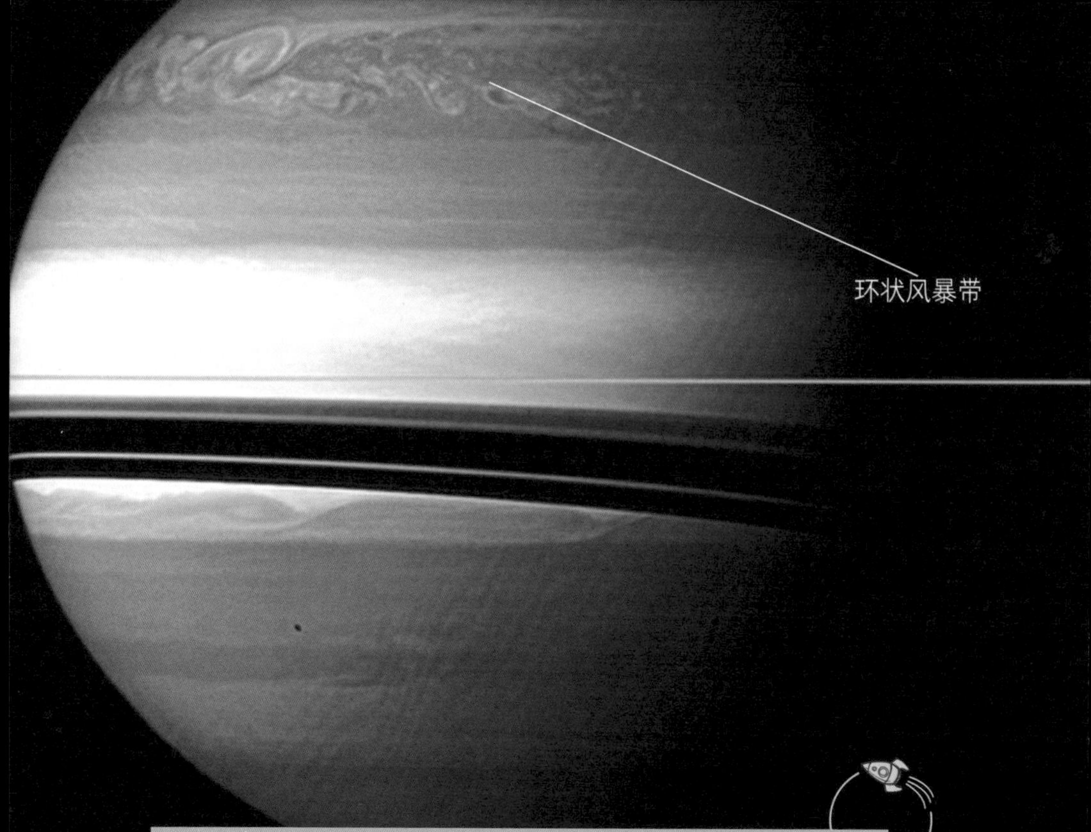

环状风暴带

图 3-6 土星上奇异的巨大风暴

这是"卡西尼"号在 2010 年拍摄的土星照片。图中一个又一个红色、橙色和绿色的风暴旋涡表明，相对平静的土星大气层在 2010 年 12 月爆发了一场巨大的风暴，"卡西尼"号测量出这里的温度上升。这场风暴不断发展，不到一年时间，形成了围绕土星一圈的环状的风暴带，风暴带围绕土星旋转，当风暴头尾相接形成环时，风暴减弱。

现象，比如它观察到的环绕土星的旋转风暴（图 3-6），发现土星北极有奇异的六边形气旋——规模巨大的飓风风暴，而是什么来驱动这个巨型风暴至今仍然是个谜（图 3-7）；它还发现土星的北半球和南半球不停地向外发射无线电波，无线电波的变化是由土星自转产生的。令科学家困惑的是，自转时土星的北、南两个半球发射的无线电波并不相同，似乎两个半球的转速并不一致，以至于科学家只知道土星自转一圈大约 10.6 小时，而不能确定它的精确时间。土星上诡秘有趣现象还很多，有待于人类继续去探索。

图 3-7 土星北极诡秘奇特的六边形

"卡西尼"号在土星北极地区发现的六边形，是土星上最诡秘的观景之一。实际上，它是一个围绕中心不停旋转的巨型风暴，这个巨型六边形风暴尺寸大得惊人，直径大约为 25000 千米，差不多能装下 4 个地球。让科学家感到惊讶的是，与其他行星上的圆环形风暴或气旋不同，土星北极的巨型风暴是奇特的六边形。

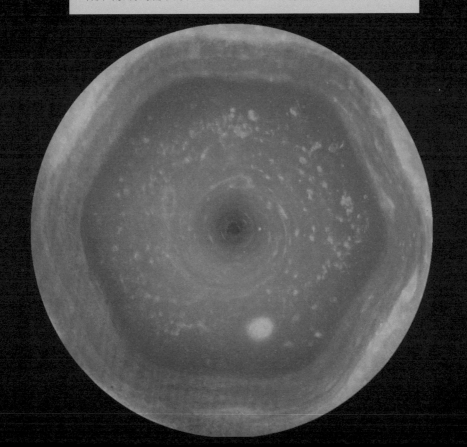

3. 探访土星的众多儿女

"卡西尼"号到达土星后，对土星的 10 个卫星开展了一连串振奋人心的探测。它总计 162 次从这些卫星的近旁飞过，在到达卫星上空时开展近距离观测和科学分析，拍摄高清晰度图像。其中，飞越次数最多的是土卫六，它先后飞越了 127 次；其次要算土卫二，它飞越了 23 次。虽然一次飞越只有暂短的观测机会，但几十次甚至上百次飞越，就可以实现大量观测，获得丰富的探测成果。在飞越土星卫星的过程中，发现了许多神奇的现象，比如，路过土卫三时观测到神秘的红色条纹，飞临土卫八上空时，发现了黑白相间的奇怪"面孔"（图 3-8）。此外，它还发现了新的 6 颗卫星，引起了人们的极大兴趣。

"卡西尼"号对最大的土卫六观测时间最长，持续了 14 年。它使用可以穿透浓密大气层和雾霭的雷达绘图仪，对 47% 的地面进行了探测，绘制了地形图，发现土卫六被一个厚厚的、含有大量氮的大气笼罩着，使天空看上去呈橙色。在地面上空，大气中的甲烷、乙烷和其他有机物凝结并落到地面，造成降雨，形成河流。这里也像地球一样有湖泊和海洋，还有沙丘和山包。不过，这里的雨、河流、湖泊和海洋，流淌的不是水，而是液体甲烷、乙烷等液态碳氢化合

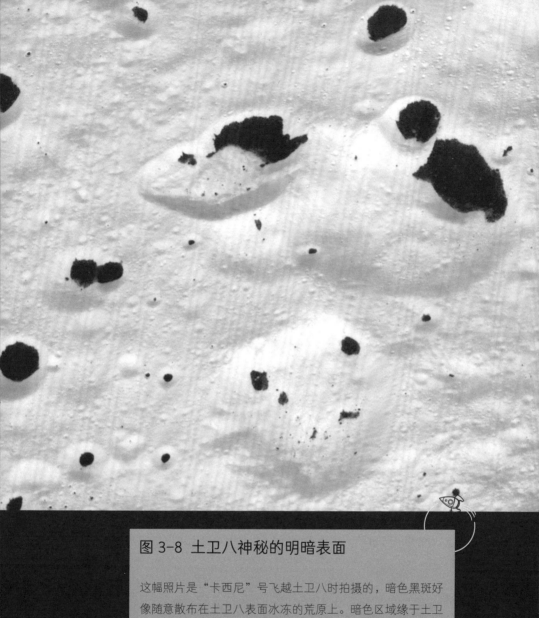

图 3-8 土卫八神秘的明暗表面

这幅照片是"卡西尼"号飞越土卫八时拍摄的，暗色黑斑好像随意散布在土卫八表面冰冻的荒原上。暗色区域缘于土卫八轨道上的尘埃，包括临近的土卫九破碎时溅射出的物质。在漫长的运行历程中，尘埃落在土卫八表面上，形成了巨大黑斑，这些区域能够吸收更多的阳光并变得比周围地区更温暖，而其他区域仍保持极端寒冷，从而导致了明暗双色。

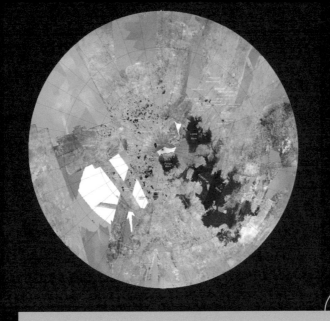

图 3-9 土卫六上的湖泊和海洋

"卡西尼"号每次飞越土卫六上空时均用雷达绘图仪获取图像，这是用许多图像合成的土卫六北极地区图。图中的颜色不是土卫六的真实颜色，不同的颜色只用来区分不同的地质地貌，深蓝色表示由液态甲烷、乙烷等碳氢化合物形成的湖泊或海洋，黄色表示干燥的陆地。这里有许多液态甲烷湖和海，科学家给其中的 35 个赋予了名称。也许土卫六是太阳系中除地球之外唯一在表面有稳定液体的星球。科学家推测，这里存在形成生命所需的化学物质，也可能有适合生命存在的条件。

物；构成沙丘、山包的也不是土壤、沙子和岩石，而是碳氢化合物与水冰等物质（图 3-9）。这些物质也大量存在于我们的地球上，比如甲烷和乙烷大量存在于石油气和天然气中。

"卡西尼"号最令人兴奋的发现是，在土卫二的南极地区，从地壳的许多裂缝中时断时续地喷射出冰粒、水蒸气云和有机物质，喷射物质直达高空，形成高耸的"羽流"，科学家把它们形象地称作"冷喷泉"或"冰火山"。"卡西尼"

号曾勇敢地穿越喷射"羽流",对"羽流"进行直接探测,发现了大量冰粒和水蒸气,以及少量的氮、甲烷、乙烷和二氧化碳等物质。科学家由此判断,土卫二表面之下有一个全球性的液态水海洋。而我们所知道的生命依赖于水,因而土卫二可能存在海洋的迹象也使这颗星球成为太阳系中最令人关注的探测目标之一(图 3-10)。

图 3-10 土卫二南极地区喷射"羽流"

左图是"卡西尼"号 2010 年距离土卫二约 19 万千米时用相机拍摄的照片,阳光照亮了土卫二边缘,箭头所指显示了从表面喷射的"羽流"。右图是"卡西尼"号低空穿过土卫二南极地区喷出"羽流"的示意图。2009 年 11 月 2 日,"卡西尼"号飞越土卫二,最近时距离土卫二表面约 100 千米。

更奇特的现象是，"卡西尼"号发现土卫二的南极地区的温度明显高于其他地区。土卫二极度寒冷，是一个冰世界，最冷的地方温度低至零下 208 摄氏度，而南极温度平均为零

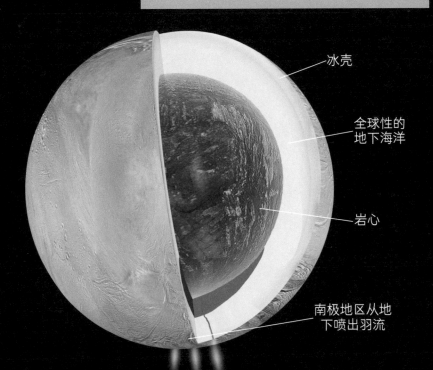

图 3-11　冰冻的世界土卫二

土卫二是一个极寒冷的冰世界，它极其光洁的冰表面反射掉 80% 的阳光，把本来就十分微弱的阳光能量反射到空中，以至于赤道地区的温度只有零下 195 摄氏度左右。它的表面是基本平整的冰壳，也有槽沟和山脊地形，只有少量撞击坑，在冰壳表面之下隐藏着一个主要由水构成的全球性海洋，而其更深的内部有一个由岩石构成的核心。在南极地区，从地下喷射出冰粒、蒸汽云等物质，形成了高耸的"羽流"。

冰壳

全球性的
地下海洋

岩心

南极地区从地
下喷出羽流

下 180 摄氏度，然而南极一些小范围局部地区的温度则上升到零下 163 摄氏度，比赤道温度高 30 摄氏度。科学家由此认为，冰壳下的内部可能有热源（图 3-11），从内部逸出的热量使南极部分地区升温，从而使相对温暖的冰的升华能够形成水蒸气云。这里也许有适合生命生存的环境。

4. 登陆橙色的太空星球

1997 年，"惠更斯"号与"卡西尼"号结伴从地球飞向土星。经过 7 年的漫长旅途，2004 年 12 月 25 日，"惠更斯"号离开"卡西尼"号开始独立飞行，2005 年 1 月 14 日它到达土卫六的上空，然后勇敢地钻进土卫六浓密的大气层，开始了恐怖的下降过程，2 小时 27 分钟后降落到这颗星球的表面。着陆后，"惠更斯"幸运地"存活"了下来，并且在地面生存了 72 分钟。这是人造物体第一次在火星轨道以远的天体上着陆。降落过程中，"惠更斯"号先后打开三个降落伞减速，收集土卫六的大气数据，并把数据发送给正环绕土星飞行的"卡西尼"号，再由"卡西尼"号转发回地球。考虑到土卫六表面的恶劣环境，航天工程师对"惠更斯"号进行了周密的设计，使它降落后能正常工作。在下降过程中和到达地面之后，3 台摄像机拍摄了数百幅图像，包括立体图像，并向

图 3-12 "惠更斯"号借助减速伞在土卫六着陆的示意图

"惠更斯"号在降落过程中，测量了从高空 1400 千米至地面的大气温度、气压和密度，测定了大气含有的 17 种分子，拍摄了数百幅图片。右上角是在距着陆区上空 10 千米处拍摄的照片，从中可以看到山脉、河道和一个可能的湖床。

地球传回 350 幅（图 3-12）。

　　"惠更斯"号取得了许多惊人的发现：土卫六的大气层主要由氮气和一些甲烷组成，大气中有狂烈的强风，浓厚的雾霾从高空一直延伸到地表，地表上空就像有一层橙色"雾霾毯子"，遮盖了全球地面，而地表温度低至零下 180 摄氏度。另一个奇异的现象是，土卫六表面有难以捉摸的"沙丘"，组成"沙丘"的物质是一类称为"碳氢化合物"的颗粒和水冰混合物，直径不到 1 毫米的"沙粒"由空中落到地面，在风的作用下移动。更让人吃惊的是，"惠更斯"号虽然降落在干燥的"河床"上，但它发现地表有不时流动的液态甲烷和乙烷形成的河流，冲涮着碳氢化合物和水冰组成的"岩石"，汇入凹地区域的湖泊或海洋。甲烷和乙烷在我们地球上通常以气体形态存在，人们排放的"屁"中就有甲烷，但在土卫六极寒温度和更高的大气压下，它们成为流动的液体。最奇妙的是，科学家利用"卡西尼"号和"惠更斯"

图 3-13 "惠更斯"号拍摄的土卫六地面近景图片

从图中可以看到干涸的"河床"散落了许多"鹅卵石"，实际上它们是碳氢化合物和水冰形成的块状物体，直径为 10 ～ 15 厘米。天空中的大气层像是橙色的"雾霾毯子"，含有大量的氮和有机物。

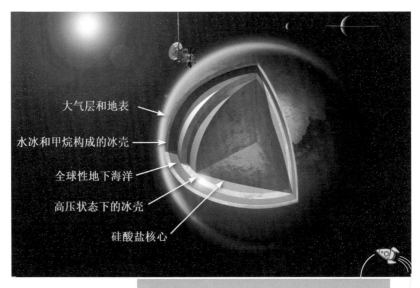

图 3-14 科学家推测的土卫六可能的内部结构

号研究了土卫六内部的秘密，科学家根据探测数据推测，土卫六的地表之下有一个厚度为 55 ～ 80 千米、由固体甲烷和水冰组成的冰壳，冰壳之下存在一个由水和氨组成的全球性地下海洋（图 3-13、图 3-14）。

5. 穿越美丽的土星环

"卡西尼"号在环绕土星探测的 10 多年中，最大胆也是最震撼的探险，莫过于穿越壮丽的土星环。2016 年 11 月，在"卡西尼"号环绕土星飞行 13 年后，开始了它的土星环穿越之旅。

也许你不知道穿越土星环有多么危险。土星环由无数围绕土星高速飞行的大大小小的冰块、冰粒和其他物质颗粒组成（图3-15），"卡西尼"号的每一次穿越飞行，都经过精密的轨道计算，进行了精确的飞行控制，确保从狭缝空间安全穿越，否则"卡西尼"号有可能被环中的冰块等物质撞得粉身碎骨；如果它离土星表面太近，还可能"不慎"落入土星大气层中。可想而知，穿越土星环充满了巨大的挑战和危险。

2016年11月30日，"卡西尼"号第一次穿越土星环，它利用土卫六的引力和自己的变轨发动机调整飞行轨道，进入一条新的围绕土星飞行的大椭圆形轨道。"卡西尼"号

图3-15 土星环由高速飞行的冰块、冰粒和其他物质颗粒组成

沿着这条轨道飞行，每一圈都高速从土星 F 环和 G 环之间的狭缝空间飞掠穿过，每 7 天穿越 1 次，140 天共完成了 20 次惊险的穿越，而科学家将"卡西尼"号飞行的这条轨道称为"掠环轨道"（图 3-16）。

在完成 20 次土星环穿越后，2017 年 4 月 22 日"卡西尼"号再次调整轨道，进入了更恐怖的"终曲轨道"，这一次将

图 3-16 "卡西尼"号穿越土星环的轨道

图中灰色的轨道表示"卡西尼"号从 F 环和 G 环之间穿越土星环的"掠环轨道"，共飞行了 20 圈。蓝色的轨道表示在土星与 D 环之间的狭缝中穿越土星环的"终曲轨道"，共飞行了 22 圈。红色的轨道表示"卡西尼"号最终进入土星大气层的"坠毁轨道"。

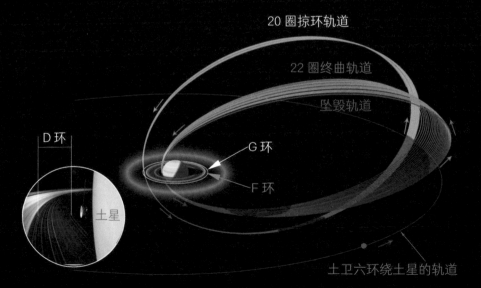

20 圈掠环轨道

22 圈终曲轨道

坠毁轨道

D 环

G 环

F 环

土星

土卫六环绕土星的轨道

穿越土星与紧靠土星的 D 环之间的狭缝空间，狭缝的宽度仅为 2400 千米，它必须精确地控制飞行轨迹，避免误入土星大气层，否则将在大气层中烧成灰烬。在这危险的"终曲轨道"上，"卡西尼"号完成了不可思议的 22 次穿越，直至进入结束生命的"坠毁轨道"。

"卡西尼"号是幸运的，在 42 次穿越土星环的过程中，每一次它都准确地从狭缝空间穿越而过。狭缝空间也存在微小颗粒，"卡西尼"号把直径 4 米的"锅"形天线转到前面，变成抵御颗粒物质撞击的"盾牌"，完成了一次次冒险。在穿越过程中，它圆满完成对土星环和土星的近距离探测。

在 20 年的旅途中，"卡西尼"号飞行了 79 亿千米，执行了 250 万条指令，环绕土星飞行了 294 圈，162 次飞越土星的卫星，新发现并命名了土星的 6 颗卫星，拍摄了 453048 幅影像和照片，向地球发送了 625GB 的科学探测数据。2017 年 9 月，"卡西尼"号进入了最后的"坠毁轨道"，为了防止这个已经失去动力的探测器撞向可能具备生命存在条件的土卫二，防止土卫二受地球的物质的污染——比如"卡西尼"号在地球上沾染的生物和化学物质的污染，"卡西尼"号以 34.2 千米 / 秒的速度冲进土星大气层，4 天后燃烧解体，结束了它的冒险旅程。

四、探访遥远的冰巨星
——天王星和海王星

1. 飞向太阳系最遥远的行星

在太阳系家庭中，距离太阳最远的行星是天王星和海王星，它们的英文名字来自古希腊神话，分别是天空之神和大海之神。这两颗行星主要由水、氨和甲烷形成的冰物质构成，它们的体积巨大，表面极度寒冷，被称作"冰巨星"。它们与太阳的平均距离分别为 29 亿千米和 45 亿千米，距离太阳如此遥远，因而这两颗行星也被称为远日行星，人类发射的航天器需要经过许多年的漫长飞行才能到达.目前，人类对这两颗行星的了解还很少，只有"旅行者"2 号一个探测器从这两颗行星的身旁飞过，开展了近距离的飞越探测（图 4-1）。关于它们的许多知识，除来自"旅行者"2 号外，还来自哈勃太空望远镜和地球上的天文望远镜。

1977 年 8 月 20 日，美国宇航局的"旅行者"2 号发射升空，经过近 2 年的飞行，首先到达木星，对木星家族进行了观测，然后借助木星的引力辅助加速飞往土星；又经过大约 1 年半的飞行，1980 年 1 月到达土星，对土星进行了观测；

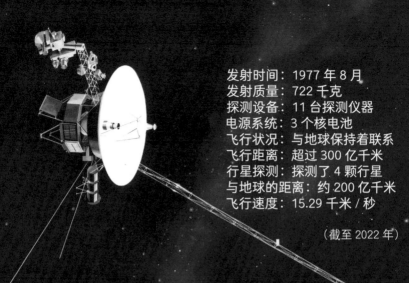

发射时间：1977 年 8 月
发射质量：722 千克
探测设备：11 台探测仪器
电源系统：3 个核电池
飞行状况：与地球保持着联系
飞行距离：超过 300 亿千米
行星探测：探测了 4 颗行星
与地球的距离：约 200 亿千米
飞行速度：15.29 千米 / 秒

（截至 2022 年）

4-1 "旅行者" 2 号探测器

"旅行者" 2 号探携带了彩色扫描电视摄像机、紫外光谱仪、红外干涉光谱仪、宇宙射线望远镜等 11 台探测仪器。它飞往远离太阳的深空，因不能利用太阳能发电，因而安装了以核材料钚 -238 为燃料的 3 个核电池。从 1977 年从地球出发到 2023 年，它在太空已飞行了 46 年，航程超过 300 亿千米。

随后借助土星引力辅助，开始向更远的天王星进发，经过 5 年多的漫长太空旅程，1986 年 1 月从天王星身旁飞过，使人类的探测器第一次近距离观测了天王星；接着它又马不停蹄地继续向海王星飞奔，3 年 7 个月后终于到达海王星，完成飞越海王星的探测，此后 "旅行者" 2 号开始向更远的深空飞行，至今它还在太空遨游，成为人类发射的飞行最

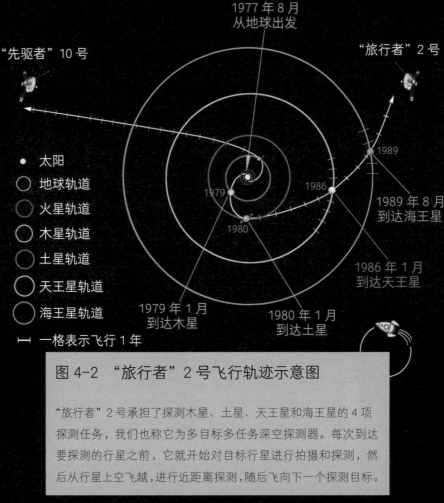

"先驱者" 10 号

"旅行者" 2 号

1977 年 8 月
从地球出发

1989

1989 年 8 月
到达海王星

1986

1986 年 1 月
到达天王星

1979

1980

- 太阳
- 地球轨道
- 火星轨道
- 木星轨道
- 土星轨道
- 天王星轨道
- 海王星轨道

⊢⊣ 一格表示飞行 1 年

1979 年 1 月
到达木星

1980 年 1 月
到达土星

图 4-2 "旅行者" 2 号飞行轨迹示意图

"旅行者" 2 号承担了探测木星、土星、天王星和海王星的 4 项
探测任务，我们也称它为多目标多任务深空探测器。每次到达
要探测的行星之前，它就开始对目标行星进行拍摄和探测，然
后从行星上空飞越，进行近距离探测，随后飞向下一个探测目标。

远的航天器（图 4-2）。

2. 拜访天空之神——天王星和它的卫星

1986 年 1 月 24 日，"旅行者" 2 号历尽千辛万苦到达
天王星，这时它离开地球已经 8 年多。在到达天王星之前，
它从 1985 年 11 月 4 日开始对天王星进行远距离观测，那
时它与地球相隔大约 27 亿千米，即使无线电波信号也需要

2.5 小时才能到达地球家乡。"旅行者"2 号从天王星身边快速飞越，留给它近距离观测天王星的时间只有宝贵的 5.5 小时，这时它开动 11 台科学探测仪器全力以赴工作。与天王星最近时，它与天王星相距 81500 千米，在我们看来这个距离十分遥远，但对于探测体积比地球大 60 多倍的巨型天王星来说，这个距离足以获得高清晰的图像和精确的数据（图 4-3）。实际上，天王星没有固体表面，航天器无法在天王星上着陆，也不能毫发无损地穿越大气层，大气层的压力和温度会摧毁任何一个进入大气层的航天器。

图 4-3 "旅行者"2 号拍摄的天王星照片

这是"旅行者"2 号 1986 年 1 月 14 日在距离天王星 1270 万千米处拍摄的照片。阳光穿入天王星大气层，然后被天王星的云顶反射回来，由于大气中的微量甲烷气体对红光的吸收作用，让这颗遥远的星球有了迷幻的蓝绿色外观。

绕太阳一圈：84 年
平均半径：25326 千米
自转一圈：17 小时 14 分
离太阳的平均距离：约 28.5 亿千米

在飞越天王星的前前后后，"旅行者"2号拍摄了8000多幅天王星及其卫星的图像，获得了许多惊人的科学发现。比如，天王星是太阳系中表面最冷的行星，最冷的地方甚至冷至零下224.2摄氏度，比所有行星都冷；然而，一些科学家根据探测数据推测，在天王星浓密的大气层下，可能隐藏着深深的高温海洋，这个海洋是由水、氨、甲烷等

图 4-4 天王星及其卫星和环的示意图

迄今科学家们共发现天王星的 27 颗卫星，其中一些卫星由水冰和岩石组成，还有一些卫星由什么物质组成仍不清楚。天王星像土星一样有自己的环系统，不过这些环非常暗淡，天文学家们从内到外已经命名了 13 个环。

物质构成的高密度炽热液体，温度达到几千度，在靠近天王星核心的地方温度接近 5000 摄氏度。"旅行者" 2 号还发现天王星的大气由氢、氦和少量甲烷组成，并且氢占了83%，氦占 15%，大气中会刮恐怖的狂风，风速高达每小时900 千米。以前人们不知道天王星是否有磁场，而 "旅行者" 2号发现天王星有一个奇异的倾斜磁场。在这次长途旅行中，"旅行者" 2 号还幸运地发现了天王星的 10 颗新卫星和两个环，使探明的天王星卫星的数量增至 27 颗（图 4-4）。

3. 拜访蓝色的海王星及其卫星

"旅行者" 2 号离开天王星之后，1989 年 8 月到达太阳系中最远的行星——海王星，这时它已经在太空遨游了12 年，飞行了 70 多亿千米的旅程，它的设备开始老化，但10 台科学仪器仍可正常工作。8 月 25 日，它从海王星云顶上空 4800 千米的高度飞越这颗蓝色的冰巨星，成为迄今为止唯一近距离探测海王星的航天器。

"旅行者" 2 号拍摄和传输了大约 10000 张海王星及其卫星图像，它发现海王星大气中最主要的元素是氢，而大气中有强烈的风暴，风速达到 1100 千米 / 时。"旅行者" 2号发现海王星表面呈现神秘的 "大暗斑" 和 "小暗斑"，

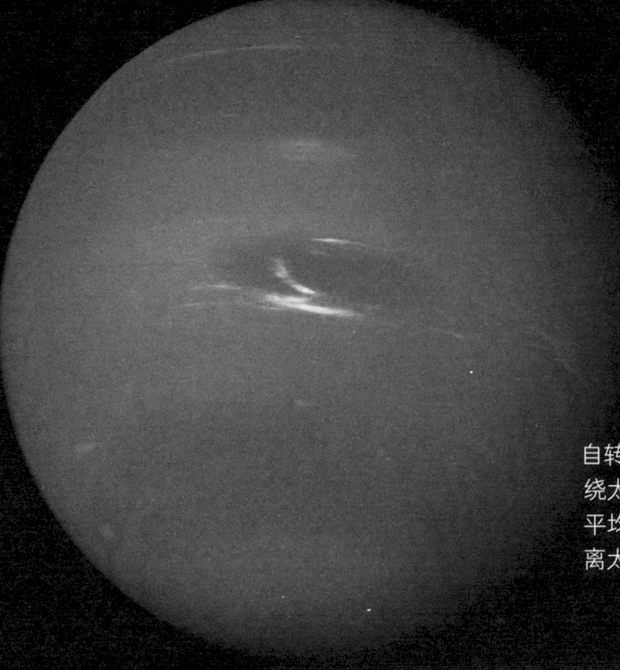

自转一圈：16 小时
绕太阳一圈：165 年
平均半径：24622 千米
离太阳的平均距离：约 45 亿千米

图 4-5 "旅行者" 2 号拍摄的海王星照片

这是"旅行者"2 号距离海王星 708 万千米处拍摄的照片。图中展示了长度达 10000 千米的神秘"大暗斑"，科学家认为这是海王星大气运动产生的超级气旋。海王星外观颜色鲜明亮丽，科学家认为，导致这美丽鲜亮的蓝色不仅缘于海王星大气中甲烷对红光的吸收，还有目前不为人知的其他原因。

引起了科学家的极大兴趣（图 4-5）。

"旅行者" 2 号在海王星周围新发现了海王星的 5 个卫星和 4 个环，使探明的海王星卫星的数量增至 14 颗。"旅行者"2 号拍摄了海王星最大的卫星——海卫一的清晰照片，发现海卫一上有多座"冰火山"。海卫一是太阳系中最冷的天体，表面温度冷至零下 240 摄氏度，以至那里的氮都凝结成冰，地面覆盖着氮冰和甲烷冰。科学家根据"旅行者"2

号的探测数据推测，海卫一"火山"喷发的不是热的熔岩，而是极度冰冷的液态氮或甲烷，它们被喷射到数千米高空，马上冻结成冰晶射流，再落到海王星表面（图 4-6）。

1989 年，"旅行者" 2 号离开海王星后，继续向更远的深空飞行。到 2018 年 11 月 28 日，它的飞行里程已达 300 亿千米。2020 年，它正以每年飞行 4.8 亿千米的速度远离我们，向银河系中望远镜星座的方向飞行。到 2023 年 8 月，它离地球的距离大约为 200 亿千米，成为人类发射的 2 个飞行最远的航天器之一（另一个是"旅行者" 1 号）。

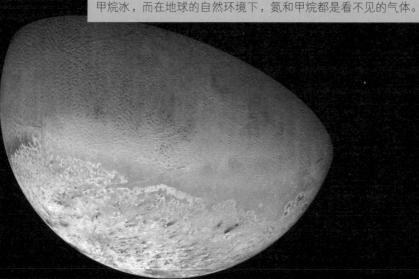

图 4-6 "旅行者" 2 号拍摄的海卫一

这是"旅行者" 2 号 1989 年 8 月 29 日拍摄的海卫一照片。海卫一是海王星最大的卫星，直径为 2700 千米，比月球略小，它是已发现的太阳系中最冷的天体，表面由"冰"覆盖，不过这里的"冰"与地球上水结成的冰不同，是由氮冻结成的氮冰和甲烷冻结成的甲烷冰，而在地球的自然环境下，氮和甲烷都是看不见的气体。

很高兴看到这样的一套书，深入浅出，兼具科学性与趣味性，让孩子从小就能接触到尖端领域的航空、航天知识，帮孩子撷取"人类工业文明的皇冠"。

——中国工程院院士，飞行器导航控制专家　冯培德

好奇心是孩子的天性。书中以孩子能理解的方式，讲述详实有趣的航天故事和知识，点燃孩子内在的好奇心，将探索的种子根植于孩子的内心。让阅读成为悦读，让梦想插上翅膀。

——中国人民解放军航天员大队首任大队长　申行运

这套书里，一流的科学家构建了完整的航空、航天知识体系，用巧妙的方式缀珠成线，一定能够满足你对科学的好奇心。未来的空间广阔，希望这次我们能为你们打开一个通往精彩世界的大门。

——空军退役飞行员　丁邦昕

国家出版基金项目
NATIONAL PUBLICATION FOUNDATION

少年儿童航空航天分级阅读

航天读本 太空传奇 **4**

小天体探测（下）

与小行星亲密邂逅

冯培德 / 总主编

屠空 / 著

航空工业出版社

北　京

图书在版编目（CIP）数据

小天体探测．下，与小行星亲密邂逅／屠空著．——
北京：航空工业出版社，2021.12
（少年儿童航空航天分级阅读．太空传奇）
ISBN 978-7-5165-2869-3

Ⅰ．①小… Ⅱ．①屠… Ⅲ．①导航卫星－少儿读物
Ⅳ．① V474.2-49

中国版本图书馆 CIP 数据核字 (2022) 第 005793 号

小天体探测（下）：与小行星亲密邂逅
Xiaotianti Tance (Xia)：Yu Xiaoxingxing Qinmi Xiehou

总 主 编：冯培德
主　 编：蒋宇平
作　 者：屠空
字　 体：仓耳字库

策划编辑：雷蕾
责任编辑：张世昌
装帧设计：骑云星工作室　一铭

航空工业出版社出版发行
（北京市朝阳区京顺路 5 号曙光大厦 C 座四层　100028）
发行部电话：010-85672688　010-85672689
承印者：北京富泰印刷有限责任公司

2021 年 12 月第 1 版
2021 年 12 月第 1 次印刷
开本：635×965　1/16
印张：4
字数：27 千字
定价：201.60 元（全 12 册）

按照太阳系形成的假说，大约46亿年前，宇宙中的原始太阳星云形成了太阳，残余星云的气体和尘埃云在巨大引力的作用下不断聚集，形成了围绕太阳运行的八颗行星及其卫星，而那些没有形成行星的一部分残留物质，则构成了千千万万颗围绕太阳运行的小行星。

太阳系中的小行星众多，大多数运行在火星和木星轨道之间的小行星带上，一部分运行在木星围绕太阳的轨道上，它们沿着自己的轨道围绕太阳飞行（图0-1）；极少数小行星会脱离原来的轨道飞近太阳甚至飞近地球，成为科学家们特别关注的目标。截至2022年，科学家们已确认的小行星超过111万颗，其中超过48万颗小行星已经有了编号，而这只是小行星的一小部分，更多的小行星还未被发现，科学家估计小行星的数量可能有数百万颗。

人类利用航天器对小行星开展探测始于20世纪90年代。30多年来，人类发射的深空探测器，先后对10多颗小行星执行了飞越探测、环绕飞行和着陆探测，还从小行星上采集样品并将样品送回地球开展研究。2010年10月1日，中国发射的"嫦娥"2号月球探测器在完成月球探测任务后，对小行星图塔蒂斯进行了成功的探测，取得了重要的科学探测成果，引起了世界科学界的广泛关注。这本小册子将通过典型的例子，对人类重要的小行星探测活动进行简要介绍。

图 0-1 太阳系中飞行着千千万万颗小行星

在太阳系内，除水星、金星、地球、火星、木星、土星、天王星和海王星外，还存在千千万万颗围绕太阳运行的小行星。

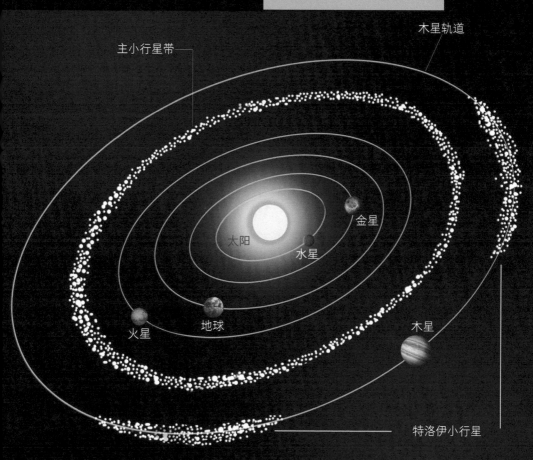

木星轨道

主小行星带

太阳

金星

水星

火星

地球

木星

特洛伊小行星

一、形形色色的小行星

　　小行星的体积和质量比行星小得多，尺寸从直径大约 10 米到数百千米不等，而直径大于 100 千米的小行星更是凤毛麟角。在人类发射的深空探测器到访的小行星中，最小的小行星"迪莫福斯"的长度仅 160 米，最大的小行星灶神星的平均直径约 525 千米。因为它们的"个头"都太小，所以与大行星相比质量都很轻。科学家估计，太阳系中全部小行星的质量加在一起还超不过月球的质量。这么小的天体，在地球上很难看清它们的真实面貌，如果你想一睹小行星的真容，最好的办法是派出深空探测器到它们跟前拍摄影像。

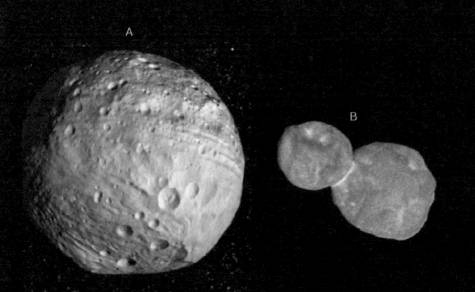

太阳系中的八大行星都是球体形状，而小行星的形状则千奇百怪，大多呈不规则的形状，有的外形看上去像土豆，有的像花生，有的像核桃，还有的就是一大块不规则的岩石，它们不停地旋转，甚至在太空中翻筋斗，听起来无比神奇（图1-1）。

按照小行星的物质组成，科学家将小行星划分为C型、S型和M型。在图1-1中，第101955号小行星"贝努"含有

图 1-1 形形色色的小行星

A是国际编号为4的"灶神星"，在主小行星带中它是排在谷神星之后体积和质量第二大的小天体；B是编号486958的小行星"阿罗科斯"，它由两个部分连接构成，是人类探测过的离地球最远的小行星，科学家们给它起了"天涯海角"的绰号，2006年发射的一个深空探测器飞行了13年才到达它的附近；C是25143号小行星"丝川"，它的长度仅500米左右；D是101955号小行星"贝努"，因为未来它有可能接近地球，所以备受关注；E是21号小行星"司琴"。这些照片都是深空探测器近距离拍摄的图像。

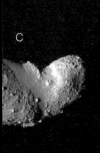
C

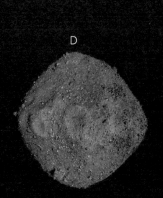
D

E

大量碳元素，主要由黏土和火成硅酸盐岩组成，是 C 型小行星。C 型小行星数量众多，是太阳系中最古老的天体之一。第 25143 号小行星"丝川"，像太空中的岩石，含有丰富的硅酸盐，还有一些金属元素，称为 S 型小行星。第 21 号小行星"司琴"，含有丰富的镍和铁金属，由铁 - 镍和一些硅酸盐化合物组成，被称为 M 型小行星。所以，世界上总有一些梦想家幻想未来有一天能去小行星上采矿，让小行星的矿藏服务人类。

小行星的遥远家乡

　　小行星也像大行星那样围绕太阳运行，大约 90% 已知的小行星运行在火星轨道和木星轨道之间宽广的空间，那里直径大于 1 千米的小行星估计有 110 万～ 190 万颗，还有数百万个更小的小行星，形成了主小行星带，这些小行星也被称作主带小行星。还有许多小行星运行在木星的轨道上，它们与巨大的木星共用一条轨道，运行在木星的前方和后方并与木星保持着遥远的距离，不会与木行星相撞，这些小行星被称为木星特洛伊小行星（图 1-2）。在距太阳和地球更远的深空，还有运行在土星轨道和天王星轨道之间的半人马小行星，以及更遥远的柯伊伯带小行星。

当小行星偶尔靠近木星或火星等天体时，巨大的行星引力可以改变小行星的运行轨道，把小行星从小行星带中"拽"出，使这些小行星按不同方向飞行，一些小行星穿越其他行星轨道，甚至与行星相撞，还有一些闯入地球轨道运行的空间，成为近地小行星。

图 1-2 小行星围绕着太阳运行

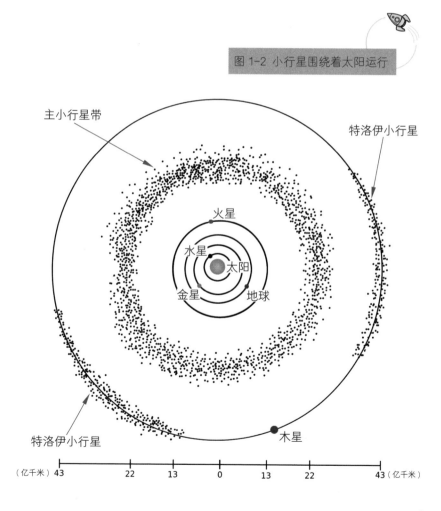

主小行星带

特洛伊小行星

火星

水星

太阳

金星

地球

特洛伊小行星

木星

（亿千米）43　22　13　0　13　22　43（亿千米）

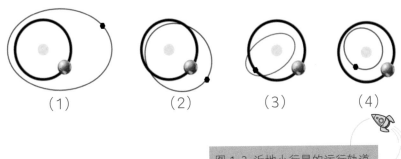

图 1-3 近地小行星的运行轨道

小行星会撞击地球吗？

这个问题有点恐怖，但在地球漫长的演化过程中，小行星撞击地球已成为不争的事实。在小行星家族中，有一类小行星的飞行轨道有可能靠近地球，人们称它们为"近地小行星"，其中有些近地小行星会穿越地球轨道，当它们的飞行路径与地球围绕太阳运行的轨道相交时，就可能对地球构成威胁，甚至有撞击地球的危险，这类小行星是小行星家族中名副其实的"冒失鬼"（图 1-3）。

我们从图 1-3 中可以看到，近地小行星按照运行的轨道可分成 4 种主要类型，图中第 1 种和第 4 种小行星，它们的飞行轨道分别在地球绕太阳飞行轨道的外侧和内侧，因而不会与地球运行的轨道相交，永远不会与地球相撞。第 2 种和第 3 种小行星，它们运行的轨道与地球轨道相交，当小行星和地球同时运行到两个轨道的交叉点时，就存在发生灾难性碰撞的机会，对地球构成了威胁。

截至 2017 年 12 月，人类已经发现 17389 颗小行星有可能靠近地球，其中超过 1500 颗小行星对地球构成潜在危险。各国利用雷达和望远镜等设备持续监测这些小行星，发射小行星探测器近距离了解它们的物理特性、内部结构与物质组成等，为研究防止小行星撞击的方法和技术提供数据。

图 1-4 近地小行星撞击地球

小行星撞地球的一种假说认为：大约在 6500 万年前，一颗直径为 10 千米的小行星与地球猛烈相撞，卷起的尘埃云笼罩了整个地球上空，遮挡了阳光，地球变得"暗无天日"，这种情况持续了几十年，植物没有光合作用而枯萎凋亡，身躯庞大的食草恐龙没有了赖以生存的植物，在饥饿的折磨下倒地死亡，以食草恐龙为食源的食肉恐龙也相继死去——恐龙由此灭绝。

为什么要探测小行星

科学家之所以关注小行星，一个原因是小行星保留了早期太阳系形成时的信息，从它们那里有可能获得太阳系起源的重要线索，让小行星告诉我们太阳系的形成过程。另一个原因是小行星有可能帮助人类了解生命的起源。迄今为止的研究结果表明，有些小行星含有可形成有机物的碳元素，有些可能有含水的黏土物质；近年来还发现有的小行星中含多种氨基酸，而氨基酸是蛋白质的组成部分。再有一个重要的原因是，一些近地小行星的运行轨道靠近地球，对地球安全形成了潜在威胁，人类要获取它们的运行轨道、物质组成、质量、尺寸和形状等数据，以应对可能出现的危险。

人类对小行星的探测活动

人类利用深空探测器对太阳系小行星的探测始于 20 世纪 90 年代。1991 年和 1993 年，前往木星的"伽利略"号木星探测器先后近距离飞越了第 951 号小行星"加斯帕拉"和第 243 号小行星"艾达"（图 1-5），拉开了利用航天器进行小行星探测的序幕。从此以后，各国发射的深空探测器已对 10 余颗小行星进行了探测，比如中国的"嫦娥"2 号、日本的"隼鸟"号和"隼鸟"2 号、美国的"黎明"号和"奥

西里斯 -REx"号以及欧洲的"罗塞塔"号等深空探测器，这些探测活动提高了人们对小行星的认识（图 1-6）。下面我们举几个典型的例子，来说说人们是怎样进行小行星探测的。

图 1-5 第 243 号小行星"艾达"和它的卫星

1993 年"伽利略"号探测器从 243 号小行星"艾达"身旁飞过，惊异地发现小行星"艾达"居然有一颗自己的小卫星，首次证明小行星也可以拥有卫星。图中左上角是"伽利略"号探测器的示意图，图中央是"伽利略"号探测器距小行星"艾达"约 10500 千米处拍摄的"艾达"图像，右侧圆形的小天体是"艾达"的卫星"达克蒂尔"。

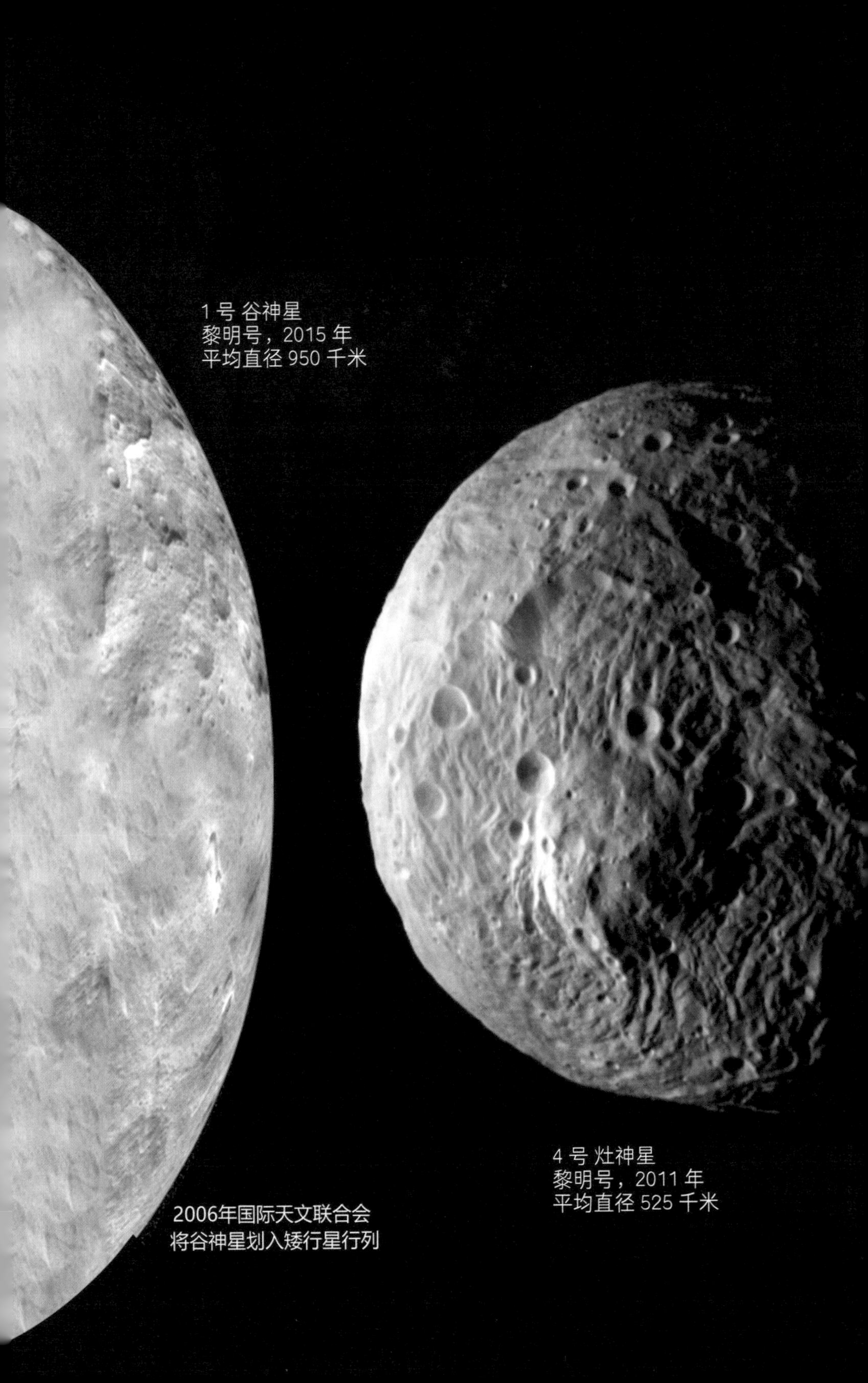

1 号 谷神星
黎明号，2015 年
平均直径 950 千米

4 号 灶神星
黎明号，2011 年
平均直径 525 千米

2006年国际天文联合会
将谷神星划入矮行星行列

图 1-6 人类利用深空探测器探测的各种小行星

图中数据分别为小行星国际编号、小行星名称、探测小行星的探测器名称、探测时间，以及小行星的尺寸。

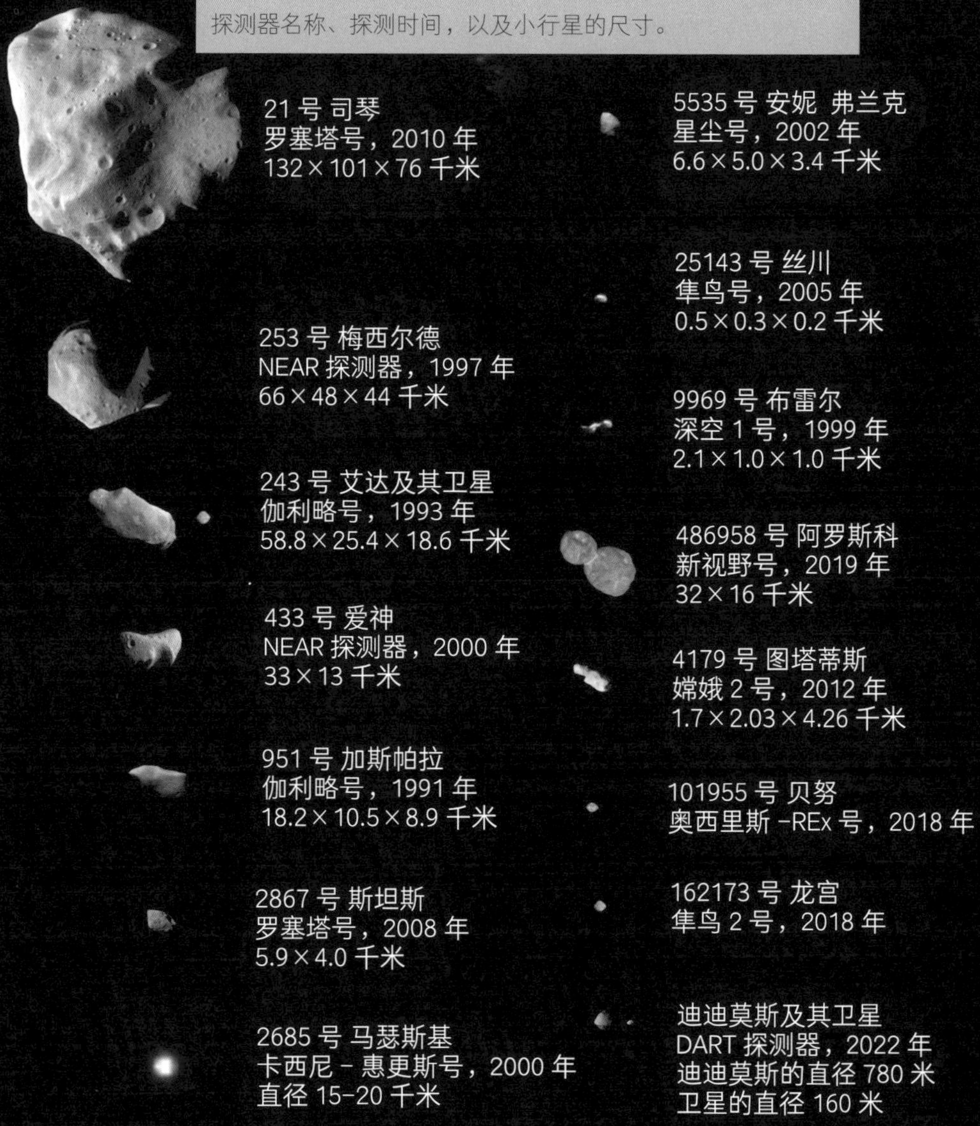

21 号 司琴
罗塞塔号，2010 年
132×101×76 千米

5535 号 安妮·弗兰克
星尘号，2002 年
6.6×5.0×3.4 千米

25143 号 丝川
隼鸟号，2005 年
0.5×0.3×0.2 千米

253 号 梅西尔德
NEAR 探测器，1997 年
66×48×44 千米

9969 号 布雷尔
深空 1 号，1999 年
2.1×1.0×1.0 千米

243 号 艾达及其卫星
伽利略号，1993 年
58.8×25.4×18.6 千米

486958 号 阿罗斯科
新视野号，2019 年
32×16 千米

433 号 爱神
NEAR 探测器，2000 年
33×13 千米

4179 号 图塔蒂斯
嫦娥 2 号，2012 年
1.7×2.03×4.26 千米

951 号 加斯帕拉
伽利略号，1991 年
18.2×10.5×8.9 千米

101955 号 贝努
奥西里斯 -REx 号，2018 年

2867 号 斯坦斯
罗塞塔号，2008 年
5.9×4.0 千米

162173 号 龙宫
隼鸟 2 号，2018 年

2685 号 马瑟斯基
卡西尼－惠更斯号，2000 年
直径 15-20 千米

迪迪莫斯及其卫星
DART 探测器，2022 年
迪迪莫斯的直径 780 米
卫星的直径 160 米

二、飞越"图塔蒂斯"

读者朋友也许知道，中国从 2004 年开始向月球派出了多位使者——"嫦娥"系列探测器，对月球开展了丰富的探测活动。令人赞叹的是，"嫦娥"家族的老二——"嫦娥" 2 号还执行了一件了不起的探测任务，它不但探测了月球，还飞到更深更远的太空，在距地球 700 万千米的地方——这相当于地球与月球距离的 18 倍，对一颗国际编号为 4179 号，名叫"图塔蒂斯"的近地小行星开展了探测，第一次将它的照片清晰地呈现在世人面前。

2010 年 10 月 1 日，"嫦娥" 2 号探测器从西昌卫星发射中心发射升空，开始了它的科学探测之旅。在太空遨游 18 个月后，它顺利完成了月球探测等任务，又踏上了探测小行星的新征程（图 2-1）。新的探测目标是各国尚未探测过的小行星"图塔蒂斯"。"嫦娥" 2 号探测器的任务是，在太空与小行星"图塔蒂斯"交会，并从这颗小行星身旁飞过，在飞越的过程中对它进行成像，拍摄清晰照片并把照片发送回地球，以供科学家开展分析研究。

探测这颗小行星，首先要精确测量其运行轨道，确定了它的运行轨道后，就能了解它每一时刻在太空中的位置，这样才能让高速飞行的"嫦娥"2号探测器在小行星飞行路途中与其相会。从2012年7月到11月，国家天文台、南京紫金山天文台和国内各观测站对这颗小行星开展了大量的光学观测，还利用国外的光学和雷达观测望远镜，获得了丰富的轨道数据，最终顺利完成了小行星"图塔蒂斯"的轨道测量任务（图2-2），为"嫦娥"2号开展探测做了充

图 2-1 "嫦娥" 2 号探测器示意图

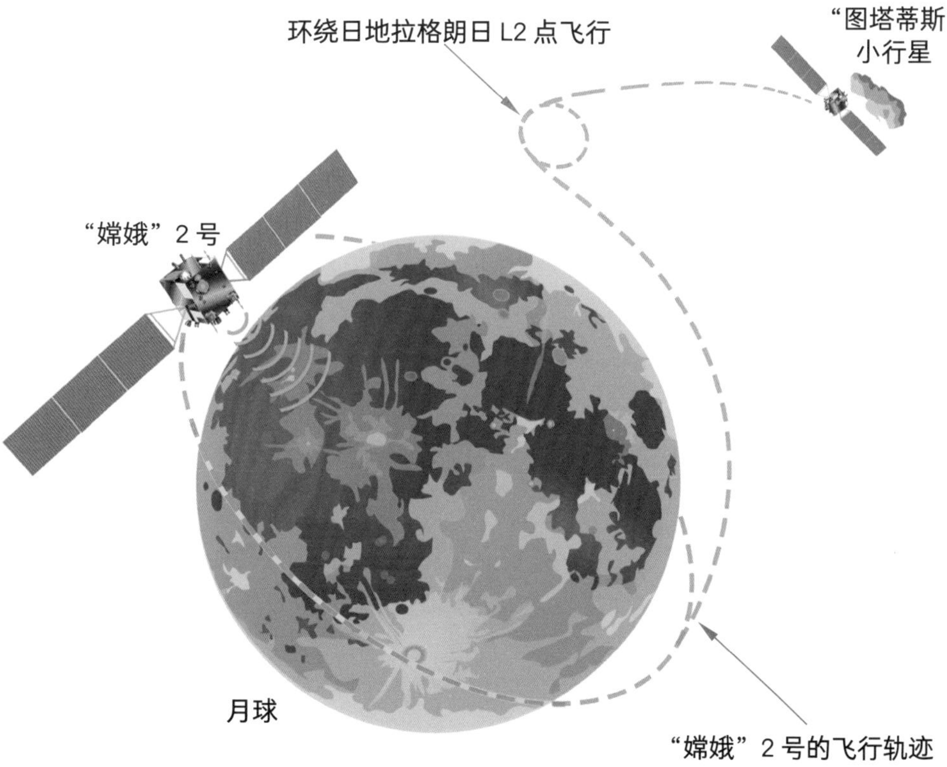

环绕日地拉格朗日 L2 点飞行

"图塔蒂斯"
小行星

"嫦娥" 2 号

月球

"嫦娥" 2 号的飞行轨迹

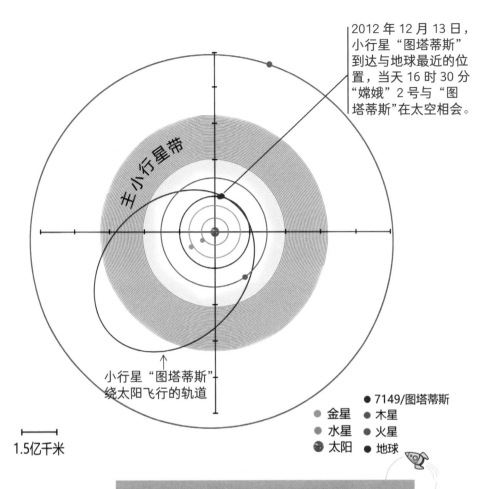

2012 年 12 月 13 日，小行星"图塔蒂斯"到达与地球最近的位置，当天 16 时 30 分"嫦娥"2 号与"图塔蒂斯"在太空相会。

主小行星带

小行星"图塔蒂斯"绕太阳飞行的轨道

1.5亿千米

● 7149/图塔蒂斯
● 金星　● 木星
● 水星　● 火星
● 太阳　● 地球

图 2-2 "图塔蒂斯"的飞行轨道

小行星"图塔蒂斯"沿一个大椭圆形轨道围绕太阳飞行，离太阳最远的距离约为 6.2 亿千米，最近时约 1.44 亿千米，绕太阳 1 圈需要 4 年多。北京时间 2012 年 12 月 13 日，它在离地球 700 万千米的深空与"嫦娥"2 号探测器相会。

分准备。

　　在精确测定小行星"图塔蒂斯"轨道的同时，科学家为"嫦娥"2 号探测器设计了飞行路线。"嫦娥"2 号的首要任务是对月球开展探测，在探测小行星"图塔蒂斯"之前，

"嫦娥"2号首先到达月球空间，然后围绕月球开展了探测，在完成对月球的探测后，它离开月球，飞向一个离地球大约 150 万千米，被称为日地拉格朗日 L-2 点（日地 L-2 点）的区域，随后环绕着日地 L-2 点继续飞行。当她接到探测"图塔蒂斯"小行星的任务后，又起程飞往更远的深空，去与"图塔蒂斯"小行星相会（图 2-3）。

如何让"嫦娥"2号沿一条合理的轨道奔赴遥远的深空与"图塔蒂斯"会合，并且在不发生相撞的前提下尽量靠近"图塔蒂斯"以拍摄清晰图像，这是一个极大的挑战。"嫦娥"2号与"图塔蒂斯"以接近 11 千米 / 秒的速度擦肩而过，在两者之间的距离迅速变化的情况下，如何调整"嫦娥"2号飞行姿态，使相机镜头对准小行星，又是一个极大的挑战。为了应对这些挑战，中国科学家和工程师们通过精心建模、精确计算，设计了最佳的飞行路线，采用了先进的控制技术，为"嫦娥"2号成功飞越小行星"图塔蒂斯"并拍摄高质量图像提供了保障。

2012 年 5 月 31 日，"嫦娥"2号离开了环绕日地 L-2 点运行的轨道，开始向远离地球 700 万千米的深空进发，位于地球的科学家利用新疆喀什、山东青岛、黑龙江佳木斯和上海的大型测控天线和射电望远镜，时刻注视着"嫦娥"2

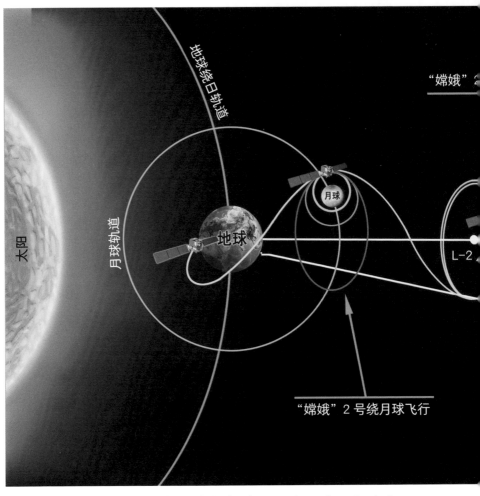

图中文字：
地球绕日轨道

"嫦娥"2

月球

月球轨道

太阳

地球

L-2

"嫦娥"2号绕月球飞行

号的一举一动，向它发出行动指令（图2-4）。在飞行途中，"嫦娥"2号进行了多次轨道修正和姿态调整，以便对准方向，沿着设计的飞行路线飞行。

在"嫦娥"2号沿着设计的飞行路线飞往深空的同时，小行星"图塔蒂斯"也沿着自己绕太阳飞行的轨道飞行，并且越来越靠近地球，越来越接近交会点。2012年12月13日，"图塔蒂斯"到达离地球最近的位置，这里也恰恰是"嫦娥"2号与"图塔蒂斯"相会的地方。北京时间当天16时30分，"嫦

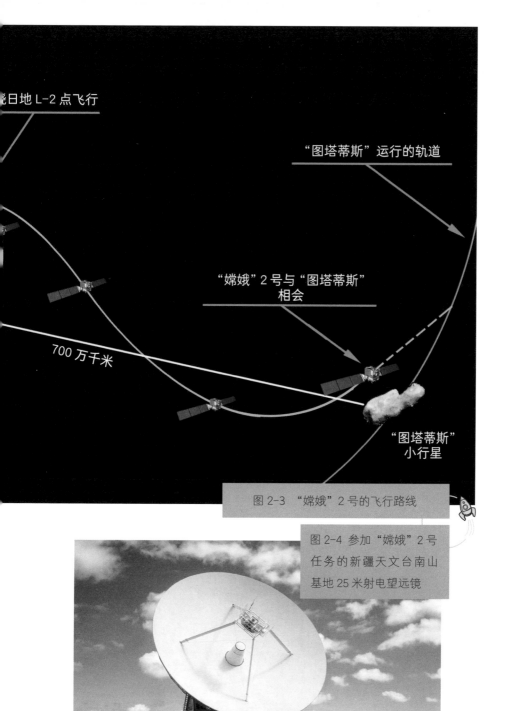

绕日地 L-2 点飞行

"图塔蒂斯"运行的轨道

"嫦娥"2号与"图塔蒂斯"
相会

700 万千米

"图塔蒂斯"
小行星

图 2-3 "嫦娥"2号的飞行路线

图 2-4 参加"嫦娥"2号
任务的新疆天文台南山
基地 25 米射电望远镜

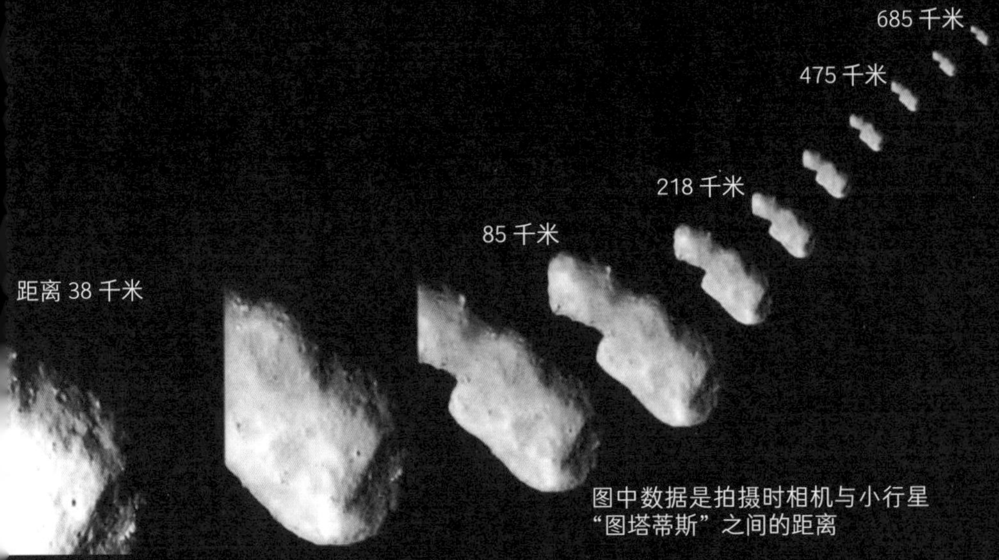

685 千米

475 千米

218 千米

85 千米

距离 38 千米

图中数据是拍摄时相机与小行星
"图塔蒂斯"之间的距离

图 2-5 "嫦娥" 2 号为 "图塔蒂斯"
小行星连续拍摄的照片

娥"2 号经过 6 个月的旅途,终于在预定的交会点与小行星"图

塔蒂斯"相会了, 中国派出的这颗深空探测器首次对一颗小

行星完成了近距离探测的壮举。

"嫦娥" 2 号飞越小行星"图塔蒂斯"的机会仅有一次,

而且稍纵即逝。此刻, "嫦娥" 2 号与 "图塔蒂斯" 之间的

相对速度为 10.73 千米 / 秒, 它们相距最近时, "嫦娥" 2

号距离 "图塔蒂斯" 的表面仅 3200 米。在与 "图塔蒂斯"

小行星由远及近擦身而过的 25 分钟内, "嫦娥" 2 号利用

它的一台监视相机对这颗翻滚的小行星进行了连续的光学

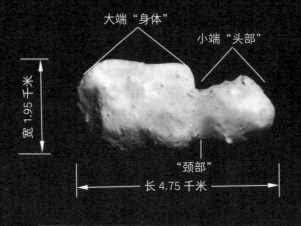

大端"身体"　　小端"头部"

宽 1.95 千米

"颈部"

长 4.75 千米

这是"嫦娥"2号用小型监视相机拍摄的小行星"图塔蒂斯"照片，拍摄时"嫦娥"2号距离"图塔蒂斯"93千米，它们之间的相对速度为10.73米/秒。

图 2-6 小行星"图塔蒂斯"有一个奇特形状，看上去像一个土豆

成像，拍摄了"图塔蒂斯"的一连串身影（图 2-5）。这些图像承载了这颗小行星的丰富信息，为人们深刻认识这个小天体提供了丰富的科学依据。

　　从"嫦娥"2号获得的图像发现，"图塔蒂斯"是一个形状不规则的奇特小行星，一端像是粗壮的身体，另一端像是伸出的头部，两个部分连接在一起，构成一颗外形古怪的小天体（图 2-6）。天文学家将这类明显由两部分结构相接而成的小行星称为"接触双小行星"，在飞近地球的近地小行星中，这类小行星不乏其例。科学家团队认为，这颗小行星的"前身"是由一颗体积较大的主星和一颗较小的卫星组成的双小行星，由于受到地球巨大引力的影响，引起它们的轨道形状发生改变，导致两颗小行星相撞，最终两星并合，形成了现在的小行星"图塔蒂斯"。

从拍摄的图像中，科学家还找到了 50 多个大大小小的陨石撞击坑，并发现了一个直径大约 800 米的大型盆地（图 2-7），科学家根据探测数据判断，这些撞击坑的年龄大约为 16 亿年。"嫦娥" 2 号还发现这颗小行星的表面存在 30 多个有巨石特征的区域，最大的巨石直径达 61 米，最小的为 10 米。这些现象可能因小行星遭受外来陨石撞击而形成，也可能因为昼夜温差变化引起小行星表面物质破碎而形成。

中国科学家利用"嫦娥" 2 号获得的探测数据开展了大量研究，这些研究成果对人类认识太阳系中小行星的形成与演化机制，以及近地小行星的空间防护都有重要的科学价值，也为我国未来开展小行星探测提供了重要依据。

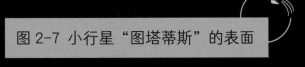

图 2-7 小行星 "图塔蒂斯" 的表面

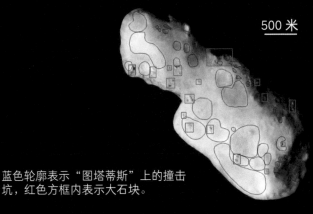

500 米

蓝色轮廓表示"图塔蒂斯"上的撞击坑，红色方框内表示大石块。

图片来源：Huang, Ji & Ye et al., 2013, Scientific Reports

三、访问"神"星

两颗神奇的小天体

在这本小册子的第一章，我们曾介绍在红色火星的轨道和巨大木星的轨道之间有一个小行星带，那里有数不尽的小行星围绕着太阳飞行。在这个小行星带中有两颗特殊的天体，许多年来科学家将哈勃太空望远镜对准它们，期盼解开这两颗星星的一个又一个谜团。这两个小天体各有一个神奇的名字，一个叫"谷神星"，一个称"灶神星"，前者是小行星带中个头最大的成员；后者是个头排行老二的巨型小行星（图 3-1）。

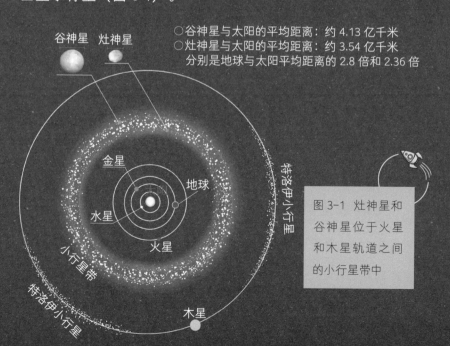

○谷神星与太阳的平均距离：约 4.13 亿千米
○灶神星与太阳的平均距离：约 3.54 亿千米
　分别是地球与太阳平均距离的 2.8 倍和 2.36 倍

谷神星　灶神星

特洛伊小行星

金星
地球
水星
火星
小行星带

特洛伊小行星

木星

图 3-1　灶神星和谷神星位于火星和木星轨道之间的小行星带中

这两个小天体一直吸引着天文学家的目光，围绕它们有许多迷人的问题。比如，为什么谷神星上有许多闪光的亮点，这些亮点是什么？太空望远镜曾观测到谷神星上冒蒸气，这是什么气体？与奇形怪状的小行星不同，这两颗"神星"是球形和椭球形天体，它们的内部是否也像地球那样有地壳、地幔和地核？许多科学家认为地球上的水是小天体撞地球时带来的，那么这两个小天体会不会存在水？还有，科学家们推断落在地球上的陨石有许多来自灶神星，这是真的还是假的……这许多奇奇怪怪的问题都等待着回答。除了回答这些问题，科学家们还期待从它们身上找到探究太阳系起源和演化历史的线索。科学家判断，在小行星带中运行的小天体，是太阳系形成过程中没有形成行星的残留物质，灶神星和谷神星保存了太阳系早期历史的信息。科学家将它们比作"时间胶囊"，如果你能打开这个"胶囊"，或许可以得到几十亿年前太阳系形成和演化的宝贵信息（图 3-2）。

充满希望的"黎明号"

进入 21 世纪，探测灶神星和谷神星这两颗"神星"的任务落在了一个重约 750 千克的探测器身上。科学家为这个探测器起了一个充满希望的名称——"黎明号"。2007年9月，"黎明号"在隆隆的轰鸣声中，乘着一枚巨大的运载火箭飞向太空，开始了一场历史性的旅行。它先耗费近4年时间，差不多环绕太阳转了两圈，飞抵旅程的第一站——灶神星，随后环绕灶神星飞行14个月，对灶神星开展科学探测。接着它再度启程，用2年半时间绕太阳飞行了大半圈，到达更遥远的第2站——谷神星，然后围绕谷神星开展了1年多的科学考察。2016年，在离开地球的第十个年头，它结束了主探测任务（图3-3），开始执行附加任务。

黎明号是全球首个环绕两个天体开展探测的航天器，而要环绕两颗"神星"飞行，需要配备先进的飞行动力装置，以调整飞行速度和方向。黎明号确实与众不同，它安装了3台称为"离子推力器"的新型发动机和2块巨大的太阳能电池板（图3-4）。与采用化学推进剂的传统火箭发动机不同，离子推力器可以将电能转化为推进航天器飞行的动力，虽然它产生的推力很小，但只需消耗少量燃料就可以长时间工作，为航天器持续提供推力。黎明号带了425千克氙燃料，这些燃料让3台离子推力器累积点火工作了51385小时，相当于5.9年。所以，对两个小天体实现环绕探测，离子推力器功不可没！

⇨ 谷神星

直径 (球形)	表面积	质量	离太阳的 平均距离
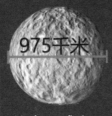975千米	277万 平方千米	93 亿亿吨	太阳
约为月球直径的四分之一	约等于1.73个 新疆自治区的面积 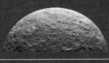	占主小行星带总质量的四分之一	4.13亿千米 1.496亿千米 地球 谷神星

谷神星　　　　　奇异的

谷神星冒出稀薄的水汽　　谷神星表面有许多神秘的亮点

⇨ 灶神星

直径 (椭球形)	表面积	质量	离太阳的 平均距离
525千米	80万 平方千米	26 亿亿吨	太阳
约为月球 直径的15%	比我国青海省的 面积稍大一些 	占主小行星带 总质量的7%	3.63亿千米 1.496亿 地球 灶神星

谷神星的一天 （自转一圈） 9小时4分 谷神星的一年 （绕太阳一圈） 1682个地球日	温度 白天最高温度： 零下33摄氏度 白天最低温度： 零下93摄氏度	绕太阳运动 的速度 19.36千米/秒 地球绕太阳速度： 29.78千米/秒	内部结构 由内到外： 核心—地幔—地壳 地球： 内核—外核—地幔—地壳

景观

灶神星

23000米 ← → 180千米

珠穆朗玛峰
8848米

雷亚希尔维亚中央峰
山峰高度是珠峰的两倍多

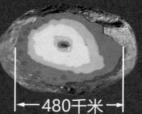

← 480千米 →

雷亚希尔维亚撞击坑
最大宽度达灶神星直径的90%

灶神星的一天 （自转一圈） 5小时20分 灶神星的一年 （绕太阳一圈） 1325个地球日	温度 最高温度： 零下20摄氏度 最低温度： 零下190摄氏度	绕太阳运动 的速度 21千米/秒 月球绕地球速度： 约1千米/秒	内部结构 由内到外： 核心-地幔-地壳 灶神星与谷神星的 内部相似，都分层

图 3-2 图说谷神星和灶神星

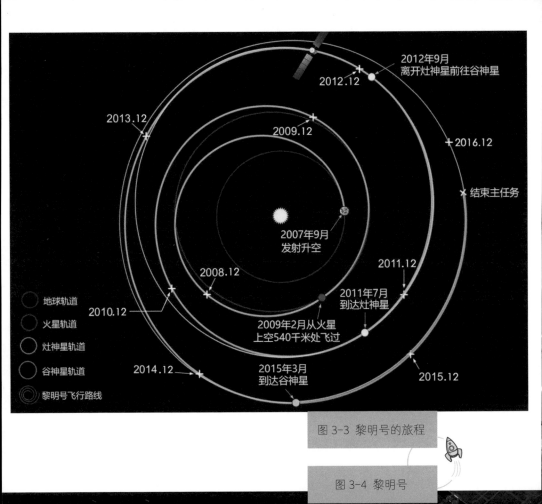

图 3-3 黎明号的旅程

图 3-4 黎明号

2012年9月
离开灶神星前往谷神星

2012.12

2013.12

2009.12

2016.12

× 结束主任务

2007年9月
发射升空

2008.12

2011.12

2011年7月
到达灶神星

2010.12

2009年2月从火星
上空540千米处飞过

2014.12

2015年3月
到达谷神星

2015.12

地球轨道
火星轨道
灶神星轨道
谷神星轨道
黎明号飞行路线

访问灶神星

黎明号于 2011 年 7 月到达旅程的第一站——灶神星，接着被灶神星的引力"捕获"，进入了距离灶神星表面大约 2700 千米的环绕轨道。在到达灶神星之前，黎明号"急不可耐"地动用相机拍摄灶神星（图 3-5），在进入环绕轨

图 3-5 灶神星表面遍布着撞击坑

这是黎明号从 5200 千米外拍摄的灶神星，此前灶神星在最强大的望远镜中只是一个模糊的斑点。照片中左侧有三个连接在一起的巨型陨石坑，看上去像一个雪人，称为雪人撞击坑。

道后，黎明号调动所有探测仪器，包括相机、可见光和红外光谱仪、伽马射线和中子探测器等，使出浑身解数对灶神星开展科学探测。随后，黎明号逐渐降低轨道高度，最低时在离灶神星表面仅180千米的轨道上飞行，以便拍摄清晰的图像、获得更精确的科学数据。黎明号围绕灶神星飞行了14个月，拍摄了31000张照片，绘制了它的地形貌图，确定了它的质量，计算了重力场，探测了这颗小行星的物质组成，然后启程飞往下一站——谷神星。

黎明号对灶神星的探测获得许多惊奇的发现。灶神星是一个被深坑和山脉覆盖的粗糙世界，在这个直径仅500多千米的星球上，直径大于4千米的撞击坑竟有1872个！这些深坑是很久以前来自太空的小行星猛烈撞击形成的。其中，最大的一个直径约460千米，超过灶神星直径的80%，最深处达到12千米，在它的中央有一座高高耸立的山峰，从撞击坑底部到山顶，这座山峰的高度竟然达到23千米，是地球最高峰珠穆朗玛峰的2倍多。在灶神星表面，黎明号发现了一个壮观的"峡谷网"，从高空观测，90多条大裂缝和峡谷纵横交错，宛如一个由裂缝和峡谷编织的巨大的网，它们是两次巨大的小行星撞击留下的疤痕。

更让科学家惊喜的是，黎明号还发现灶神星的矿物中

图 3-6 HED 陨石的显微镜照片

曾经富含水，但因众多小行星不断撞击产生的巨大热量熔化了岩石，水分以气体形式挥发到太空，使现在的灶神星成为一个干燥的星球。

探测数据表明，灶神星不是一个构造简单的小天体，它由复杂的物质组成，表面是地壳，地壳下是地幔，中央有一个核心（见图 3-2），这种构造与地球的内部很相近，研究灶神星有助于研究地球及类似地球的行星是如何形成的。

黎明号还证实了科学家的判断：进入地球的很多陨石来自灶神星。在各种陨石中，有三种陨石被统称为 HED 陨石（图 3-6），它们的物质成分与灶神星相同，"年龄"大约为 45 亿年，恰恰与灶神星的"年龄"相同。科学家推测，在很久以前，灶神星遭遇小行星的猛烈撞击，溅射出大量碎片，一些碎片在灶神星轨道附近飞行；还有一些碎片在飞行中被地球重力场捕获，穿越地球大气层坠落到地球，成为 HED 陨石。在地球上发现的陨石中，来自灶神星的陨石大约占了 6%。更重要的是，科学家现在可以在实验室中，通过对 HED 陨石的分析，来研究灶神星演化的历史。

访问谷神星

2012 年 9 月，黎明号离开灶神星，开始又一次长途奔袭，经过 2 年半、15 亿千米的长途跋涉，终于在 2015 年 3 月到达太空旅行的第二站——谷神星。谷神星是小行星带中最大的天体，当黎明号距离谷神星 61000 千米时，谷神星的引力拽住了黎明号，随后黎明号进入环绕谷神星的轨道，开始围绕谷神星转圈飞行，成为人类首个环绕两个天体开展探测的航天器。

在黎明号到达谷神星前，人们对这颗神秘星球了解得很少。这颗星球由意大利天文学家皮亚齐于 1801 年首先发现，随后天文学家将它确定为运行在火星轨道和木星轨道之间的一颗小行星，并赋予它正式编号为 1 号小行星。在以后 200 多年时间里，谷神星一直头戴"世界上发现的第一颗小行星"的光环，并被视为太阳系已知最大的小行星。随着人们对太阳系天体的认识越来越深入，谷神星的地位发生了变化，在2006年国际天文联合会上，来自世界各国的天文学家一致将谷神星和另外四个小天体划入矮行星的行列！

我们的太阳系是一个多样性和奇妙的世界，围绕太阳运行的天体除了行星及其卫星、小行星和彗星，还一类称为矮行星！那么，什么是矮行星呢？

我们知道，太阳系的八大行星都是围绕太阳运行的圆球形天体，这是因为它们具有足够大的质量以致产生强大的重力，它们在形成过程中，在重力的作用下使自己聚集成球体；同时，它们对周围天体也形成巨大的引力，引力让行星把轨道附近的"邻居"物体，包括各种小天体拽到自己身上或者抛甩出去，从而把"邻居"物体扫除干净。比如，地球周围除了一颗围绕自己的天然卫星——月球外，没有其他小天体。矮行星则是一类围绕太阳运行的"侏儒行星"，比最小的行星水星还小得多，不过它们仍有足够大的体积、质量和重力，可以在重力作用下聚集成球体；但是它们的引力不足以清除轨道上的"邻居"物体，混迹在小行星带中或伴着身边的小天体一起绕太阳飞行。至于小行星，那是个头更小的小天体，以致它们没足够大的重力使自己的"体形"成为球形。它们的形状千奇百怪，大多是形状不规

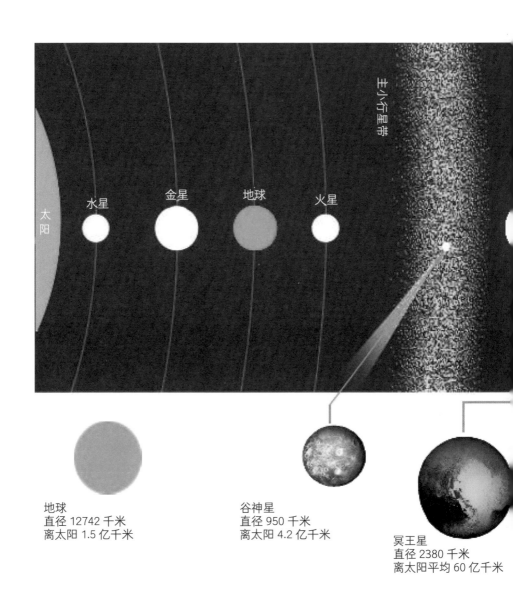

主小行星带

太阳

水星

金星

地球

火星

地球
直径 12742 千米
离太阳 1.5 亿千米

谷神星
直径 950 千米
离太阳 4.2 亿千米

冥王星
直径 2380 千米
离太阳平均 60 亿千米

则的小天体。迄今，国际上已经确认 5 颗矮行星（图 3-7），
最大的是冥王星，而谷神星是其中最小的一颗。虽然谷神星
已经从小行星队伍中"出列"，但作为黎明号探测任务的

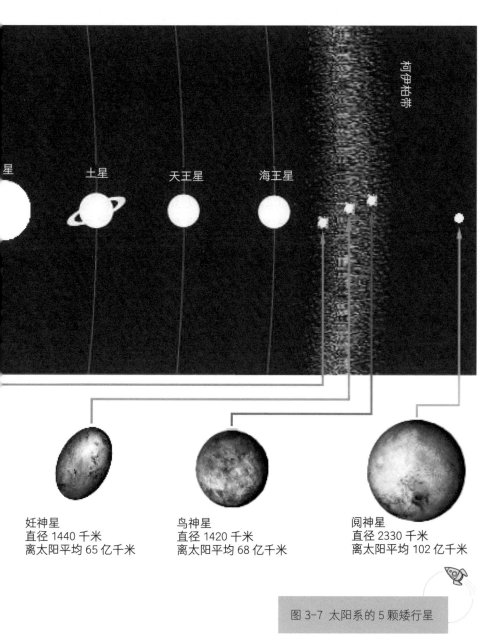

图 3-7 太阳系的 5 颗矮行星

妊神星
直径 1440 千米
离太阳平均 65 亿千米

鸟神星
直径 1420 千米
离太阳平均 68 亿千米

阋神星
直径 2330 千米
离太阳平均 102 亿千米

重要组成部分，这本小册子仍对谷神星探测进行介绍。

黎明号长途跋涉到达谷神星后，先进入高度约 13500

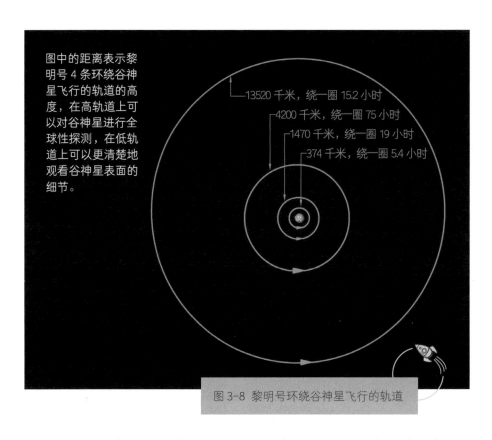

图中的距离表示黎明号 4 条环绕谷神星飞行的轨道的高度，在高轨道上可以对谷神星进行全球性探测，在低轨道上可以更清楚地观看谷神星表面的细节。

13520 千米，绕一圈 15.2 小时
4200 千米，绕一圈 75 小时
1470 千米，绕一圈 19 小时
374 千米，绕一圈 5.4 小时

图 3-8 黎明号环绕谷神星飞行的轨道

千米的轨道（图 3-8），在这条轨道上观测，谷神星看起来比从地球看到的月亮大 8 倍，比哈勃太空望远镜看到的细节清晰 20 倍以上。为了获得更精确的数据，黎明号不断降低轨道高度，先把轨道高度降到 4400 千米，然后降到 1470 千米，最终把轨道高度降低到 370 多千米，这个高度与我国"神舟"飞船离地球的高度相近，可以看清楚谷神星表面的细节。

黎明号带给人们的第一个惊喜，就是证实了谷神星上贮存了大量的水。探测数据表明，谷神星最外层是一层薄薄

的地壳，混杂着岩石、尘埃、水冰和各种含有水分子的矿物。地壳的下面是一层厚厚的冰壳层，也称为冰地幔。中心是一个岩石核心（图 3-9）。黎明号在绕谷神星飞行时，甚至在地表罕见地发现了暴露的水冰。

　　根据探测数据推测，几十亿年前，谷神星在历史上的某个时期曾是一个潮湿的星球，有一个巨大的地下咸水海洋，随着谷神星内部热量耗尽逐渐冷却，咸水海洋在地下冻结 成一层冰壳，而全部水冰体积占谷神星的 25% ～ 40%。

图 3-9 谷神星的构造

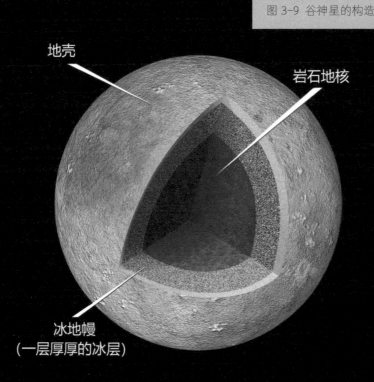

地壳

岩石地核

冰地幔
（一层厚厚的冰层）

图 3-10 奥克卡托撞击坑和坑底的亮点

如果这个推测正确，那么谷神星是太阳系中含水量最多的天体之一。黎明号也解释了早先用望远镜看到谷神星表面冒出水汽的奇怪现象：暴露在地表的水冰，在阳光照射下温度升高，升华到太空，即固体水冰直接转变成水蒸气，从而让望远镜看到谷神星冒水汽这一奇观。一些科学家认为，地球上的水可能来自小行星带中的小天体——携带水的小天体撞击地球，给地球带来了水。对谷神星的探测，为探寻地球水的来源提供了线索。

黎明号带给人们的第二个惊喜，是它解释了谷神星表面发光亮点的来龙去脉，而这是长期困扰科学家的一个谜团。人们早就发现谷神星上有许多神秘的亮点，最亮的位于直径 90 千米的奥克卡托撞击坑中（图 3-10），人们最初猜测这是水冰的强烈反光。但黎明号的观测表明，这些明亮的斑点来自一种称为碳酸钠的盐。当谷神星遭遇小行星撞击时，地下的咸海水被翻到地面，最终咸海水中的碳酸钠留在了谷神星表面，在阳光照射下闪闪发光。

2018 年 11 月，黎明号耗尽了燃料，与地面控制人员失去了联系。在整个探测过程中，黎明号飞行了 69 亿千米，离地球最远时达到了 5.9 亿千米——大约相当于地球到太阳距离的 4 倍，围绕两颗"神星"共飞行了 3052 圈，拍摄了 10 万多张照片，采集了 172 GB 的科学数据。与地球失去联系后，它继续在环绕谷神星的轨道上运行，成为谷神星的一个小小的卫星。

四、贝努探宝

在国外开展的小行星探测活动中，最近的一次要数奥西里斯 -REx 号探测器对 101955 号小行星贝努的探测了。这次探测不仅拍摄了贝努的高分辨率照片，绘制了化学和矿物图，最重要的成果是采集了贝努小行星的样品送回地球（图 4-1）。

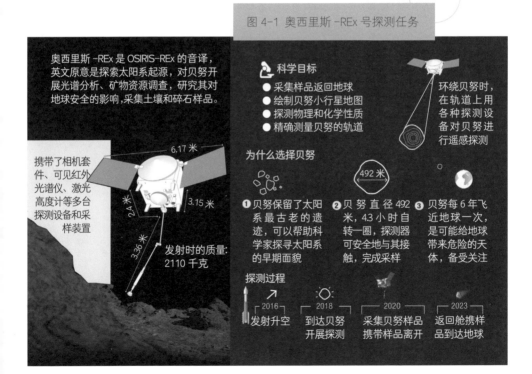

图 4-1 奥西里斯 -REx 号探测任务

奥西里斯 -REx 是 OSIRIS-REx 的音译，英文原意是探索太阳系起源，对贝努开展光谱分析、矿物资源调查，研究其对地球安全的影响，采集土壤和碎石样品。

携带了相机套件、可见红外光谱仪、激光高度计等多台探测设备和采样装置

6.17 米
3.15 米
2.4 米
3.36 米
发射时的质量：2110 千克

科学目标
- 采集样品返回地球
- 绘制贝努小行星地图
- 探测物理和化学性质
- 精确测量贝努的轨道

环绕贝努时，在轨道上用各种探测设备对贝努进行遥感探测

为什么选择贝努

492 米

① 贝努保留了太阳系最古老的遗迹，可以帮助科学家探寻太阳系的早期面貌

② 贝努直径 492 米，4.3 小时自转一圈，探测器可安全地与其接触，完成采样

③ 贝努每 6 年飞近地球一次，是可能给地球带来危险的天体，备受关注

探测过程

2016
发射升空

2018
到达贝努开展探测

2020
采集贝努样品携带样品离开

2023
返回舱携样品到达地球

贝努是美国科学家 1999 年用天文望远镜发现的一颗近地小行星，看上去像一个旋转的陀螺，在太空中按照 4 小时 20 分钟自转一圈的速度不停地旋转（图 4-2）；它绕太阳一圈需要 436 天，它的一年相当于地球的 1.2 年。这颗小行星的"个头"很小，直径还不到 500 米，也就是你在田径场跑道上跑 1 圈多的距离。

　　科学家们对这个小天体充满了兴趣，它是一颗非常古老的小行星，在 45 亿年前形成后完好地保存了最初的物质，

图 4-2 101955 号小行星贝努

下图是奥西里斯 -REx 号在 24 千米外拍摄的照片，照片显示贝努的表面遍布碎石。

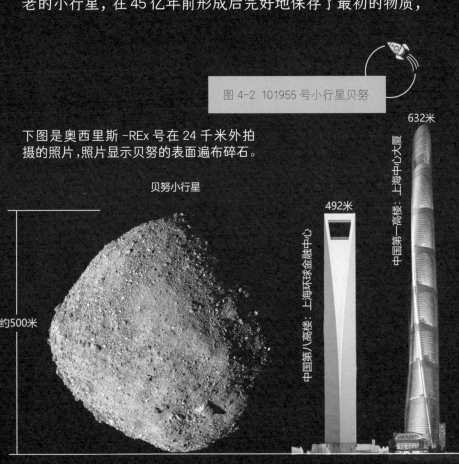

贝努小行星

约500米

492米
中国第八高楼：上海环球金融中心

632米
中国第一高楼：上海中心大厦

可能携带了 46 亿年前太阳系形成的信息。贝努是一颗碳质（C 型）小行星，蕴藏着大量的有机物和含水矿物，或许有助于科学家研究产生地球生命的有机物和水的起源。另一个值得关注的问题是，贝努是一颗对地球构成威胁的近地小行星，而且它在不断吸收阳光能量并以热量形式重新释放能量的过程中会产生轻微推动力，改变飞行轨迹。一些科学家预测，大约 150 年后，贝努有 1/2700 的机会撞击地球，所以科学家不仅要研究贝努的物质特性，还要精细地研究它的轨道变化，为应对小行星撞击地球提供数据。

飞往贝努

2016 年 9 月 8 日，奥西里斯 -REx 号探测器带着科学家的期盼，在隆隆的火箭轰鸣声中发射升空，它要做的第一件事，就是从地球飞到贝努的身边。当时贝努离地球的距离超过了 3.2 亿千米，到达贝努并不是一件容易的事。奥西里斯 -REx 号升空后，先沿一条与地球公转轨道相近的路线绕太阳飞行一圈，2017 年 9 月它回到地球身边，从地球上空大约 10000 千米处飞越地球，当它靠近地球时，借助地球的引力调整了飞行方向，进入一条追赶小行星贝努的轨道，再经近 1 年漫长的太空旅途，它终于与贝努在太空相会（图

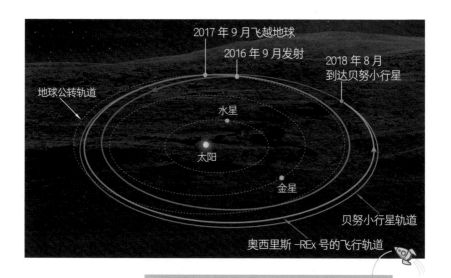

图 4-3 奥西里斯 -REx 号探测器的飞行历程

图中标注：
- 2017 年 9 月飞越地球
- 2016 年 9 月发射
- 2018 年 8 月到达贝努小行星
- 地球公转轨道
- 水星
- 太阳
- 金星
- 贝努小行星轨道
- 奥西里斯 -REx 号的飞行轨道

4-3）。2018 年 12 月 31 日，奥西里斯 -REx 号进入环绕小行星贝努的轨道，开始围绕贝努开展探测活动。从地球出发到进入环绕贝努的轨道，它在太空遨游了整整 2 年 3 个月 23 天。

　　奥西里斯 -REx 号刚一到达小行星贝努，就使出所有看家本领开展探测，先利用携带的相机套件拍摄了大量照片；随后又调动可见光和红外光谱仪等其他探测仪器对贝努进行遥感探测，以获得贝努的地形地貌、矿物资源、化学元素等科学数据，同时为获得贝努的样品寻找合适的样品采集地点。在这个遍布大大小小石块的小天体上，寻找一块满足采样要求的平地并非易事。最终，科学家们在贝努北半球一

上图是奥西里斯 -REx 号从 240 米高空拍摄的照片，白圈处有一小块平地，没有妨碍样品采集的大块岩石，暴露的岩石碎屑和尘埃可满足采样要求。

图 4-4　奥西里斯 -REx 号采集样品的地点"夜莺"

个陨石坑内找了一小块平地作为采样地点。这块平地只有一个小型停车场的大小，科学家给这个采样点起了一个好听的名字——"夜莺"（图 4-4）。

贝努采样

奥西里斯 -REx 号的任务很多，但首要任务是从小行星贝努表面采集样品，然后将样品送回地球，供科学家在地球上的实验室开展精细的分析。这颗古老的小天体保留了太阳系形成时的原始信息，对样品开展精细分析，有助于加深对太阳系形成和演化的认识。

读者也许知道，人类已经实现了月球样品采集，比如中国"嫦娥"5号探测器就采集了1731克月球样品送回地球。但月球采样和小行星采样的方法完全不同。对于月球来说，由于月球有足够大的重力——大约为地球重力的六分之一，承担采样任务的探测器会在月球引力作用下高速下落，探测器需要利用火箭发动机提供一个向上的反向推力，以减小下降速度，保证安全着陆。探测器在月面着陆后，在月球重力的作用下，可以稳稳地停留在月球表面，还允许用铲子铲取月面上的土壤样品，或者用钻机钻取月面以下的样品。但对于小行星来说，这样的着陆和采样方式完全不可行，只能采用其他方式完成着陆和采样任务。

我们都知道万有引力定律，任何两个物体之间都存在着引力，物体的质量越大，它们之间的引力越大；反之，物体的质量越小，它们之间的引力就越小。小行星贝努真是太小了，它的质量才0.855亿吨，差不多是月球质量的一万亿分之一，它的重力不到地球的十万分之一，在地球上重量1吨的物体在贝努上面的重量还到10克，而奥西里斯-REx号在贝努上空就像一片鸿毛那样轻。由于贝努的引力太微弱，要想下降到贝努的表面，探测器需要依靠小型发动机地将自己推离环绕贝努的轨道，把自己往下推向贝努表面（图4-5）。实际上，奥西里斯-REx号从开始下降直到接触贝努表面耗费了近5个小时，中途还利用小型发动机进行了两次机动，调整速度和方向，以保证精确到达"夜莺"采样点。

奥西里斯-REx号慢慢地靠近贝努，可是它根本无法稳定地停留在贝努的表面采集样品，因为贝努的引力太微弱了。还有一件事情也给采样带来了麻烦，那就是贝努不停歇地自转。那么，怎样才能采集它的样品呢？科学家们奇思妙

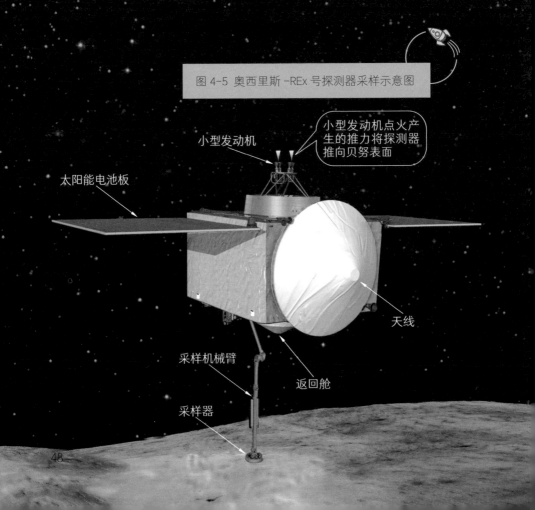

图4-5 奥西里斯-REx号探测器采样示意图

小型发动机点火产生的推力将探测器推向贝努表面

小型发动机

太阳能电池板

天线

采样机械臂

返回舱

采样器

想，为奥西里斯 -REx 号设计了一种"接触即离开"的采样方法，就是让奥西里斯 -REx 号靠近贝努表面时，用一个长长的机械臂采样器快速触碰贝努的表面，在触碰瞬间完成采样，然后迅速离开。这样，它既不用降落在贝努表面，也解决了贝努自转带来的麻烦。实际上，科学家在选择贝努作为探测目标时，就事先计算了它的自转速度，如果自转过快，小行星与采样器之间快速的相对运动会导致无法成功采样。即便像贝努这样自转速度符合要求的小行星，采样也必须快速完成。

当奥西里斯 -REx 号靠近贝努时，它向下伸展机械臂采样器触碰贝努表面，在触碰的一瞬间从内部的氮气瓶中猛烈喷射出高压氮气（图 4-6），将贝努表面的碎石和尘埃吹

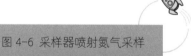

图 4-6 采样器喷射氮气采样

采样器触碰贝努表面

采样器喷射氮气扬起碎石和尘埃

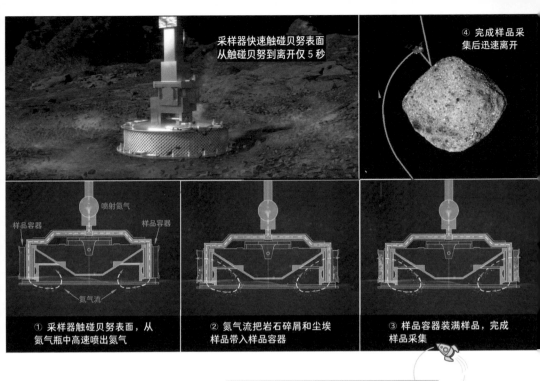

图 4-7 奥西里斯 -REx 号的采样过程

起，一部分飞起的碎石和尘埃会落入取样器的样品容器中，接着奥西里斯 -REx 号利用机械臂上的弹簧迅速弹起，离开小行星贝努（图 4-7）。从取样器触碰贝努到弹起离开，整个过程只有一刹那的 5 秒钟。科学家估计，奥西里斯 -REx 号采集的样品超过了 200 克。值得说明的是，科学家选择氮气来吹起样品，这是因为氮气与样品不发生化学反应，不会破坏样品原有的性质。

实际上，奥西里斯 -REx 号不是第一个采集小行星样品的探测器，它的前辈——2003 年和 2014 年日本发射的隼鸟 1号和 2号探测器同样采用了快速采样方法采集样品。不过，它们不是用氮气来扬起碎屑和尘埃，而是通过发射弹丸轰击小行表面，溅射起碎屑和尘埃样品，从而完成样品采集（图4-8），但采样最成功的"隼鸟"2号只采集了5克样品。

离开小行星贝努后，奥西里斯-REx号打开返回舱的舱盖，机械臂自动地把采集的样品连同采样器一同放入返回舱中（图4-9），随后闭合返回舱舱盖，启程返回地球家园。从贝努小行星飞回地球，大约需要3年。在2023年9月到达地球前，装有样品的返回舱与奥西里斯-REx号分离，独自飞往地球（图4-10），依靠降落伞降落在地面。最终科学家从返回舱中取出样品，在实验室中利用各种先进的科学分析仪器对样品仔仔细细地开展研究。

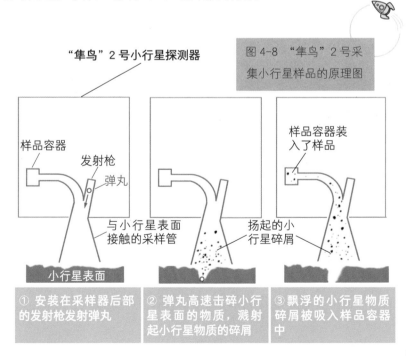

图4-8 "隼鸟"2号采集小行星样品的原理图

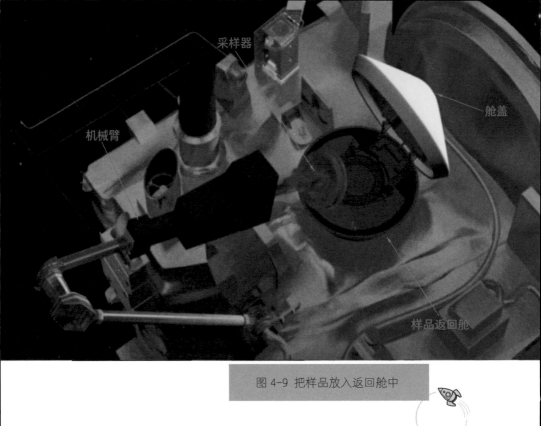

采样器

机械臂

舱盖

样品返回舱

图 4-9 把样品放入返回舱中

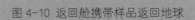

图 4-10 返回舱携带样品返回地球

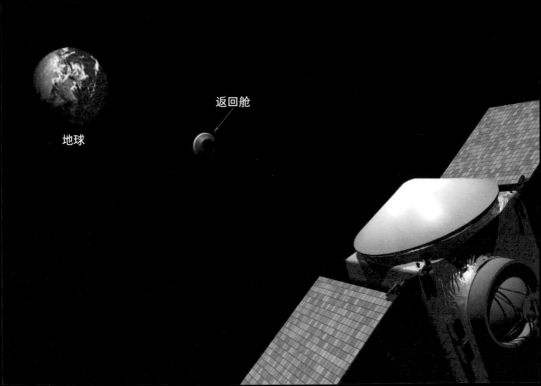

地球

返回舱

五、撞击迪莫福斯

本书第一章在介绍小行星的庞大家族时曾提到，有一类小行星的飞行轨道会靠近地球，人们称它们为"近地小行星"。在众多的近地小行星之中，有些小行星还会穿越地球轨道，当它们的飞行路径与地球围绕太阳运行的轨道相交时，就可能对地球构成威胁，甚至撞击地球，给人类生存带来灾难。因而，防御小行星撞击地球，就成了人类面临的共同挑战。

怎样防御小行星撞击地球呢？科学家们提出了许多方案，其中一种方案是发射撞击航天器，让它飞向对地球构成威胁的小行星，然后高速撞击小行星，通过巨大的撞击动能，改变小行星轨道，偏转小行星的飞行方向，从而防止小行星飞向地球，实现保护人类地球家园的目的。

对于利用撞击航天器防御小行星撞地球的设想，科学家们不仅开展了理论研究，还研制了撞击小行星的航天器，在太空中开展了撞击试验。2022 年 9 月，一个名为"双小行星重定向测试"的探测器，或称 DART 探测器（图 5-1），在离地球 1100 万千米的深空，撞击了一颗小行星，并成功

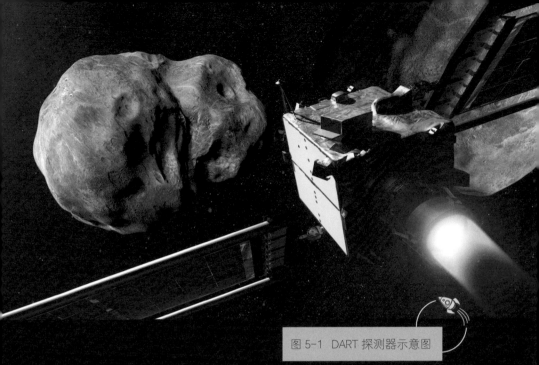

图 5-1 DART 探测器示意图

地改变了这颗小行星的飞行轨道。这件事情听起来似乎很科幻，但这次试验确实取得了空前的成功。

科学家选择的撞击目标是一颗名叫"迪莫福斯"的小行星，它与另一颗叫作"迪迪莫斯"的小行星组成了双小行星系统，它们是一对双胞胎（图 5-2），相互之间挨得很

图 5-2 双胞胎小行星

迪莫福斯小行星

迪迪莫斯小行星

近，两者中心之间的距离只有 1.18 千米。其中，迪莫福斯是个小不点，直径只有 160 米，而迪迪莫斯更大一些，外形像一个陀螺，直径 780 米。实际上，小个头的迪莫福斯是迪迪莫斯的卫星，日夜不停地环绕着后者飞行，每绕一圈需要 11 小时 55 分钟。这对双胞胎围绕太阳运行时，会接近地球轨道，偶尔还会接近我们的地球家园。2003 年，它们距离地球最近时仅 720 万千米。不过，这个双小行星系统绕太阳运行的轨道永远在地球轨道的外侧，它们在任何时候都不会撞击地球，选择它们作为撞击目标，纯粹是为了验证采用撞击的方法能不能改变小行星飞行的方向。

2021 年 11 月 24 日，DART 探测器乘着强大的运载火箭发射升空，这是一个长 1.19 米、宽 1.31 米、高 1.31 米的航天器，它除了携带先进的自主导航设备、火箭发动机、太阳能电池板等设备外，还安装了用于引导 DART 探测器撞击小行星的先进仪器，以及可以连续拍摄小行星图像的相机。此外，它还"随身携带"了一颗被称为"立方星"的微型卫星，立方星将利用自己的两台相机拍摄撞击照片，记录撞击过程。

经过 10 个月的飞行，2022 年 9 月 26 日 DART 探测器终于与双胞胎小行星在太空相遇。此时，它们距离地球 1100 万千米，DART 利用它的探测仪器识别和区分了两颗小行星，

然后瞄准较小的迪莫福斯小行星，向这颗小行星飞驰而去，在接近这颗小行星的过程中，它不断拍摄照片（图 5-3），并在撞击前将所有拍摄的照片发送回地球。在撞击之前 15 天，它提早释放了小小的立方星，让这颗立方星跟随在自己的后面，以便在撞击时拍摄撞击过程。

北京时间 2022 年 9 月 27 日上午 7 点 14 分，质量 570 千克的 DART 探测器以 6.3 千米 / 秒的相对速度猛烈地撞击在小行星迪莫福斯的中心区域，大约 3 分钟后立方星从迪莫福斯小行星上空飞过，确认了 DART 探测器撞击成功，并且观察到撞击引起的小行星物质向高空 溅射，拍摄了照片。与此同时，在地球上的许多天文望远镜也观测着这次撞击试验，并努力测量撞击后小行星迪莫福斯的飞行轨道，以确定小行星的飞行方向是否出现偏转。

科学家们发现，小行星迪莫福斯在遭到撞击之后，周围形成了一团尘埃云，随后好像在小行星身后形成了巨大的尾巴（图 5-4），天文学家估计尾巴可能拖延了约 10000 千米。这个尾巴是由猛烈撞击溅射出的小行星物质形成的，科学家通过对溅射物质的分析，比如溅射出的物质数量、溅射速度等，可以研究和确定小行星迪莫福斯的表面性质，帮助科学家了解小行星的结构和组成。

在这次撞击试验中，巨大的撞击力改变了小行星的飞行轨道。科学家通过精确的轨道测量，确定撞击前小行星迪莫福斯环绕较大的迪迪莫斯飞行一圈需要 11 小时 55 分钟，

图 5-4 撞击小行星迪莫福斯示意图

撞击后缩短到 11 小时 32 分钟，表明迪莫福斯的飞行速度、飞行方向或运行轨道发生了变化（图 5-5）。虽然飞行一圈仅仅缩短了 32 分钟，但撞击后导致的轨道偏移会随着时间流逝而不断增大。这就像一块手表每小时多走 3 秒，起初影响不大，但是 2 个月后这块表已经快了一个多小时。

撞击小行星迪莫福斯，是科学家为偏转小行星飞行方向进行的一次成功的技术试验，也是科学家企图通过撞击小行星改变其飞行方向的第一次尝试。不过，如何有效地防御小行星撞击地球，乃是科学家甚至整个人类共同面临的难题，人类离防御小行星的目标还有遥远的距离，还需要在未来漫长的时间中不断地去探索和实践。

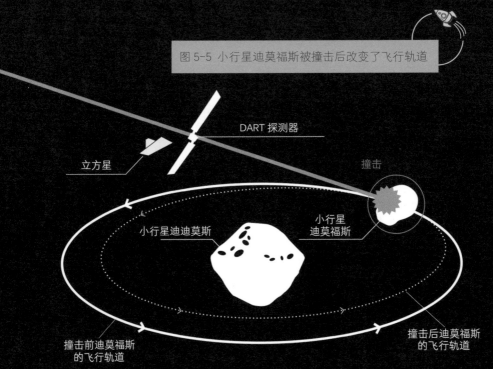

图 5-5 小行星迪莫福斯被撞击后改变了飞行轨道

DART 探测器

立方星

撞击

小行星迪迪莫斯

小行星
迪莫福斯

撞击前迪莫福斯
的飞行轨道

撞击后迪莫福斯
的飞行轨道

六、展望"天问"2号
的太空之旅

2012 年，中国"嫦娥"2 号探测器对"图塔蒂斯"小行星进行了成功的探测。在这次探测任务完成 10 年后，2022年中国政府发布了深空探测任务规划，宣布 2025 年前后将发射以"天问"2 号命名的探测器执行"小行星采样返回与主带彗星环绕探测"任务。这是一项"一举两得"的探测任务，"天问"2 号一次远行，将先后对一颗小行星和一颗主带彗星开展探测。

"天问"2 号探测的第一个目标，是 2016 年才发现的 2016 HO3 小行星，国际永久编号为 469219。这是一颗个头极小的近地小行星，科学家估计它的直径在 40 ～ 100 米。它的飞行轨道有点奇葩，既环绕着太阳飞行，又一直相伴着地球飞行（图 6-1）。我们把在地球身边绕地球飞行的天体称为地球的天然卫星，比如距离地球平均 38 万千米的月球。虽然 2016 HO3 小行星也环绕地球飞行，但它离地球太远了，离地球最近的距离超过 1400 万千米，最远达 4000 万千米，因而人们将它看成一颗地球的"准卫星"或"准月亮"。尽

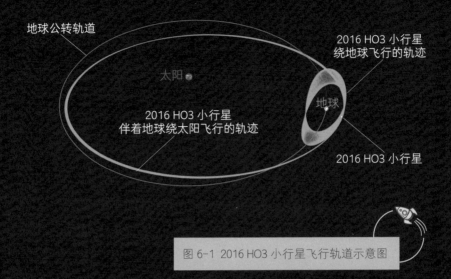

图 6-1 2016 HO3 小行星飞行轨道示意图

管 2016 HO3 小行星是一颗近地小行星，但它不会与地球发生相撞，只会与地球围绕太阳"共舞"。由于 2016 HO3 小行星的体积太小，这给探测和采集样品带来极大挑战。"天问"2号将采用最先进的技术，对这颗近地小行星完成伴飞、附着、采集样品并将样品送回地球，从而为小行星的起源与演化等前沿科学研究提供数据和样品。

"天问"2 号探测的第二个目标，是一颗编号为 311P/P 的主带彗星。主带彗星是一类特殊而神奇的小天体，它们在火星和木星之间的主小行星带环绕太阳运行，显示出小行星的特征，但又在某一段轨道上呈现出彗星的特征，比如喷射物质粒子，拖着长长的尾巴等，因而具有小行星和彗星的双重性，311P/P 就是这样的小天体。311P/P 绕太阳飞行，每

1180 天绕太阳一圈，它的轨道离地球轨道的最近距离约 1.4 亿千米，"天问" 2 号需要长途跋涉才能与它交会，到达它的身旁。科学家认为，对这颗主带彗星开展近距离探测，不仅可以为研究彗星本身提供新的数据，还可以为科学家研究地球上的水是否来自彗星提供数据。

按照计划，"天问" 2 号将在 2025 年前后发射升空，经过长途太空旅行，首先到达 2016 HO3 小行星，在太空与 2016 HO3 小行星会合后，先陪伴这颗小行星飞行，然后缓缓下降，到达小行星表面并采集样品。完成这些工作后，它携带样品飞往地球，在从地球身边快速飞过时，抛出装有样品的返回舱，利用返回舱将采集的小行星样品送回地面，供科学家开展分析研究。然后，"天问" 2 号飞过地球奔向第二个探测目标——311P/P 主带彗星。"天问" 2 号将在遥远的深空与这颗彗星会合，然后绕着它飞行，利各种先进的仪器对它开展探测，并将探测数据发送给地球。"天问" 2 号要完成探测两个天体目标的重大任务，这需要漫长的时间，或许超过 10 年。

结语

在太阳系大家庭中，彗星和小行星的个头虽然很小，但自太阳系诞生以来，它们就是太阳系这个大家庭的重要成员。尽管太阳系经过了几十亿年的演变，但这些小天体仍然保留了早期太阳系的信息，组成它们的物质及其化学成分几乎没有变化，对彗星和小行星开展探测，破解小天体的众多之谜，可以帮助人类更深刻地认识太阳系和地球家园。我们期盼着中国"天问"2号成功的小行星探索之旅，也期待更多的读者和朋友了解宇宙星空的奥秘，关注我国的航天事业。

很高兴看到这样的一套书，深入浅出，兼具科学性与趣味性，让孩子从小就能接触到尖端领域的航空、航天知识，帮孩子撷取"人类工业文明的皇冠"。

——中国工程院院士，飞行器导航控制专家　冯培德

好奇心是孩子的天性。书中以孩子能理解的方式，讲述详实有趣的航天故事和知识，点燃孩子内在的好奇心，将探索的种子根植于孩子的内心。让阅读成为悦读，让梦想插上翅膀。

——中国人民解放军航天员大队首任大队长　申行运

这套书里，一流的科学家构建了完整的航空、航天知识体系，用巧妙的方式缀珠成线，一定能够满足你对科学的好奇心。未来的空间广阔，希望这次我们能为你们打开一个通往精彩世界的大门。

——空军退役飞行员　丁邦昕

少年儿童航空航天分级阅读

航天读本 太空传奇 **4**

小天体探测（上）

与彗星亲密接触

冯培德 / 总主编

屠空 / 著

航空工业出版社

北 京

图书在版编目（CIP）数据

小天体探测．上，与慧星亲密接触 / 屠空著．-- 北京：航空工业出版社，2021.12
（少年儿童航空航天分级阅读．太空传奇）
ISBN 978-7-5165-2869-3

Ⅰ．①小… Ⅱ．①屠… Ⅲ．①外行星探测器－少儿读物 Ⅳ．① V476.4-49

中国版本图书馆 CIP 数据核字 (2022) 第 005763 号

小天体探测（上）：与彗星亲密接触
Xiaotianti Tance (Shang)：Yu Huixing Qinmi Jiechu

总　主　编：冯培德
主　　　编：蒋宇平
作　　　者：屠空
字　　　体：仓耳字库

策划编辑：雷蕾
责任编辑：张世昌
装帧设计：骑云星工作室　王锴

航空工业出版社出版发行
（北京市朝阳区京顺路 5 号曙光大厦 C 座四层　100028）
发行部电话：010-85672688　010-85672689
承印者：北京富泰印刷有限责任公司

2021 年 12 月第 1 版
2021 年 12 月第 1 次印刷
开本：635×965　1/16
印张：2.75
字数：21 千字
定价：201.60 元（全 12 册）

在云淡风轻的夜晚，让我们仰望星空，明月皎洁，繁星闪烁，你会看到一个美丽的夜空。我们头顶上的星空寥廓而深邃，千百年来它一直吸引着人类的探索目光，而科学家更执着地探索着这个神秘广袤的苍穹。

我们居住的太阳系是一个成员众多的庞大家族，太阳在太阳系的中心，是这个大家庭的主宰；受太阳引力约束而环绕太阳运行的八大行星及其卫星是这个大家庭的重要成员。除了太阳和行星，太阳系中还有众多其他天体，包括矮行星、小行星、彗星、流星体以及行星际物质等（图0-1）。

1959年，人类发射的首个深空探测器从月球身旁飞过，开启了利用航天器探测地外天体的先河。60多年来，人类

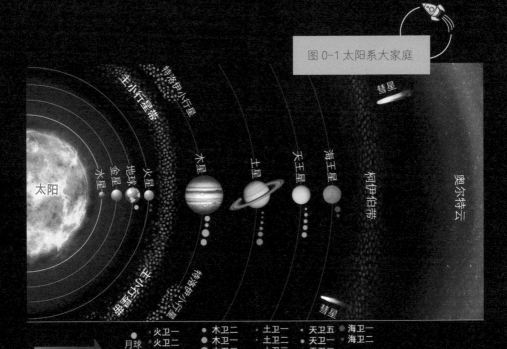

图 0-1 太阳系大家庭

向太空派出的探测器已经探测了太阳和地球以外的七大行星及其卫星，取得了丰硕的科学成果。而人类也没有忘记探测太阳系中另外一类天体——彗星和小行星，它们是太阳系八大行星的小兄弟，属于太阳系中的小天体。对这些小天体开展探测，有助于人类更深刻地认识宇宙；同时认识我们太阳系的诞生和演化，也有助于探索生命的起源。

从1986年人类利用航天器探测哈雷彗星开始，至今人类派出的航天器已经对20多颗彗星和小行星开展了探测。其中，有的探测是让航天器从彗星或小行星近旁飞越，在飞越的过程中获取这些小天体的科学数据；有些探测是让航天器进入环绕彗星或小行星的轨道，并在轨道上利用科学仪器开展遥感探测；还有一些探测实现了航天器在彗星或小行星表面着陆，开展现场探测；人们还数次派出小行星采样返回探测器，采集小行星样品并将采集的样品带回地球，在实验室里开展科学分析和研究。这些探测活动已经极大地提高了人类对小天体的认识，也加深了人们对太阳系的了解。

我们的这套小册子，上册选取了几个典型的彗星探测例子，下册则选取了几个典型的小行星探测例子，分别向读者介绍人类开展的小天体探测活动以及取得的科学成果，同时也对彗星和小行星进行了简单介绍。

一、美丽的彗星

  彗星在夜空中拖着一条长长的尾巴，轻轻划过星空，在寂静的天际划出一道美丽的光芒。我国古代很早就有对彗星的记载，在 2000 多年前我国战国时期，史学家和思想家左丘明所作《春秋左氏传》，就对公元前 613 年秋季出现的一次彗星进行了记录。彗星有长长的尾巴，像一把在天空中飞翔的扫把，我国古代把彗星称为"欃枪""孛星"，民间也将彗星称为"扫帚星""扫把星"。

  彗星是绕着太阳运行的一类小天体，主要由冰冻物质、尘埃和岩石构成。彗星的亮度和形状会随着它与太阳距离的变化而变化，当它在远离太阳的黑暗寒冷的太空中运行时，它们只是一颗冰冻的"脏雪球"，人们无法用肉眼看到。只有极少数来到太阳身边的彗星，在阳光的照耀下，才能为人们所看见。

  人们在地球上观测到的彗星，形状很特别，头部明亮，后面拖着长长的尾巴。彗星前端明亮的头部称为彗核，由比较密集的固体物质组成；彗核周围的云雾状光辉称为彗发；彗星像扫帚一样的长长尾巴，是由极稀薄的气体和尘埃组

彗发

彗核

向着太阳飞行

80500 千米

图 1-1 "伊森"彗星

这是美国哈勃太空望远镜 2013 年 10 月 9 日拍摄的一颗名叫"伊森"的彗星。从图中可以明显看出彗星由彗核、彗发和彗尾构成。

成的彗尾（图 1-1）。彗星的质量都很小，一般不到地球质量的十亿分之一。

当彗星飞近太阳时，彗核表面不断升温，彗星物质蒸发、汽化、膨胀、喷发，就产生了长而发光的彗发，彗发的气体

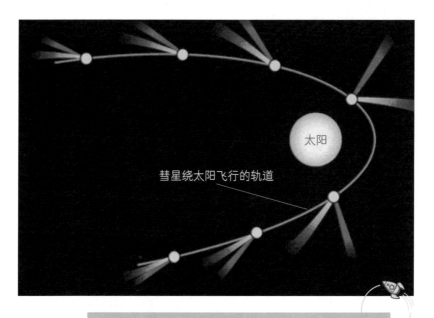

图 1-2 彗星绕太阳运行

当彗星靠近太阳时，彗星形成了长长的彗尾，彗尾总是背向太阳的方向延伸，而且越靠近太阳，彗星拖得就越长。

和尘埃在阳光和太阳风的作用下向后延伸，形成了更长的明亮彗尾，这就是人们在地球上看到的彗星（图 1-2）。虽然彗核尺寸很小，通常直径只有几千米，但集中了彗星的绝大部分物质，是彗星的主体；慧发和彗尾是彗核蒸发出来的气体和尘埃，可延伸数十万至上千万千米。如果你有功能强大的望远镜，也许你能看到一颗彗星拖着两条尾巴，这让神秘的彗星显得异常的美丽（图 1-3）。彗尾的密度极小，只有地球大气密度的几千亿分之一。

图 1-3 C/2020F3 "新智" 彗星

这是 2020 年 7 月 17 日位于葡萄牙的天文望远镜拍摄的 C/2020F3 彗星照片，当时这颗彗星靠近地球，以 64.2 千米 / 秒的速度绕太阳飞行。如果夜空晴朗，人们用肉眼也可以看到它的模糊形象。这是一颗双尾彗星，左侧尾巴几乎笔直地背离太阳方向，细长而泛着幽幽的蓝光，这是一条离子气体构成的尾巴；右侧是尘埃尾巴，宽阔而略有弯曲，因反射阳光而发出白中带黄的光芒。由于太阳风和太阳辐射压的作用，使这颗彗星的彗尾分叉，这让它看上去异常美丽。

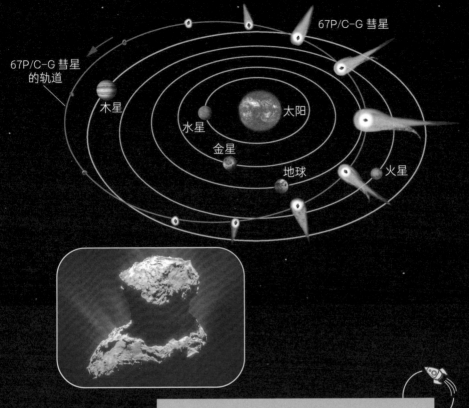

太阳

67P/C-G 彗星

67P/C-G 彗星
的轨道

木星

水星

金星

地球

火星

图 1-4 67P/C-G 彗星及其运行轨道

左下角是 2015 年 3 月 25 日欧洲航天局的"罗塞塔"探测器拍摄的 67P/C-G 彗星图像，显示了大约 4 千米长的彗核，彗核呈不规则形状，表面存在暴露的水冰，还有有机物质和矿物质，并且有很多孔隙。

彗星从遥远的深空来到太阳身边，它是从哪里来的呢？

1951 年，美国天文学杰拉德·柯伊伯提出，在远离太阳的海王星之外，存在许多围绕太阳运行的冰冻物质，它们构成了一个圆环状的柯伊伯带（图 0-1）。当柯伊伯带中冰冻物体受到外行星或者恒星的引力扰动时，有些会脱离原来的轨道而飞向太阳，成为进入太阳系内层的彗星。这类彗星绕太阳运行一周通常需要不到 200 年的时间，被称为短周期彗星，目前天文学家对这些短周期彗星的活动可以进行预测。比如，著名的哈雷彗星每 76 年环绕太阳一周，它离太阳最近的距离大约为 8900 万千米；而发源于柯伊伯带的一颗 67P/C-G 彗星绕太阳一圈只需要 6.44 年，它远离太阳时可到达木星轨道附近，也被称为木星族彗星（图 1-4）。

除了短周期彗星，还有更多的难以预测的长周期彗星，科学家推测这些彗星可能来自一个叫作奥尔特云的区域（图 0-1）。奥尔特云距离太阳非常遥远，它面向太阳一侧的边缘，离太阳最近的距离也有 3000 亿千米，相当于 2000 个天文单位——大约是地球和太阳之间距离的 2000 倍，来自奥尔特云的彗星需要飞行很长时间才能完成一次接近太阳的旅行。2014 年，人们发现一颗名为 C/2013 A1 号的彗星飞近火星，而它下一次靠近太阳要在 74 万年之后。一些科学家推测，奥尔特云彗星的运行周期最长可能达到 3000 万年。

最近几十年，天文学家在小行星主带中发现了"主带彗星"。在火星与木星轨道之间，有数量庞大的小行星沿着圆形轨道绕太阳飞行，构成了小行星主带（图 0-1）。"主

带彗星"混迹在小行星队伍中绕太阳飞行，在部分轨道上

会呈现物质喷发等彗星活动的特征，而有时又呈现小行星

图 1-5 彗星携带了有机物

彗星保留了太阳系形成早期的信息，还存在有机物成分，
对彗星的研究有助于科学家研究太阳系和生命的起源。

的特征。这些混在小行星中的彗星比较难辨认，迄今发现的数量很少。

　　彗星是大约 46 亿年前太阳系诞生后残余的遗留物，是太阳系中最古老的天体；它们大部分时间距太阳很遥远，在寒冷、高度真空的太空中孤独地飞行，使它们几乎始终保持着最初形成时的状态，这让科学家对探索彗星着迷。一来彗星保留了太阳系形成早期的信息，对彗星的研究能够帮助科学家揭开太阳系形成之谜；二来彗星上可能存在水和复合碳分子，还可能携带着有机物，甚至科学家们还在彗星中发现了甘氨酸和磷，而甘氨酸是构成生命蛋白质的基本单位之一，磷则是细胞膜的重要成分之一（图1-5）。有些科学家认为，彗星在远古时期撞击幼年地球，可能为地球带来有机成分，而有机分子是形成生命的前提，对彗星的探测有助于人们对地球生命起源的研究。此外，科学家们还判断，彗星撞击月球或太阳系的其他天体还可能给这些天体带来水源。

　　截至 2021 年，人类利用天文望远镜已经观测到 3743 颗彗星，并且派出了各种各样的彗星探测器来探测彗星。接下来让我们看看这些探测器都采用了怎样的方法开展彗星探测活动。

二、飞越彗星

千百年来，人们依靠眼睛或借助望远镜对彗星开展观测。20 世纪 50 年代，在人类社会进入航天时代后，科学家开始派出远征太空的航天器飞近地外天体，1986 年首次利用深空探测器近距离对彗星开展了观测。早期的深空探测器只是从彗星身旁飞过，在飞越彗星的短暂时间进行观察和拍摄。这种从天体上空飞越时进行的探测方式称为"飞越探测"，用这种方式可以看清彗星的大致结构，但不能直接了解彗核的内部情况和物质组成。

20 世纪，对彗星开展的最著名的飞越探测当数 1986 年 3 月多个国家对哈雷彗星开展的联合探测了，那次探测轰动了全球科学界。哈雷彗星是一颗沿着长长的椭圆轨道围绕太阳飞行的短周期彗星，每隔 76 年飞近太阳一次（图 2-1）。1985 年它从遥远的深空再次飞近太阳，为人类探测彗星提供了极好的机会。从 1986 年 3 月 4 日到 14 日的这 11 天，有 5 个深空探测器陆续飞越了这颗著名的彗星，它们组成了人类探测彗星的联合勘探队，并展开了大量的观测。

最先飞近哈雷彗星的探测器是苏联的"织女星"1 号和

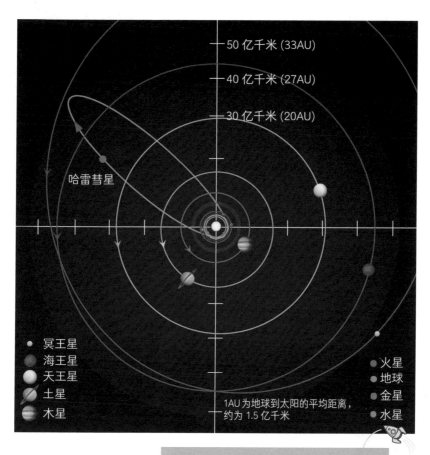

图 2-1 哈雷彗星沿着长长的椭圆形轨道
围绕太阳飞行，每隔 76 年飞近太阳一次

2 号金星探测器。它们先完成了金星探测任务，然后离开金星，按照精心设计的飞行路线，经过 9 个多月的飞行，先后与哈雷彗星相遇，并从哈雷彗星的彗核上空 8000 多千米的地方飞越。接着日本的两颗彗星探测器——"彗星"号和"先驱"号来到哈雷彗星身边，不过它们从更远的距离飞越这颗彗星，距离哈雷彗星分别为 420 万千米和 700 万千

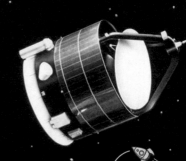

图 2-2 "乔托"号彗星探测器示意图

"乔托"号是欧洲研制的首个深空探测器，高 2.85 米，直径 1.86 米，它在太空中像陀螺一样围绕纵轴自转以保持飞行姿态稳定；配备了一台固体火箭发动机帮助自己在太空中调整飞行轨道；除了航天器必须配备的通信、控制、电源、温度控制等系统外，"乔托"号携带了 10 台科学仪器。

米，虽然离彗星很远，但仍探测到了这颗彗星上有水、一氧化碳和二氧化碳等物质，以及彗星受到的太阳风的影响。在 5 个深空探测器中，最成功的要数欧洲发射的"乔托"号彗星探测器，它获得的科学成果最丰富（图 2-2）。

"乔托"号探测器于 1985 年 7 月 2 日从地球出发，先进入围绕地球飞行的轨道，然后启动自己携带的固体火箭发动机，进入围绕太阳运行的日心轨道，期盼与同样围绕太阳飞行的哈雷彗星在太空相遇。经过 8 个多月的飞行，1986 年 3 月 13 日，"乔托"号与哈雷彗星迎头相遇，以 68 千米 / 秒的速度从它身旁 596 千米处的上空高速飞过（图 2-3）。

在短暂相遇的时间里，"乔托"号的 10 台科学仪器全部启用，对着哈雷彗星获取科学探测数据。因为乔托号离彗星很近，可能遭受彗核、彗发和彗尾散发的尘粒撞击，因而工程师专门为"乔托"号加装了防止彗星尘埃撞击的防护系统。在与哈雷彗星擦肩而过的瞬间，"乔托"号拍摄了 2000 多张照片，还利用尘埃撞击探测仪、尘埃质谱仪、中性

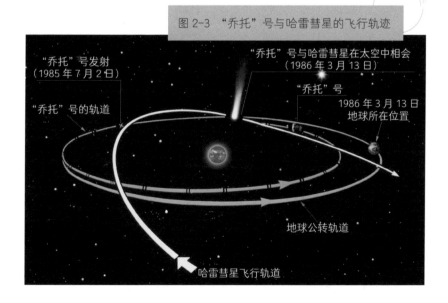

图 2-3 "乔托"号与哈雷彗星的飞行轨迹

"乔托"号发射
（1985 年 7 月 2 日）

"乔托"号与哈雷彗星在太空中相会
（1986 年 3 月 13 日）

"乔托"号的轨道

"乔托"号
1986 年 3 月 13 日
地球所在位置

地球公转轨道

哈雷彗星飞行轨道

质谱仪、磁强计、光探针等科学仪器，对彗星的物质组成、彗核气体分子、尘埃粒子、彗星磁场等进行了探测研究，使人类对彗星的认识跨越了一大步。离开哈雷彗星后，"乔托"号经 6 年多飞行，在 1992 年 7 月 11 日又近距离探测了另一颗彗星——格里格 - 斯克杰利厄普彗星。

"乔托"号的探测结果告诉人们，哈雷彗星的彗核约 80% 的物质由冰构成，表面覆盖着厚厚的尘埃，就像一个"脏雪球"，另外它还有一氧化碳、二氧化碳以及少量的甲烷和氨，同时夹杂着细尘粒子。它的表面异常暗淡，彗核内部是个多孔结构，密度非常小，质量非常轻。哈雷彗星接近太阳时温度升高，彗核物质蒸发、汽化、膨胀、喷发，"乔托"号还发现了彗核上有多个喷流，不断喷出彗核物质（图2-4）。

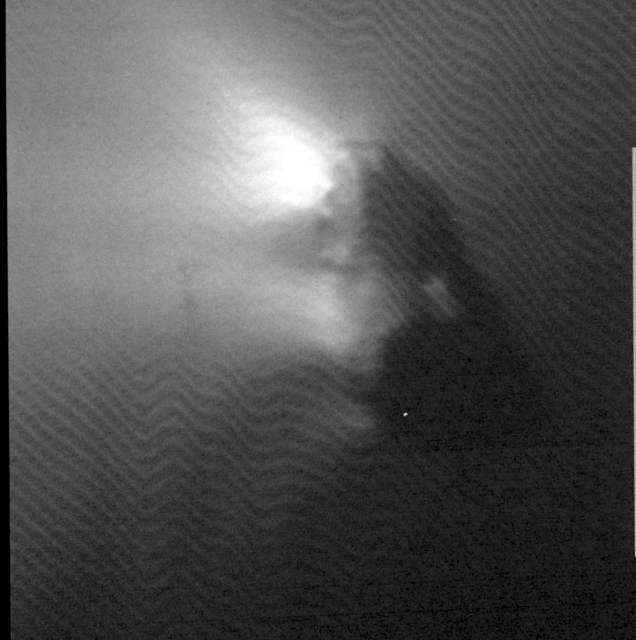

图 2-4 哈雷彗星

这是"乔托"号于 1986 年 3 月 14 日拍摄的哈雷彗星的图像，彗核表面非常不规则，存在凸起和凹陷，彗核上有多个喷流，不断喷出彗核物质形成彗尾。

三、撞击彗星

从彗星上空飞过，只能观测彗核的表面，难以直接探测彗星内部的细致结构和物质组成，那么怎样才能更好地揭开彗星内部的秘密呢？科学家设计了一个奇思妙想的方法——撞击彗星。这就是说，向彗星发射的彗星探测器在到达彗核附近时，先向彗星发射高速飞行的撞击器，准确撞击彗核，彗核受到猛烈撞击后会形成大尺寸的撞击坑，其内部物质受到撞击后溅射到太空，这时在彗星身旁伴飞的彗星探测器对"新鲜出炉"的撞击坑进行探测，清晰拍摄撞击坑图像，探测它的内部特征，这样就可以知道在彗核表面的下面隐藏着哪些秘密。

20 多年前，美国宇航局选中了一颗名叫坦普尔 1 号的彗星，把它作为彗星撞击探测的理想靶子，开始实施撞击彗星的计划，并把执行撞击任务的彗星探测器命名为"深度撞击"号（图 3-1）。"深度撞击"号探测器由一大一小两个航天器兄弟组成，600 千克的大个子是携带多台探测设备的"飞越探测器"，327 千克的小个子是用来舍身撞击彗星的"撞击器"，它们连接在一起结伴从地球出发。

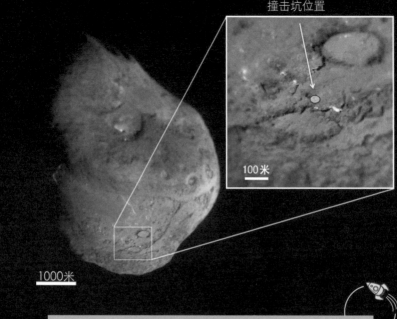

撞击坑位置

100米

1000米

图 3-1 坦普尔 1 号彗星和 "深度撞击" 号探测器的撞击位置

坦普尔 1 号沿椭圆形轨道绕太阳飞行，距太阳最近时约 2.24 亿千米，最远时约 7 亿千米，飞行一圈需要 5.5 年。科学家根据 "哈勃" 太空望远镜的观测数据，测算出彗核直径不到 6 千米，确定了彗核的自转速度，为成功撞击提供了数据。

2005 年 1 月 2 日，"深度撞击" 号探测器乘着推力强大的运载火箭踏上太空征程，飞往坦普尔 1 号彗星。经过 7 个月的漫长飞行，"深度撞击" 号沿预定轨道飞行 4.3 亿千米，终于到了与坦普尔 1 号彗星相会的会合点（图 3-2），而此时坦普尔 1 号彗星也正按照自己绕太阳的固有轨道飞近会合点。7 月 3 日，在撞击发生前 24 小时，也就是距彗核还有 86.4 万千米时，撞击器与飞越探测器之间解锁，利用弹簧分离，随后撞击器高速飞向彗核，执行撞击彗核的壮举；7 月 4 日，撞击器与侧向飞来的坦普尔 1 号彗星在太空中猛烈相撞，上演了"炮轰彗星"的奇景，撞击持续了 3.7 秒。而飞越探测器与撞击器分离后，调整了自己的飞行状态，通过发动机将飞行速度降低到 102 米 / 秒，这样就可以与撞击器保持距离，以合适的角度观察整个撞击过程，还可以避免被撞击器撞击彗核产生的飞溅碎屑击中。

图 3-2 "深度撞击"号的飞行轨道

在执行撞击彗星任务之前，科学家精确计算了坦普尔 1 号彗星的轨道，确定了会合点的空间位置和坦普尔 1 号彗星到达会合点的精确时间，从而保证让"深度撞击"号探测器与彗星在预定的时间和空间位置相会。

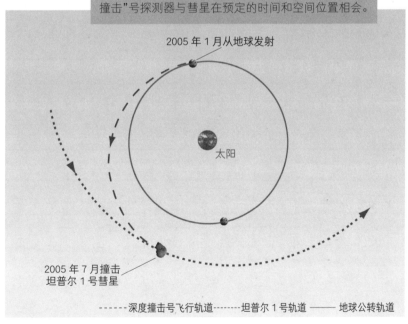

2005 年 1 月从地球发射

太阳

2005 年 7 月撞击
坦普尔 1 号彗星

------ 深度撞击号飞行轨道 ········· 坦普尔 1 号轨道 ── 地球公转轨道

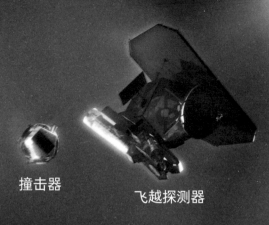

撞击器

飞越探测器

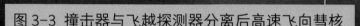

图 3-3 撞击器与飞越探测器分离后高速飞向彗核

这项彗星探测计划开展了一项"发送你的名字到彗星"的活动，世界各地的人们通过互联网提交他们的名字，撞击器携带了记录65万个签名的光盘，最终一同撞入彗核。

要知道在遥远的深空，让一个小小的撞击器精确命中86.4万千米外一个高速飞行并且直径不到6千米的彗核，简直就像用一颗子弹去击中另一颗飞翔的子弹，这绝不是一件容易的事情。完成这项任务的难度非常高，稍有差池就会前功尽弃。为了确保成功撞击，技术人员为撞击器安装了异常犀利的"眼睛"——撞击器瞄准传感器，还安装了一个"高智商大脑"——自主导航系统，并为它配备了小型火箭发动机以调整飞行轨迹。这样，撞击器在分离以后能够一直瞄准着目标，不断计算自己的飞行方向和路线，适时调整飞行弹道，确保精确命中目标（图3-3）。

这次在太空上演的"炮轰彗星"异常猛烈，撞击器经过一天奔袭，最终以 10.27 千米／秒的相对速度猛烈地撞入有阳光照射的彗核表面，巨大的撞击能量使撞击器和大量的彗核物质熔化甚至汽化蒸发，撞击产生了一个直径为 150 米的撞击坑，一部分彗核物质被撞入深坑，其余物质被猛烈溅射到太空中，从彗核表面溅起的冰雪、尘埃等物质直冲高空，好像放出一个巨大的"冰焰火"，随后在彗核上空形成了巨大的尘埃云，而这时彗核还在不停地自转。技术人员计算出撞击精度约为 1 米，这一精度远远超出了科学家预先的设想。此前，技术专家根据计算机模拟得出判断，当直径 1 米、高 1 米、质量 372 千克的撞击器以相对于彗核 10.27 千米／秒的速度进行撞击时，可释放 19 千兆焦耳的动能，这相当于 4.8 吨 TNT 烈性炸药爆炸释放的能量，能够撞出一个直径 100 米、深约 28 米的大坑，而实际撞击形成的深坑的直径超过了 100 米，这种撞击程度足以满足科学探测的需要（图 3-4）。

撞击器除舍生忘死地撞击彗核外，在飞向彗星的过程中，还利用自己携带的相机不断地拍摄彗核和彗发，最初每 2 小时拍摄一次，随着距彗核越来越近，拍摄速度越来越快，拍摄频率越来越高。在撞击发生前 3.7 秒，其拍摄了最后一幅近距离照片，并将拍摄的所有图像传给了跟在后面的飞越探

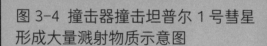

图 3-4 撞击器撞击坦普尔 1 号彗星形成大量溅射物质示意图

撞击彗星将在彗核表面形成一个巨大的撞击坑。撞击坑的大小、撞击溅射到高空的物质回落到彗核表面所需的时间，都与彗核外层的物质性质有关，科学家通过观测撞击过程以及撞击坑的大小和形状，可以推测彗核外层物质的类型。

测器。由于越靠近彗核，彗核上空的尘埃粒子越浓密，技术人员曾担心在撞击前的最后 10 秒，尘埃粒子打到撞击器上会使图像传输中断，所幸撞击器最终完成了全部图像传输。

撞击发生的瞬间，跟在撞击器后面 8600 千米之外飞行的飞越探测器密切注视着撞击事件，它一边飞向彗核一边用高分辨率相机和中分辨率相机拍摄撞击过程，以及撞击形成的新鲜的撞击坑。拍摄工作一直持续到它距彗核约 700 千米以内的位置，从而获得了高清晰度的撞击坑图像。撞击发生约 14 分钟后，飞越探测器从彗核上空约 500 千米的高空飞越尘埃云，完成了与彗核危险的"亲密接触"；随后它又用 22 分钟成功穿越了彗发，安全通过了有大量尘埃的危险区。1 小时后，它将所有图像和探测数据传回地球，随后进入休眠状态。飞越探测器穿越彗发和撞击形成的尘埃云十分危险，如果没有防护设备，尘埃粒子撞击科学设备会导致探测失败，所以飞越探测器上安装了防尘罩，可以起到保护作用，并使探测器在距彗核很近时仍可使用相机拍摄（图 3-5）。

在执行这项计划时，科学家精心选择了撞击时间和撞击位置。通过计算可知，2005 年 7 月 4 日 5 时 52 分（世界时间）实施撞击，这时坦普尔 1 号彗星恰好位于美国和澳大利亚境内的大型天文望远镜以及多台中型望远镜的视线之内，围绕地球运行的哈勃太空望远镜、斯皮策太空望远镜，以及正在太空飞行的"罗塞塔"彗星探测器等 6 个航天器，都可以观测撞击过程，这些位于地面的天文望远镜和太空中飞行的航天器组成了一支庞大的观测团队，以获得丰富的观测数据。撞击点选择彗核上有阳光照射的一面，也为光学望远镜提供了观测条件。飞越探测器在穿越彗发后没有立刻离开，它在

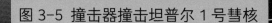

图 3-5 撞击器撞击坦普尔 1 号彗核

这是在撞击器猛烈撞击坦普尔 1 号彗核之后第 13 秒，飞越探测器利用高分辨率相机拍摄的照片。照片显示出撞击产生的最初的物质溅射。

安全距离之外继续围绕坦普尔 1 号彗核运行，直到 1 个月后才离开，飞往另一颗"哈利特 2 号"彗星，执行新的探测任务。

此次彗星探测任务给科学家带来了非常丰富的科学数据。通过这次撞击探测，科学家对一颗彗星首次研究了彗核内部的原始物质，通过比较撞击前彗核表面和撞击后形成的撞击坑，提高了对彗星演化的认识，还获得了彗星表层物质的类型以及它们的物理和化学性质。科学家根据探测数据判断，坦普尔 1 号的彗核由多孔物质构成，密度非常低，空隙占了大约 75% 的体积，并且这颗彗星可能来自遥远的奥尔特云。

四、彗星采样

　　无论是飞越彗星还是撞击彗星，都是在数百千米之外对彗星进行快速观测，如果能从彗星上采集样品并送回地球，在实验室中采用电子显微镜和各种高灵敏度的仪器对其进行物理和化学分析，将能够精确地确定彗星的物质组成和化学成分，从而为科学家研究太阳系形成、生命起源提供更多的线索。采集彗星样品返回地球这一想法吸引了一批科学家，20世纪90年代，他们开始研制彗星采样返回探测器。

　　1999年2月，一颗肩负采集彗星样品的探测器——"星尘"号探测器发射升空，开始向一颗名为怀尔德-2号的彗星进发。"星尘"号是一颗采样返回探测器，它将采集怀尔德-2号彗星的物质，并将采集的样品带回地球。怀尔德-2号彗星是太阳系中最原始、最古老的小天体之一，大约形成于45亿年前，几十亿年来它一直远离太阳和地球，1974年在接近木星时，由于木星引力的作用，它的飞行速度和方向发生了改变，1978年它第一次飞近太阳和地球，成为每6.17年环绕太阳飞行一圈的短周期彗星。

　　科学家选择怀尔德-2号彗星作为采集样品的目标，主要是考虑它保存着许多早期太阳系的"原始物质"。彗星接近太阳时，彗核物质被加热蒸发、汽化和喷发，形成明亮的彗发和长长的彗尾，彗发中夹带着大量喷发出的挥发性物质，采样返回探测器可以穿越彗发，并在穿越过程中采集从彗核喷发出的物质，然后将它们带回地球。不过，许多彗星在环绕太阳飞行上千次之后，随着彗核物质一次次喷发，彗星将失去大多数挥发性物质，此时它再也甩不出漂亮的

图 4-1 怀尔德 -2 号彗星

探测器发回的怀尔德 -2 号彗星照片让科学家大吃一惊，这颗彗星的面貌与人们原先设想的大不相同，它的表面坑坑洼洼，不像预想的那样是有暗色物质覆盖的蓬松"脏雪球"，也没有遍布表面的冰块岩石。一些科学家认为，怀尔德 -2 号彗星的形貌可能代表了一类彗星的典型面貌。

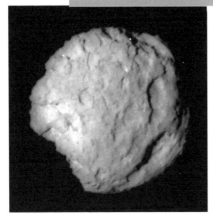

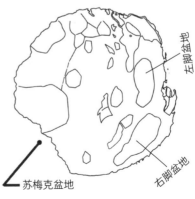

左脚盆地

右脚盆地

苏梅克盆地

"大尾巴"了，这将给采样返回探测器采集彗星物质带来困难。怀尔德-2号彗星在1999年"星尘"号探测器到达前，才飞近太阳5次，因而保留了大量的挥发性物质，这意味着从这颗彗星身上有可能采集到太阳系形成时的"原始物质"。从某种程度上看，它比已经飞近太阳100多次的哈雷彗星或其他一些彗星具有更大的科学研究价值（图4-1）。

采集月球或火星样品时，采样探测器必须降落在星体表面，利用采样的铲子或钻机，采用抓取或钻取方式收集样品。"星尘"号采集彗星样品的方法则与此不同，它不需要降落在彗核表面来抓取或钻取样品，因为彗核物质会喷发形成彗发和彗尾，只需穿越彗发收集样品即可。不过，探测器穿越时会遭到彗星尘埃颗粒的撞击，为了避免撞击损害，要为探测器安装特殊的防护装置。

为了采集彗星样品，科学家为"星尘"号设计了特殊的彗星物质收集器，它的外形像一只网球拍，在与彗星相遇之前，它折叠在"星尘"号的返回舱中；"星尘"号与彗星相遇时它自动弹开，暴露在外面。当"星尘"号穿越彗发时，彗发中的尘埃一旦撞击到收集器，就会被采集器捕获。在"星尘"号穿越彗发的整个过程中，收集器不断地采集彗星样品，在完成样品采集后，收集器自动折叠，回收

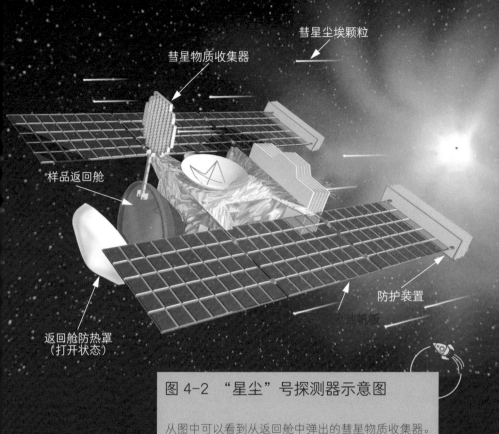

彗星尘埃颗粒

彗星物质收集器

样品返回舱

返回舱防热罩
（打开状态）

防护装置

图 4-2 "星尘"号探测器示意图

从图中可以看到从返回舱中弹出的彗星物质收集器。
完成彗星物质样本收集任务后，它折叠回返回舱。

到返回舱中，最终由返回舱带回地球（图 4-2）。

2004 年 1 月 2 日，经过近 5 年的漫长飞行，"星尘"号
与怀尔德 -2 号彗星如期相遇，这时"星尘"号与地球之间的
距离大约为 3.9 亿千米，与怀尔德 -2 号彗星的彗核相距不到
240 千米，相遇时它们之间的相对速度为 6.1 千米 / 秒。此时，
"星尘"号要穿越直径约 20 万千米的怀尔德 -2 号彗星的彗发，
并在穿越彗发时，伸出"网球拍"，收集怀尔德 -2 彗星喷发
的物质粒子。令人惊奇的是，这颗彗星表面尘埃颗粒的喷发活

动异常频繁，"星尘"号在与彗发短短几分钟的接触过程中就捕捉了20多次喷发物质，采集到大约100万个彗星粒子样本。同时，"星尘"号还用相机拍摄了一批高分辨率照片（图4-3）。

图 4-3 "星尘"号的飞行轨迹

"星尘"号于 1999 年 2 月 6 日发射后进入围绕太阳运行的轨道，图中红色轨道表示它围绕太阳运行的第一圈；2001 年 1 月 15 日在完成绕太阳第一圈时与地球相遇；深蓝色轨道表示绕太阳运行的第二圈；绿色轨道表示围绕太阳运行的第三圈。它在绕太阳第三圈途中，于 2004 年 1 月 2 日与怀尔德 -2 号彗星相遇，完成彗星采样，然后继续沿围绕太阳的轨道飞行，2006 年 1 月 15 日再次与地球相遇，携带彗星样品的返回舱与"星尘"号分离，穿过地球大气层降落到地面。

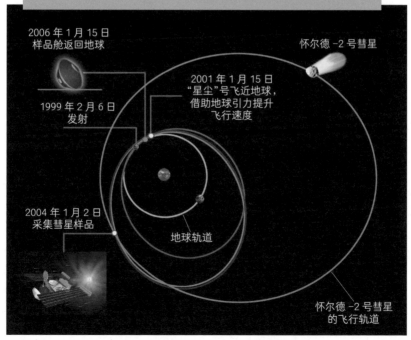

进入地球大气层前
调整飞行方向和姿态

"星尘"号继续
飞向远方

样品返回舱与
"星尘"号分离

返回舱进入
地球大气层

返回舱穿越
大气层

返回舱打
开减速伞

返回舱打
开主伞

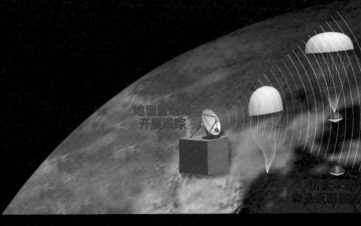

地面雷达
开展跟踪

图 4-4 "星尘"号返回舱在地球着陆的示意图

"星尘"号完成采样后将飞临地球上空，此时携带样品的返回
舱与"星尘"号分离，穿越地球大气层降落在地面，把采集的
彗星样品带回地球。

图 4-5 "星尘"号返回舱

右图：着陆在地球表面的返回舱，左图：在实验室打开返回舱，箭头所指是彗星物质收集器。

科学家精确控制了"星尘"号与怀尔德-2号彗星相遇时的速度。如果速度太快，"星尘"号瞬间穿越彗发，将没有足够采集样品的时间。为了降低它们之间的相对速度，科学家让"星尘"号在飞往怀尔德-2号彗星的途中与地球相遇，借助地球引力的作用提升速度，使"星尘"号的飞行速度向怀尔德-2彗星的速度靠近，将它们相逢时两者的相对速度控制在6.1千米/秒左右。

完成样品采集后，"星尘"号经过2年飞行，风尘仆仆地回到地球身旁。2006年1月，其携带彗星样品的返回舱以

12.9 千米 / 秒的速度进入地球大气层，最终安全地降落在地球表面，此时它在太空中已经飞行了 7 年（图 4-4、图 4-5）。

"星尘"号给科学家带来了意外的惊喜。对返回地球的彗星样品分析表明，彗星尘埃包含了许多种有机化合物，其中包括含氮的有机化合物，而氮对生命而言是不可或缺的元素，这又一次证明太空中不乏构建生命的关键物质，生命有可能在地球以外存在。样品分析还表明，尺寸略大的尘埃颗粒可能来自原始太阳系的尘埃；而更细小的尘埃颗粒是如何形成的，至今没有确定的解释。有意思的是，样品中的一种物质竟然能在地球上的一种天然宝石中找到（图 4-6）。科学家确认，怀尔德 -2 号彗星诞生的地方位于遥远的海王星轨道之外。

图 4-6 "星尘"号探测器采集的怀尔德 -2 号彗星样品

这是电子显微镜拍摄的彗星尘埃颗粒，它由一种硅酸盐矿物组成。在地球上，这种矿物也存在于称为橄榄石的天然宝石中。

五、登陆彗星

从 20 世纪 60 年代开始，人类派出的探测器先后成功登陆了月球、金星和火星，2014 年人类派出的探测器首次

图 5-1 67P/C-G 彗星

67P/C-G 彗星也称楚留莫夫 - 格拉西门克彗星，它沿椭圆形轨道围绕太阳运行，距太阳最近时约 1.5 亿千米，最远 8.5 亿千米，绕太阳一圈需要 6.44 年。它呈不规则的形状，最长跨度约 4000 米，最短约 1300 米。这是罗塞塔探测器 2014 年 9 月 19 日拍摄的照片。右上角是 2015 年 6 月 1 日的照片，从照片上可以看到 67P/C-G 彗星在喷发物质。

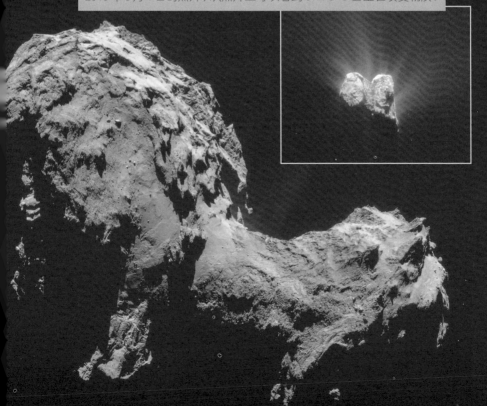

罗塞塔号探测器

菲莱号着陆器

图 5-2 "罗塞塔／菲莱"号
彗星探测器("菲莱"号分离前)

登上彗星——67P/C-G 彗星的彗核表面（图 5-1）。

　　登陆彗星与登陆月球或大行星有很大不同。月球或行星的强大引力使着陆器在引力作用下向下降落，并稳定地停留在星体表面。按照万有引力定律的原理，两个物体的质量越小，它们之间的引力也越小。彗星质量很小，彗核的直径通常只有几百米至十几千米，它与着陆器之间只存在极微弱的引力，这给登陆彗星带来了极大挑战。在登陆彗星时，着陆器不像登陆月球或行星那样利用引力快速下降并稳定地保持在星体表面，而是在极微弱的引力场环境下像羽毛飘落那样慢慢地靠近彗核。降落在彗核表面后，还要像进船舶用锚固定位置一样，采用固定装置将自己固定在彗核表面。一旦着陆速度过快或触碰冲力过大，着陆器会像两只气球相碰那样迅速弹回太空。如果不采取固定措施，它也会飘移甚至回到空中。所以，科学家往往把着陆器登陆彗星视为"附着"在彗星表面。

2004 年 3 月 2 日，欧洲航天局的"罗塞塔／菲莱"号探测器顺利发射升空，离开地球进入围绕太阳运行的轨道。这是由"罗塞塔"号探测器和"菲莱"号着陆器组成的彗星探测团队（图 5-2），经过漫长的 10 年飞行，在太空遨游 64 亿千米后，它们终于在绕太阳第 5 圈飞行的途中与 67P/C-G 彗星相遇。随后"罗塞塔"号探测器携带"菲莱"号着陆器保持与 67P/C-G 彗星相同的速度伴随这颗彗星飞行，并利用 11 台科学仪器对彗星进行拍摄和探测，同时为"菲莱"号登陆彗核做好准备（图 5-3）。

为了让重 100 千克的小型着陆器"菲莱"号准确地降落在最大直径仅 4 千米的彗核上，必须精确控制飞行速度、轨道位置、下降时机，否则将会前功尽弃。2014 年 11 月 12 日，在距离彗核 22.5 千米处，"菲莱"号着陆器与"罗塞塔"号挥手告别，它携带着 10 种科学仪器和 1 台小型钻机，开始了着陆彗核的旅程。此时，它们距离地球约 5 亿千米，

图 5-3 "罗塞塔/菲莱"号探测器飞往 67P/C-G 彗星的轨迹

"罗塞塔/菲莱"号的旅途漫长艰难，它耗时 10 年、围绕太阳飞行了 5 圈才与 67P/C-G 彗星相遇，期间 3 次飞越地球、1 次飞越火星，借助地球和火星引力的"拉拽作用"调整飞行速度和方向，以追逐高速飞行的彗星。从地球发射后，它先绕太阳飞行第 1 圈（图中红色轨迹），然后又回到地球身旁并飞越地球；接着绕太阳飞行第 2 圈（绿色轨迹）、第 3 圈（深蓝色轨迹），在第 3 圈途中先与火星"擦肩而过"，再第 2 次飞越地球；在绕太阳飞行第 4 圈（黄色轨迹）的途中探测了斯坦斯小行星，随后第 3 次飞越地球；在绕太阳第 5 圈（浅蓝色轨迹）时先探测了特鲁西亚小行星，最终与 67P/C-G 彗星相会。

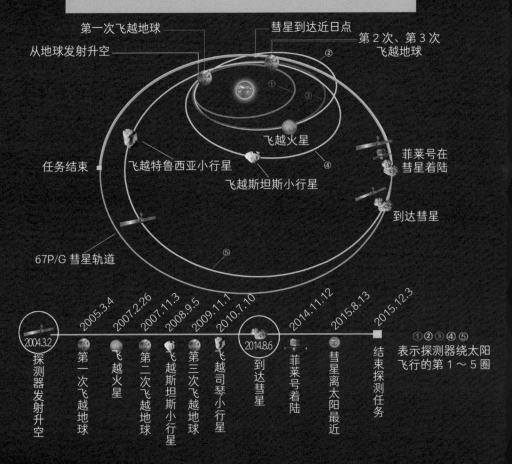

发射的电波要 28 分钟的延迟才能到达地球。

　　接下来，"菲莱"号开始了惊心动魄的着陆过程。由于彗星质量非常小，对"菲莱"号的引力作用微乎其微，在地球上重 100 多千克的"菲莱"号在 67P/C-G 彗星上的重量仅相当 1 克，如同地球上一张 A4 纸的重量，因而"菲莱"号不需要借助任何发动机调整下降速度，在整个下降过程中，只依靠惯性静静地缓慢地向下轻轻飘落，逐渐把下降速度减小到 1 米 / 秒，同时控制自己的姿态，使 3 个着陆腿对准彗核表面，整个下降过程耗费了 7 小时。在下降过程中，"菲莱"号拍摄了自己下降过程的录像，收集了彗核上空的气体和尘埃样本，测量了彗星磁场和重力场。

　　为了防止与彗星发生碰撞而从彗核表面弹回太空，"菲莱"号携带了三个法宝：第一个法宝是能够吸收冲载荷的 3 个着陆腿，着陆腿的脚垫上还安装了可插入彗核表面的螺丝形冰锥，以起到固定作用；第二个法宝是 2 个像"鱼叉"那样有倒钩的装置，着陆时利用火药将冰锥射入彗核表面，把"菲莱"号锚定在彗核表面；第三个法宝是顶部安装了能产生推力的小型推力器，它可产生向下的推力，将"菲莱"号压在彗核表面，防止"菲莱"号飘移到空中（图 5-4）。

　　"菲莱"号历经艰险终于开始了第一次降落，不幸的

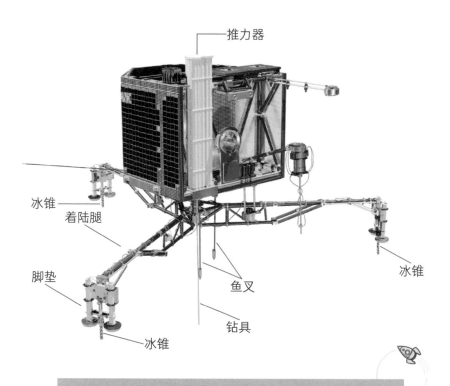

推力器

冰锥
着陆腿

脚垫

鱼叉

钻具

冰锥

冰锥

图 5-4 "菲莱"号彗星着陆器示意图

"菲莱"号配备了钻取样品的钻具,还安装了 3 个冰锥和 2 个"鱼叉",用来将自己固定到彗核表面。它携带了 10 种科学仪器,在下降过程中和着陆彗核表面之后,利用这些仪器开展科学探测。

是它经过 7 个小时到达彗星表面时, 与彗核发生了碰撞, "鱼叉"和推力器失效,三个法宝没用上就被弹回到 1000 多米的高空(图 5-5);弹回的速度达到 0.38 米/秒,如果这个速度超过 0.5 米/秒, "菲莱"号将离开这颗彗星, 永远不能回落到彗星表面;第二次降落又被弹了回去,直至第三次才在一个岩壁附近着陆，并依靠2个冰锥勉强固定（图5-6）。经过2次弹起后，它落在了阳光照不到的阴影区，无法利用太阳能电池板充电，2天后因电池耗尽而停止工作。所幸的是，"菲莱"号在短短的2天中开动了所有探测设备开展探测，拍摄着陆场照片。这些设备除了相机和钻孔取样装置外，还包括用于对彗核物质开展物理和化学

图 5-5 "菲莱"号在 67P/C-G 彗星上着陆的过程

离彗星表面22.5千米时
菲莱号与罗塞塔号分离

整个下降过程
持续了 7 小时

从彗星表面弹至
1000多米的空中

第一次尝试着陆彗星表面，
发生碰撞被弹回到空中

110分钟后进行第二次
着陆，再次被弹回空中

7分钟后进行第三次
着陆，在彗星表
面阴影区登陆，
但不稳定

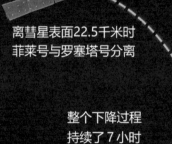

分析，进行矿物成分研究，测量彗星磁场的 10 种科学仪器。它们对采集的样品当场进行了分析，还对细微颗粒进行显微研究，并且对彗核表面的构造、多孔性、密度开展研究，从而满足了科学考察任务的需要。在停止工作前，它把一批科学实验数据传回了地球。

图 5-6 "菲莱"号着陆器降落在阴影区一个岩石壁附近

与"菲莱"号着陆器一同到达 67P/C-G 彗星的"罗塞塔"号探测器一直伴随彗核飞行，拍摄彗星图像，绘制彗星地图，分析悬浮的尘埃物质，还观察了"菲莱"号下降的过程。为了伴随彗星，它的飞行速度要保持与彗星速度一致，此时 67P/C-G 彗星以 15.3 千米 / 秒的速度飞行，"罗塞塔"号利用携带的 24 台推力器提供推力，进行了 10 次轨道机动，终于实现与 67P/C-G 彗星同步飞行。

在探测期间，"罗塞塔"号探测器把 11 台探测仪器对准彗星，把 2 块长长的可转动的太阳能电池板对准太阳，让天线对准地球以向地球传送实验数据。它陪伴 67P 彗星飞行了 17 个月，直到 67P/C-G 彗星到达距太阳最近的位置，以便观测彗星接近太阳时彗核温度升高、物质蒸发、汽化、喷发等不断增多的活动。

2016 年 9 月 30 日，"罗塞塔 / 菲莱"号完成了全部使命，停止了工作，在漫长的探测期间，为人类探索太阳系的形成和生命起源提供了宝贵的科学数据。

很高兴看到这样的一套书，深入浅出，兼具科学性与趣味性，让孩子从小就能接触到尖端领域的航空、航天知识，帮孩子撷取"人类工业文明的皇冠"。

——中国工程院院士，飞行器导航控制专家　冯培德

好奇心是孩子的天性。书中以孩子能理解的方式，讲述详实有趣的航天故事和知识，点燃孩子内在的好奇心，将探索的种子根植于孩子的内心。让阅读成为悦读，让梦想插上翅膀。

——中国人民解放军航天员大队首任大队长　申行运

这套书里，一流的科学家构建了完整的航空、航天知识体系，用巧妙的方式缀珠成线，一定能够满足你对科学的好奇心。未来的空间广阔，希望这次我们能为你们打开一个通往精彩世界的大门。

——空军退役飞行员　丁邦昕